YouTube・Instagram・TikTokで大人気になる！

動画クリエイター養成講座

YOUGOOD 月足直人［著］

ソーテック社

はじめに

本書を手にとっていただき、まことにありがとうございます。

スマートフォンの普及やSNSの流行によって、動画で自己プロデュースする個人の方や、動画を使ってブランディングを図る企業がたくさん増えてきました。
今後は5Gの普及に伴い、動画マーケットはさらに加速していくものと考えられます。

そのためにも一人、もしくは少人数である程度の動画制作全般をマスターしていくことが大事になってきます。

本書では、個人の方や企業のご担当者の方が、お手持ちのスマートフォンとAdobe Premiere Proを使って、いまSNSで流行っている動画の作り方を解説していきます。

本書の特徴は、さまざまな種類の動画の作り方について、どのように撮影していくのかを紹介し、その上で編集方法について細かく解説します。編集に関してはステップ単位でサンプルファイルを用意してあるので、実際の工程を真似しながら手を動かして学んでいくことができます。

本書の読み進め方としては、頭から順番に読んで学んでいただくことをおすすめします。最初は細かく編集方法の手順を記載していますが、後半に進むにつれてすでに学んでいる要素は、細かく触れていません。ただ真似して覚えるだけではなく、考えながら操作することで、より創造性を高めていけるものと考えています。

私は、動画制作は真似することから始まると考えています。それを自分なりにどうアレンジするかが個性になっていくものだと思います。
本書を読んでくださる皆様も、基本的な動画制作を覚えることはもちろん、自分なりのオリジナリティを探求していってください！

最後になりますが、本書について「ここをもう少し詳しく知りたい」「わかりにくい」「うまくいかない」などのご意見があれば、発刊後、ウェブサイトで補足情報や追加コンテンツなどを発信していく予定です。
本書とともに、ぜひチェックしてみてください。

2020年4月
YOUGOOD 月足 直人

CONTENTS

サンプルファイルについて

本書の解説で使用しているサンプルファイルは、サポートページからダウンロードすることができます。

本書の内容をより理解していただくために、作例で使用するPremiere Proのプロジェクトファイルや各種の素材データなどを収録しています。本書の学習用として、本文の内容と合わせてご利用ください。

なお、権利関係上、配付できないファイルがある場合がございます。あらかじめ、ご了承ください。

詳細は、弊社ウェブサイトから本書のサポートページをご参照ください。

◆本書のサポートページ
http://www.sotechsha.co.jp/sp/1262/

➡解凍のパスワード
SNSdoga2020
※英数モードで入力してください。最後の4文字は数字です。

◆完成ムービーの
YouTube再生リスト

完成ムービー

●サンプルファイルの著作権は制作者に帰属し、この著作権は法律によって保護されています。また、サンプルファイルの映像には、モデルなどの人物が撮影されているカットが含まれています。これらのデータは、本書を購入された読者が本書の内容を理解する目的に限り、使用することを許可します。
営利・非営利にかかわらず、データをそのまま、あるいは加工して配付（インターネットによる公開も含む）、譲渡、貸与することを固く禁止します。

●サンプルファイルについて、サポートは一切行っておりません。また、収録されているサンプルファイルを使用したことによって、直接もしくは間接的な損害が生じても、ソフトウェアの開発元、サンプルファイルの制作者、著者および株式会社ソーテック社は一切の責任を負いません。あらかじめご了承ください。

サンプルファイルをダウンロードしたら

サンプルファイルをダウンロードしたら、パスワードを入力して解凍します。

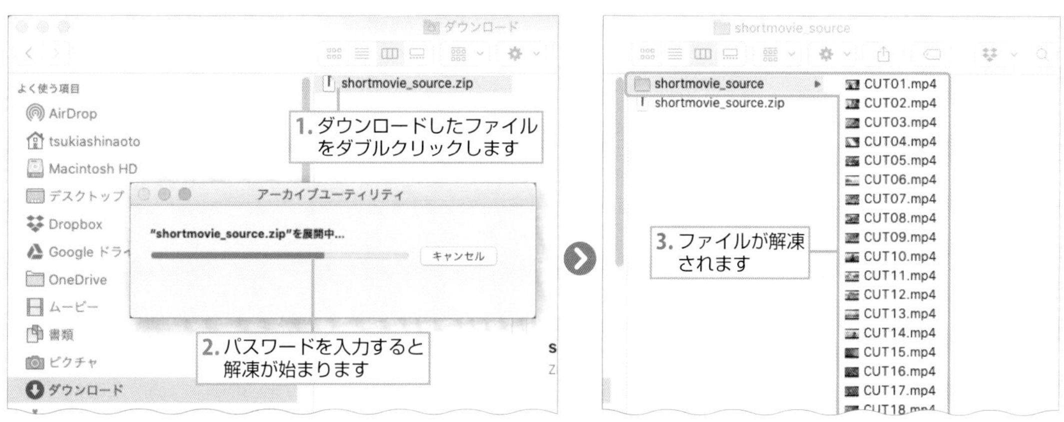

空き容量が十分にある作業用のハードディスクに【**source**】フォルダを作成して保存します。

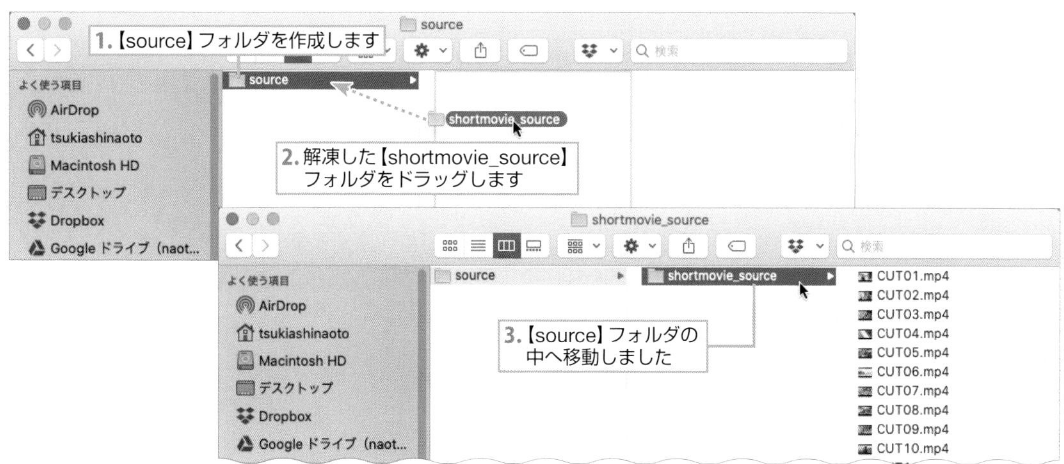

本書では、**【source】**フォルダに保存した素材を元に解説を進めます。

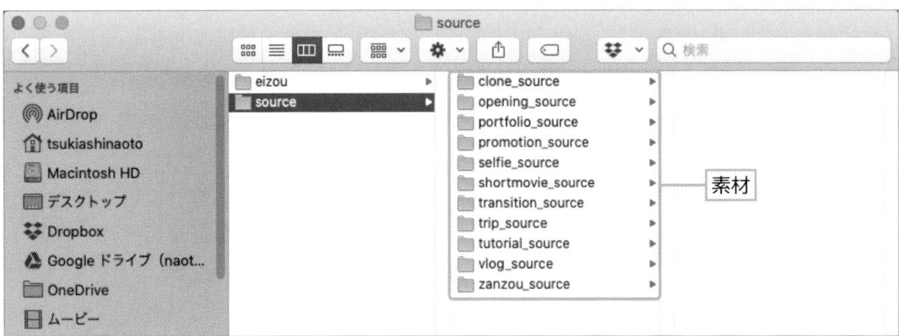

フォントについて

Premiere Proを「Adobe Creative Cloud」で利用されているユーザーは、「Adobe Fonts」にあるフォントを無料でインストールできます。

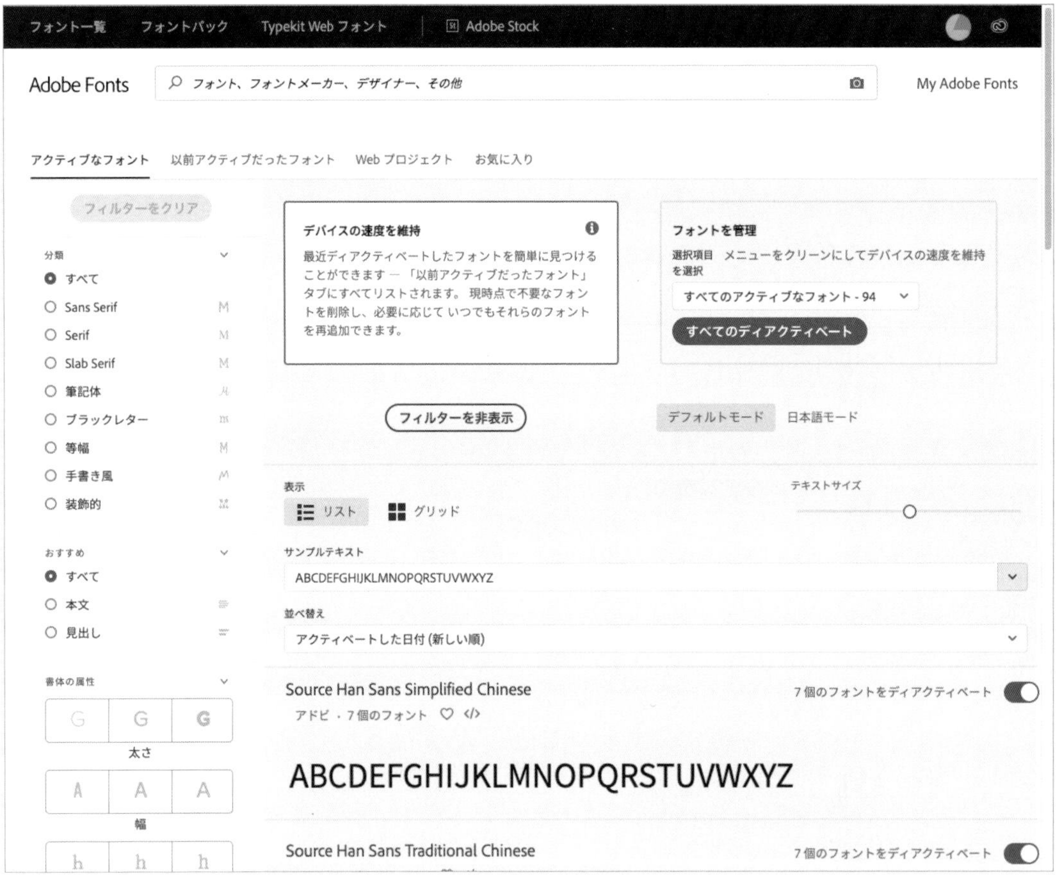

PART
1

ネット動画の基礎を学ぼう！

Part1では、SNS動画の種類と撮影で準備するもの、そして基本的な編集操作について解説していきます。本書は順番に読み進めていただくことで、理解しやすい内容となっています。ぜひ基礎をマスターしてください。

STEP 1-1

ネット動画の種類

SNSの普及に伴い、いまや一般の方も動画を作ることが当たり前になり、プロ顔負けのテクニックやセンスを持つ方々も増えてきました。
本書は、最近流行の動画に習って、その作り方を解説していきます。
ここではまず、現在人気のあるSNSを紹介します。

YouTube

「**動画**」と聞いて、みなさんが最初に思い浮かぶのは、**YouTube**ではないでしょうか。
YouTuberによるエンタメ動画やハウツー動画が、日々アップロードされています。
テレビのような横型の動画や縦型の動画に対応しています。

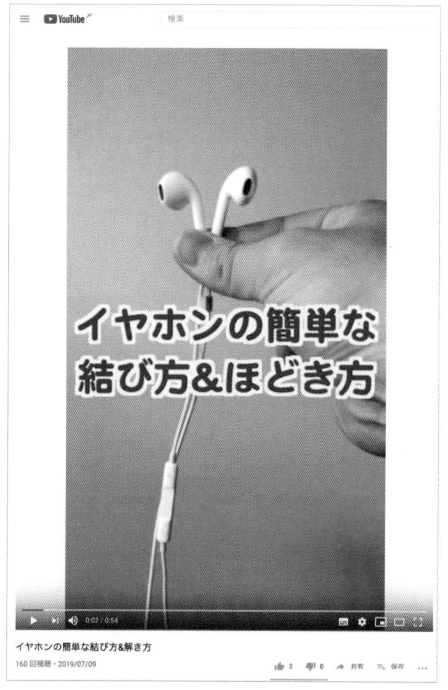

YouTube動画の主な仕様		
横動画	3840×2160ピクセル	1920×1080ピクセル
縦動画	2160×3840ピクセル	1080×1920ピクセル

Instagram

Instagramは写真だけでなく、おしゃれな動画がたくさん投稿されています。

動画を途中から再生できない仕組みになっているので、最初から動画をキチンと見せたい方におすすめです。動画の再生時間の上限は60秒までです。

正方形や横型、縦型の動画に対応しています。

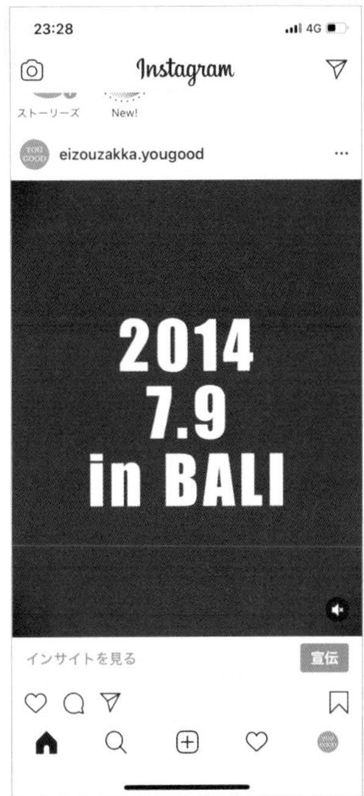

Instagram動画の主な仕様			
最小解像度	600×315ピクセル（1.91:1・横長）	600×600ピクセル（1:1・正方形）	600×750ピクセル（4:5縦長）

Twitter

Twitterは、つぶやく感覚で気軽に投稿できる人気のSNSですが、動画の投稿にも活用されています。

投稿できる動画の再生時間の上限は140秒で、横型・縦型、正方形の動画をアップロードできます。

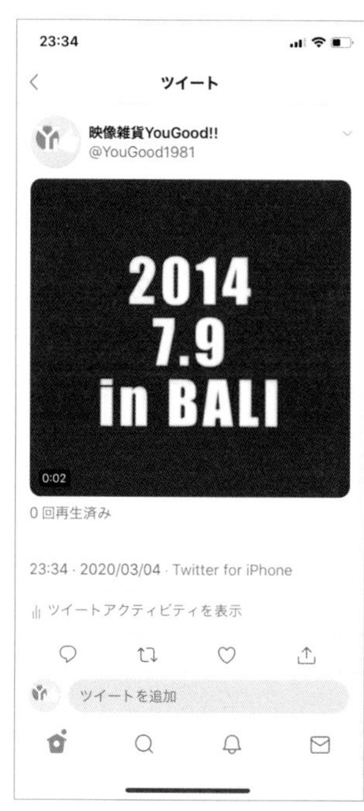

Twitter動画の主な仕様			
推奨動画解像度	1280×720ピクセル（横長）	720×720ピクセル（正方形）	720×1280ピクセル（縦長）

TIPS

TikTok

TikTokは、若い世代を中心に流行している、BGM付きの短い動画を作成／投稿できるプラットフォームアプリです。今後は、広告に活用されていくといわれています。
アプリ内で動画作成が可能なので、作り込んだ動画をアップロードするというよりも、その場で撮影したものをすぐアップロードできるのが特徴です。TikTokは縦動画になります。

動画サイズ：1080×1920ピクセル

STEP 1-2 何を作りたいか考えよう！

まず、動画を撮影・編集する前に、何を作りたいかを考えてみましょう。
ビデオブログのような日常を描くものを撮影・編集する場合は必須ではありませんが、商品紹介やドラマのような動画を作るときは絵コンテや字コンテ、あるいは脚本などを作ることをおすすめします。

絵コンテ

絵が得意でなくても、丸と棒だけで表現した人間を描くだけでも、かなりイメージしやすくなります。

また、複数の人間で動画を作る際、作品のイメージを共有しやすくなります。

「CUT」に撮影するカットのラフ画、「Caption」にカットの内容解説、「Dialogue」に人物のセリフやナレーションなどを記述します。

字コンテ

絵を書くのが苦手な人は、文章で作りたい内容をイメージさせることもできます。

「どこで撮るか？」「何を撮るか？」「どのようなセリフか？」などを明記するだけでも、撮影時のイメージがしやすくなります。

オープニング自己紹介動画

Time	Cut	Caption	Dialogue
	CUT①	バストアップ撮影。 公園にて 背景がきれいな場所で 自己紹介	こんにちは女優の 坂口彩です。
	坂口彩		(出身・趣味を紹介)
0:10	CUT② JR 桜木町駅 南改札 (西口)	駅の看板アップ。 ティルトダウンして	
		意気込みを語る 笑顔の坂口さん	(今から横浜街歩きを 感じさせるセリフきっかけ)
0:20			

オープニング映像字コンテ

○CUT１　１０秒程度

公園にて、背景抜けのきれいな場所で自己紹介。
人物はバストアップ撮影。
Osmo Mobile 装着。

セリフ内容
（名前、出身、趣味を紹介）

○CUT2　１０秒程度

駅にて出発をイメージさせる映像。
人物はバストアップ。
Osmo Mobile 装着。

セリフ内容
（今から横浜街歩きを感じさせるきっかけ）

脚本

主にドラマや映画を作る際に必要になります。詳細は、STEP 4-2（242ページ参照）で解説します。
イメージ作りをすることで、撮影や編集の目標が明確になります。
簡易的な内容でもかまいませんので、ぜひ一度試してみてください。

ショートドラマ
「赤い糸」

月足　直人

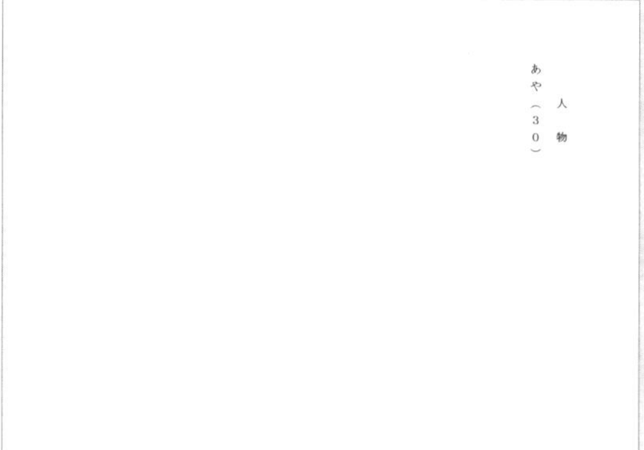

人物
あや（30）

○神社
CUT①　神社にやってくる暗い表情のあや。
CUT②　くじ引きをひく。
CUT③
CUT④　『待ち人　来る』と書いてある。
左手薬指に赤い糸がついている。
CUT⑤　驚くあや。
CUT⑥
CUT⑦
CUT⑧　不思議な力で引っ張られるあや。
○街
CUT⑨　赤い糸に引きつられ、走るあや。
○公園
CUT⑩　赤い糸に引きつられ、走るあや。
○噴水前
CUT⑪　噴水前を赤い糸に引きつられ、一周走るあや。
CUT⑫
○街
CUT⑬　走るあや。バスと交差する。

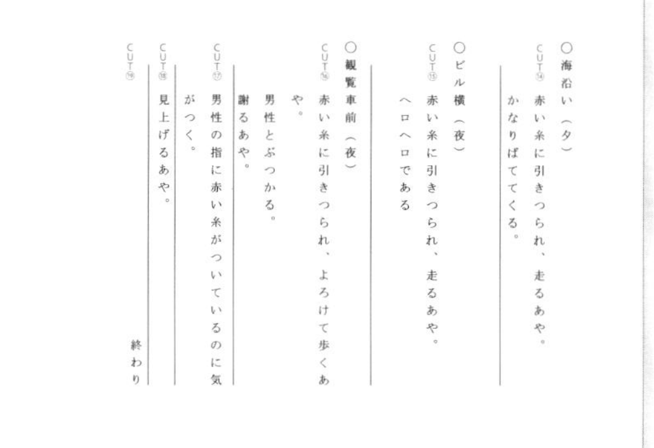

○海沿い（夕）
CUT⑭　赤い糸に引きつられ、走るあや。
かなりばててくる。
○ビル横（夜）
CUT⑮　赤い糸に引きつられ、走るあや。
ヘロヘロである
○観覧車前（夜）
CUT⑯　赤い糸に引きつられ、よろけて歩くあや。
男性とぶつかる。
謝るあや。
CUT⑰　男性の指に赤い糸がついているのに気がつく。
CUT⑱　見上げるあや。
CUT⑲
終わり

TIPS

動画を作るコツ

いい動画を作成する練習の方法として、まずは作りたい動画を真似することから始めてみましょう。
もちろん、完全に真似してアップすることはNGですが、模倣することによって、技術力のアップやアイデアの引き出しを増やすことができます。

STEP 1-3

撮影の準備をしよう！

ここでは、スマートフォンで撮影する時に、持参しておくと便利な撮影機器やアプリについて紹介していきます。本書では、iPhone XとHUAWEI P30 liteを使って撮影しています。

PART 1

スタビライザー

スマートフォン撮影の際、歩きながら被写体を撮影することがあります。

スマートフォンでも手ブレ補正機能はついていますが、スタビライザーを使うことで、よりなめらかな撮影をすることができます。

「FiLMiC Pro」アプリ

お使いのスマートフォンのデフォルトのカメラ機能でも十分きれいな撮影ができますが、「FiLMiC Pro」アプリを使うことで、詳細なカメラ設定を調節することができます。

「FiLMiC Pro」アプリは、「シャッタースピードの設定」「ISO感度の調整」「フレームレートの調整」「色調整」などに対応しています。また、追加キットを購入することで、幅広いカラーグレーディング（色調整）ができるLog収録も可能になります。

画面左下にある をタップすると左右にゲージが表示され、左側のゲージで**【シャッタースピード】【ISO感度】**、右側のゲージで**【ズーム】【フォーカス】**が調整できます。

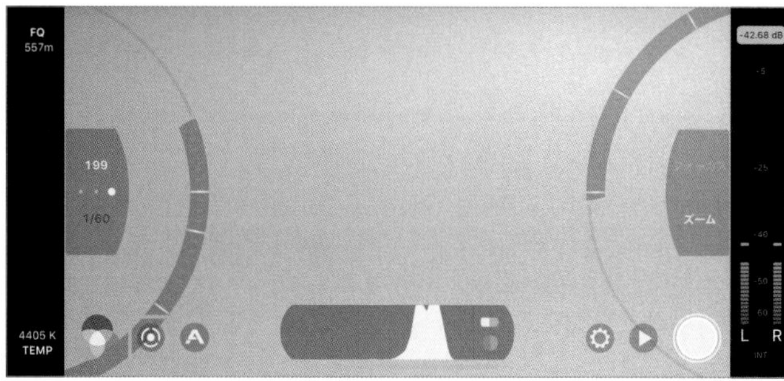

画面右下にある をタップすると**【解像度】【フレームレート】【手ブレ補正】【ハードウェア】**のリンクなどが設定できます。

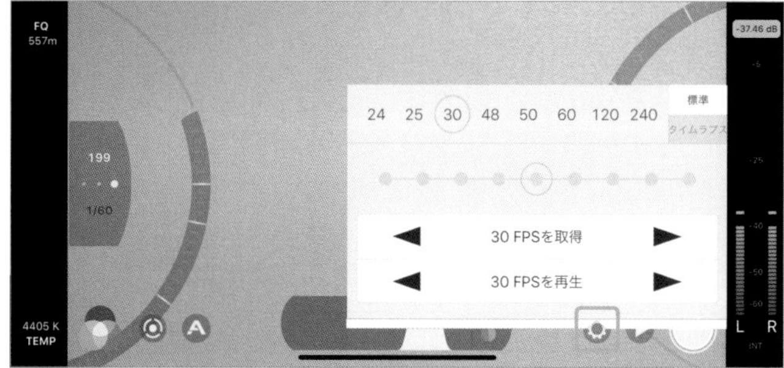

画面左下にある をタップすると、**【色調整】**ができます。

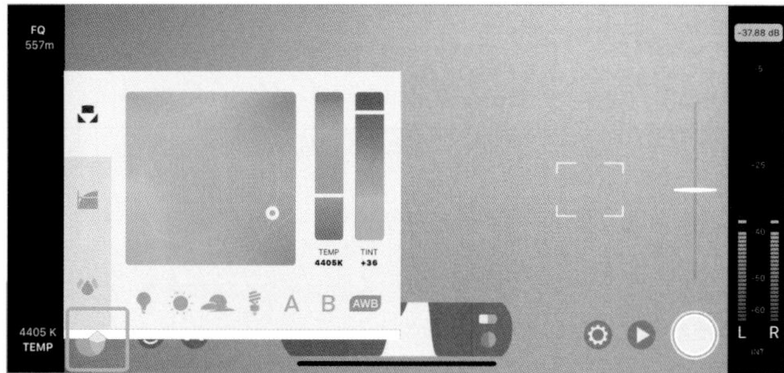

課金制になりますが、**【Log収録】**にも対応しています。

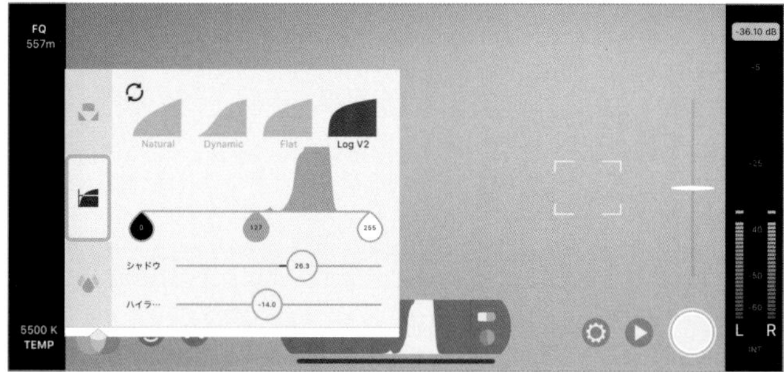

三脚

固定カメラで撮影する場合は、三脚を使いましょう。

ワイヤレスマイク

動画を作る際、とても重要なのは音です。

スマートフォンでもきれいな音声が録れますが、雑多な場所で撮影するとき、人物の声をピックアップして収録するにはマイクが必要になります。

ここでは、"Smart Mike" という機材を使用しています。専用アプリを使ってスマートフォンに音声を送ることもできます。本書では、単体収録で使用しています。

LEDライト

LEDライトがあると、夜でも効果的な撮影が可能です。小さい機種でもかまいません。

本書では、上記の撮影機器やアプリを使用して撮影しています。

STEP
1-4

スマホで撮影しよう！

次に、実際に撮影を開始しましょう。
ここでは、撮影に関する専門知識を解説していきます。

撮影イメージ

ここでは、右図のような自己紹介の動画を撮影します。

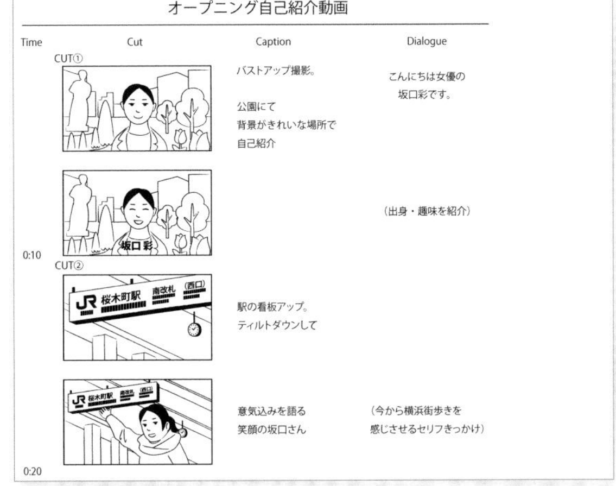

背景選び

CUT 01 ▶ 公園

撮影をするとき、背景はとても重要です。

人物の服の色や人や車などでごちゃごちゃしていない場所を選びましょう。

ここでは、噴水をバックに撮影します。噴水の音を拾ってしまいますが、Smart Mikeによって人物の紹介セリフをきれいに収録することができます。

撮影モード

ここでは、「**1080p HD 30fps**」で撮影します。

iPhoneの場合

【一般】➡【カメラ】➡【ビデオ撮影】をタップして、"1080p HD 30fps" を選択します。

Androidの場合

【カメラ】アプリの**【歯車】**アイコンをタップします。

【解像度】をタップして、"1080p 30fps" を選択します。

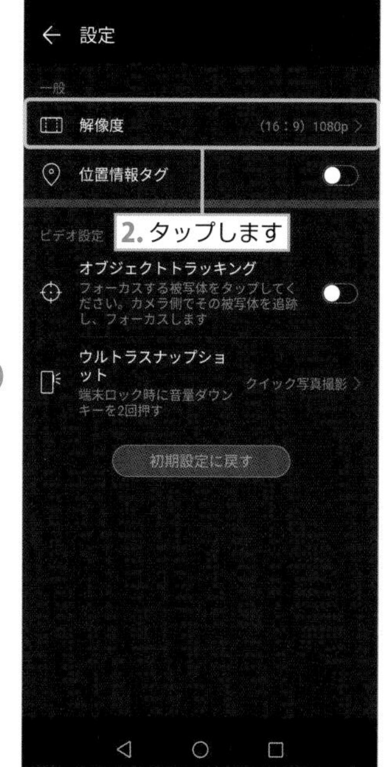

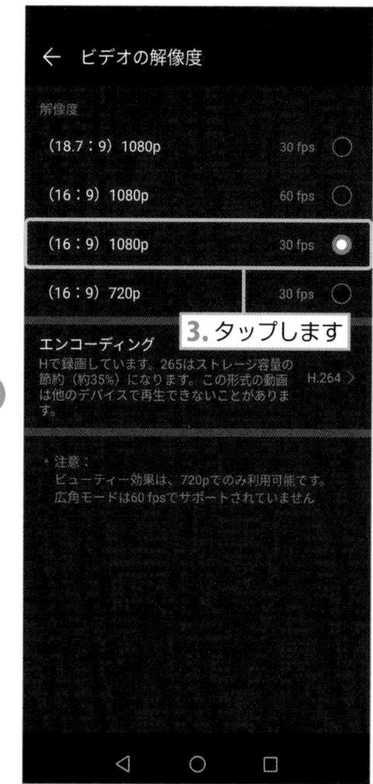

構図とアングル

ここでは、モデルの胸から上を中央に配置した動画を撮影しています。これを「**バストアップ**」**撮影**と呼びます。さらにスタビライザーにスマートフォンを装着して、ゆるやかな手持ち感を演出しています。

固定カメラでも悪くはないですが、動きがあるほうが飽きのない臨場感のある映像になります。

構図には、次のような種類があります。

ロング（ヒキ）

フルショット
頭から足先まで被写体のすべてが入ったサイズです。全身コーデファッションなどの際に、有効な構図です。

ニーショット
膝から頭部まで入ったサイズです。2〜3人の会話などを見せたいときに、有効な構図です。

ミディアム

ウエストショット
腰あたりから頭の先まで入ったサイズです。上半身の動き、身振り手振りなどを表現するときに有効です。

バストショット
胸から頭の先まで入ったサイズです。人物紹介などで最も使いやすい構図です。

アップ（ヨリ）

アップショット
被写体の顔が画面一杯に入ったサイズです。印象的なカットや一人の表情を描くときに有効です。

クローズアップショット
被写体の一部が画面一杯に入ったサイズです。目元などに極端に寄ることで、表情や気持ちを強調できます。

また、撮影する高さによっても構図の変化があります。これを**アングル**と呼びます。

構図やアングルにこだわることで、クオリティの高い撮影ができます。

俯瞰（ふかん）

被写体を上から撮影します。状況を表す構図などでよく使用されます。

バックショット

人物の後ろから撮影する方法です。表情を見せたくないときなどに効果的です。

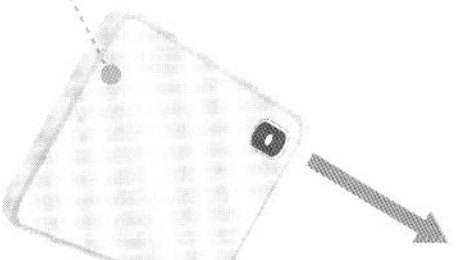

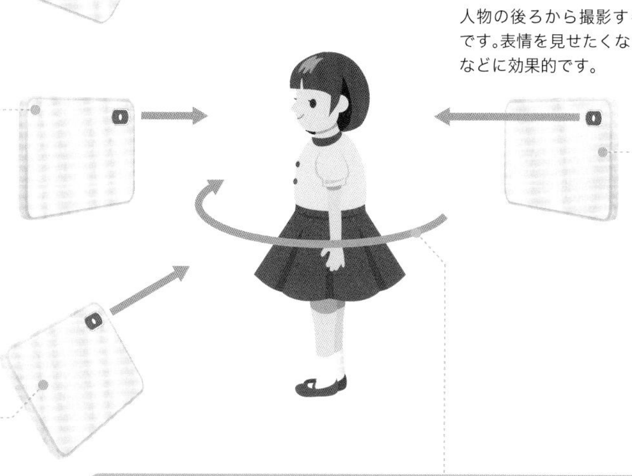

目高（めだか）

撮影者の目線に合わせた高さで撮影します。一般的な会話シーンなどでよく使われます。
「アイレベル」とも呼ばれます。

あおり

被写体を下から見上げて撮影します。被写体を大きく、インパクトのある映像になります。

ドリー

被写体に回り込みながら撮影する方法です。

カメラワーク

CUT 02 ▶ 駅の構内

ここでは最初に駅名の看板を映して、カメラを下げて人物が出てくるカメラワークになります。

これを、「**ティルトダウン**」と呼びます。カットの中で場所を最初に認識させてから、人物を登場する内容になります。

カメラワークには、次のような種類があります。

固定撮影

「フィックス」とも呼ばれます。カメラを三脚に付けて撮影します。

パン

カメラを左右に振ります。

ティルトアップ

カメラを下から上に振ります。

ティルトダウン

カメラを上から下に振ります。

これで撮影は終了です。次に編集です。

TIPS

光の種類

晴れている場合、太陽の位置関係によって被写体の映り方は変わります。

順光

被写体の正面から光が当たっている状態のことです。服や髪の毛のディテールなどがハッキリするので、正面をきれいに撮影したい場合などに使います。ただし、少し質感の薄れた生っぽい雰囲気になります。

逆光

被写体の背後から光が当たっている状態のことです。ディテールは明確に見えなくなりますが、情緒的な雰囲気になりやすいので、イメージ動画として使うとよいでしょう。

サイド光

被写体の一部を強調する濃淡が現れて、雰囲気のある動画が撮影できます。

STEP 1-5

スマホの動画をパソコンに転送しよう！

撮影した映像は、ファイルとしてパソコンに取り込みましょう。ここでは、iPhoneとAndroidフォンから、MacとWindowsに接続する方法を解説します。

PART 1

iPhoneとMacでデータを転送する

iPhoneで撮影したファイルを**【写真】**アプリで選択します。

【共有】アイコンをタップして、ファイルを共有するデバイスを選択すると送信できます。

なお、ファイルサイズによっては時間がかかったり、エラーになることがあります。

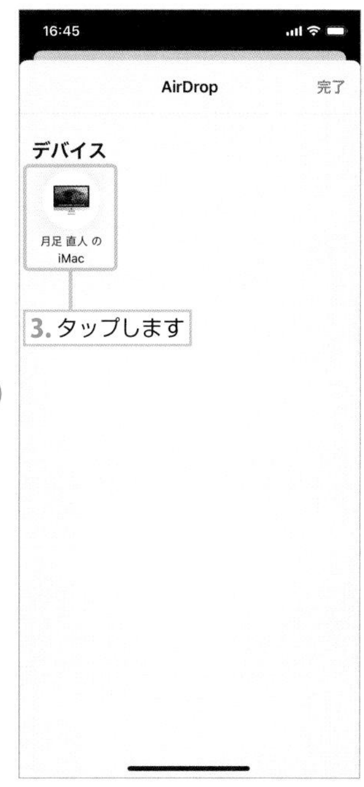

AirDropは、iPhoneでは**【設定】➡【一般】➡【AirDrop】**をタップして、**【すべての人】**を選択します。

MacではFinderで**【移動】➡【AirDrop】**（shift＋⌘＋R）を選択して、ウインドウに表示されている**【このMacを検出可能な相手・全員】**から**【全員】**を選択します。

AirDrop

Mac

iPhoneとWindowsでデータを転送する

iPhoneとWindowsパソコンをLightningケーブルで接続します。

【エクスプローラー】から接続したiPhone（例：ユーザー名のiPhone X）を選択して、**【Internal Storage】➡【DCIM】**フォルダーからファイルを保存先にドラッグ&ドロップします。

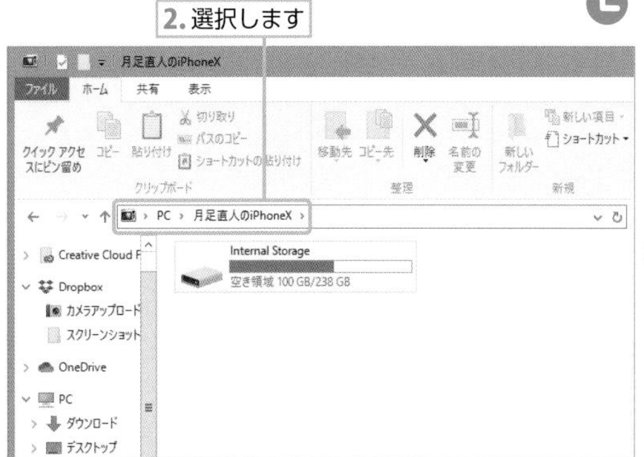

AndroidフォンとWindowsでデータを転送する

Android フォンとWindowsパソコンをUSBで接続して、Android端末で**【ファイルを転送】**を選択します。

【エクスプローラー】から接続したAndroidフォンを選択して、**【内部ストレージ】➡【DCIM】➡【Camera】**フォルダーからファイルを保存先にドラッグ＆ドロップします。

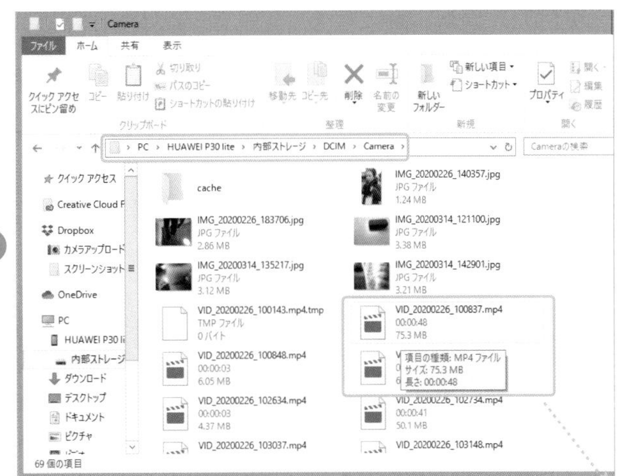

Androidフォンと Macでデータを転送する

最初に、Googleの公式サイトから**【Android File Transfer】**（https://www.android.com/filetransfer/）をMacにダウンロードします。

AndroidフォンとMacをUSBで接続して、Android端末で**【ファイルを転送】**を選択します。

【Android File Transfer】を起動して、**【DCIM】➡【Camera】**フォルダからファイルを保存先へドラッグ＆ドロップします。

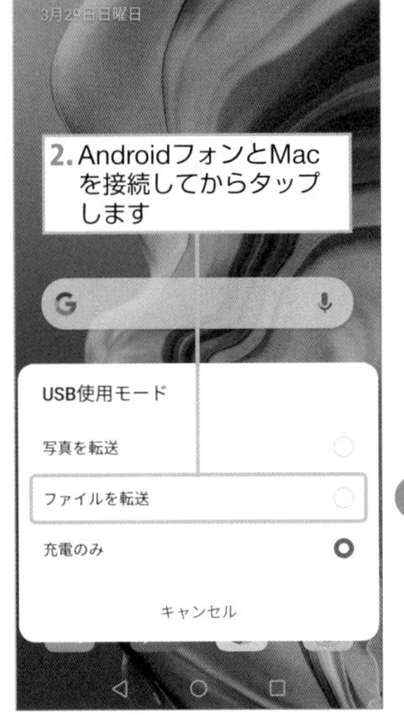

STEP
1-6
ビデオ編集の準備をしよう！

それでは、実際に映像を編集していきます。
ここでは、Adobe Premiere Proの基本的な使い方を解説します。

Premiere Proを起動する（プロジェクトを作成する）

1 Premiere Proを起動すると【ホーム画面】が表示されるので、【新規プロジェクト】をクリックします。

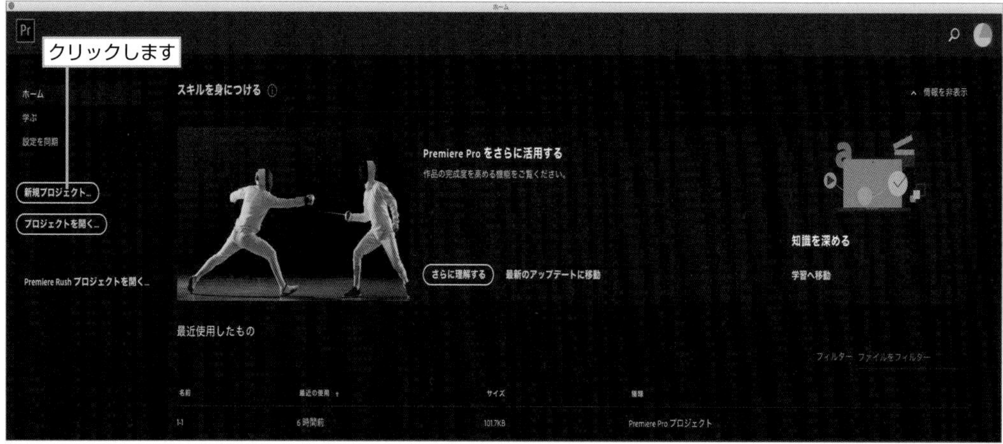

2 【新規プロジェクト】ダイアログボックスが表示されたら、【名前】を“edit”と入力します。
次にプロジェクトを保存する場所を設定します。【場所】の項目にある【参照】をクリックします。

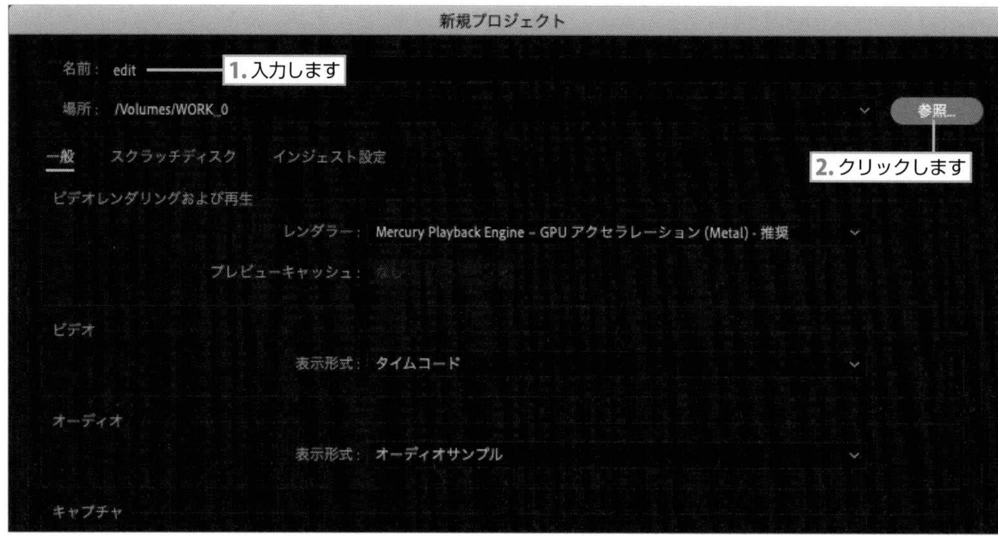

3 Mac ダイアログボックスにある【新規フォルダ】をクリックしてフォルダの名前を“opening”と入力し、【作成】をクリックします。
ダイアログボックスに戻ったら、作成したフォルダを選択して【選択】をクリックします。

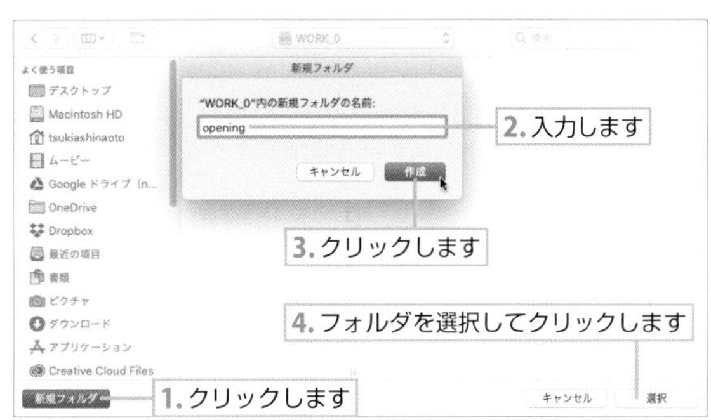

Win ダイアログボックスの左上にある【新しいフォルダー】をクリックして、フォルダの名前を“opening”と入力します。
作成した“opening”フォルダーが選択された状態で、【フォルダーの選択】をクリックします。

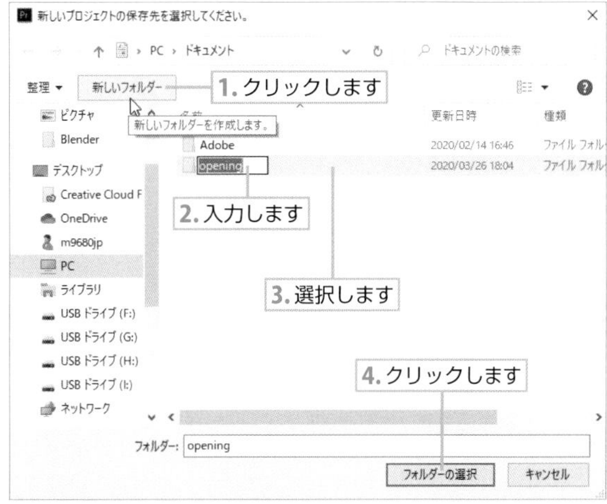

4 【新規プロジェクト】ダイアログボックスに戻るので、【OK】をクリックします。

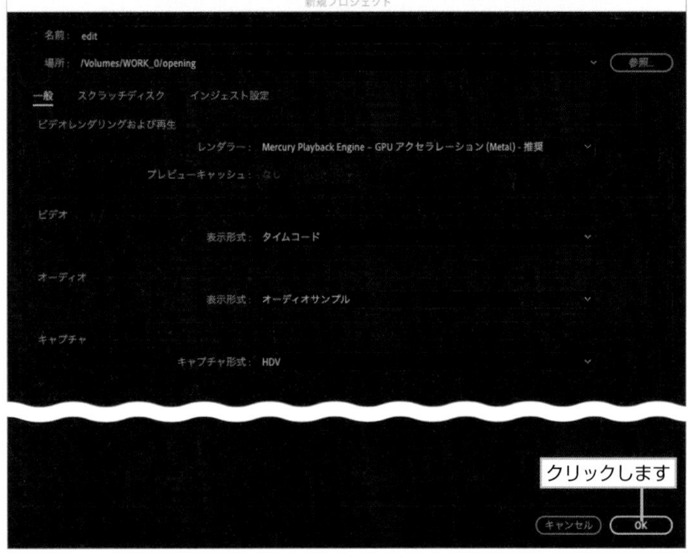

5 Premiere Proの編集画面（インターフェース）が表示されます。

【ワークスペース】

本書では、基本的に**【編集】**のワークスペースを使います。
【ワークスペース】の上部に表示されているタブをクリックすると、レイアウトが変化します。

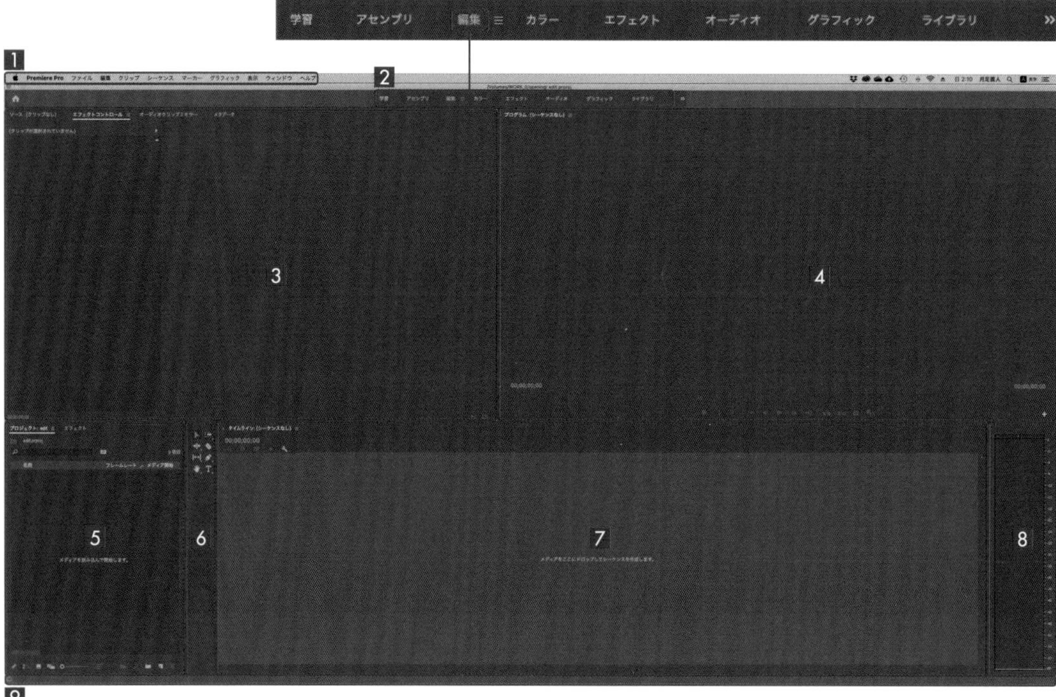

TIPS

パネルの拡大・縮小

パネルの上下左右をドラッグすると、パネルを拡大／縮小したり、移動することができます。

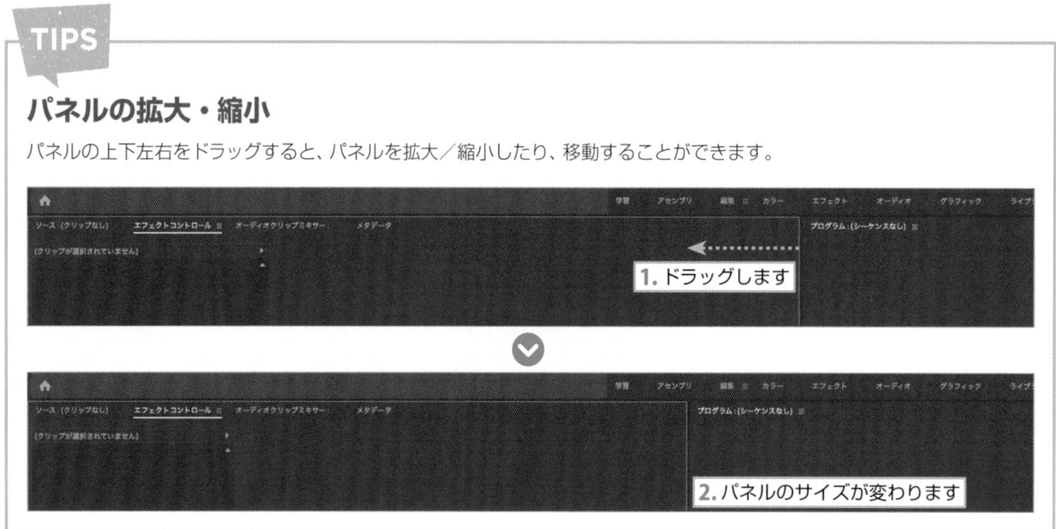

ワークスペースのリセット

ワークスペースを元の設定に戻したい場合は、メニューバーの【ウィンドウ】➡【ワークスペース】➡【保存したレイアウトにリセット】を選択します。

名称	説明
メニューバー 1	Premiere Proに関するコマンドを選択・実行します
【ワークスペース】パネル 2	Premiere Proのワークスペースをクリックして切り替えられます
【ソース】モニターグループ 3	ソースファイルの映像が表示されます。 エフェクトなども調整できます
【プログラム】モニターパネル 4	編集中の映像が表示されます
【プロジェクト】パネルグループ 5	Premiere Proに読み込んだ映像・音声のファイル、シーケンスやテロップなどを管理します。エフェクトの選択なども設定できます
ツールパネル 6	映像ファイルの編集で使用するツールが用意されています
【タイムライン】パネル 7	シーケンスを作成して、映像クリップを配置するメインパネルです
オーディオマスターメーター 8	編集中のオーディオデータの音量を表示します
ステータスバー 9	警告や操作に関するヒントなどを表示します

ファイルを読み込む

メニューバーの【ファイル】➡【読み込み】（Mac ⌘ + I（アルファベット「アイ」）／ Win Ctrl + I キー）を選択し、"opening_source" フォルダから "CUT01.mp4" と "CUT02.mp4" を選択します。Mac ⌘ ／ Win Ctrl キーを押しながらクリックすると、複数のファイルを選択できます。

【読み込み】をクリックすると、素材が【プロジェクトパネルグループ】に読み込まれます。

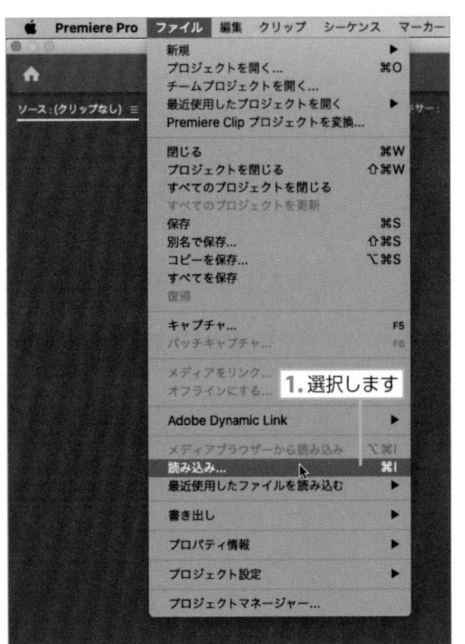

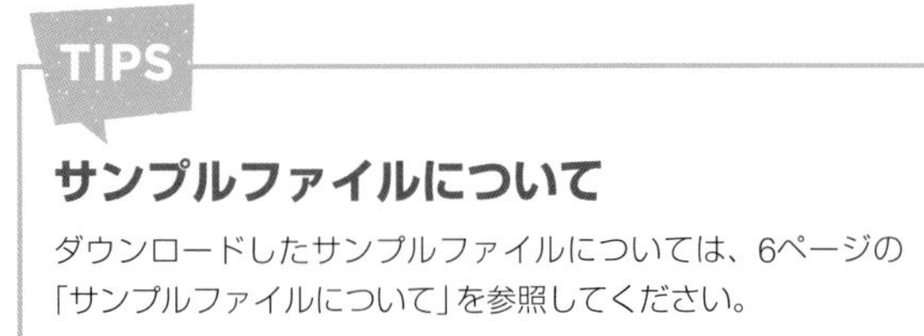
TIPS

サンプルファイルについて

ダウンロードしたサンプルファイルについては、6ページの「サンプルファイルについて」を参照してください。

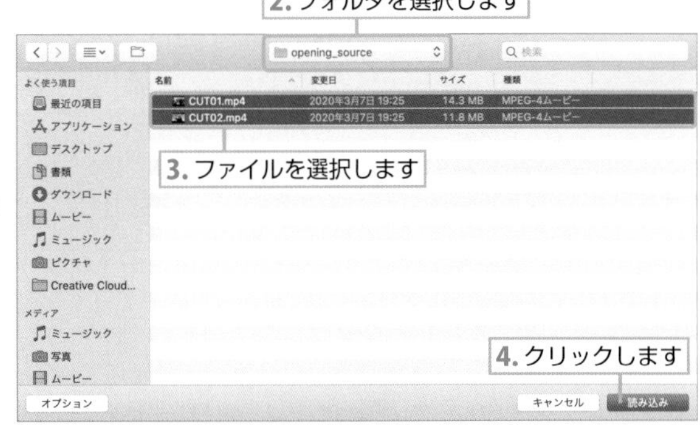

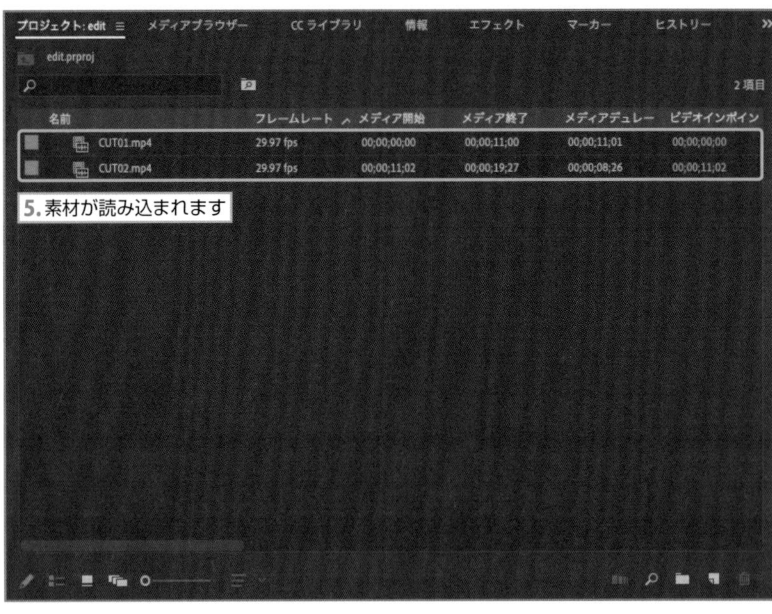

シーケンスを作成する

シーケンスとは、編集をする上で動画のサイズや形式を選択するものです。絵画に例えると、キャンパスの大きさや材質を選択するイメージです。映像を編集するには、シーケンスを作成する必要があります。

ここではYouTubeに投稿することを目的にしているので、編集サイズを**HDサイズ**で作成します。こちらが一般的なシーケンス設定です。

1 【ファイル】➡【新規】➡【シーケンス】（Mac ⌘＋N／Win Ctrl＋Nキー）を選択すると、【新規シーケンス】ダイアログボックスが表示されます。
【シーケンスプリセット】から【AVCHD】を展開し、さらに【1080p】を展開します。
【AVCHD 1080p 30】を選択して、【名前】に“edit”と入力し、【OK】をクリックします。

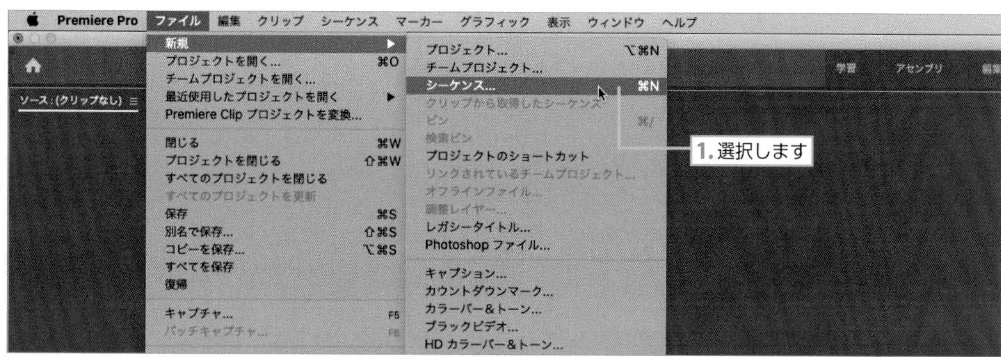

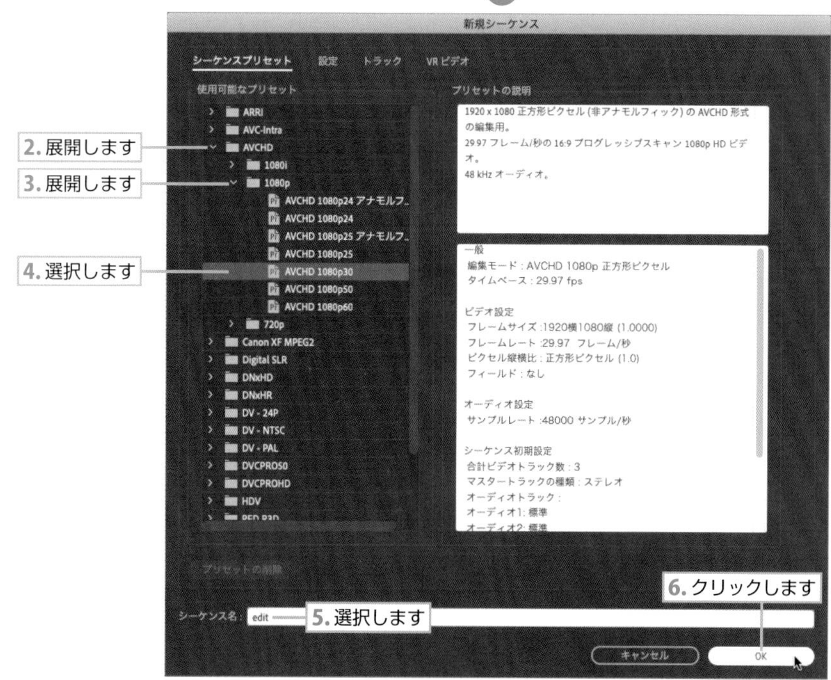

2 シーケンスが【プロジェクトパネルグループ】に表示され、【タイムライン】パネルにも表示されます。

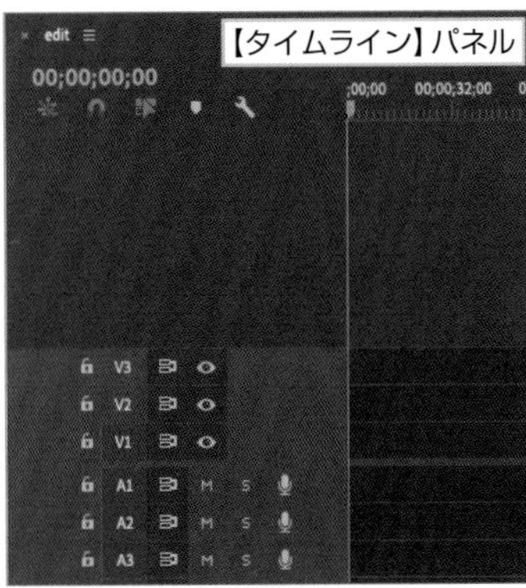

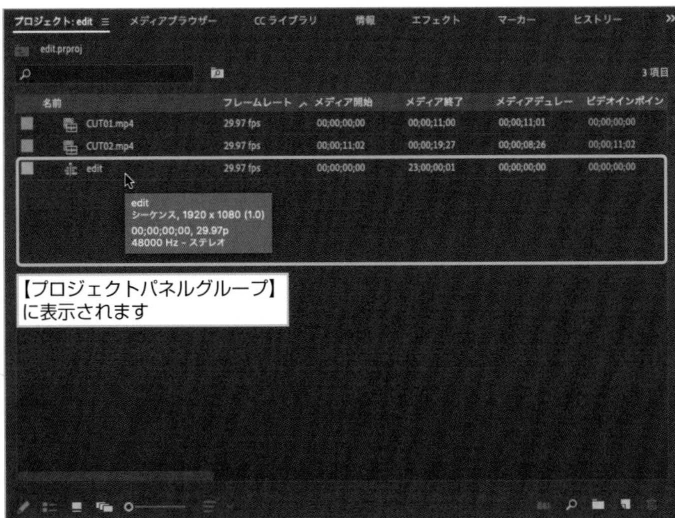

プロジェクトの保存

【ファイル】➡【保存】（Mac ⌘＋S／Win Ctrl＋Sキー）を選択すると、上書き保存されます。

また、**【ファイル】➡【別名で保存】**（Mac shift＋⌘＋S／Win Shift＋Ctrl＋Sキー）を選択すると、**【プロジェクトを保存】**ダイアログボックスで保存する場所を指定できます。プロジェクトを日付などでファイルを更新したいときなどに便利です。

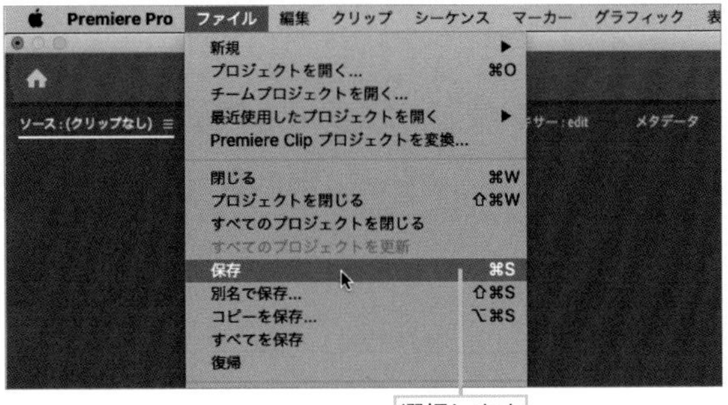

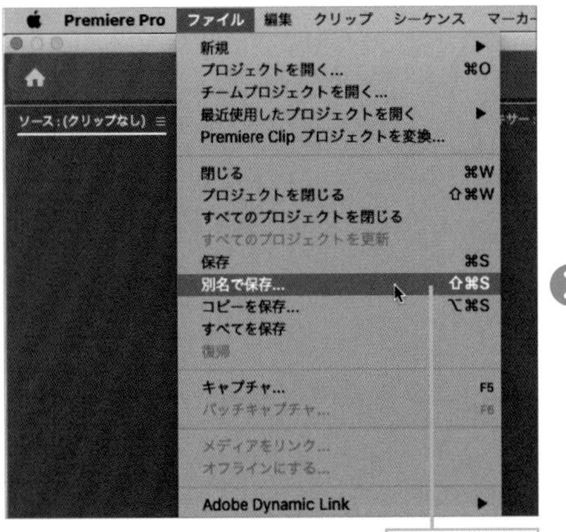

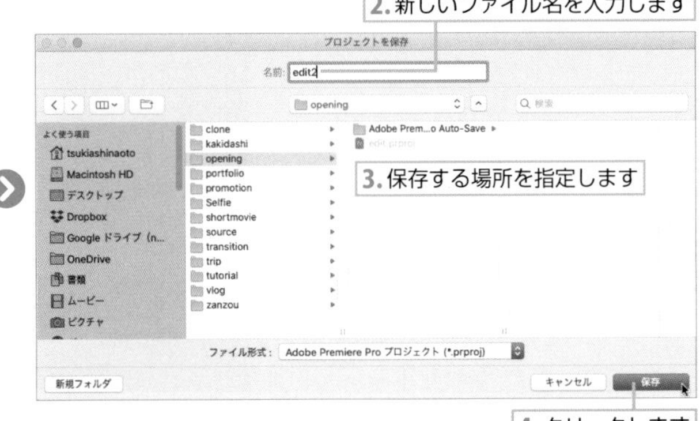

Premiere Proを終了する

Premiere Proを終了するときは、Mac 【Premiere Pro】➡【Premiere Proを終了】（⌘＋Qキー）／Win 【ファイル】➡【終了】（Ctrl＋Qキー）を選択します。

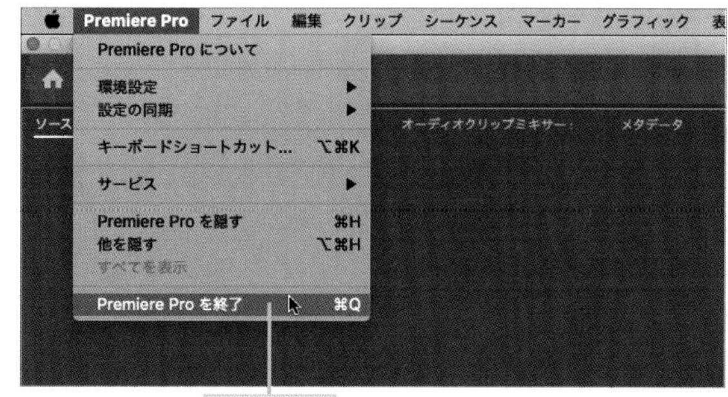

編集を再開する

編集を再開するときは、プロジェクトを保存した場所から**プロジェクトファイル**をダブルクリックするとファイルを開くことができます。

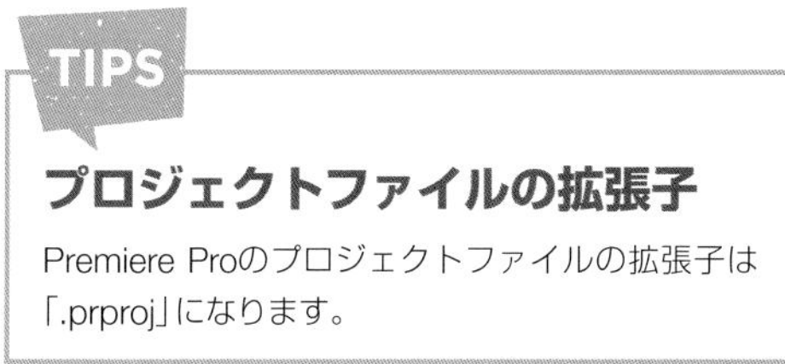

TIPS

プロジェクトファイルの拡張子

Premiere Proのプロジェクトファイルの拡張子は「.prproj」になります。

また、Premiere Pro起動時の画面で、**【ファイル】➡【プロジェクトを開く】**（Mac ⌘＋O（アルファベット「オー」）／Win Ctrl＋Oキー）を選択し、保存したプロジェクトを選択して**【選択】**をクリックしても、プロジェクトを開くことができます。

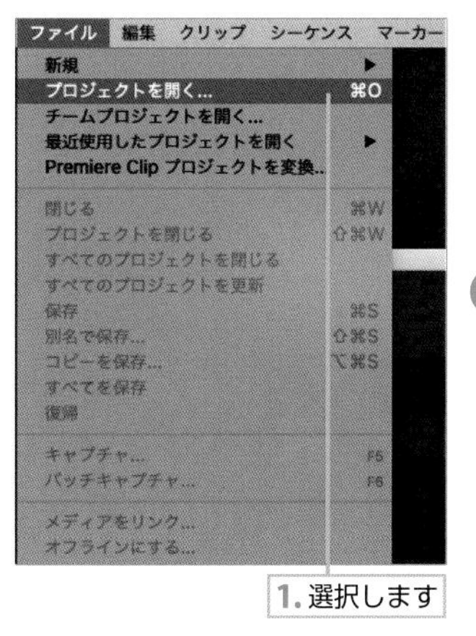

これで、映像を編集する準備が整いました。次に、実際の編集作業に進みます。

STEP
1-7

編集を開始しよう！

完成動画 1-7

ここでは、カット編集とテロップ挿入、音声を挿入するオーソドックスな編集の方法を解説していきましょう。

タイムラインに素材をクリップを配置しよう！

Premiere Proに読み込まれたファイル"CUT01.mp4"と"CUT02.mp4"を**クリップ**と呼びます。

1 "CUT01.mp4"クリップを選択して、【タイムライン】パネルの一番左にドラッグ＆ドロップします。

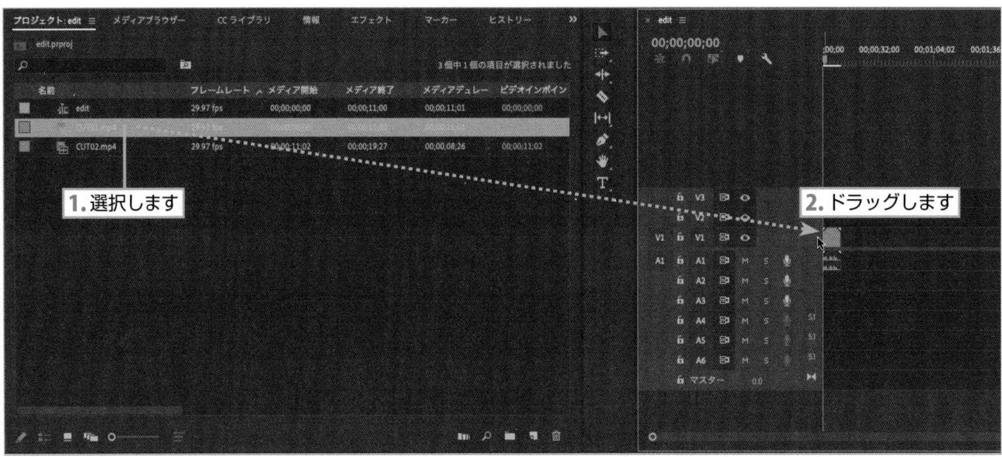

2 【プログラムモニター】に"CUT01.mp4"の映像が表示されます。これが編集の画面です。
また、【タイムライン】パネルの左上には【00:00:00:00】と表示されていますが、これは0秒の位置での映像であることを示しています。

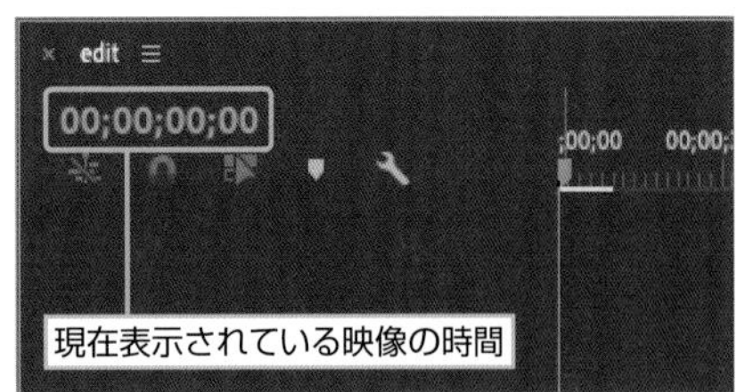

映像が表示されます

3 【プログラムモニター】の【再生アイコン】をクリックするか、space キーを押すと再生されます。
【タイムライン】パネルの【現在の時間インジケーター】も、左から右に進んでいきます。

4 "CUT02.mp4"を【タイムライン】パネルにある"CUT01.mp4"の右に配置します。
このとき、【タイムライン】パネルの左上にある【タイムラインをスナップイン】がオンになっていると、"CUT01.mp4"の右にピタッと吸着できます。

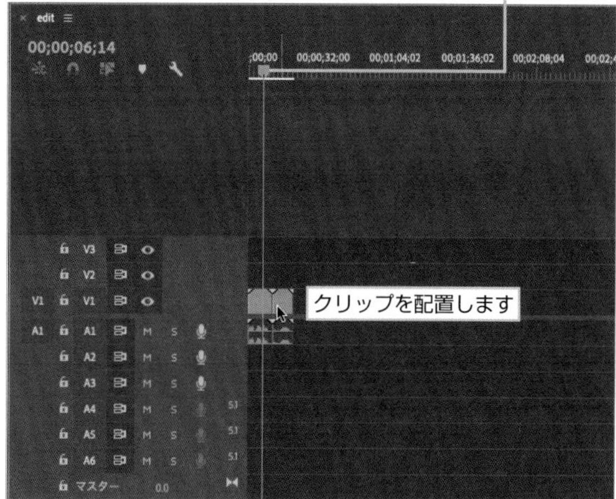

5 【現在の時間インジケーター】を"0秒"の位置までドラッグして戻し、最初から再生してみましょう。

【プログラムモニター】に自己紹介するモデルと、駅で出発する前のモデルのカットに切り替わります。また、最終的な再生時間は"00;00;19;27"になっています。

時間の表示について

【00（時間）；00（分）；00（秒）；00（フレーム）】となります。

TIPS

フレームとは？

映像は、静止画を連続して再生することで時間の経過を表現しています。今回の場合は「1080p 30fps」なので、1秒間に30枚の画像が並んでいます。
「1080p 60fps」に設定すると1秒間に60枚の画像が表示されるので、再生はとてもなめらかになりますが、その分ファイルサイズも大きくなるので、注意が必要です。
映画は主に24fpsを使用します。間延び感を作ることで、ゆったりとした映像を作ることができます。

覚えておくべきインジケーターの操作方法

1フレームずつ移動する

【タイムライン】パネルをクリックして選択し、→キーを押すと1フレームずつ進みます。

←キーは1フレームずつ戻ります。

5フレームずつ移動する

【タイムライン】パネルをクリックして選択し、shift＋→キーを押すと5フレームずつ進みます。

shift＋←キーは5フレームずつ戻ります。

クリップ間に移動する

↓キーを押すと、次のクリップ間に進みます。↑キーを押すと、前のクリップ間に戻ります。

時間を指定して移動する

【タイムライン】パネルの左上にある時間をクリックします。

例えば、右図のように“00;00;05;00”と入力して Mac return キー（Win Enter キー）を押すと、5秒（05;00）に進みます。

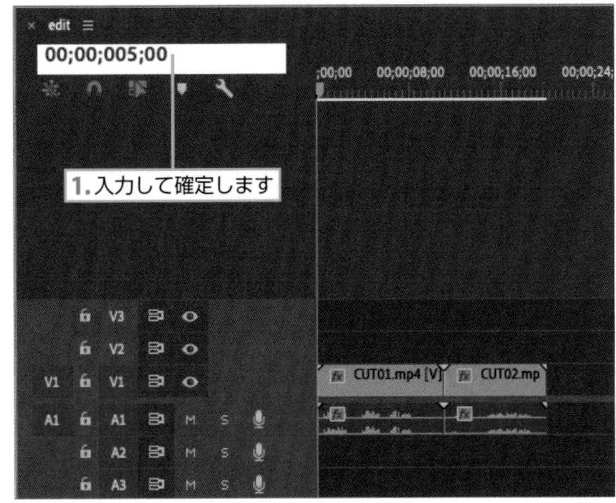

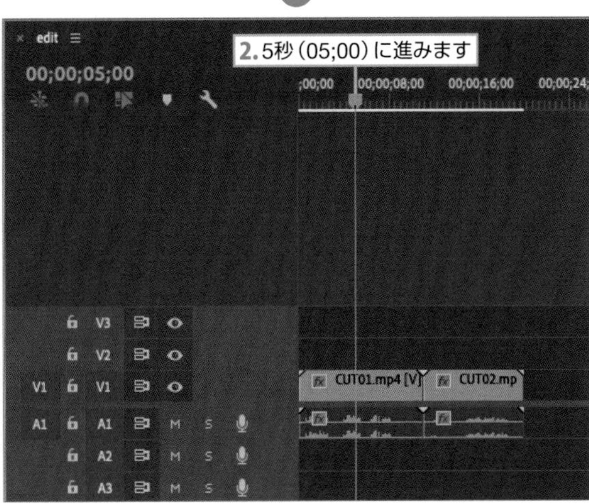

【レーザーツール】を使ったカット編集をしよう！

今回は、この2カットのみになります。

再生すると“CUT01.mp4”は冒頭も終わりも問題はないですが、“CUT02.mp4”自体にディレクターの声で「はい、行きます」が入っているのでカットします。

1 先ほど覚えたインジケーターの操作方法を使って、再生ヘッドを“00;00;12;16”に進めていきましょう。
ここでは、前ページの「時間を指定して移動する」の方法で、“1216”と入力して確定することで移動します。

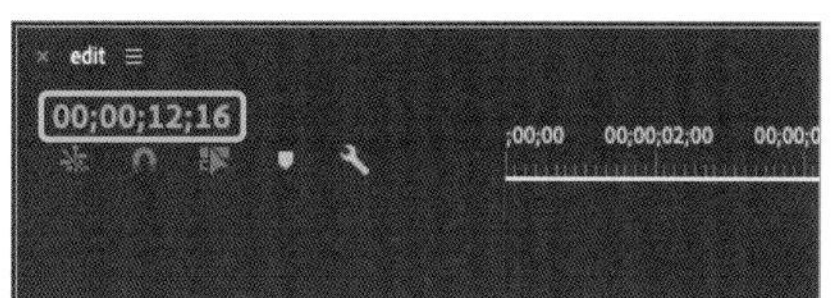

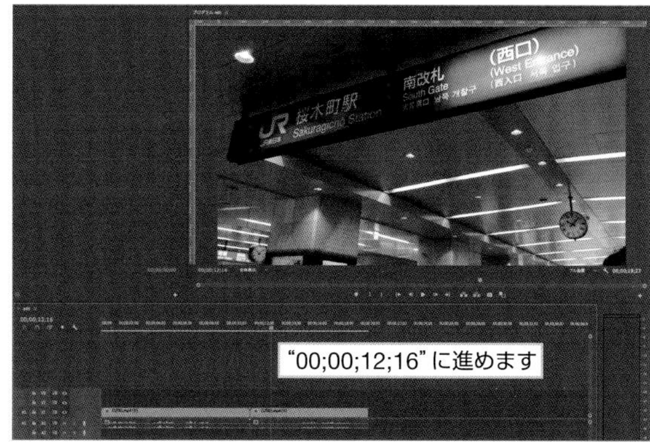

2 【ツールパネル】から【レーザーツール】を選択します。

選択します

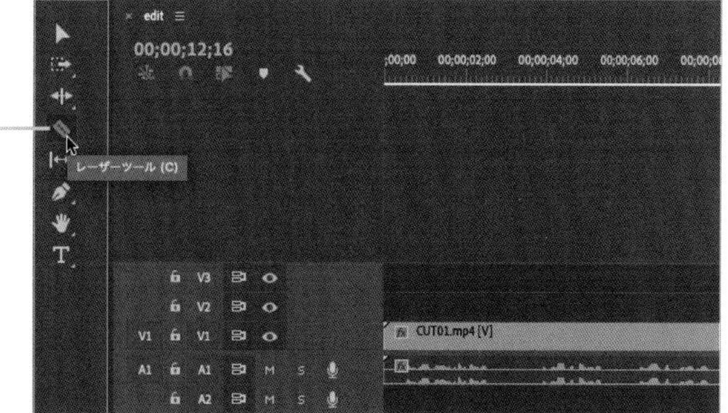

3 【現在の時間インジケーター】が表示されている“00;00;12;16”でクリックするとクリップが分割されます。

4 【ツールパネル】から【選択ツール】 を選択します。分割された“CUT02.mp4”左のクリップを選択して Mac delete ／ Win Delete キーを押すと、クリップが削除されます。

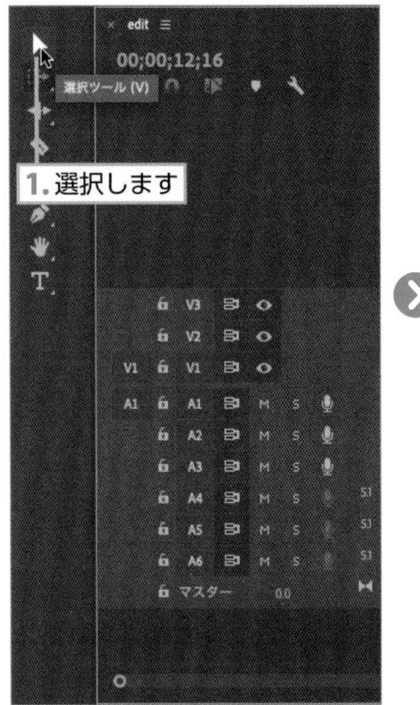

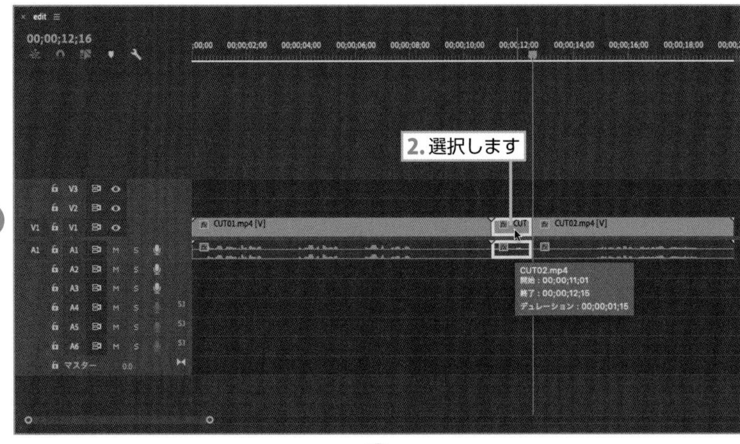

TIPS リップル削除

分割されたクリップを削除してできた空白部分を「リップル」といいます。
リップルを選択して右クリックし、【リップル削除】を選択するとリップルを詰めることができます。

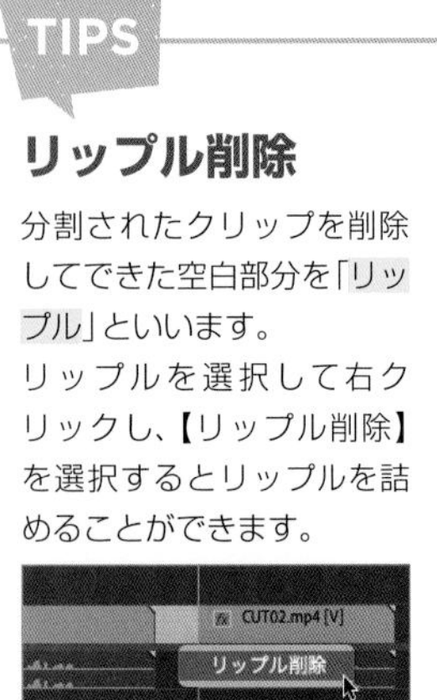

5 短くなった“CUT02.mp4”を選択して、“CUT01.mp4”に接合します。
再生すると「はい、行きます」の声がカットされて、スムーズにカットが切り替わります。

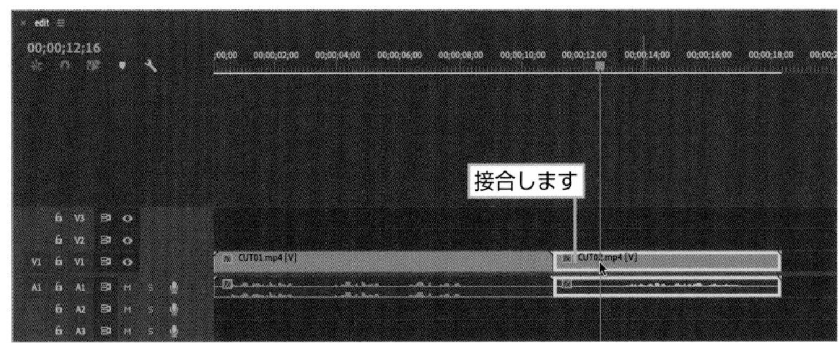

これが、**【レーザーツール】** を使ったカット編集です。

ドラッグしてクリップを短くする

【ファイル】➡【取り消し】（Mac ⌘ ＋ Z ／ Win Ctrl ＋ Z キー）を選択して、もう一度“CUT01.mp4”と“CUT02.mp4”がカットされていない状態に戻しましょう。

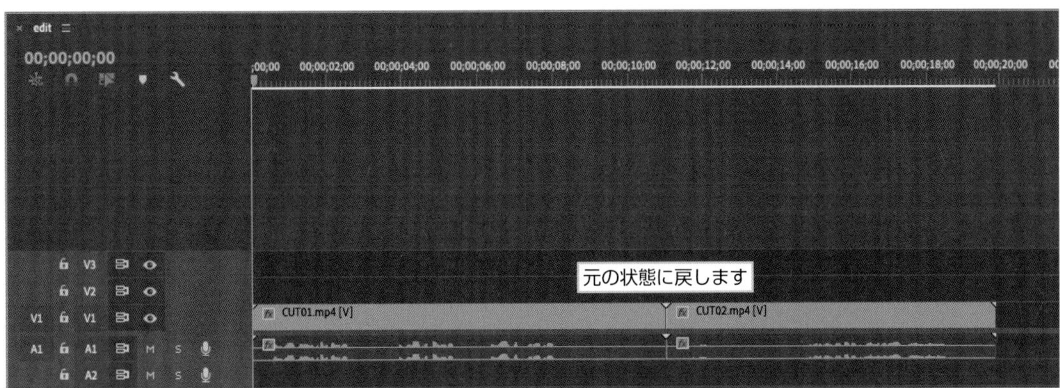

TIPS

作業の取り消し／やり直し

作業を取り消すには、⌘ ＋ Z（Win Ctrl ＋ Z）キーを選択します。
やり直し（再実行）するには、shift ＋ ⌘ ＋ Z（Win Shift ＋ Ctrl ＋ Z）キーを選択します。

1 【現在の時間インジケーター】を“00;00;12;16”に合わせます。

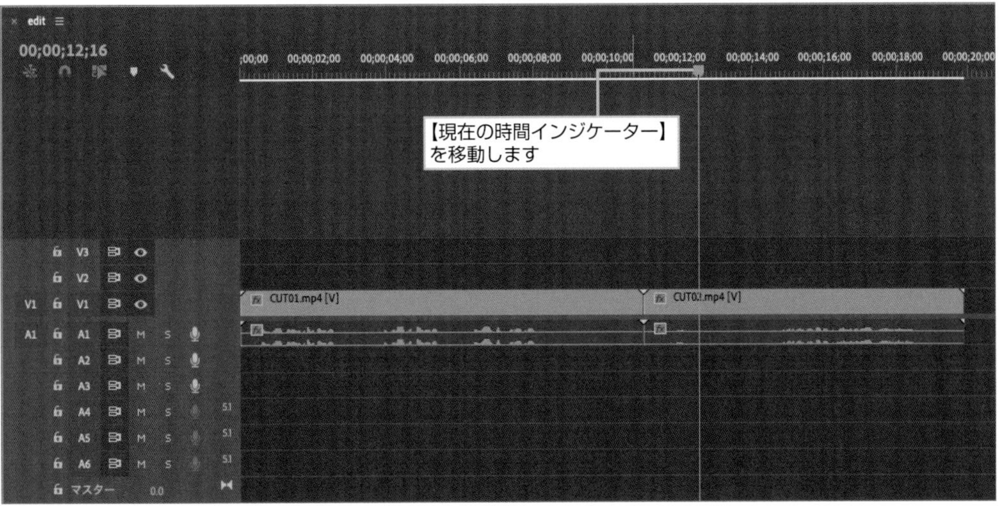

2 【選択ツール】 で “CUT02.mp4” クリップの左端をつまんで “00;00;12;16” までドラッグして縮めると、【レーザーツール】 と同様にクリップをカットできます。縮まった分をドラッグして、“CUT01.mp4” に接合します。

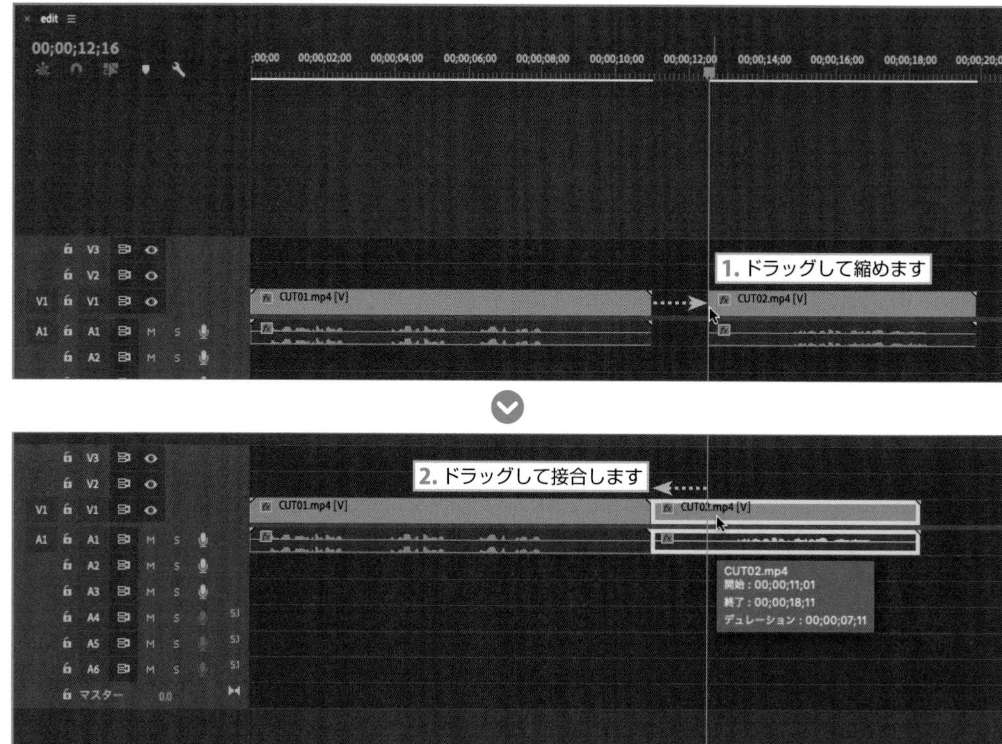

3 クリップの最後に【現在の時間インジケーター】 を合わせると “00;00;18;12” と表示されます。これは、動画の再生時間は18秒12フレームということを表しています。

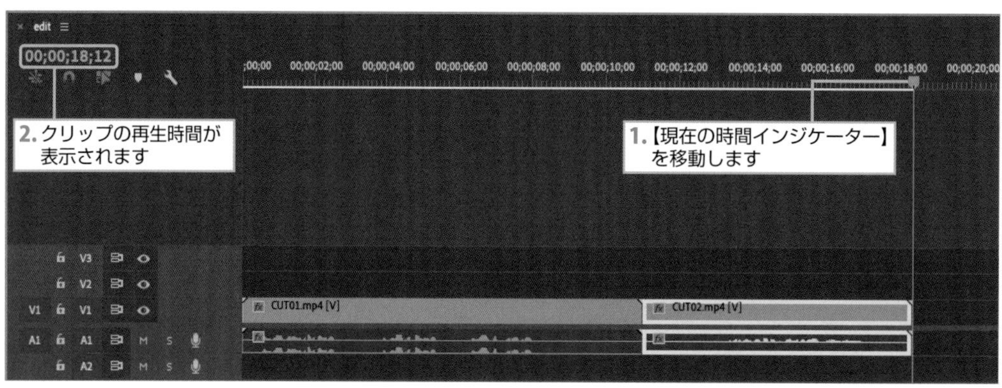

フェードインとフェードアウト

動画の冒頭と最後にフェードイン・フェードアウトを適用します。

1 "CUT01.mp4" クリップの左側を【選択ツール】で選択して、右クリックして【デフォルトのトランジションを適用】を選択します。

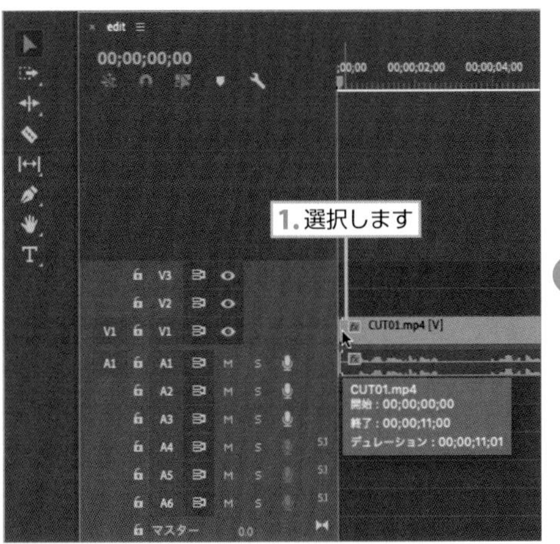

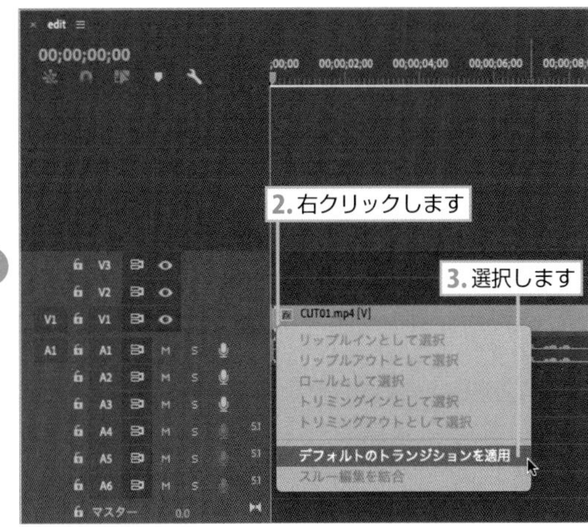

2 フェードインが適用されます。

3 同様に“CUT02.mp4”クリップの右端を【選択ツール】で選択して、右クリックして【デフォルトのトランジションを適用】を選択します。

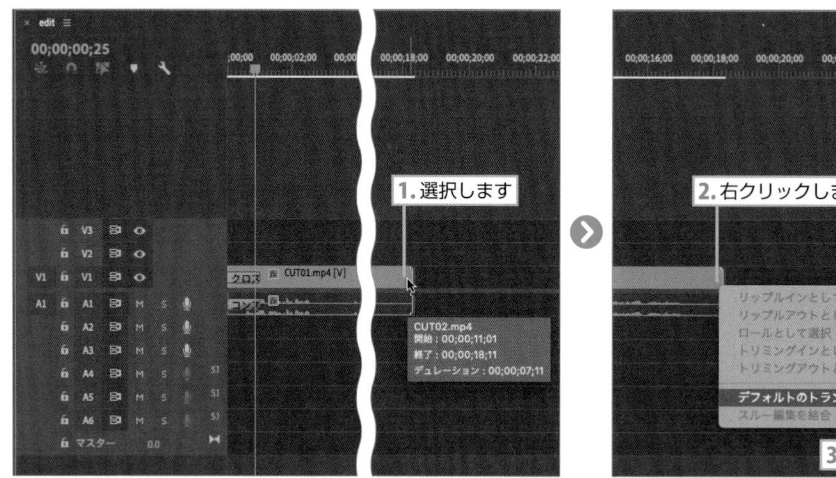

4 フェードアウトが適用されます。

テロップを入れよう！

“CUT01.mp4”クリップにモデルの名前「坂口彩」をテロップとして表示させましょう。

1　【タイムライン】パネルで【現在の時間インジケーター】を“00;00;01;23”に合わせます。

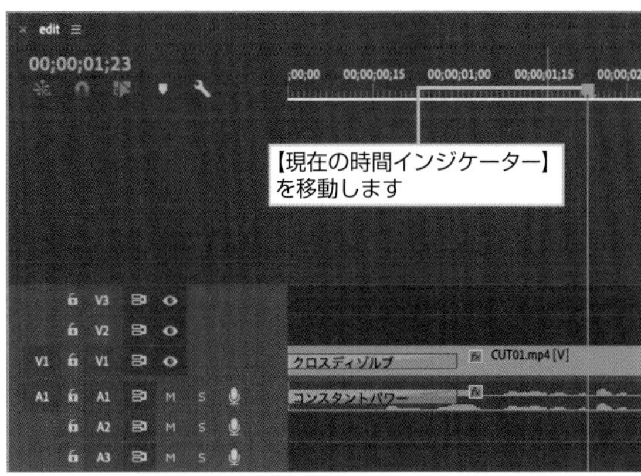

2　【テキストツール】を選択して【プログラムモニター】をクリックすると入力画面になるので、“坂口彩”と入力すると、【タイムライン】パネルの【V2】トラックに【坂口彩】クリップが作成されます。

TIPS

映像トラック

映像のトラックは上にあるものが優先されて画面上にも表示されます。また、トラックは追加することができます。

3 【選択ツール】をクリックして選択し、【V2】トラックにある“坂口彩”クリップを選択します。

4 【ソースモニターグループ】の左上にある【エフェクトコントロール】パネルのタブをクリックして、【テキスト】を展開します。

5 【ソーステキスト】からフォントを選択します。ここでは、ポップな書体“TBCGothic Std”を選択しています。

【Adobe Creative Cloud】で【Premiere Pro】を使用しているユーザーは、【Adobe Typekit】より無料でフォントをダウンロードできます。8ページを参照してください。

6 【塗り】をクリックして、紫色に変更します。

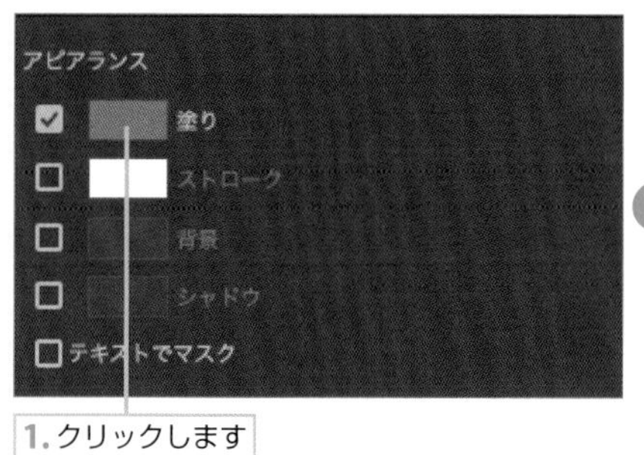

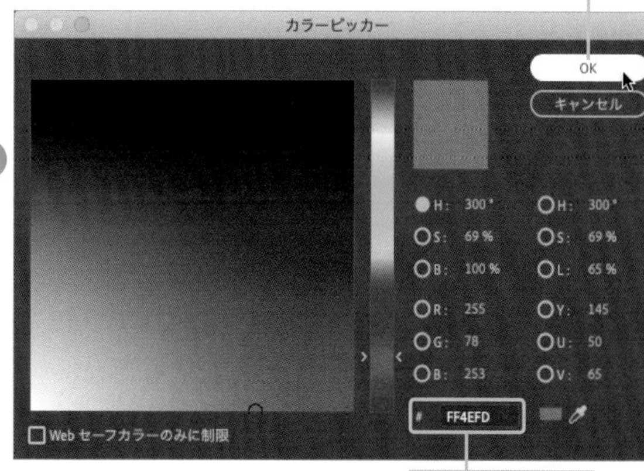

7 フォントサイズのゲージを右にドラッグして、文字を大きくします。

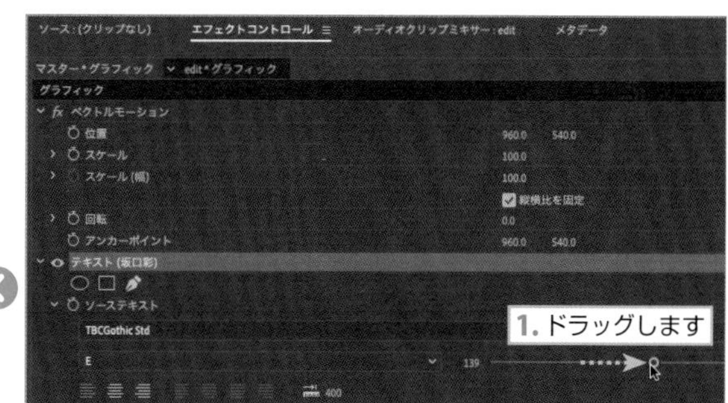

8 【プログラムモニター】でテロップをドラッグして中央に配置します。

9 【ストローク】をオンにします。数字をクリックして“5”に設定すると、文字にアウトラインが作成されます。

10 “坂口彩”クリップの左端と右端にフェードイン・フェードアウトを適用します。

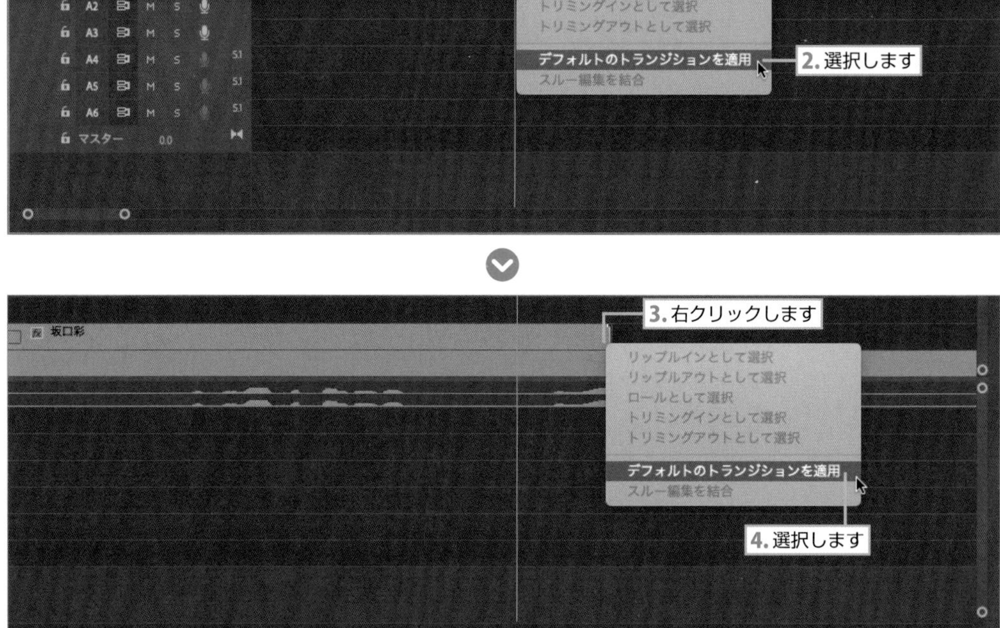

再生すると、紫色の文字がフェードインして出現し、最後にフェードアウトします。

音声レベルを調整しよう！

“CUT01.mp4” クリップの音声が大きいので、少しレベルを下げます。

“CUT01.mp4” クリップを選択して、**【エフェクトコントロール】**パネルから**【オーディオ】**の**【レベル】**の数値を“-4.0db”に設定すると、音声が小さくなり統一感が出ました。

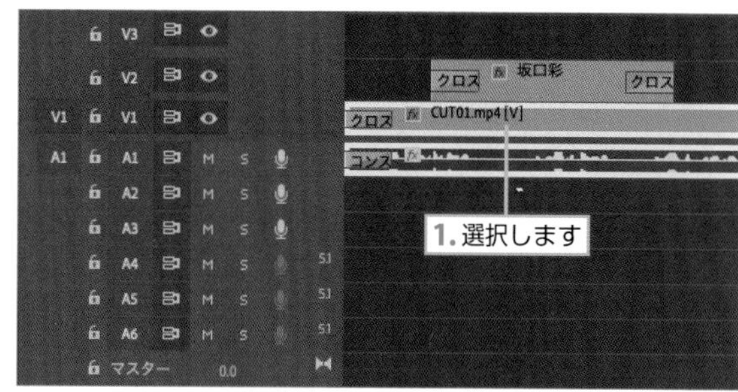

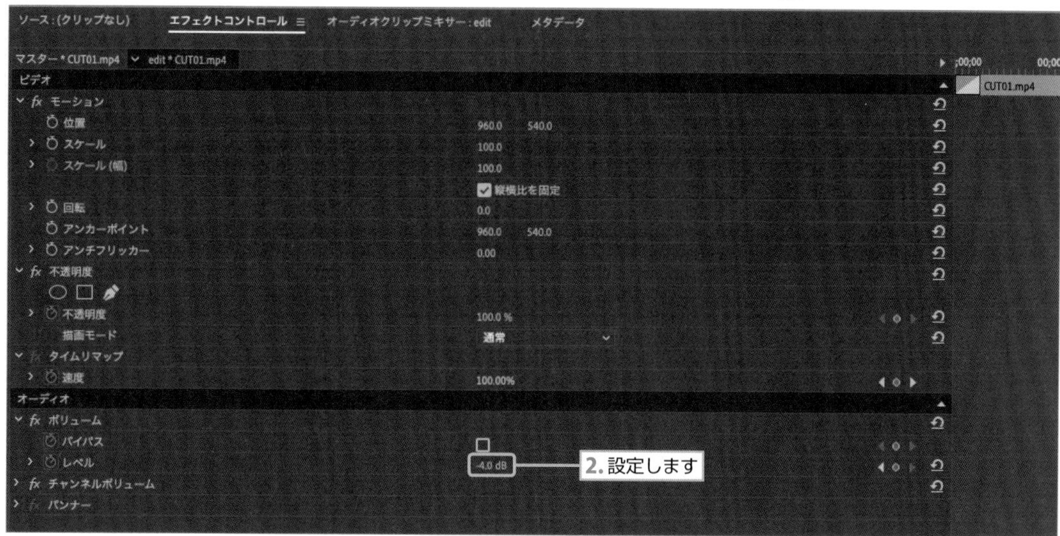

これで、簡単なカット編集は以上です。
最後に、動画を書き出しましょう。

STEP 1-8

映像を書き出そう！

編集した動画の内容を、映像ファイルに書き出してみましょう。
ここでは、一般的なYouTube動画の書き出しを行います。

書き出す範囲を設定しよう！

1 【現在の時間インジケーター】 を"0秒"の位置に合わせて、【マーカー】➡【インをマーク】（Mac▸I（アルファベット「アイ」）／Win▸Ctrl＋Iキー）を選択するとイン点が作成されます。

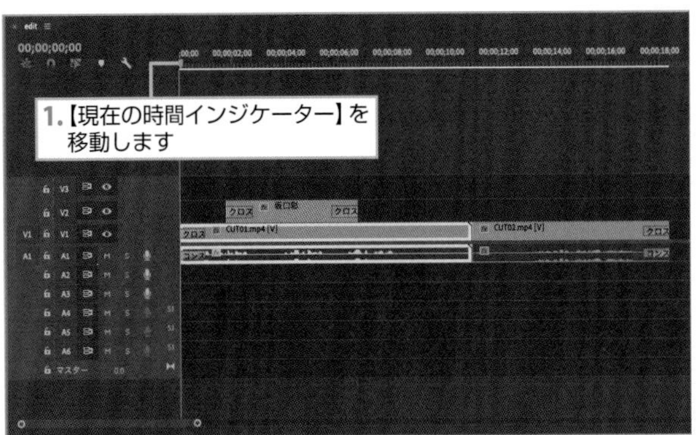

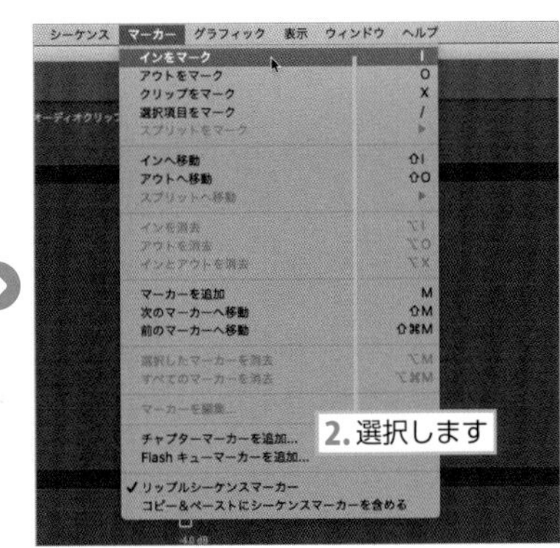

2 【現在の時間インジケーター】 を最後の"00;00;18;12"の位置に合わせて、【マーカー】➡【アウトをマーク】（Mac▸O（アルファベット「アイ」）／Win▸Ctrl＋Oキーを選択するとアウト点が作成されます。

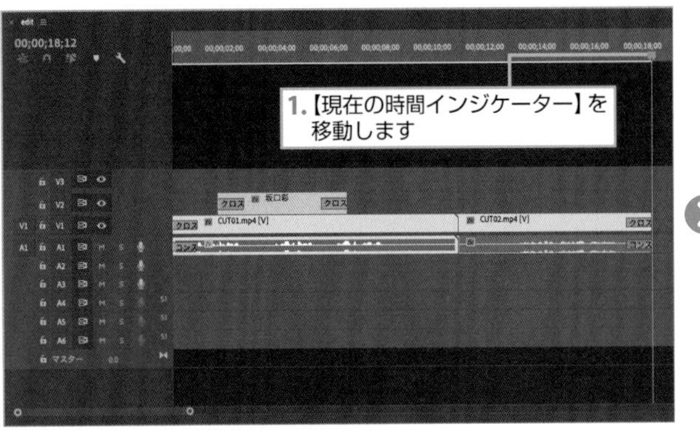

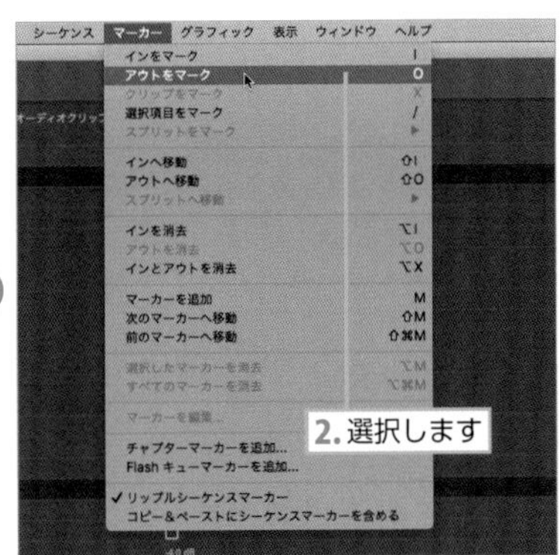

3 【タイムライン】パネルの何もない場所をクリックしてアクティブにした状態で、【ファイル】➡【書き出し】➡【メディア】（Mac ⌘＋M／Win Ctrl＋Mキー）を選択します。

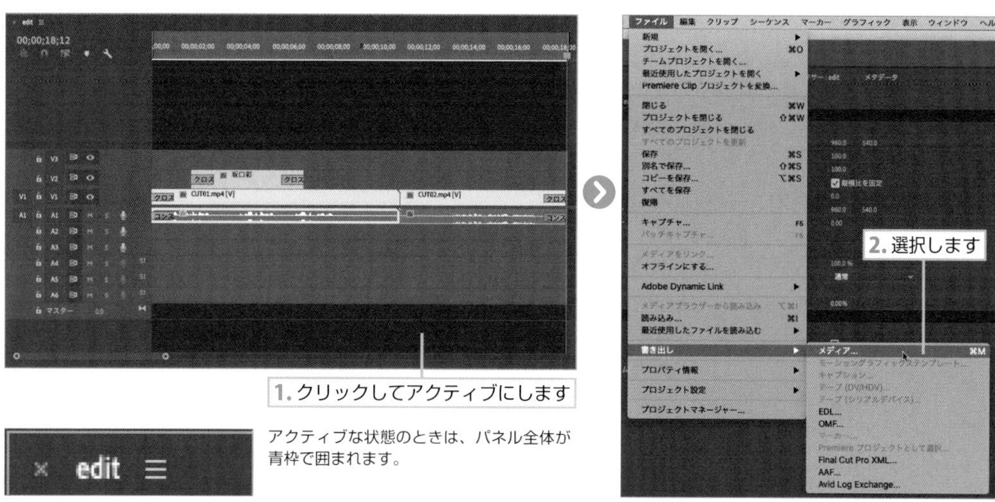

アクティブな状態のときは、パネル全体が青枠で囲まれます。

4 【書き出し設定】ダイアログボックスが表示されるので、【形式：H264】【プリセット：ソースの一致・高速ビットレート】の状態のまま、【出力名】をクリックします。

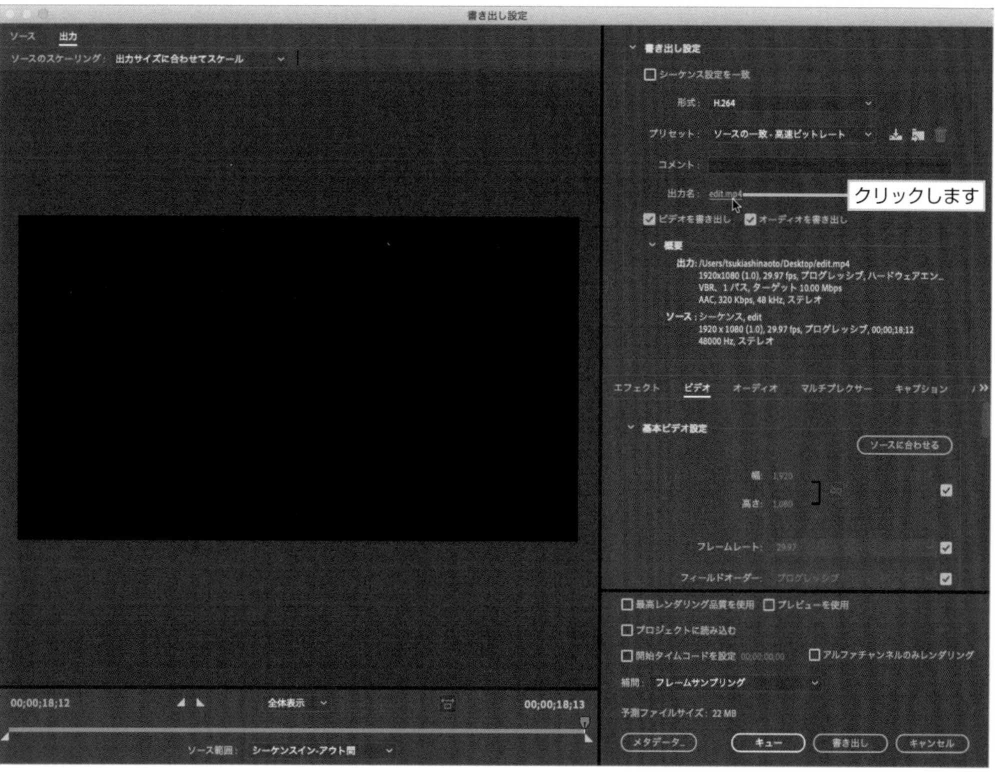

5 ここでは、保存する場所として内蔵ハードディスクに“kakidashi”フォルダを作成します。ファイル名を“opening”と入力して、【保存】をクリックします。

6 【書き出し設定】ダイアログボックスに戻って【書き出し】をクリックすると、エンコードが開始されます。

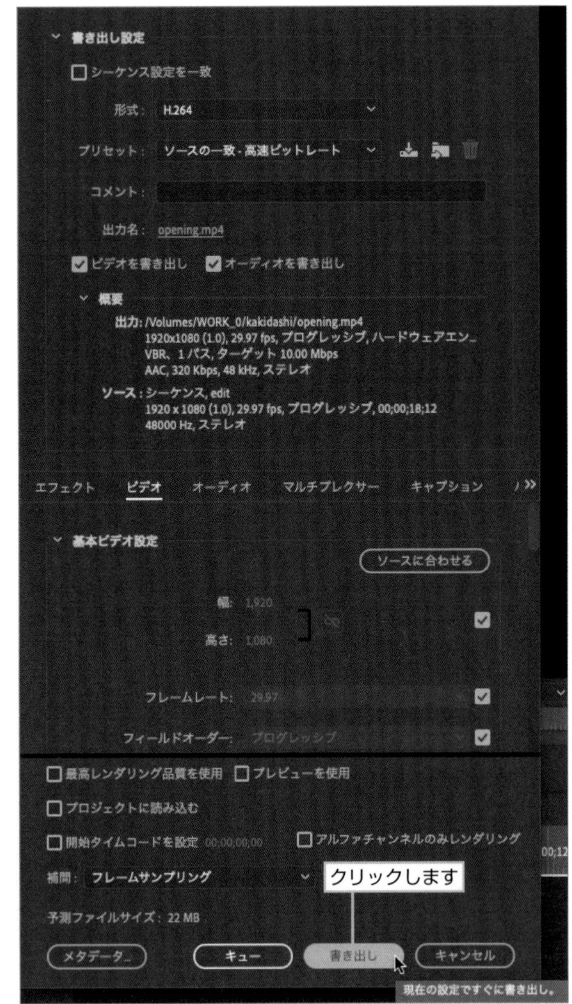

7 エンコードが終了すると、保存された場所に映像ファイルができています。
QuickTimeなどで開くと、映像が確認できます。この動画をYouTubeなどのSNSにアップロードします。

以上が、編集の流れになります。
Part2以降は、より複雑な動画の作り方を解説していきます。

STEP 1-9 編集上の注意点

ここでは、Premiere Proで映像を編集する際に注意すべき点や、トラブルが発生したときの対処法などを紹介します。

読み込んだファイルの移動について

Premiere Proに読み込んだクリップの元のファイルを、別の場所に移動したり削除すると、タイムライン上からリンクが外れてしまいます。

同じファイルが別の場所にある場合には、まだ対処できますが、削除したら元に戻すことはできません。

編集に使うファイルは削除しないように注意しましょう。

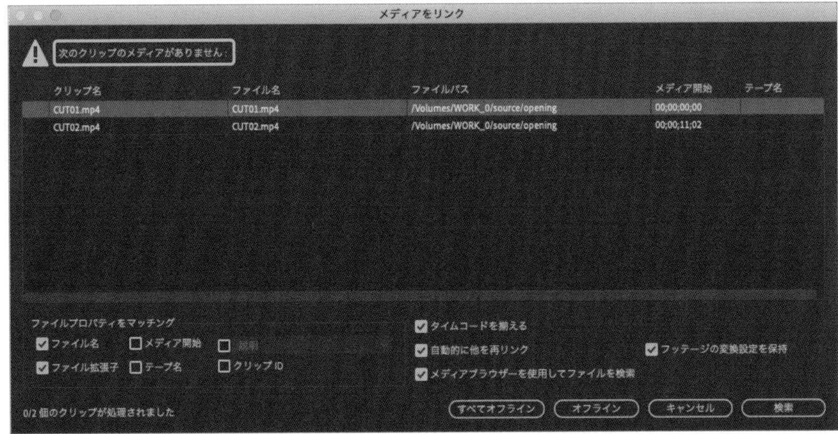

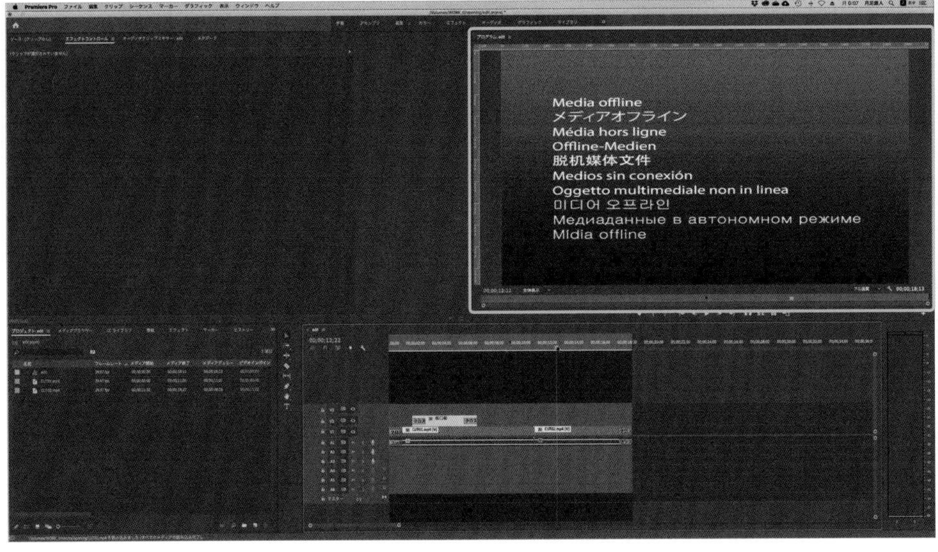

ハードディスクの選び方

今後の映像編集は、HD（ハイビジョン）以上がスタンダードになりますので、ハードディスクの容量は最低でも1TB（テラバイト）以上で、読み込み速度の早い機種を使用することをおすすめします。

ファイルを別の場所に移動した場合には、元に戻すことができます。

1 メディアオフラインのクリップを【選択ツール】で選択して、【ファイル】➡【メディアをリンク】をクリックします。

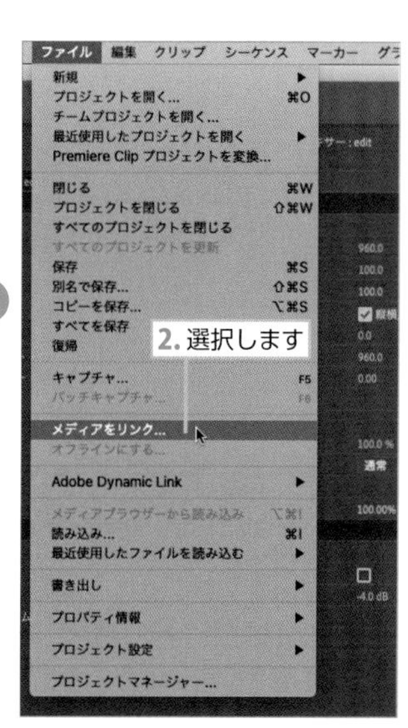

2 【メディアをリンク】ダイアログボックスにリンクが外れているファイルが表示されるので、【検索】を選択します。

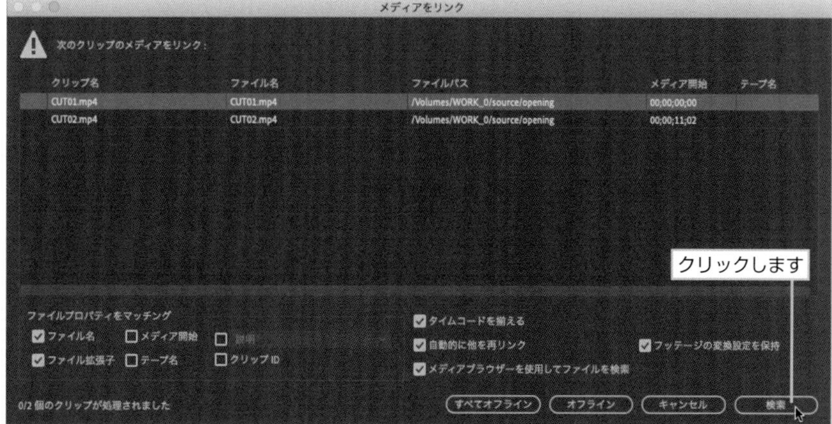

3 同じファイルが保存されている階層を選択してファイルを選択し、【OK】をクリックします。

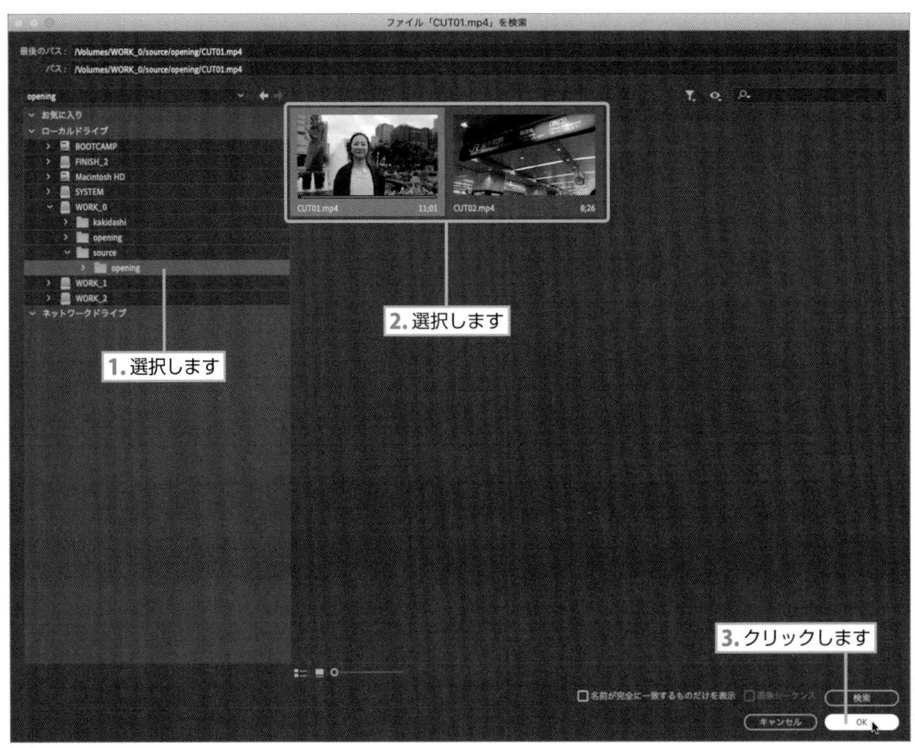

4 編集上のメディアオフラインクリップが復帰します。

【タイムライン】パネルの拡大縮小

編集を進めていくと、数多くのクリップが**【タイムライン】**パネルに並んでいくことになります。この場合は、**【タイムライン】**パネルの表示を拡大縮小して、編集クリップを見やすくしましょう。

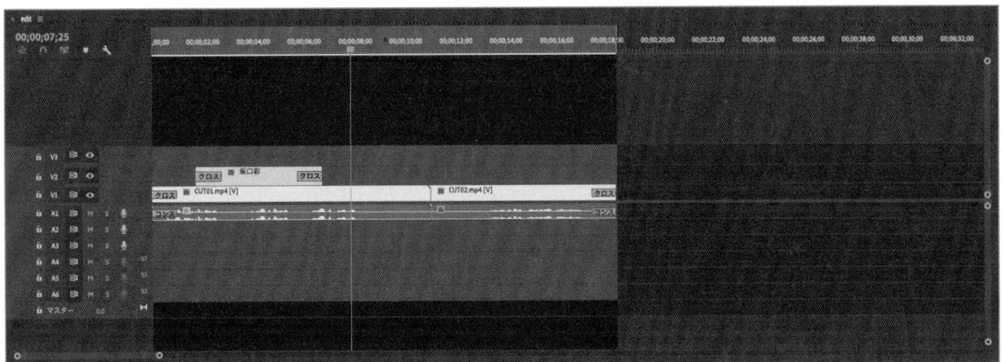

【タイムライン】パネルの下部にあるバーを左にドラッグすると拡大、右にドラッグすると縮小されます。

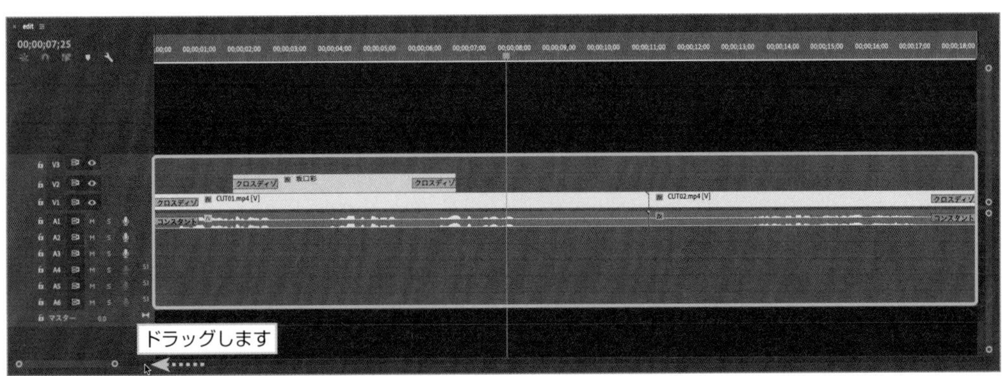

また、キーボードショートカットの[-]（ハイフン）キーで縮小、[^]（ハット）キーで拡大することもできます。

TIPS

キーボードショートカット

ショートカットはパソコンやキーボードの種類によって使用できないことがあります。Mac【Premiere Pro】➡【キーボードショートカット】（option + ⌘ + K）／Win【編集】➡【キーボードショートカット】（Alt + Ctrl + K）を選択して、【キーボードショートカット】ダイアログボックスでショートカットをカスタムで作成したり、確認することができます。

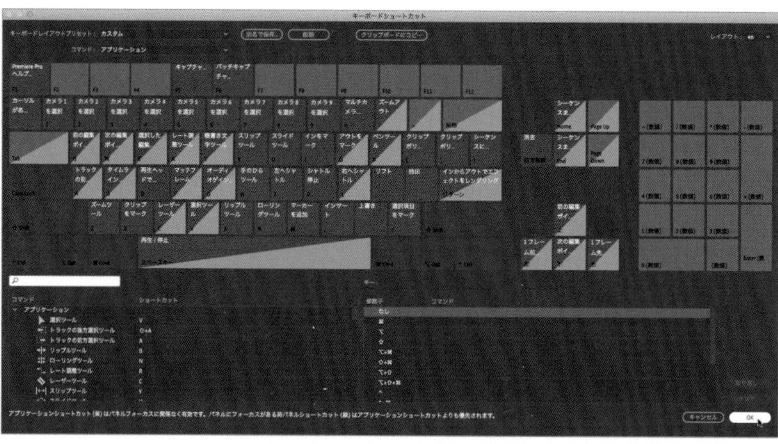

TIPS

Adobe Media Encoder

動画を書き出しする際、52ページの【書き出し設定】ダイアログボックスで【キュー】をクリックすると【Adobe Media Encoder】が起動し、複数のファイルの書き出しをバックグラウンドで行うことができます。

PART

2

他人と差を付ける プライベート動画

ここでは、SNSでよく見かける商品紹介動画とポートフォリオ動画について解説していきます。複雑なカット編集や色補正、音楽付けなど挑戦しましょう。また、ポートフォリオ動画では縦動画も作っていきます。

STEP 2-1

商品紹介動画を作ろう！

SNS のネット動画で需要が多いのは、商品紹介のビデオブログです。実際に動画を見て商品を購入する人も増えているので、ぜひ作ってみましょう。ここでは基本的なカット編集とインサート編集、そしてタイトルアニメーションの作り方と音声調整を紹介します。

完成動画 2-1

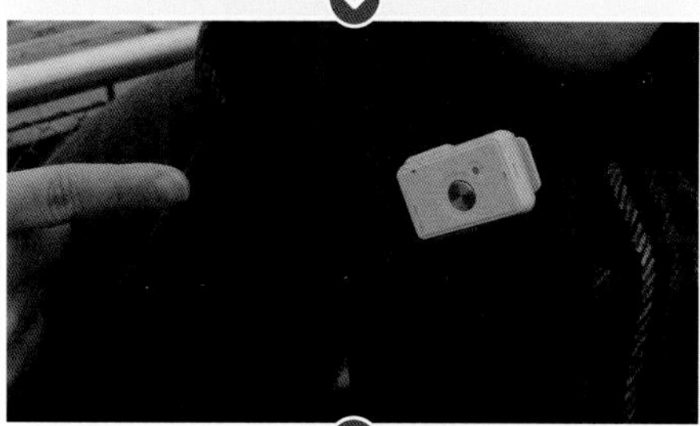

何を撮影するか決めよう！

今回はマイクの商品紹介動画です。モデルがマイクをつけて撮影していますが、編集でスマートフォンで撮影したままの音声とマイクの音声をくっつけていきます。

雑多な場所でも、どれだけモデルの声を拾えるかを実験する紹介動画になります。

商品紹介動画の字コンテ

○CUT 1
始まり：Smart Mike を装着してモデルさん撮影
風が響く中、海を背景

撮影：Osmo Mobile 装着
構図：バストショット
セリフ内容：Smart Mike の紹介

○CUT2
Smart Mike 単体撮影

撮影：Osmo Mobile 装着
構図：アップ

○CUT3、CUT4、CUT5
噴水の前で自己紹介
人の声で回りがざわついている遊園地。

撮影：Osmo Mobile 装着でおっかけ撮影
構図：フルショット〜ウェストショット
セリフ内容：自己紹介と遊園地の感想。

○CUT6
まとめ：Smart Mike を装着してモデルさん撮影
風が響く中、海を背景

撮影：Osmo Mobile 装着
構図：バストショット
セリフ内容：Smart Mike の紹介と締めのコメント。

撮影しよう！

さきほどの構成に沿って考えながら、実際の撮影を進めていきます。

背景を選ぼう！（CUT01とCUT06）

最初に、CUT01とCUT06の背景を選びます。背景のことを、「**抜け**」と呼ぶこともあります。

ここでは、マイクはマフラーにつけていますが、マフラーの中に埋もれると衣擦れの音を拾ってしまうので、注意してください。

またモデルさんにも、マイクに触れないように指示してください。

ここで、マイクの紹介（CUT01）と締めコメント（CUT06）を撮影します。

商品紹介動画なので、モデルさんに商品を指差すなどのアクションを指示してください。

インサート用の映像（CUT02）

次に、編集時に上にかぶせるインサート用の映像**CUT02**を撮影します。**CUT01**と比べてもすぐわかるくらいアップで撮影します。

注意する点として、モデルさんには**CUT01**と同じ内容のことをモデルさんに言ってもらい、指差しなどのアクションも入れてもらいましょう。

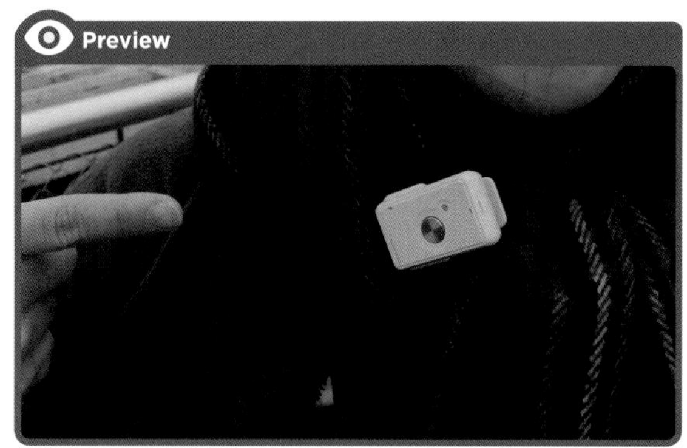

その他の映像（CUT03、CUT04、CUT05）

環境音が大きい噴水や遊園地で撮影します。**CUT03**はOsmo Mobileを使って撮影します。

CUT04と**CUT05**もOsmo Mobileを使って撮影すると、移動しながらのカットがなめらかな仕上がりの映像になります。

ビデオブログを作る際、変に演技をさせずに普段通りのオフショットを撮影すると、モデルさんの個性が出る映像になります。自然な会話をしながら撮影するのもよいでしょう。

編集しよう！

プロジェクトを作成する

1 Premiere Proの【ホーム画面】で【新規プロジェクト】をクリックします（28ページ参照）。

2 【新規プロジェクト】ダイアログボックスで【名前】を“edit”と入力します。【場所】にある【参照】をクリックして、【新規フォルダ】の“vlog”を作成します（29ページ参照）。

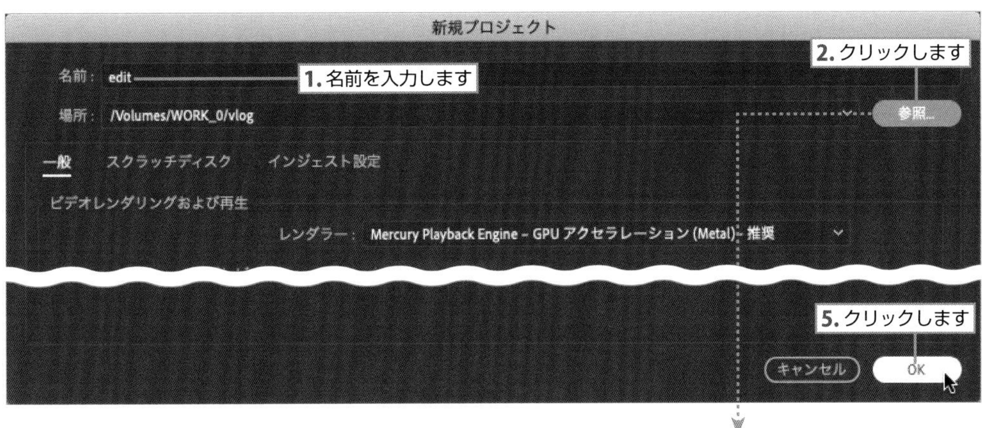

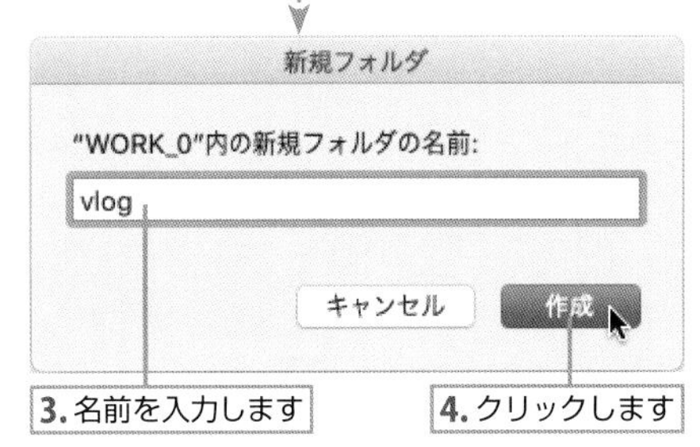

ファイルの読み込み

1 【ファイル】➡【読み込み】を選択して、“vlog_source”フォルダから“CUT01～CUT06.mp4”、“CUT01.wav”“CUT03～CUT06.wav”を選択します(32ページ参照)。

2 【読み込み】をクリックすると、素材が【プロジェクトパネルグループ】に読み込まれます（32ページ参照）。

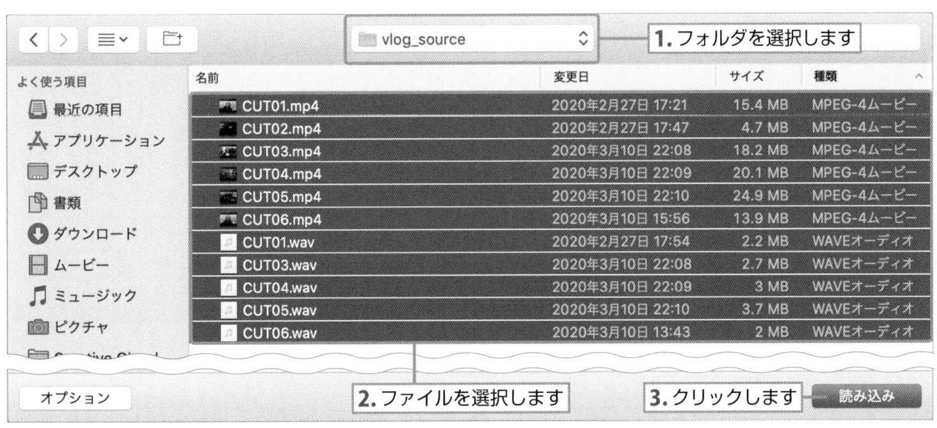

"CUT01～CUT06.mp4" クリップはスマートフォンで撮影し、音声もスマートフォンによるものです。"CUT01～CUT06.wav" クリップは、Smart Mikeで音声を収録したものになります。

シーケンスを作成する

1 【ファイル】➡【新規】➡【シーケンス】を選択します（33ページ参照）。

2 【新規シーケンス】ダイアログボックスで【AVCHD 1080p 30】を選択して、【シーケンス名】を "edit" と入力し、【OK】をクリックします。

クリップを配置する

1 "CUT01.mp4" と "CUT03～CUT06.mp4" を選択して、タイムラインの【0秒】の箇所に左詰めで配置します。

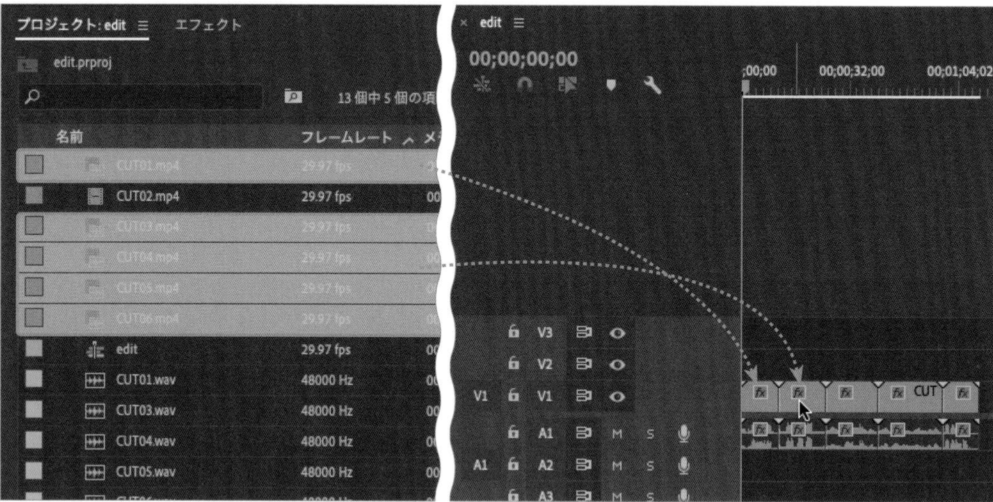

2 同様に、"CUT01.wav" と "CUT03～CUT06.wav" を【A2】トラックにある各クリップの先頭に順番に1つずつ配置します。

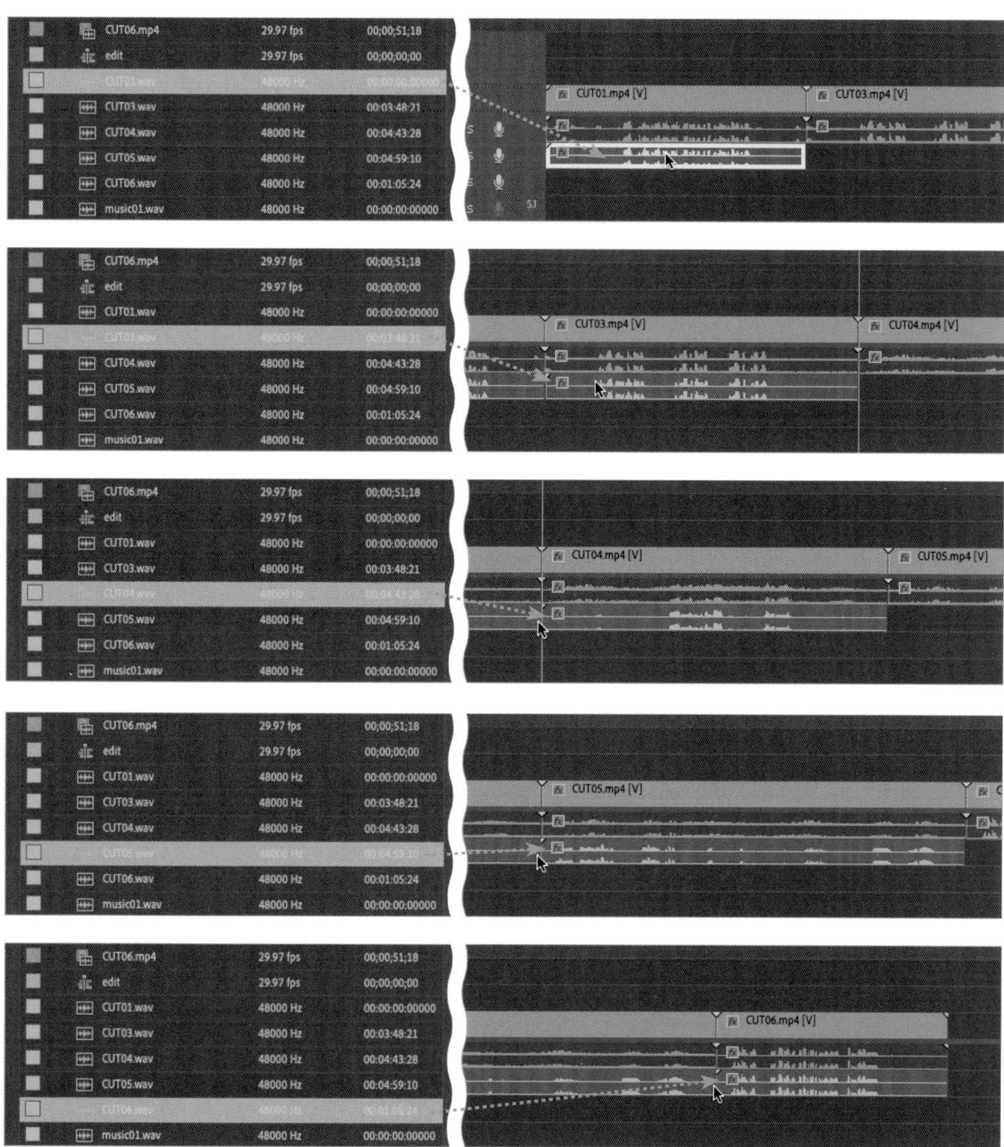

TIPS

音声トラック

音声にもトラックがあります。映像のトラックと違って優先はなく、単純に重なった音になります。再生すると、スマートフォンで撮影した音声とSmart Mikeで収録した音が重なりますが、このままカット編集を続けます。

TIPS

トラックの追加

【タイムライン】パネルの【トラック】の横で右クリックすると、【トラック】を増減することができます。

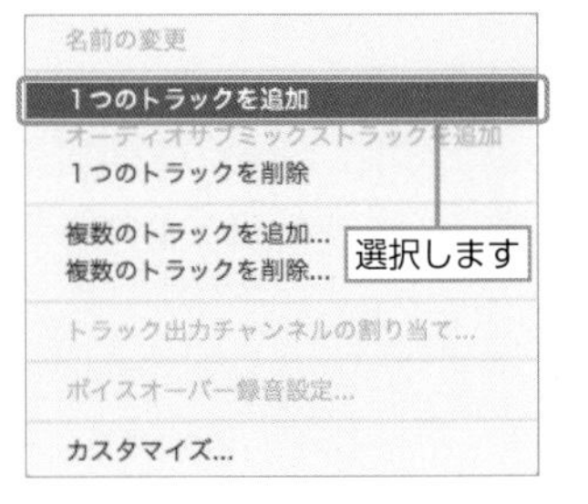

カット編集

最初に、ディレクターの「よーいスタート」が入ってるのでカットします。

1 【現在の時間インジケーター】を“00;00;04;00”に合わせます。

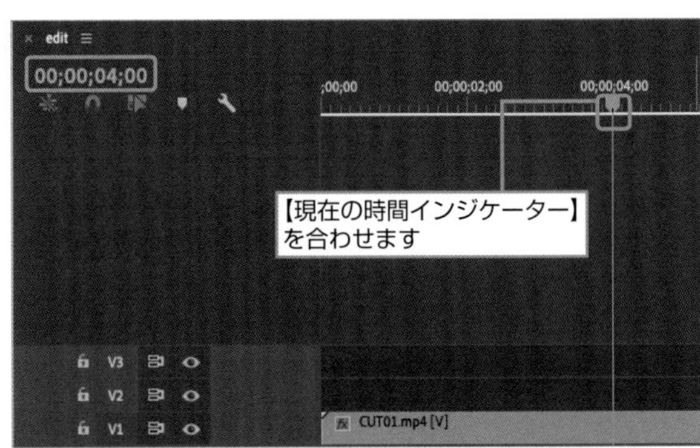

2 【レーザーツール】を選択します。

3 【現在の時間インジケーター】に合わせて shift キーを押しながらクリックすると縦一列がカットされ、“CUT01.mp4”が分割されます。

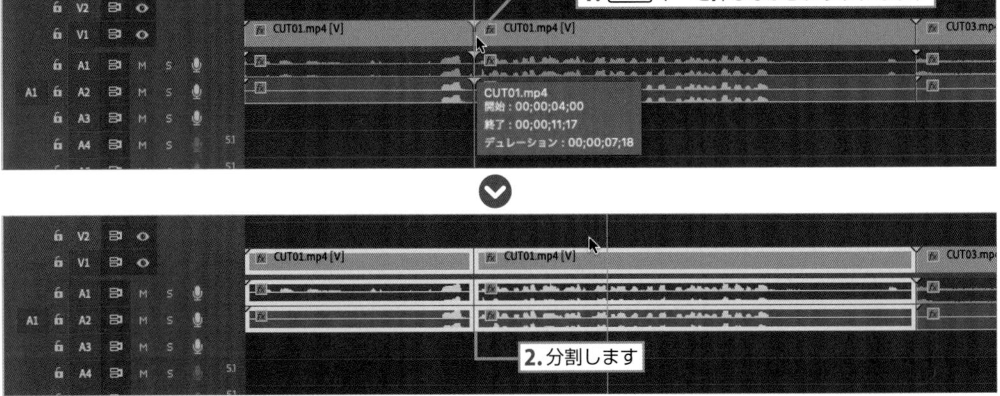

4 分割された“CUT01.mp4”の左を【選択ツール】で選択して Mac option ＋ delete（Win Alt ＋ Delete）キーを押すと、自動的に左詰めされます。

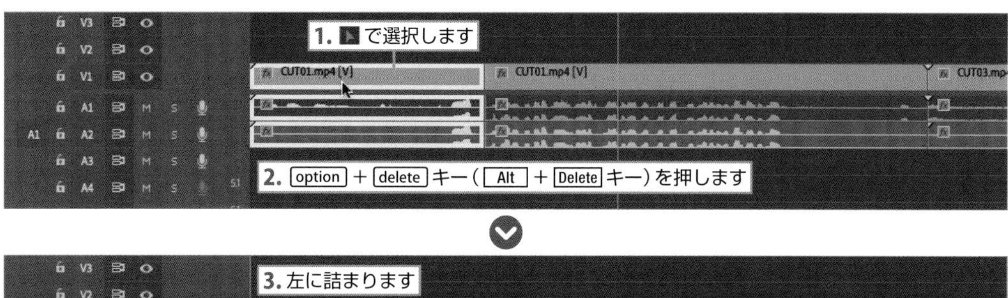

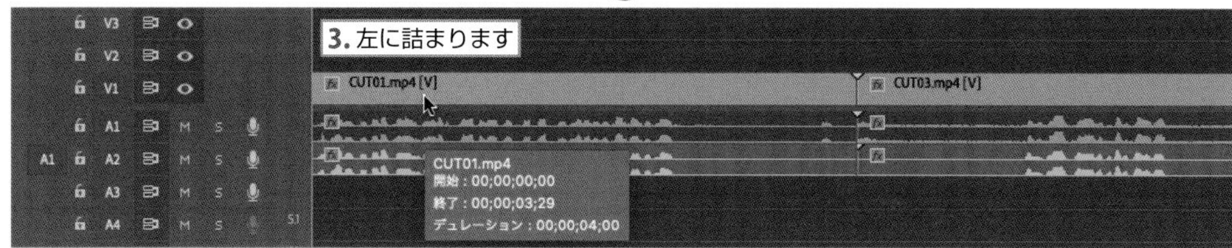

5 【現在の時間インジケーター】を“00;00;05;22”に合わせます。

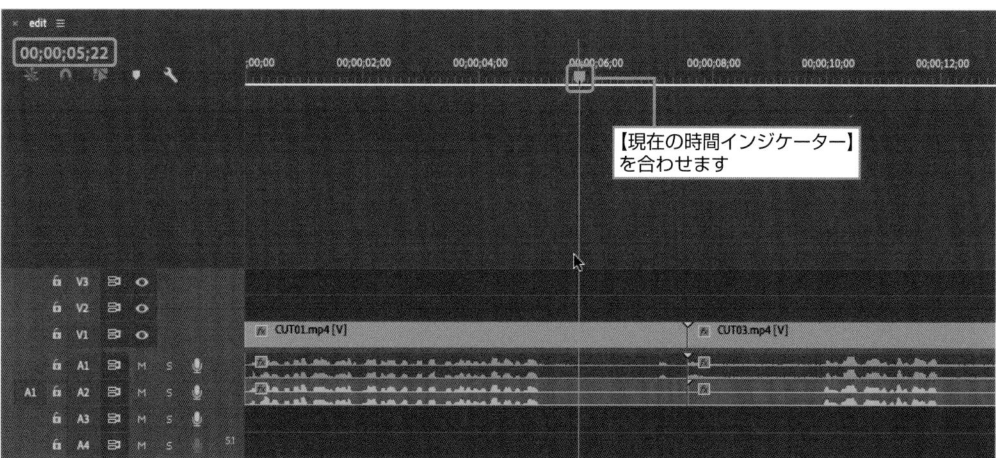

6 【レーザーツール】を選択して、shift キーを押しながらクリックします。

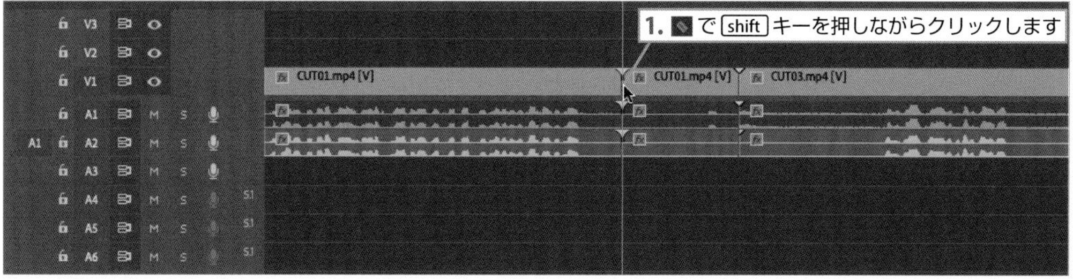

7 分割された右側を選択して Mac option + delete（ Win Alt + Delete ）キーを押すと、自動的に左詰めされます。

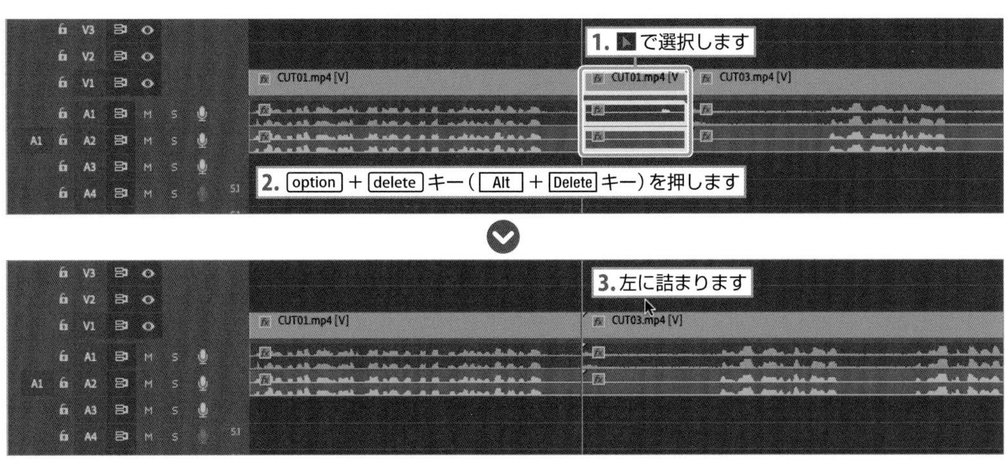

8 同様に、"00;00;07;21" の位置で【レーザーツール】を選択して、shift キーを押しながらクリックします。

9 分割された左側を Mac option ＋ delete （ Win Alt ＋ Delete ）キーを押して削除すると、自動的に左詰めされます。

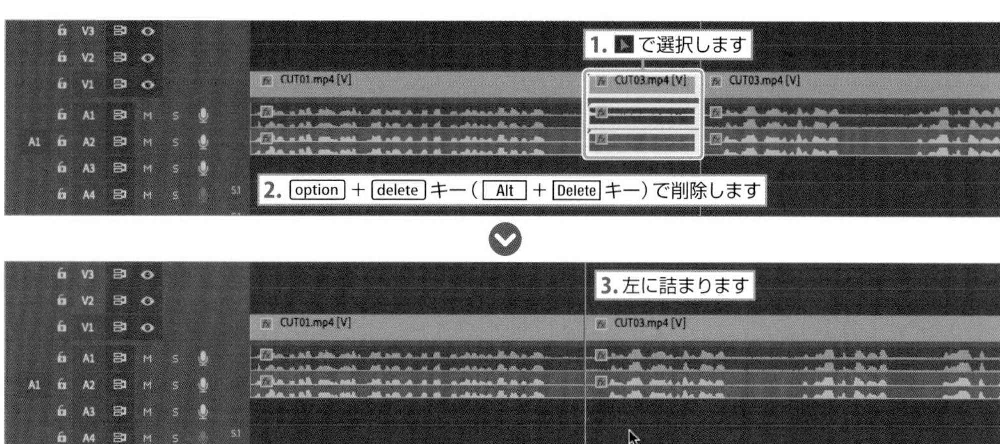

10 同様に、“00;00;14;09” の位置で【レーザーツール】を選択して、shift キーを押しながらクリックします。

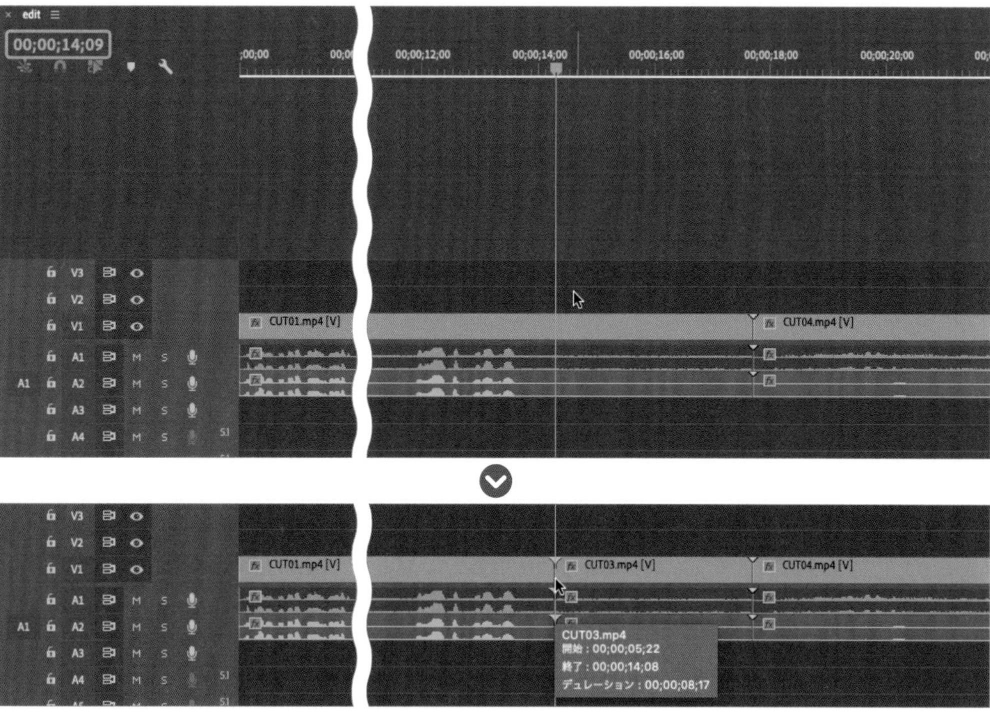

11 分割された右側を Mac option ＋ delete （ Win Alt ＋ Delete ）キーを押して削除すると、自動的に左詰めされます。

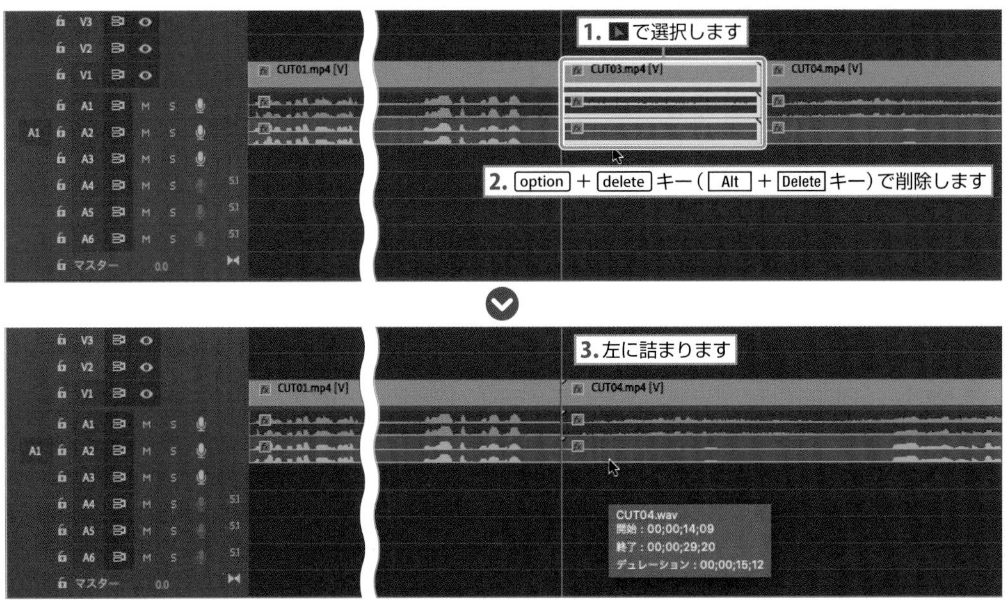

12 同様に、"00;00;19;07" でカットします。

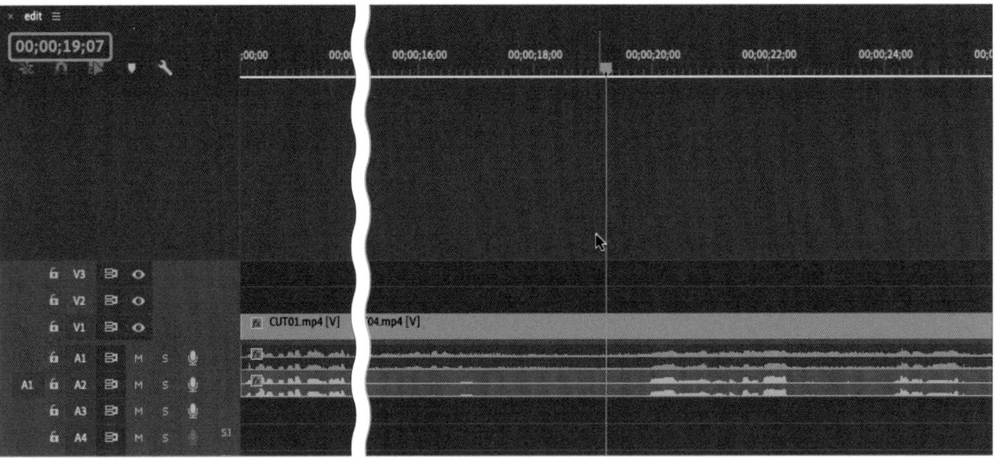

13 分割された左側を Mac option + delete（ Win Alt + Delete ）キーを押して削除すると、自動的に左詰めされます。

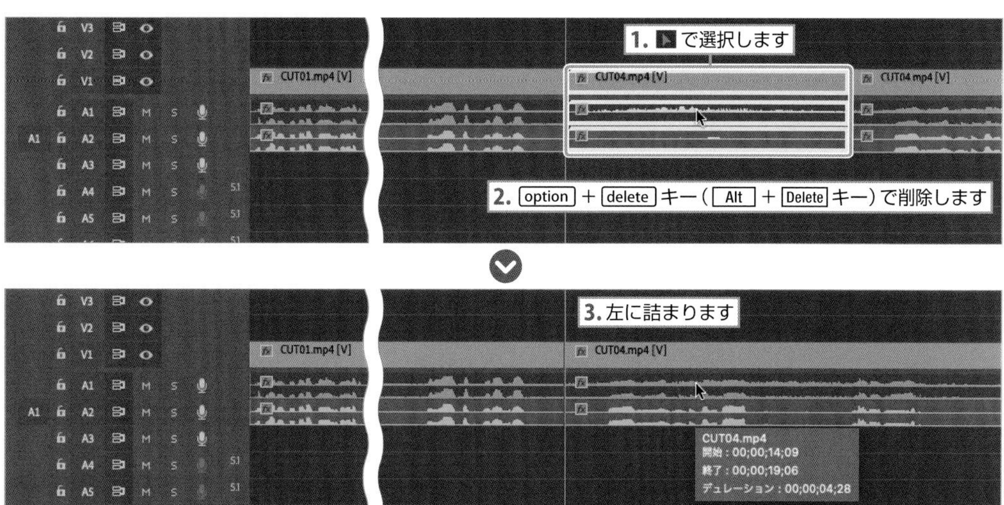

以上で、ベースになるカット編集は終了です。

インサート編集をする

次は、現在並べているクリップの上に映像をかぶせるインサート編集です。

1 【現在の時間インジケーター】 を "00;00;01;29" に合わせます。

2 "CUT02.mp4" を選択して、"00;00;01;29" の頭合わせに【V2】トラックに配置します。

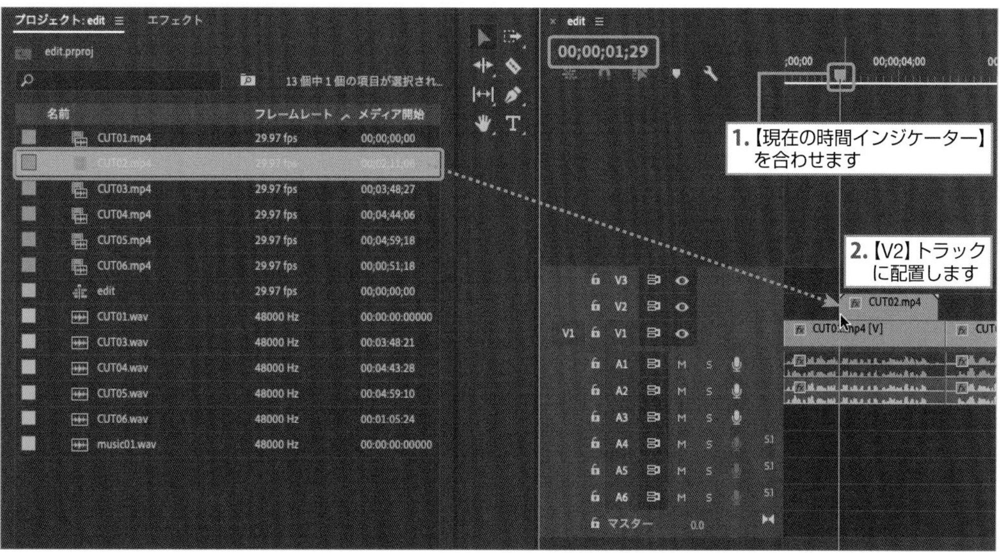

3 【現在の時間インジケーター】を "00;00;04;03" に合わせます。

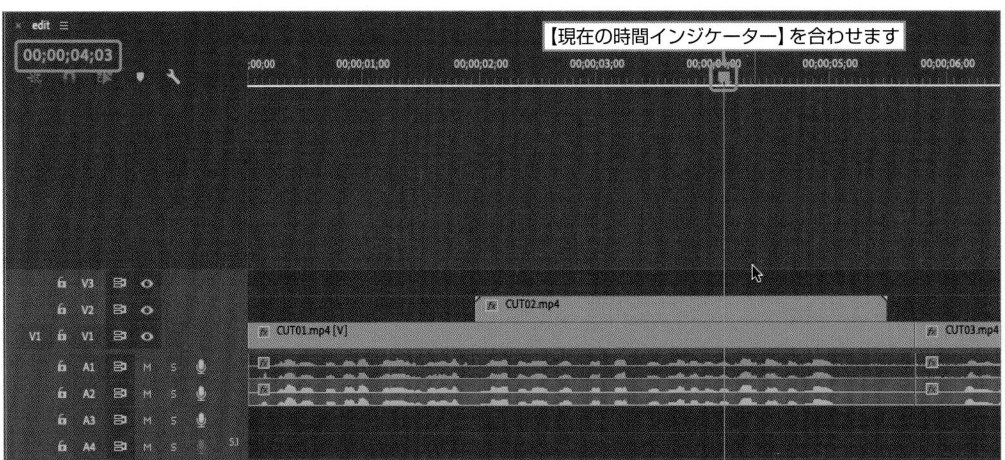

4 "CUT02.mp4" クリップの右端を左にドラッグして、【現在の時間インジケーター】の位置まで縮めます。

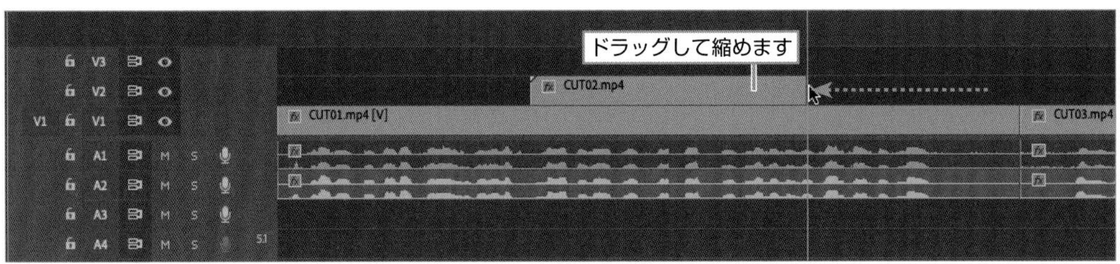

5 再生すると、「Smart Mikeを使って…」の声にかぶさるようにSmart Mikeのアップが表示されます。これを「インサート編集」と呼びます。

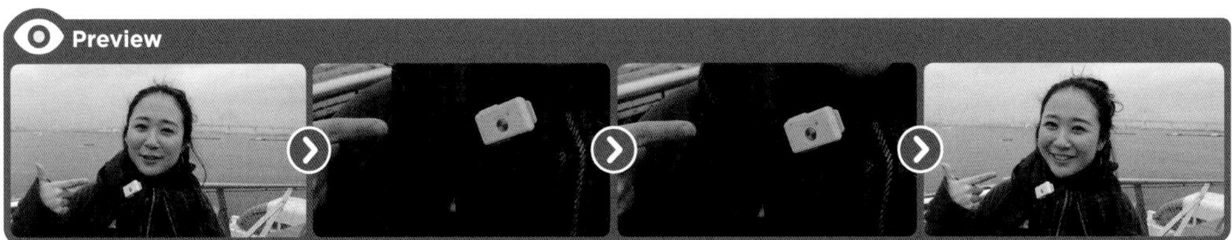

次に、スマートフォンとSmart Mikeの音声を比較するために、同じクリップを挿入していきます。

1 “CUT03.mp4” と “CUT03.wav” を選択して、【編集】➡【コピー】（Mac ⌘ ＋ C ／ Win Ctrl ＋ C キー）を選択してコピーします。
“CUT03.mp4” の最後の部分 “00;00;14;09” に【現在の時間インジケーター】を合わせて、【編集】➡【インサートペースト】（Mac shift ＋ ⌘ ＋ V ／ Win Shift ＋ Ctrl ＋ V キー）を選択してインサートペーストすると、コピーしたクリップが次の “CUT04.mp4” クリップの間に挿入されます。

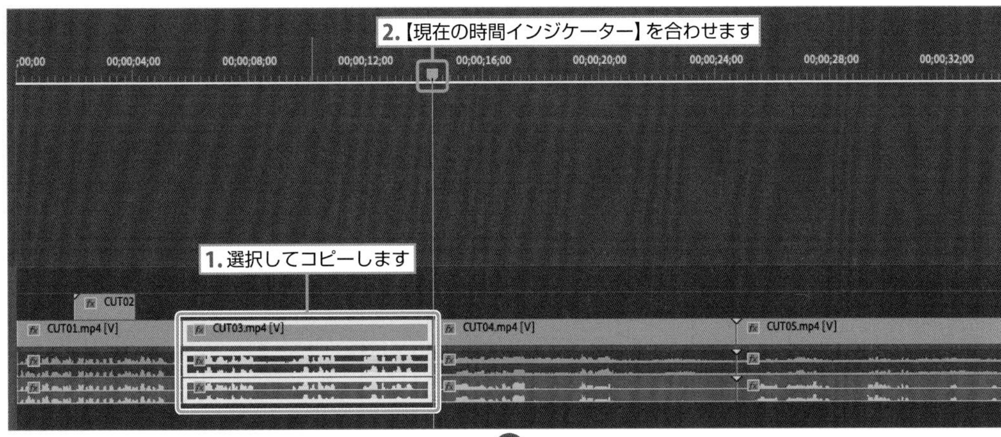

2 同様に、CUT04、CUT05にも適用します。
"CUT04.mp4" と "CUT04.wav" を選択して、"00;00;33;10" の位置に【編集】➡【インサートペースト】（Mac shift ＋ ⌘ ＋ V ／ Win Shift ＋ Ctrl ＋ V キー）を選択してインサートペーストします。

3 "CUT05.mp4" と "CUT05.wav" を選択して、"00;01;02;24" の位置に【編集】➡【インサートペースト】（Mac shift ＋ ⌘ ＋ V ／ Win Shift ＋ Ctrl ＋ V キー）を選択してインサートペーストします。

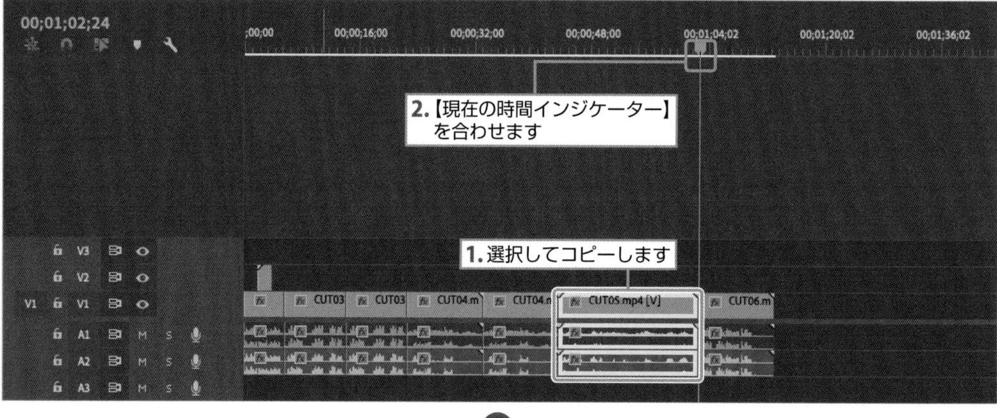

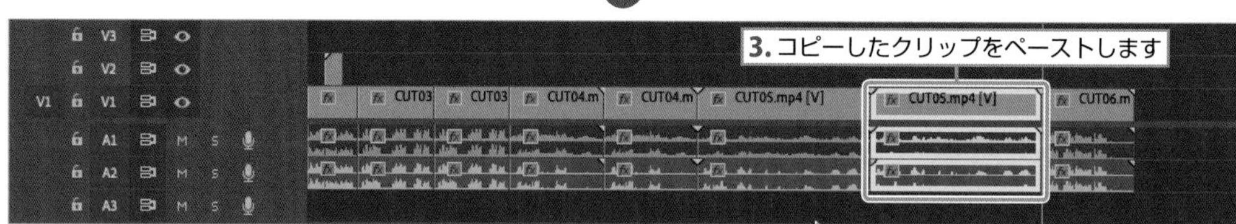

4 最後の部分は、"00;01;32;04" になります。

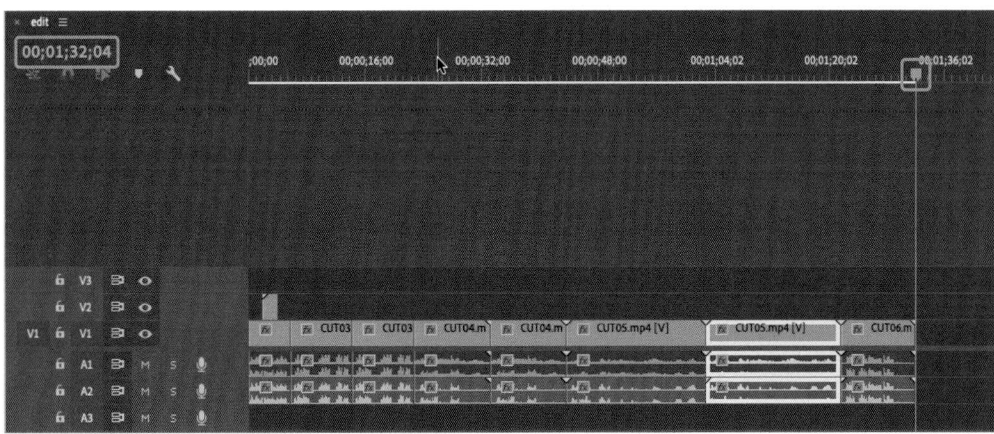

音を調整しよう！

Smart Mikeとスマートフォンで撮影した音声を切り替えていく編集をします。

1 【タイムライン】パネルで "CUT01.mp4" を選択して、【エフェクトコントロール】パネル➡【オーディオ】➡【レベル】を展開します。ゲージを一番左にすると、"CUT01.mp4"の音声が聞こえなくなります。つまり、"CUT01.wav" のSmart Mikeで収録した音声だけ聞こえるようになります。

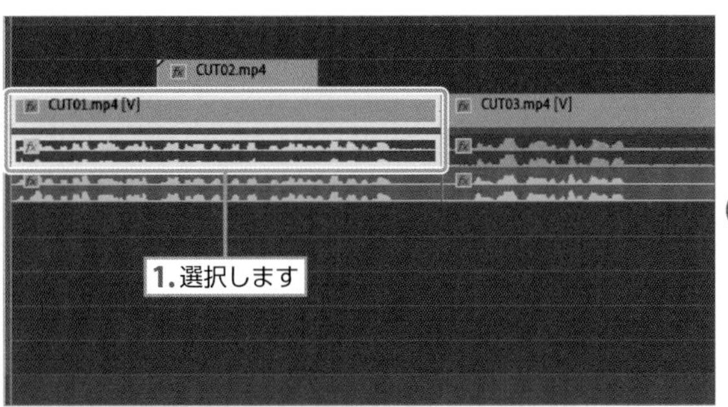

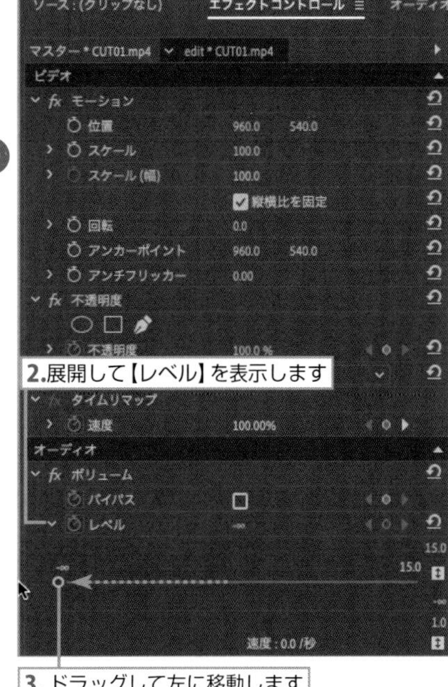

2 “00;00;05;22”から始まる“CUT03.wav”クリップを選択して、【エフェクトコントロール】パネル➡【オーディオ】➡【レベル】を展開し、ゲージを一番左にします。

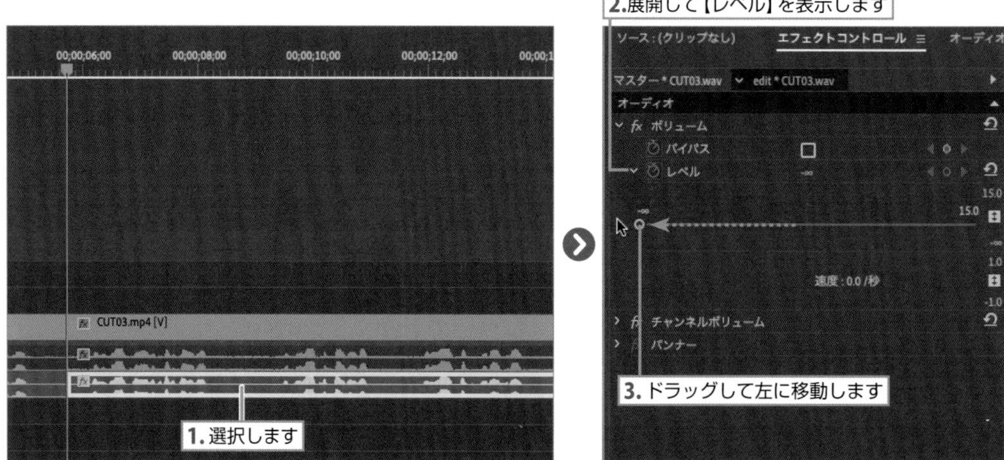

3 “00;00;14;09”から始まる“CUT03.mp4”クリップを選択して、【エフェクトコントロール】パネル➡【オーディオ】➡【レベル】を展開し、ゲージを一番左にします。

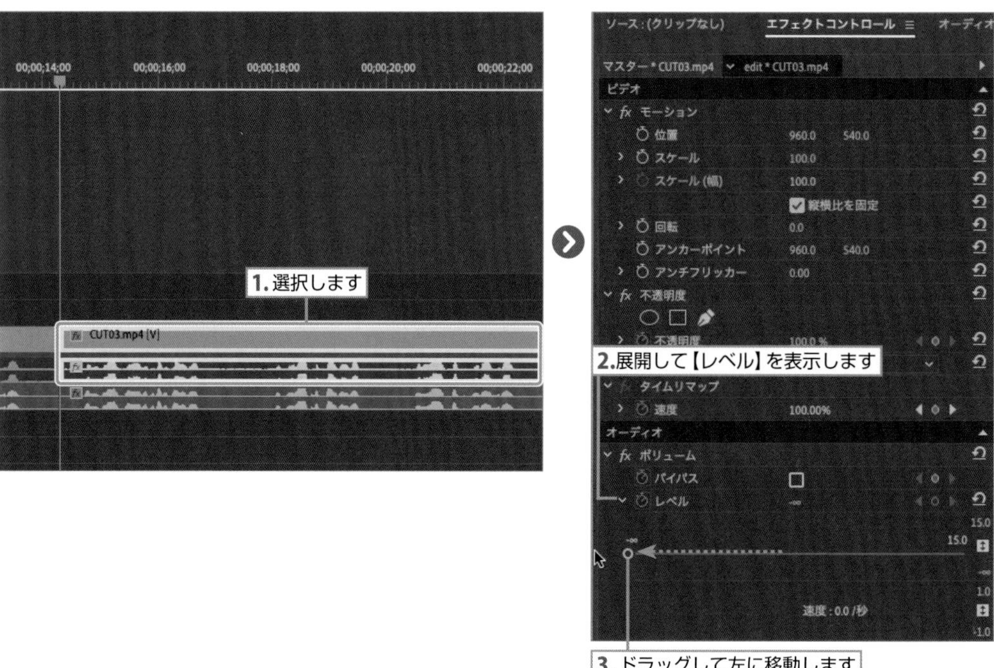

4 “CUT03.mp4”の前半はスマートフォンの音声、後半がSmart Mikeの音声と切り替わり、比較する動画になります。

同様に、**CUT4**以降も調整します。

1 “00;00;22;26” から始まる “CUT04.wav” クリップを選択して【エフェクトコントロール】パネル➡【オーディオ】➡【レベル】を展開し、ゲージを一番左にします（75ページ参照）。

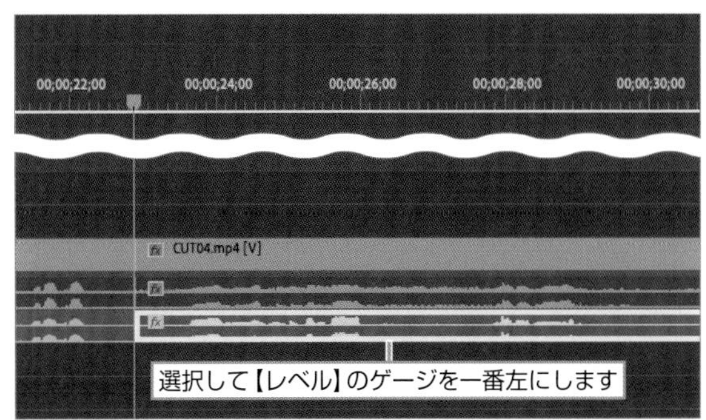

2 “00;00;33;10” から始まる “CUT04.mp4” クリップを選択して【エフェクトコントロール】パネル➡【オーディオ】➡【レベル】を展開し、ゲージを一番左にします。

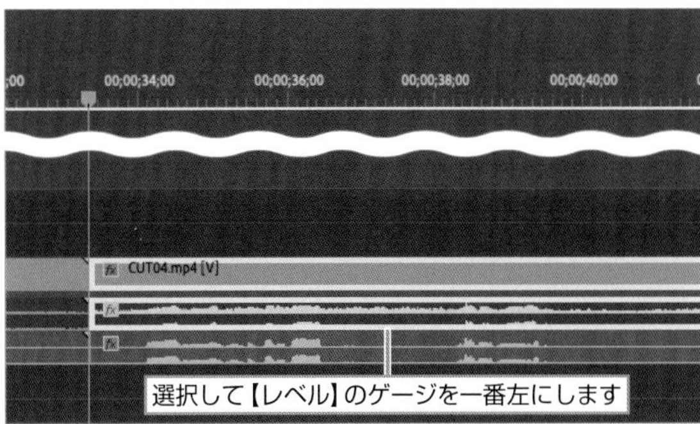

3 “00;00;43;24” から始まる “CUT05.wav” クリップを選択して【エフェクトコントロール】パネル➡【オーディオ】➡【レベル】を展開し、ゲージを一番左にします。

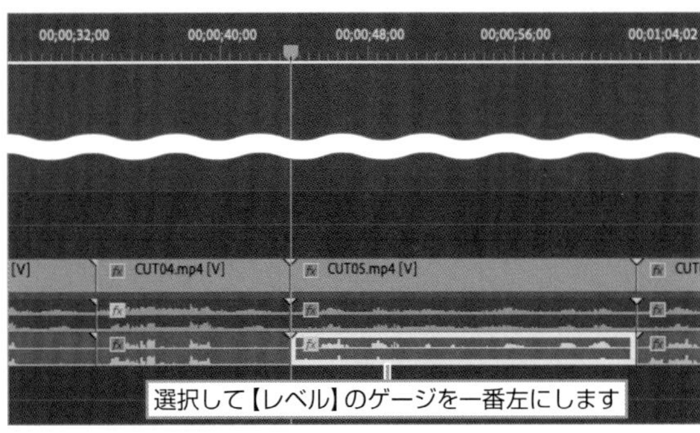

4 “00;01;02;24” から始まる “CUT05.mp4” クリップを選択して【エフェクトコントロール】パネル➡【オーディオ】➡【レベル】を展開し、ゲージを一番左にします。

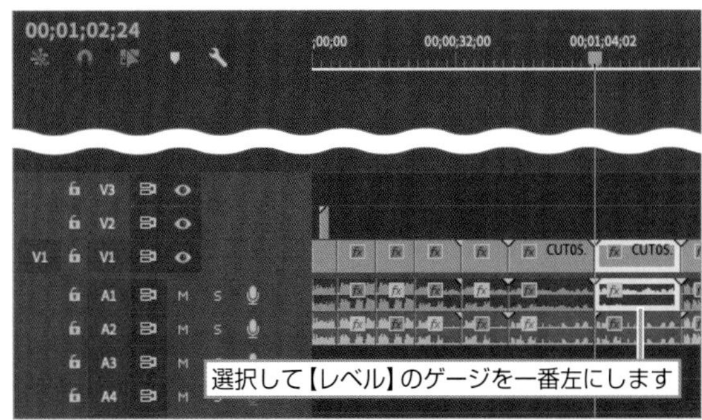

5 最後に、"00;01;21;22" から始まる "CUT06.mp4" クリップを選択して【エフェクトコントロール】パネル➡【オーディオ】➡【レベル】を展開し、ゲージを一番左にします。

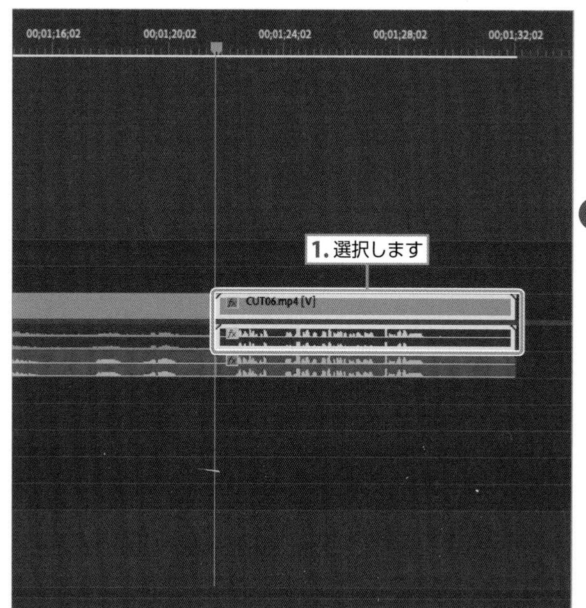

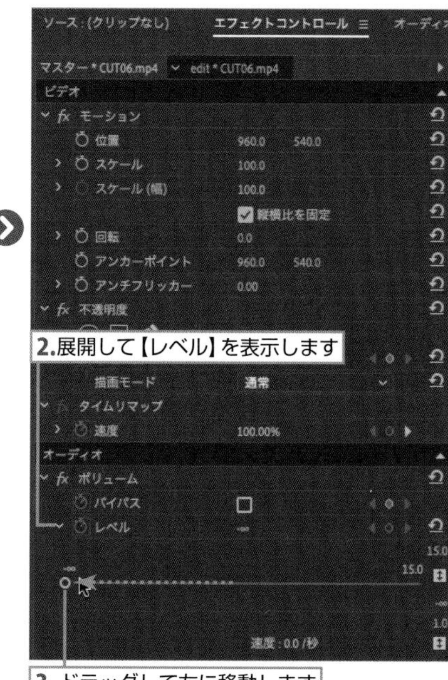

これで、音声の切り替えができました。

レベルを調整しよう！

各クリップの音声のボリュームが大きすぎるので、レベル補正します。

1 "CUT01.wav" クリップを選択します。【エフェクトコントロール】パネル➡【オーディオ】➡【レベル】を展開して、"-2.0" と入力します。
【オーディオメーター】パネルのレベルメーターを "-6db" 前後になるように設定します。

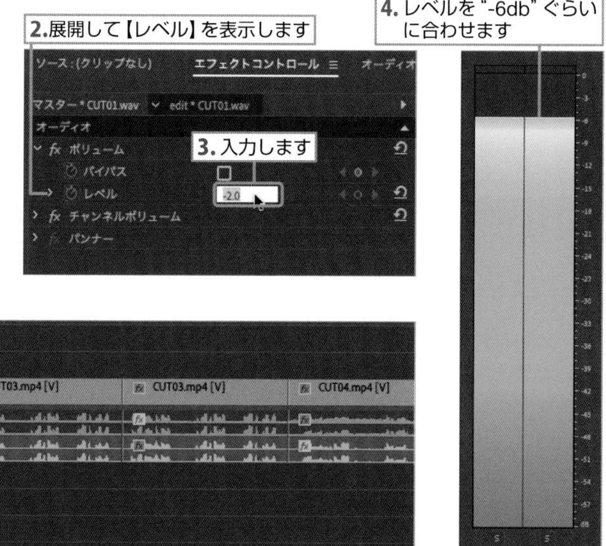

同様に、他のクリップも音量レベルを調整します。

2 "CUT03.mp4" はレベルを "-3.0" に調整します。

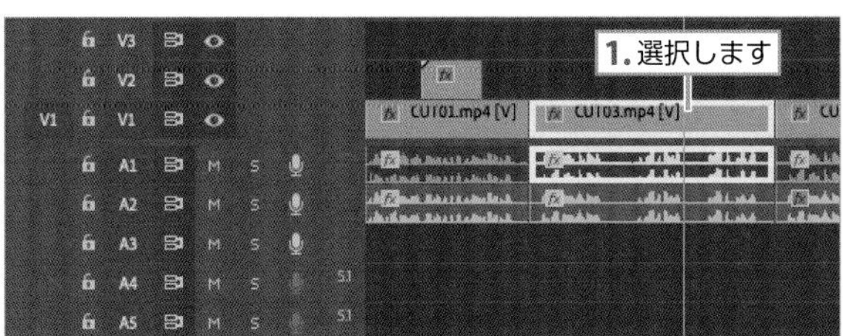

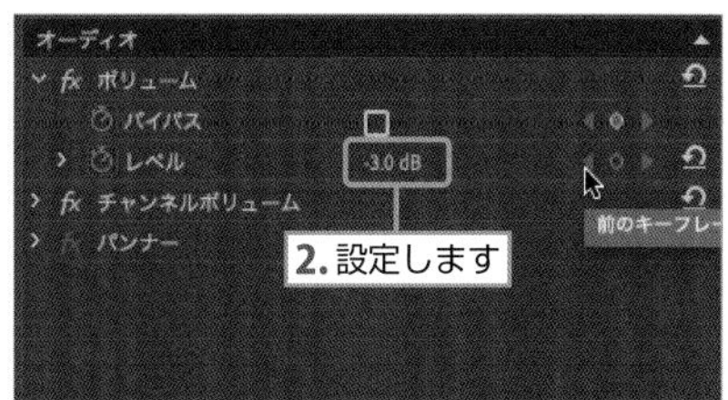

3 "CUT03.wav" はレベルを "-3.0" に調整します。

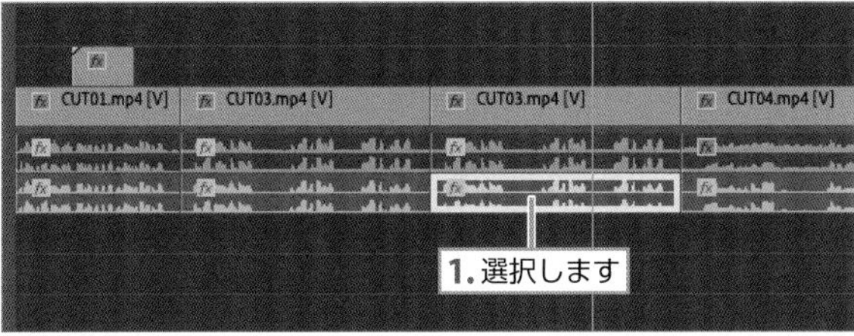

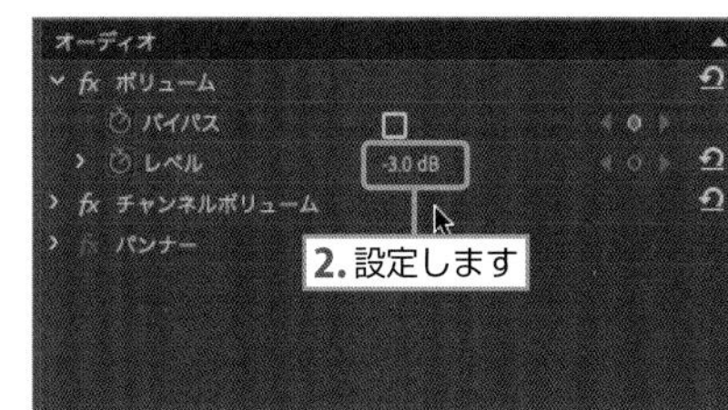

4 "CUT04.mp4" はレベルを "-3.0" に調整します。

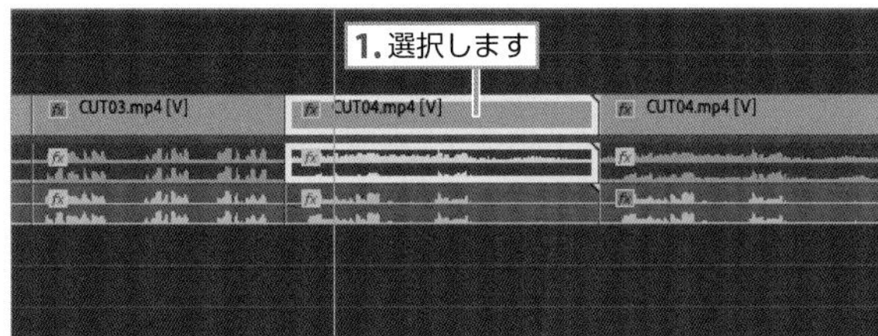

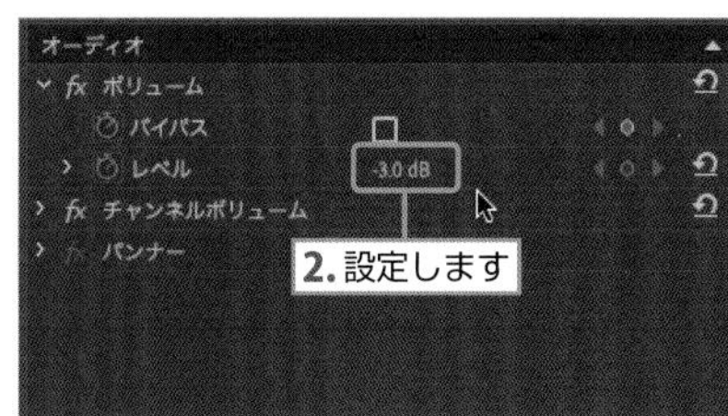

5 "CUT04.wav" "CUT05.mp4" "CUT05.wav" のレベルはそのままです。

CUT04.wav

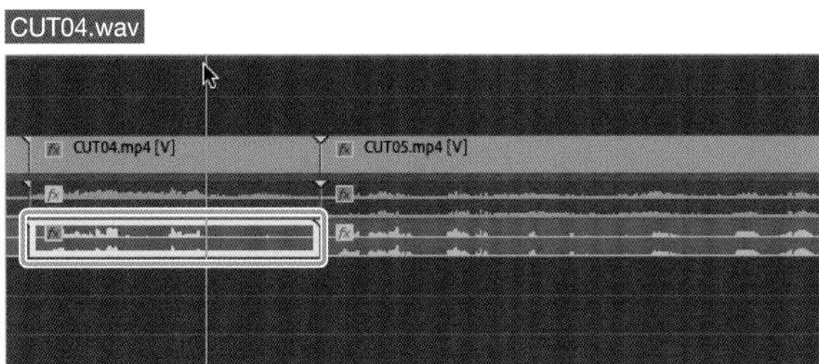

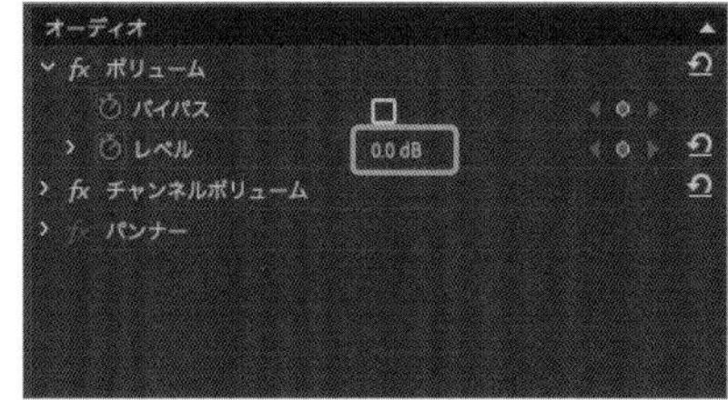

CUT05.mp4

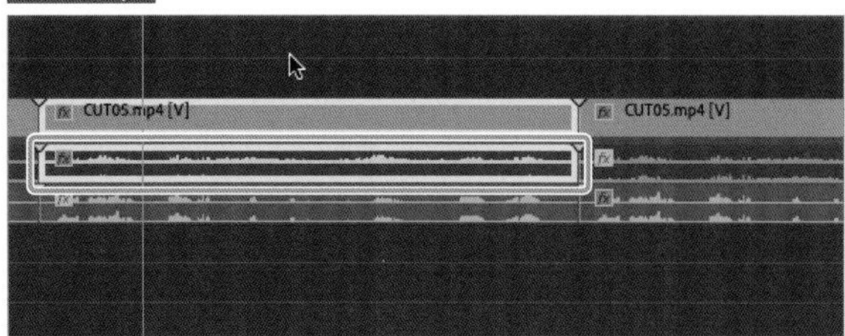

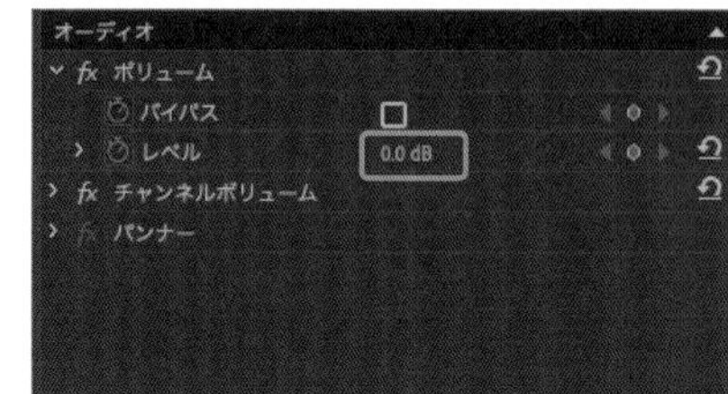

CUT05.wav

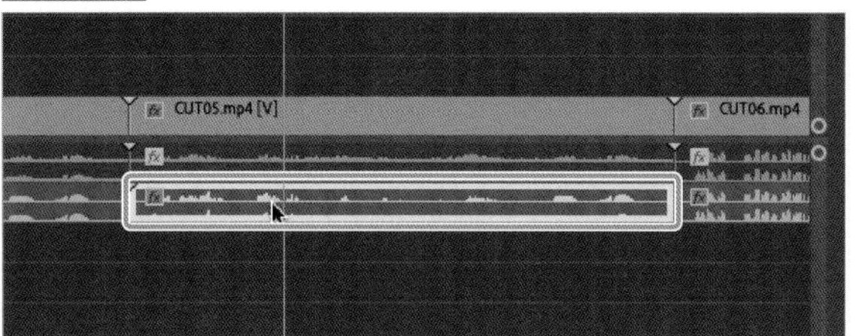

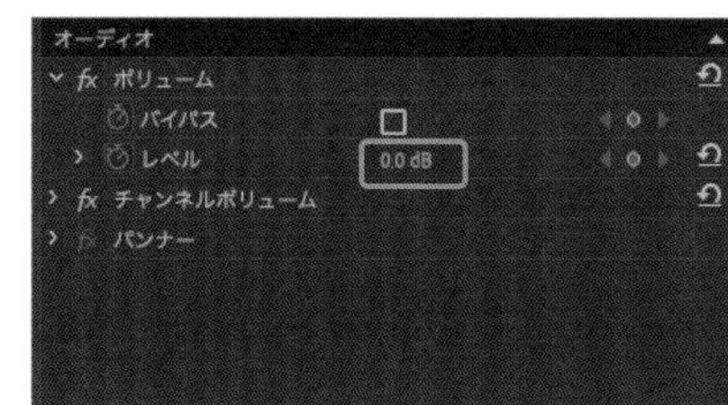

6 "CUT06.wav" はレベルを "-3.0" に調整します。

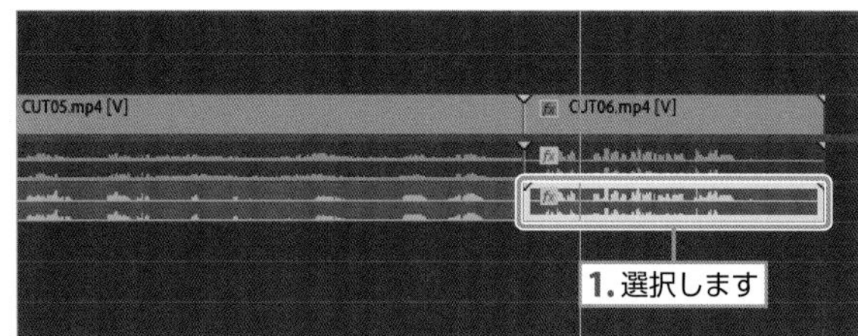

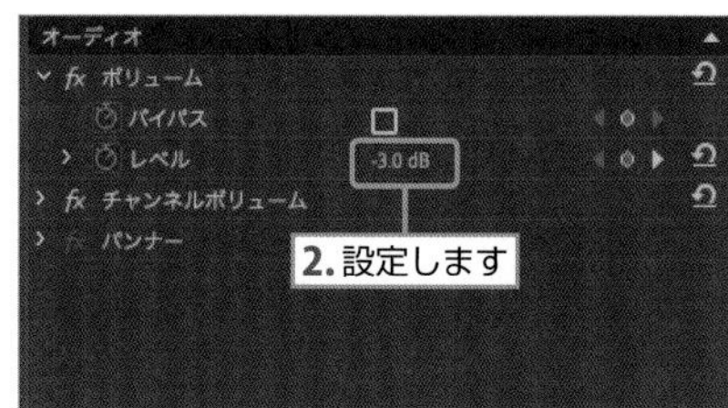

これで、音声調整は終了です。

テロップを入れよう！

次に、各クリップごとに「スマホ音声」「Smart Mike」の音声とわかるようにテロップを入れていきます。

1 【現在の時間インジケーター】を "00;00;05;22" に合わせて、【ファイル】➡【新規】➡【レガシータイトル】を選択します。【名前】に "スマホ音声" と入力して、【OK】をクリックします。

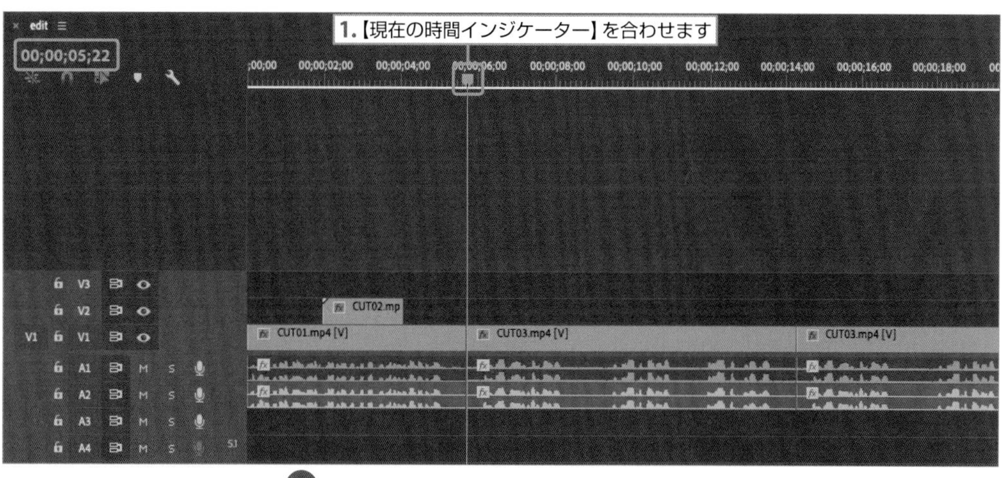

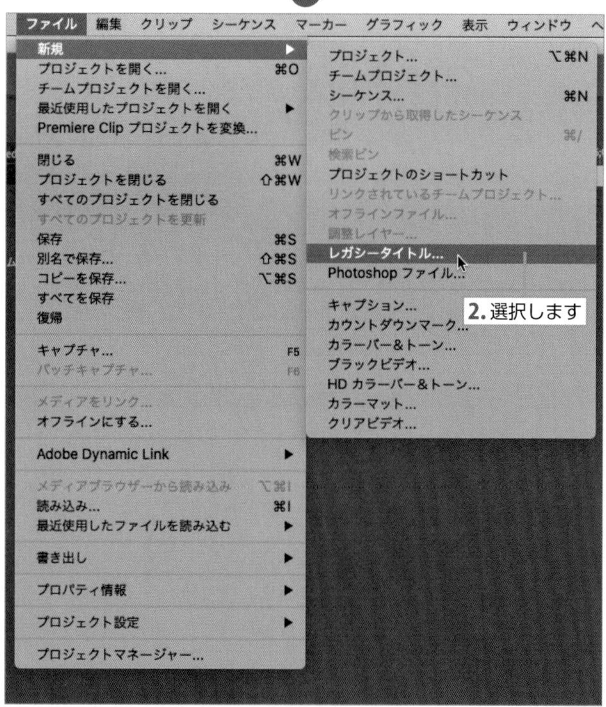

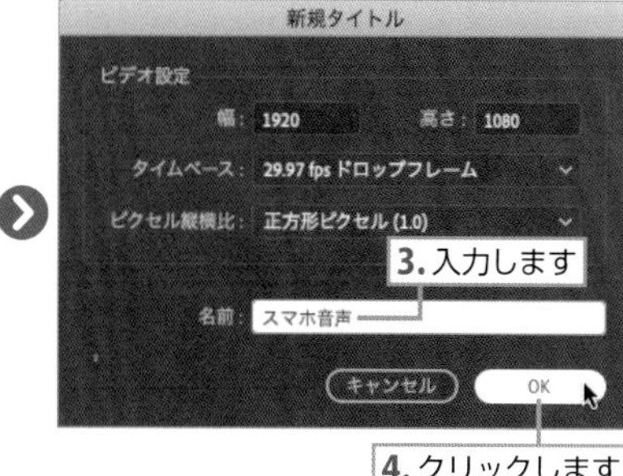

2 タイトル作成画面が表示されるので、画面の右上をクリックして“スマホ音声”と入力します。フォントの【塗り】の【カラー】を選択してブルーに変更します。

3 左上の【長方形ツール】を選択して、作成した文字が隠れるようにドラッグします。

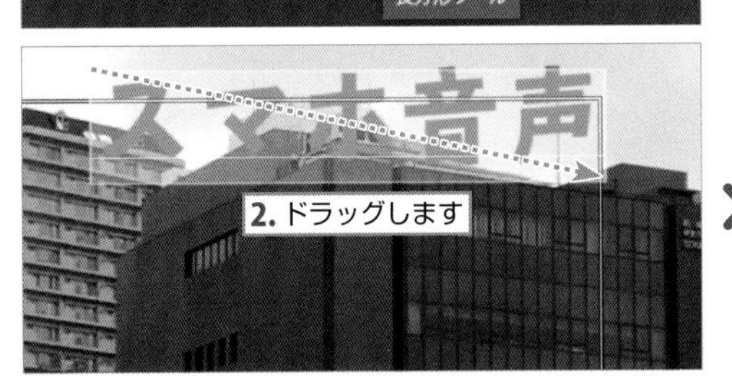

4 一度、【塗り】の【不透明度】を "0" に設定します。

5 【ストローク（外側）】の追加をクリックすると枠が表示されます。【ストローク】の【カラー】の右にあるスポイトをクリックして、作成したブルーの「スマホ音声」の文字をクリックすると、同じ色の枠になります。

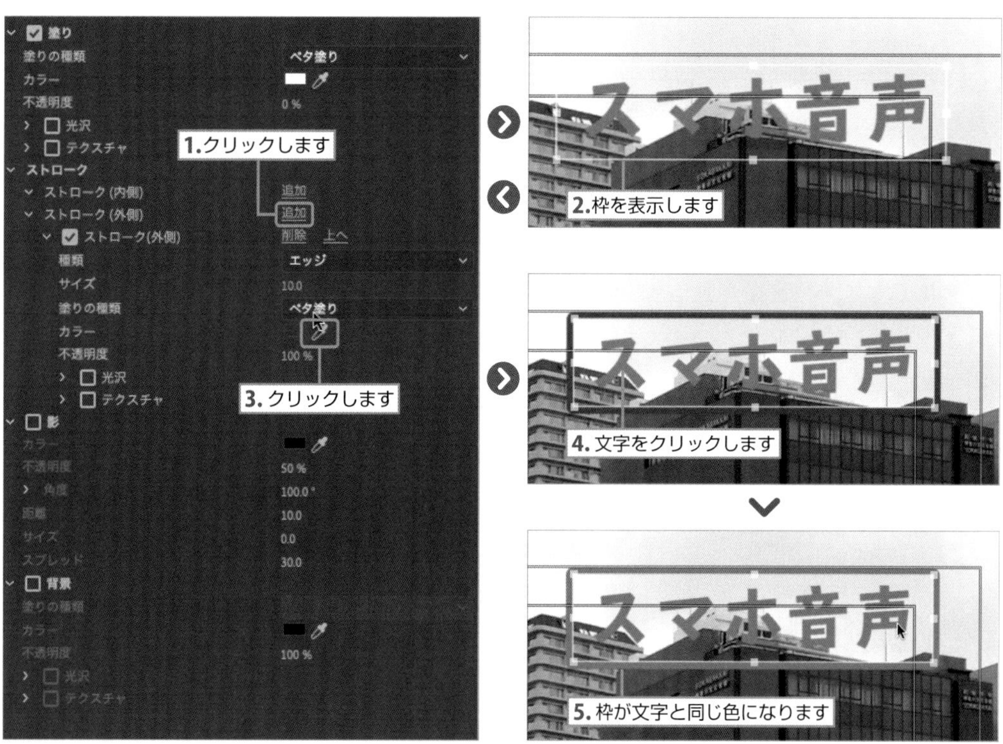

6 【選択ツール】▶で文字と枠を選択した状態で、【整列】ツールで上下左右ともに中央揃えにします。

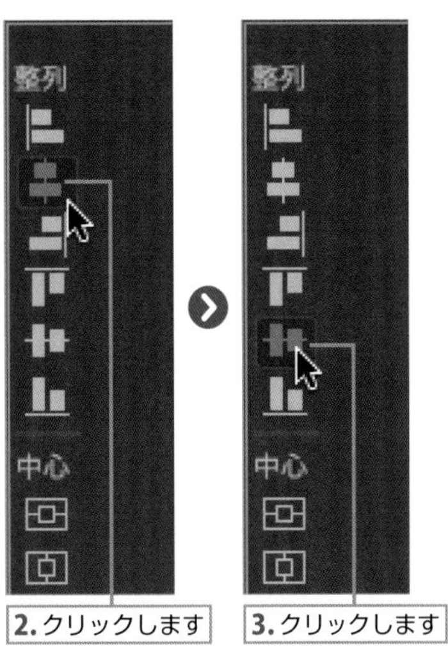

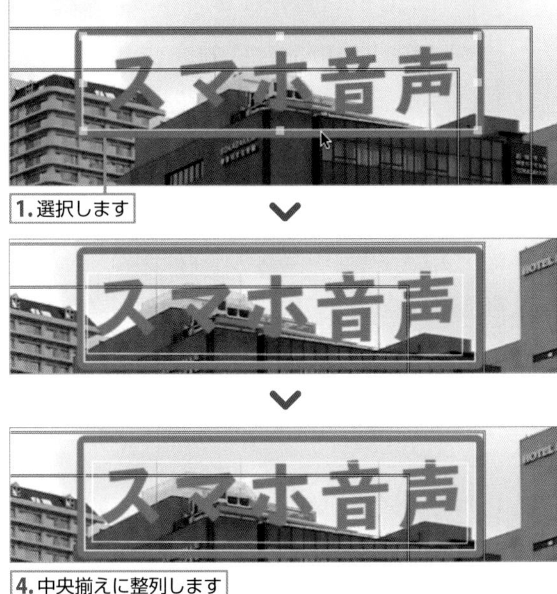

7 再度、枠だけを選択して【塗り】の【カラー】をクリックして白に設定し、【不透明度】を"50%"に変更します。
現在、文字は枠の下側にあるので、枠を下側にします。

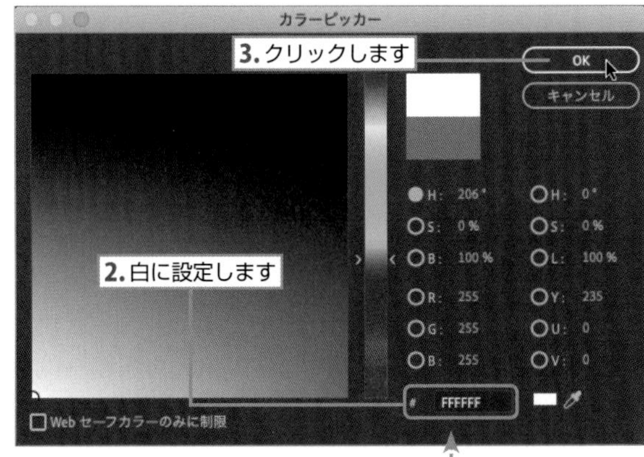

8 青枠を選択して右クリックし、【重ね順】➡【最背面へ】を選択すると、文字の後ろに枠が配置されます。

9 ウインドウの【閉じる】ボタンをクリックします。

10 【プロジェクト】パネルに“スマホ音声”クリップが作成されているので、“00;00;05;22”にドラッグ＆ドロップして【V2】トラックに配置します。配置したクリップの最後まで伸ばします。

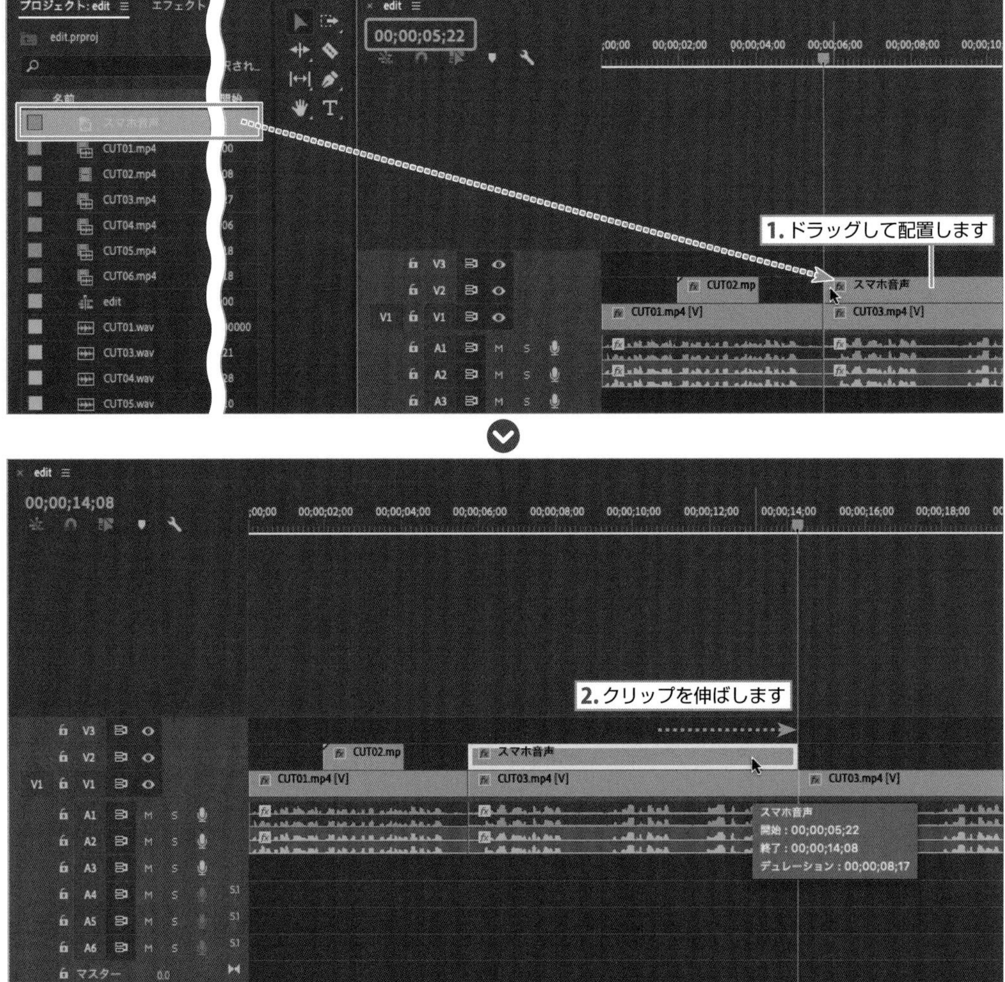

これで、「スマホ音声」のテロップが完成しました。

続いて、【Smart Mike】を作成します。

1 【プロジェクト】パネルの“スマホ音声”クリップをダブルクリックすると、タイトル作成画面が表示されます。【現在のタイトルを元に新規タイトルを作成】をクリックします。

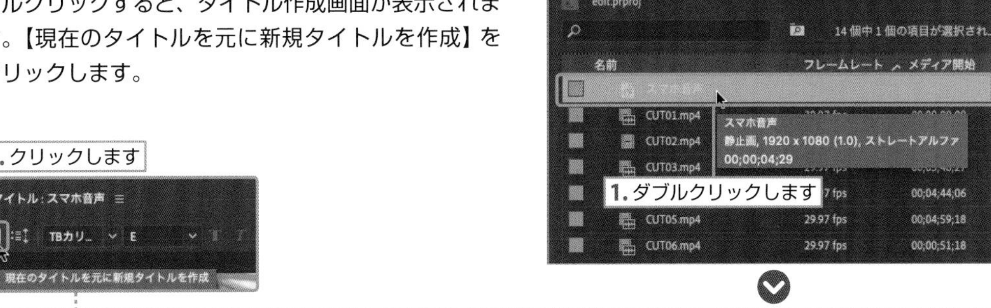

2 【名前】を“Smart Mike”に変更します。

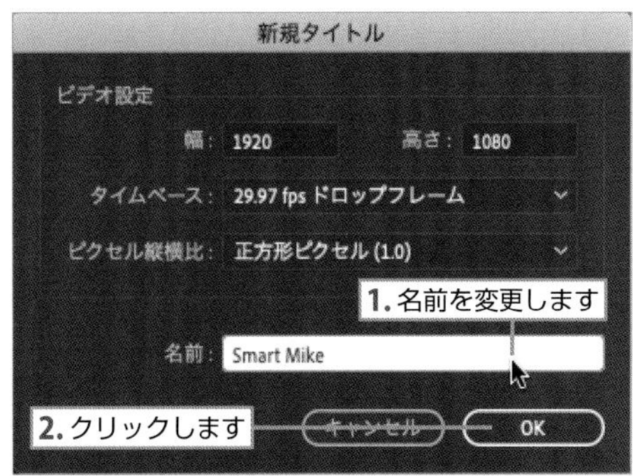

3 “スマホ音声”の文字を“Smart Mike”に変更して、【塗り】の【カラー】をオレンジ色に変更します。

4 枠を選択して【ストローク】の【カラー】の右にあるスポイトをクリックし、オレンジ色の文字をクリックすると枠もオレンジ色になります。ウインドウの【閉じる】ボタンをクリックして閉じます。

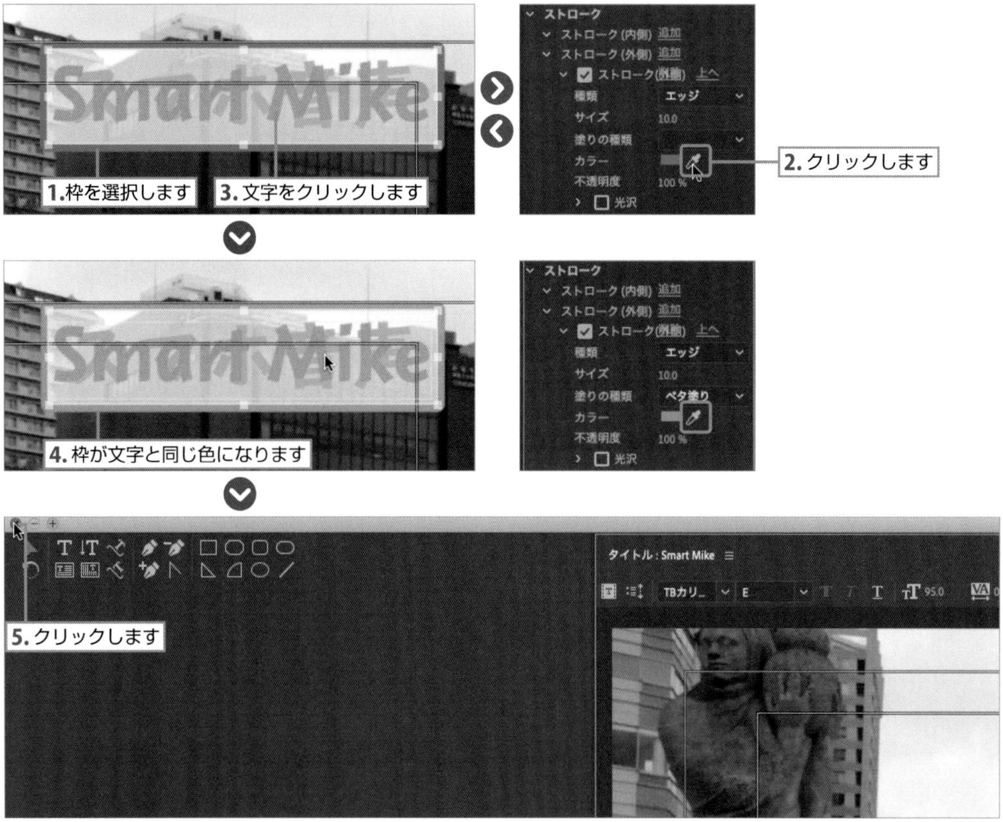

1.枠を選択します
2.クリックします
3.文字をクリックします
4.枠が文字と同じ色になります
5.クリックします

5 【プロジェクト】パネルに作成された【Smart Mike】クリップを“00;00;14;09”に頭合わせに配置して、クリップの最後まで伸ばします。

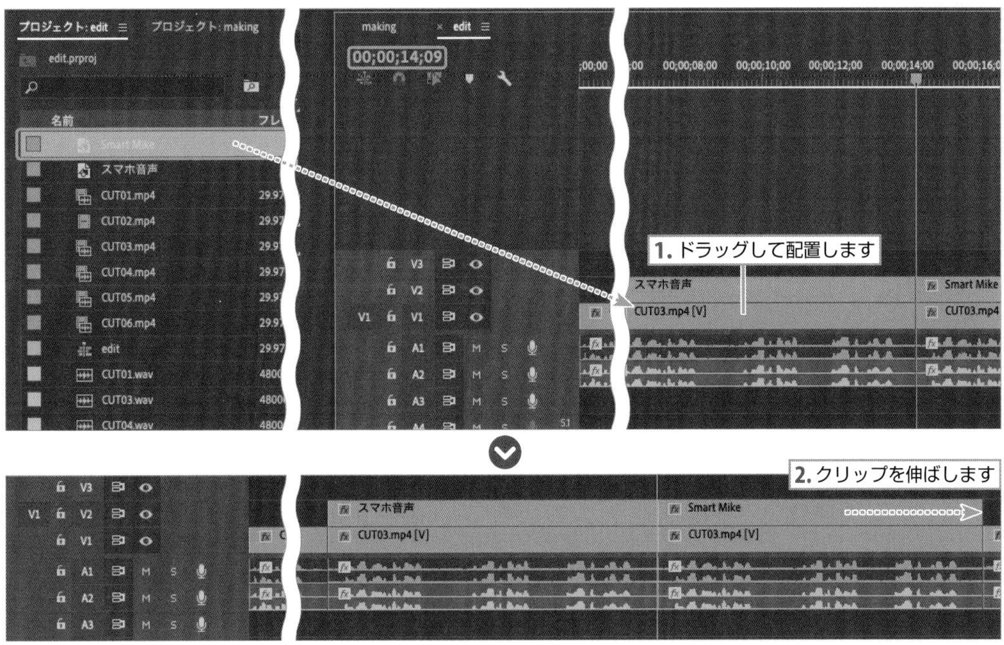

これで、【Smart Mike】音声テロップもできました。

テロップアニメーションしよう！

次に、テロップを画面右から左に出現するアニメーションを作ります。

1 【現在の時間インジケーター】を“00;00;06;07”に移動します。“スマホ音声”クリップを選択して、【エフェクトコントロール】パネル➡【モーション】➡【位置】にある【ストップウォッチ】アイコン をクリックすると、キーフレームが作成されます。

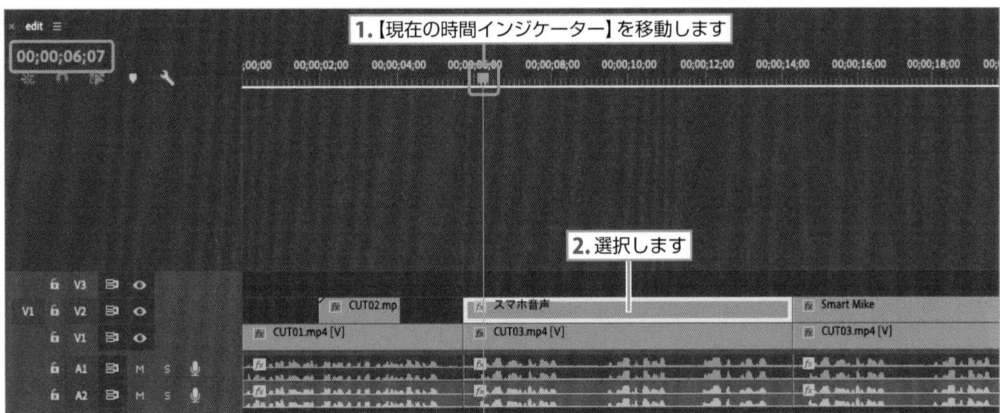

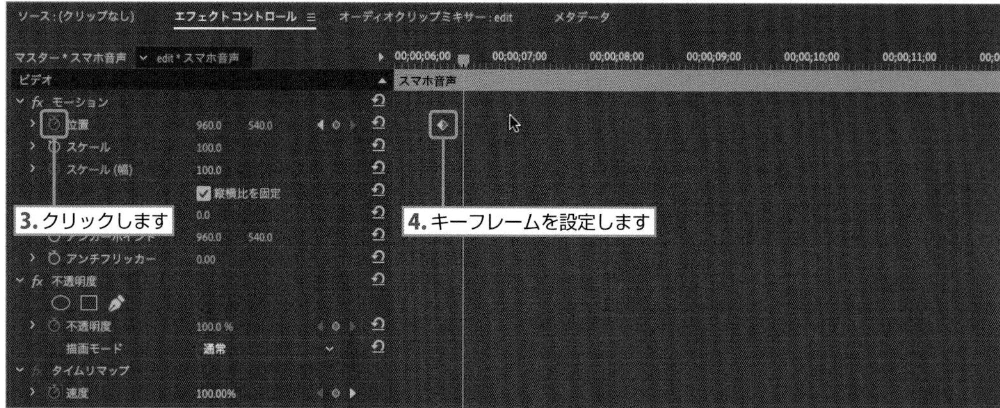

2 “00;00;05;22” に【現在の時間インジケーター】を移動します。【エフェクトコントロール】パネル➡【モーション】➡【位置】のX軸に “1813.0” と入力すると自動でキーフレームが作成され、テロップが画面右へと移動します。

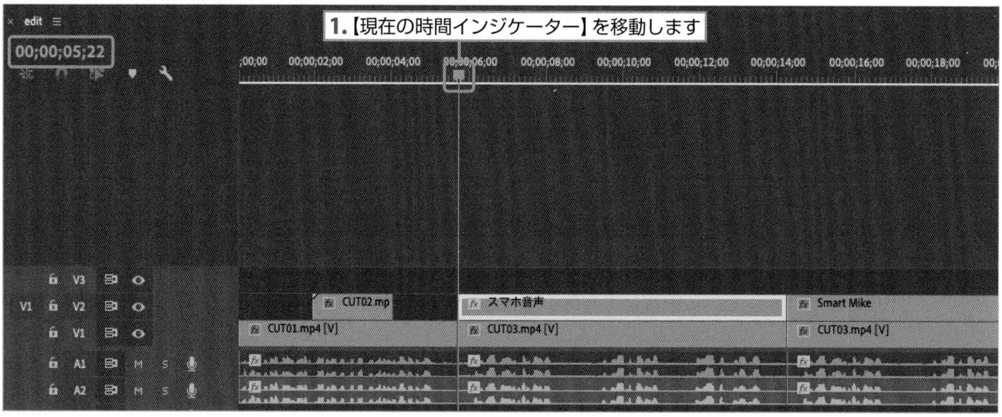

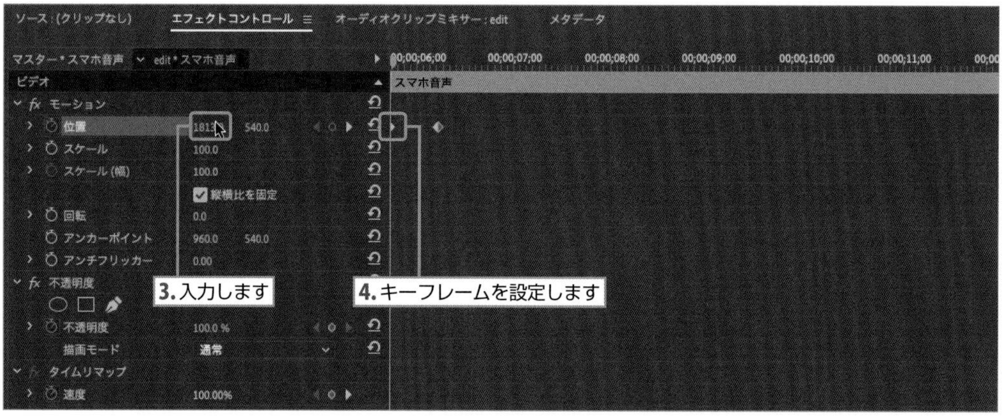

1.【現在の時間インジケーター】を移動します

3. 入力します

4. キーフレームを設定します

再生すると、15フレーム（0.5秒）かけて右から左にテロップが入ってくるアニメーションが出来上がりました。

位置

【モーション】の位置にはX軸とY軸があります。X軸の数値を上げると右方向、下げると左方向に移動します。Y軸の数値を上げると下方向に、下げると上方向に移動します。

次に【Smart Mike】クリップにも同じアニメーションを設定していきますが、一度作成したアニメーションの設定はコピー＆ペーストすることができます。

1 "スマホ音声" クリップを選択して、【編集】➡【コピー】（Mac ⌘＋C／Win Ctrl＋Cキー）を選択してコピーします。

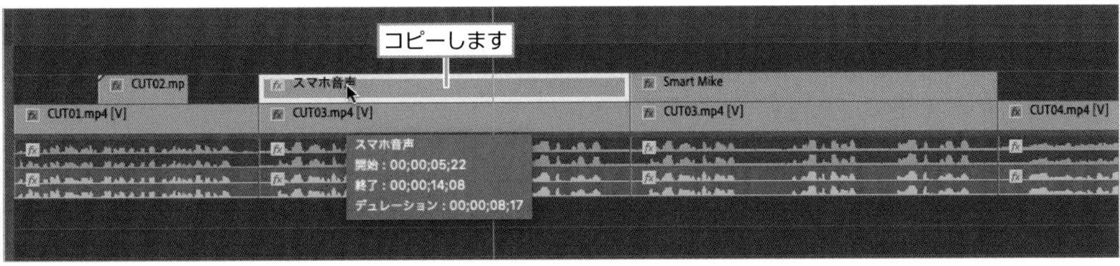

2 "Smart Mike" クリップを選択して、【編集】➡【属性をペースト】（Mac option＋⌘＋V／Win Alt＋Ctrl＋Vキー）を選択します。

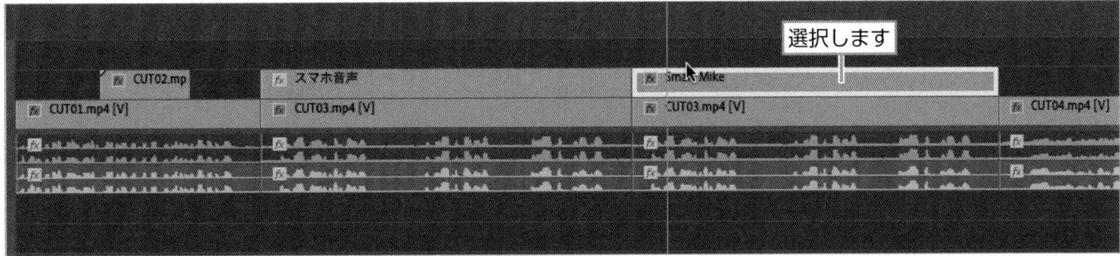

3 【属性をペースト】ダイアログボックスで【属性の時間をスケール】をオフ、【モーション】をオンにして【OK】をクリックします。

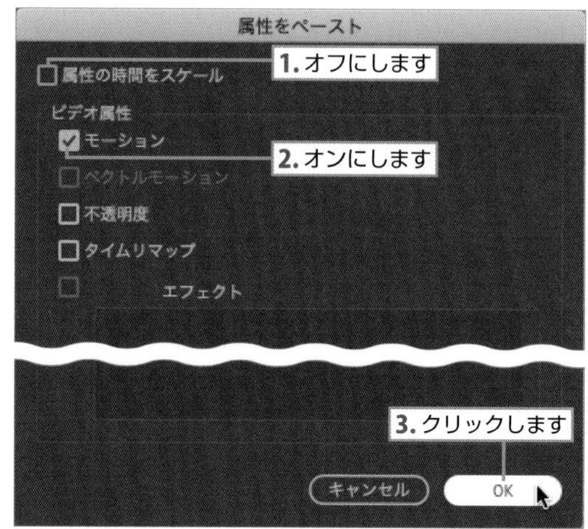

4 再生すると、こちらも同様に15フレームかけて右から左にアニメーションするテロップができました。

5 "スマホ音声"を使用しているクリップには【スマホ音声テロップ】を表示して、"Smart Mike"を使用しているクリップには【Smart Mikeテロップ】を表示させていきます。

6 "スマホ音声"クリップをコピーします。【現在の時間インジケーター】を"00;00;22;26"に合わせて、【V1】トラックの【ターゲット】をオフ、【V2】トラックの【ターゲット】をオンにします。

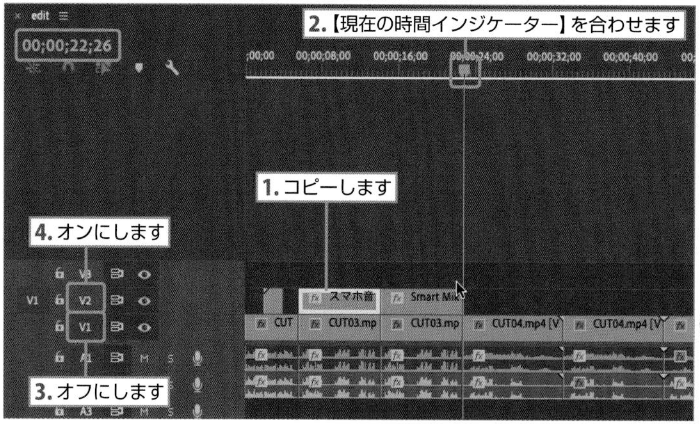

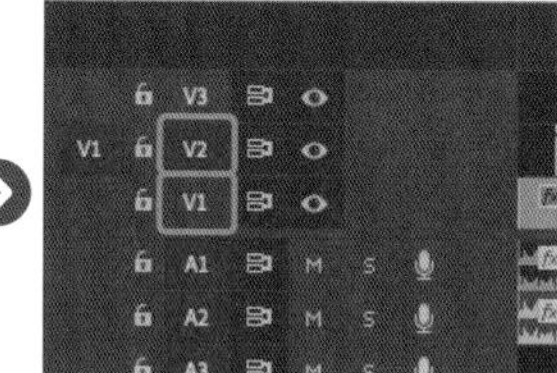

TIPS

ターゲット

ペーストしたクリップは、【ターゲット】がオンになっている場所に配置されます。右図では【V3】トラックにペーストされます。
音声も同様に、ターゲットされた場所にペーストされます。ここでは、【A3】トラックにペーストされます。

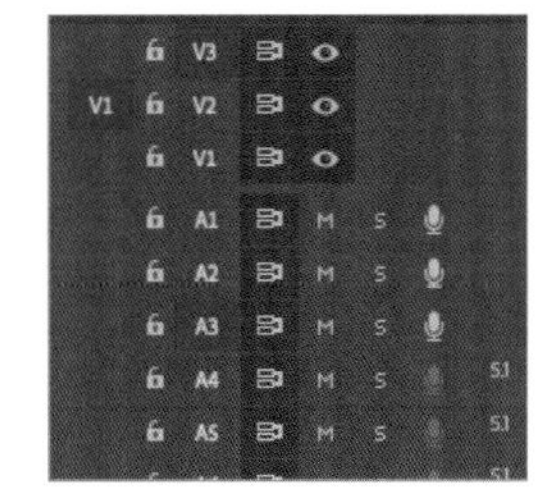

7 【編集】➡【ペースト】（Mac ⌘＋V／Win Ctrl＋Vキー）を選択すると、"CUT04.mp4" クリップの上に配置されます。クリップを "CUT04.mp4" クリップの最後まで伸ばします。

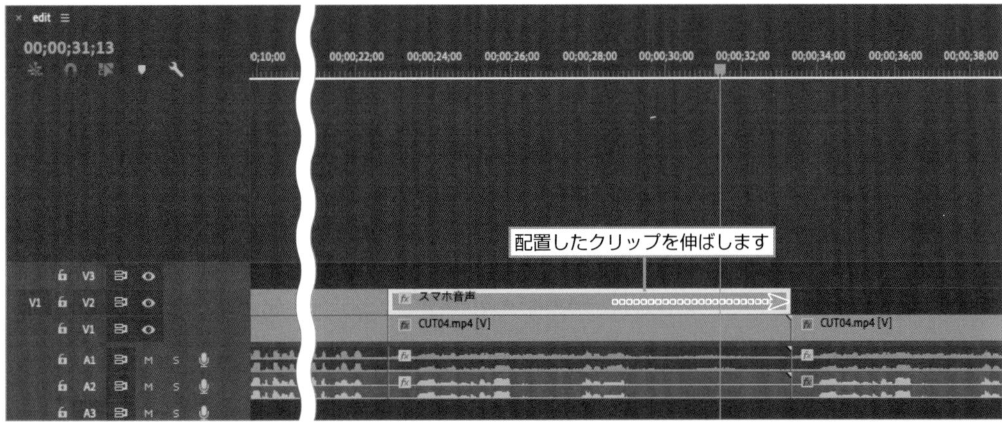

8 同様に、"スマホ音声" クリップと "Smart Mike" クリップを交互に配置してみると、下図のようになります。

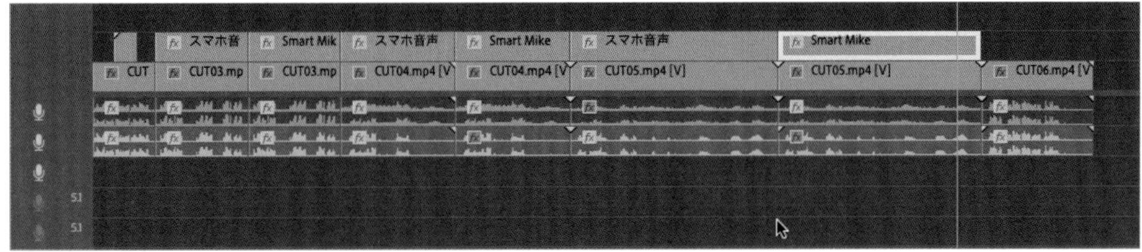

アニメーションテロップもできました。
これで、商品紹介のビデオブログの完成です。

TIPS

キーフレームの削除

【ストップウォッチ】アイコン をダブルクリックすると、作成したキーフレームを削除できます。

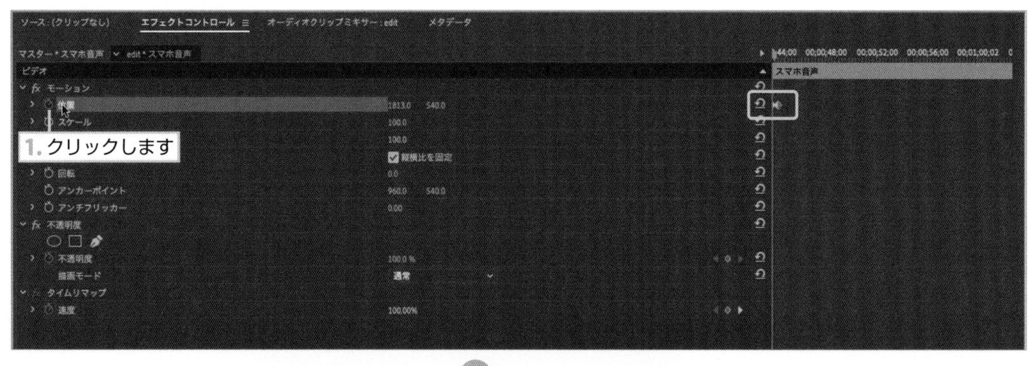

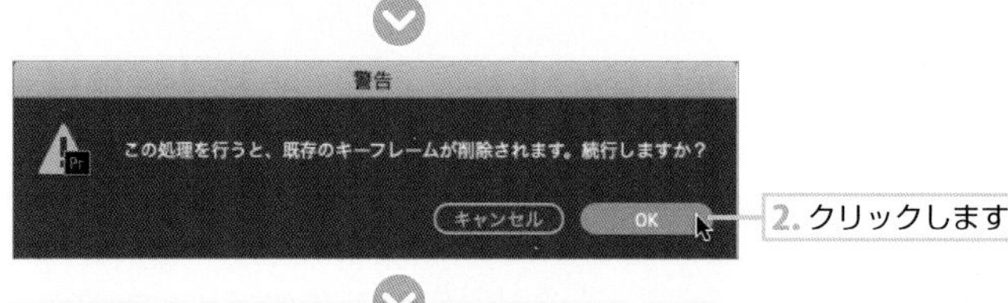

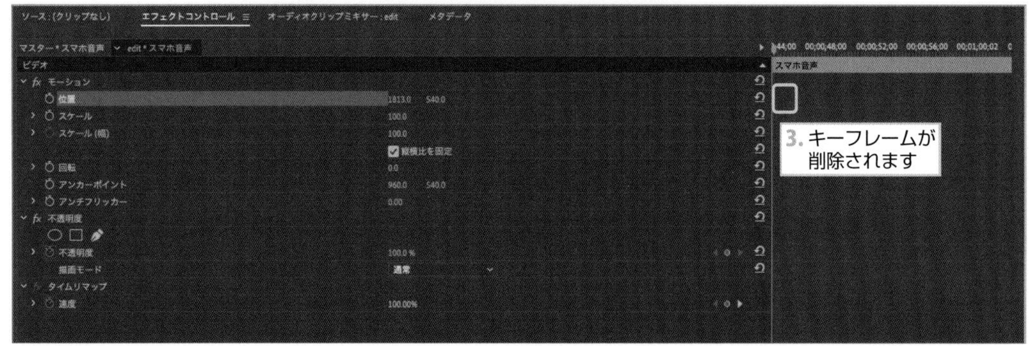

また、【パラメータをリセット】ボタン をクリックすると、初期設定の値に戻ります。

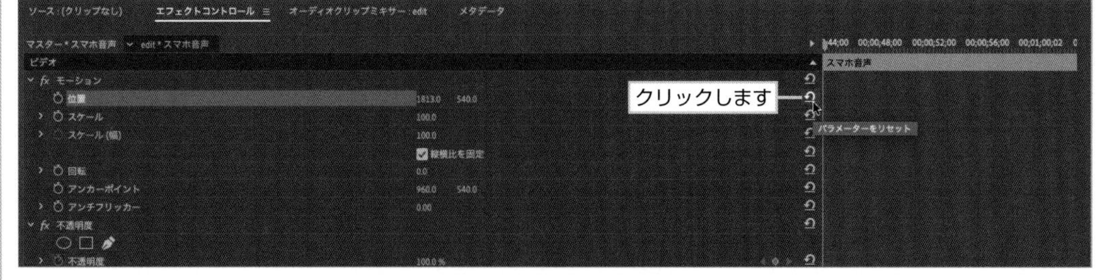

PART 2

STEP 2-2

ポートフォリオ動画を作ろう！

Instagramなどで見かける自分自身のポートフォリオ動画、プロフィール動画を作っていきます。さらに、スマートフォンならではの縦動画の作り方を解説します。

完成動画 2-2

何を撮るか考えよう！

縦動画なので、モデルさんの全身が活きる構図の撮影を行います。

さらにシーンを単純にカットつなぎでつなげるだけではなく、モデルさんの様々な演技を加えて、編集上でエフェクトを多用せずに、アナログでカット切り替えを楽しく見せていきます。

ここでは、下記のように撮影を進めていきます。

ポートフォリオ 字コンテ

○CUT 1
中華街を背景に奥から女性が近づいてくる

撮影：手持ち、縦動画
構図：フルショットからアップ
セリフ内容：なし
アクション内容：カメラレンズを手で塞ぐ

○CUT2
噴水の前でジャンプ

撮影：手持ち、縦動画
構図：フルショット
セリフ内容：なし
アクション内容：カメラレンズを塞ぐ手を外し、笑顔。噴水の前でジャンプ。

○CUT3
海を背景にジャンプ

撮影：手持ち、縦動画
構図：フルショット
セリフ内容：なし
アクション内容：ジャンプして、カメラ前で手を横切る

○CUT4
夜の遊園地

撮影：手持ち、縦動画
構図：フルショット
セリフ内容：なし
アクション内容：笑顔で手を振り、ラストはカメラレンズを手で塞ぐ。

○CUT5
テロップ：坂口彩

撮影しよう！

さきほどの構成に沿って、撮影を進めます。演出内容なども解説していきます。今回は、モデルの明るいキャラクターを全面に出した楽しい映像の仕上がりをテーマに撮影します。

CUT 01

縦動画でフルショットのプロフィール撮影をするので、背景にこだわっていきましょう。

ここでは奥からカメラ手前に向かってモデルが歩いてくる映像を撮影しますが、背景が面白くないとつまらない映像になりますので、華やかな建物などを背景に撮影します。

奥からカメラ前までモデルにはかっこよく歩いてきてもらいます。カメラマンは動きません。

そしてスマートフォンの近くまでモデルが来たらカメラレンズを手で覆い、画面を真っ黒にします。

これは編集時に次のカットに行くとき、黒でつないで場面転換をするためです。

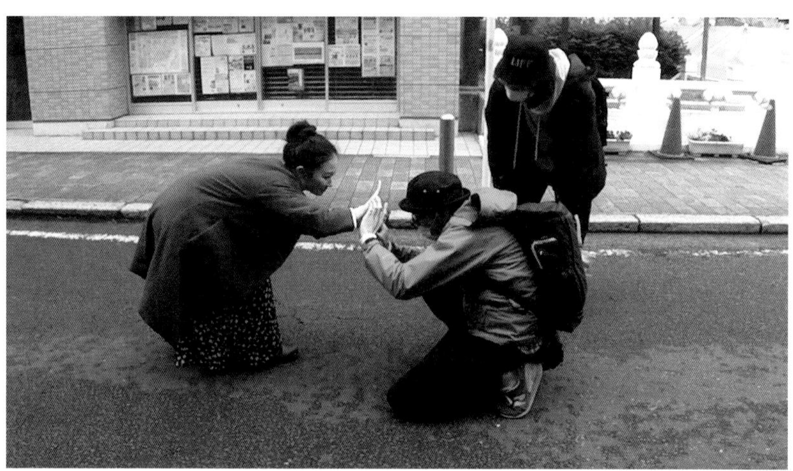

02

まずモデルにカメラレンズを手で覆ってもらい、画面を黒くします。これはCUT01につなげるためです。

手を外したら、女性が奥へ行ってジャンプするというアクションを行います。

このようなポートフォリオ動画でセリフのない演技をしてもらうときは、大きめのアクションをするほうが可愛らしく見えます。

CUT 03

最初にジャンプするシーンから始まります。これは前のカットでジャンプして着地する箇所でカットを変えて、場面転換をするためです。

モデルに前進してカメラ前まで歩いてもらいますが、歩きを長く見せるためにカメラマンも後退していきます。

ある程度歩いたらカメラマンが止まり、モデルはカメラレンズを手の平で横切らせます。
これは、編集時に「マスク」機能を使って場面転換します。
注意点は必ず画面の上下まで手のひらで横切らせていることです。

Preview

CUT 04

急激な場面転換にしますので、わかりやすく夜撮影します。「ハートのモニュメントの脇からフレーム・インして、最後カメラ前で手を振り、再度カメラレンズを手で塞いで真っ黒にする」というアクションになります。カメラマンは動きません。

Preview

これで撮影は以上です。編集に入ります。

編集しよう！

これまではオーソドックスなHDサイズによる横動画の編集でしたが、今回は縦動画なのでシーケンス設定から異なります。注意して、編集を進めていきましょう。

プロジェクトを作成する

1 Premiere Proの【ホーム画面】で【新規プロジェクト】をクリックします（28ページ参照）。

2 【新規プロジェクト】ダイアログボックスで【名前】を "edit" と入力します。【場所】にある【参照】をクリックして、【新規フォルダ】の "portfolio" を作成します（29ページ参照）。

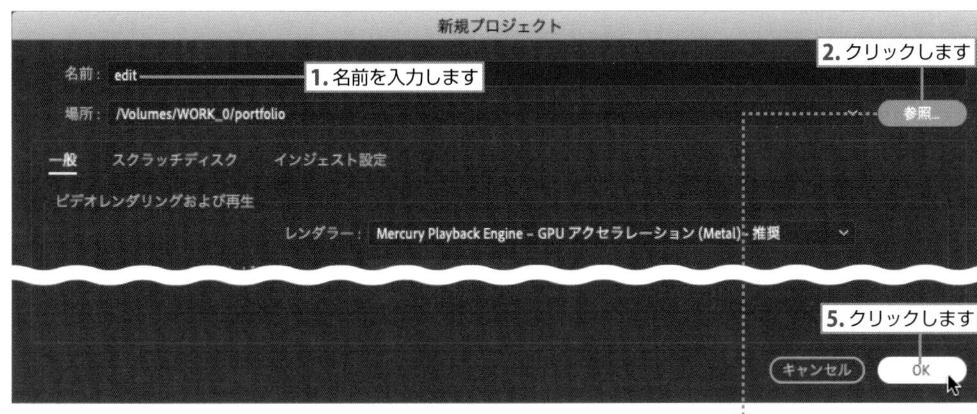

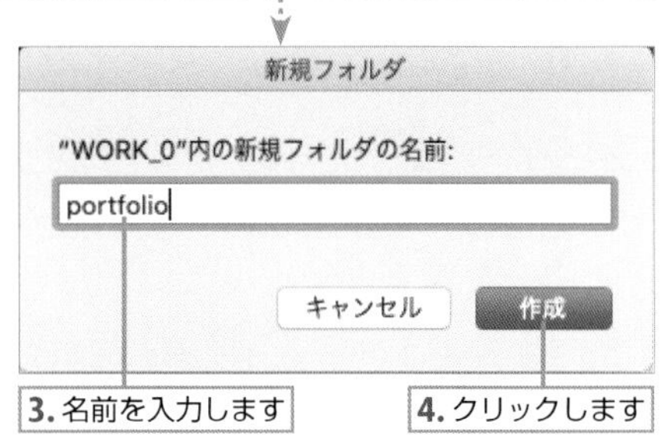

ファイルの読み込み

1 【ファイル】➡【読み込み】を選択して、"portfolio_source" フォルダにある "CUT01～CUT04.mp4"、"music01.wav" を選択します（32ページ参照）。

2 【読み込み】をクリックすると、素材が【プロジェクトパネルグループ】に読み込まれます（32ページ参照）。

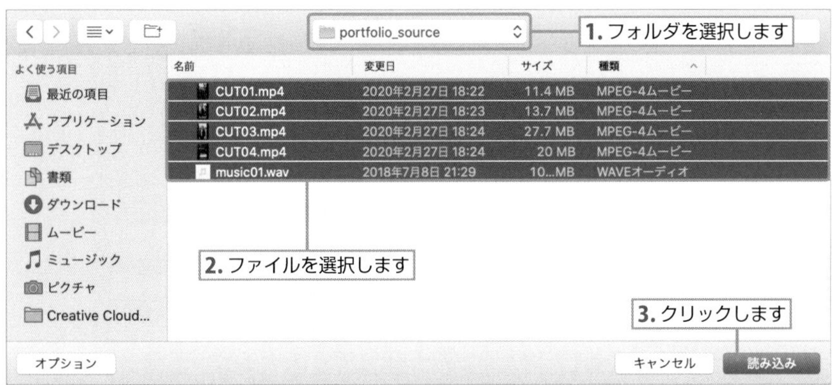

▶ シーケンスを作成する

1 【ファイル】➡【新規】➡【シーケンス】（Mac ⌘＋N／Win Ctrl＋Nキー）を選択します。
【新規シーケンス】ダイアログボックスで【設定】タブをクリックして、【編集モード】の【カスタム】➡【プレビューファイル形式】で【GoPro CineForm】を選択します。
【フレームサイズ】を【幅:1080、高さ:1920】に設定します。
【名前】を“edit”として、【OK】をクリックします。

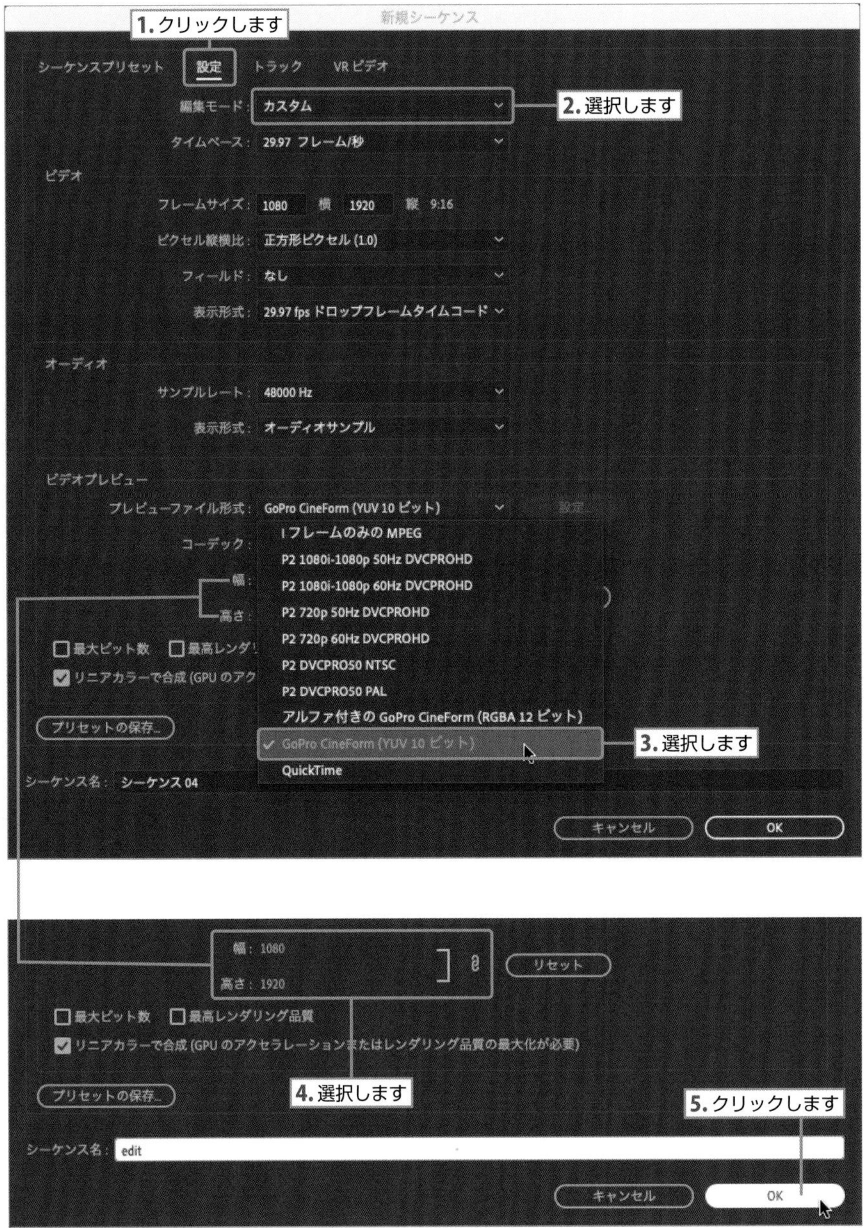

2 【プログラムモニター】が縦型の表示になります。

クリップを配置する

“CUT01～CUT04.mp4” を選択して、タイムラインの【0秒】の箇所に左詰めで配置します。

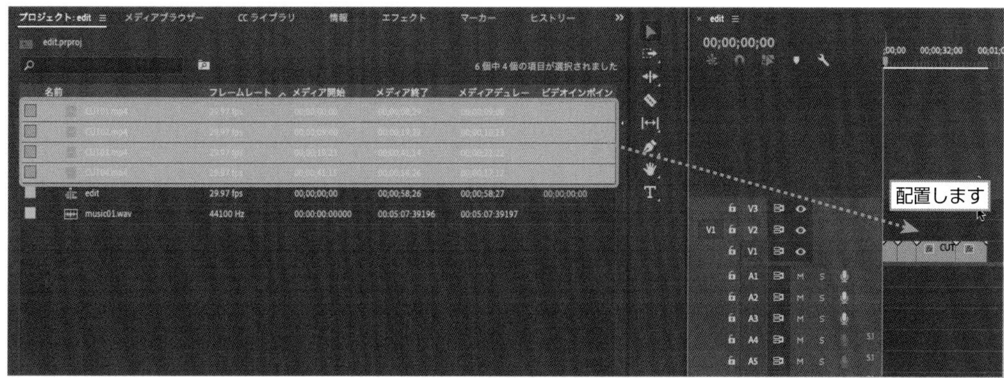

カット編集

1 “00;00;08;00” に【現在の時間インジケーター】を合わせて、“CUT01.mp4” クリップを【レーザーツール】でカットします。
分割された右側のクリップを Mac ▶ option ＋ delete （ Win ▶ Alt ＋ Delete ）キーで削除します。

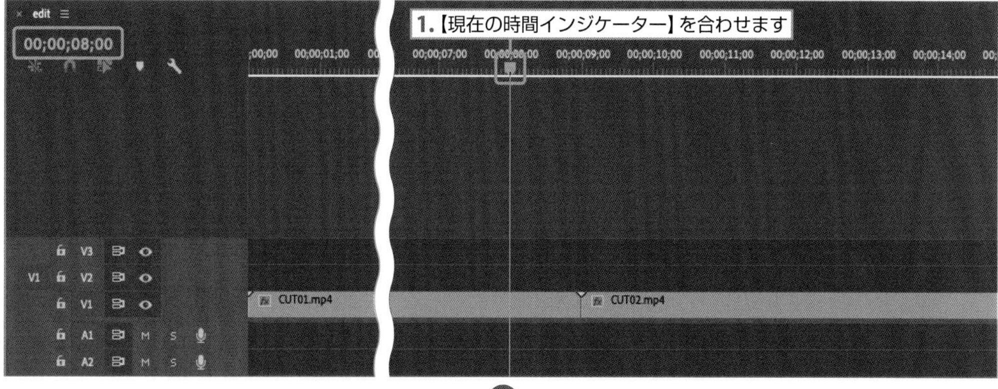

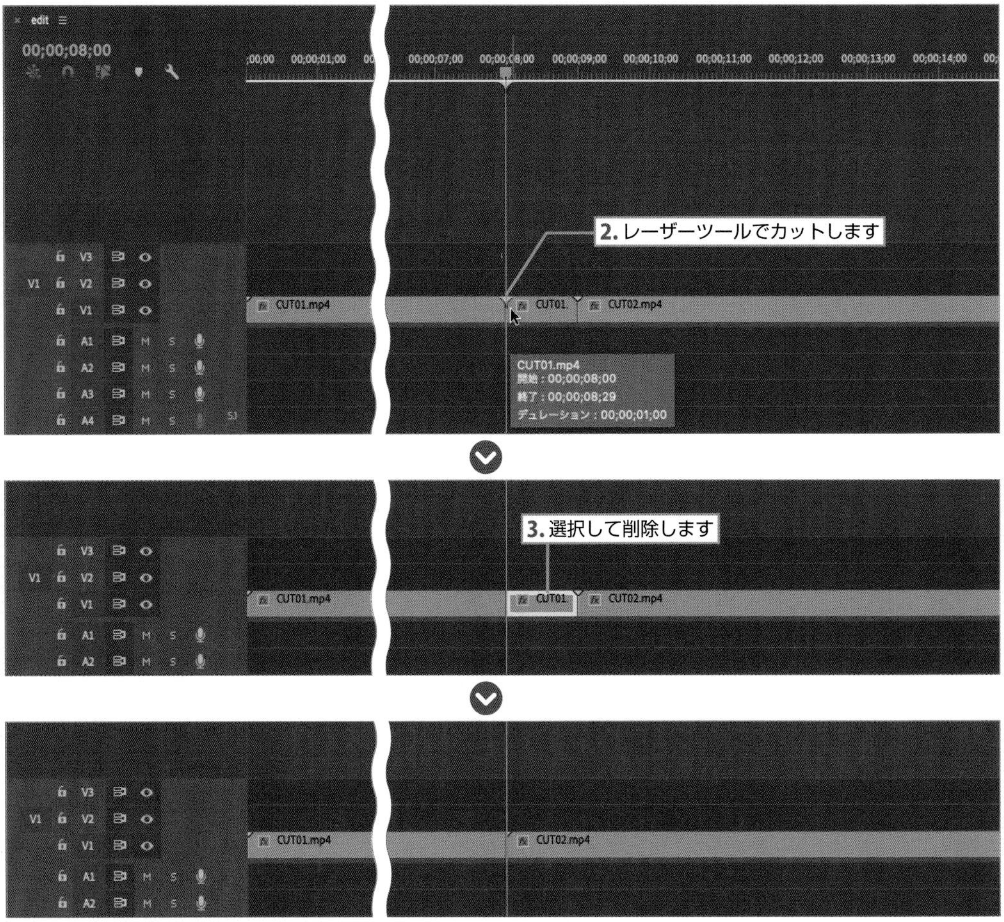

2 "00;00;09;00" に【現在の時間インジケーター】を合わせて、"CUT02.mp4" クリップをカットします。左側のクリップを Mac ▸ option + delete（Win ▸ Alt + Delete）キーで削除します。

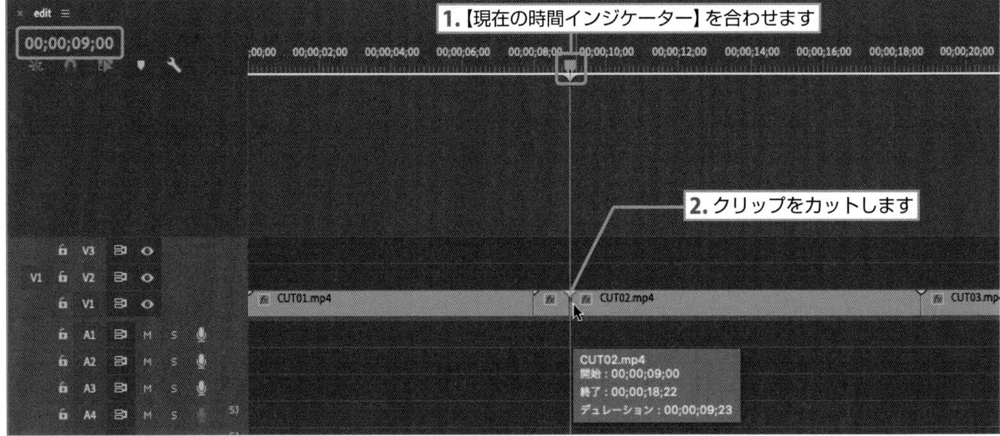

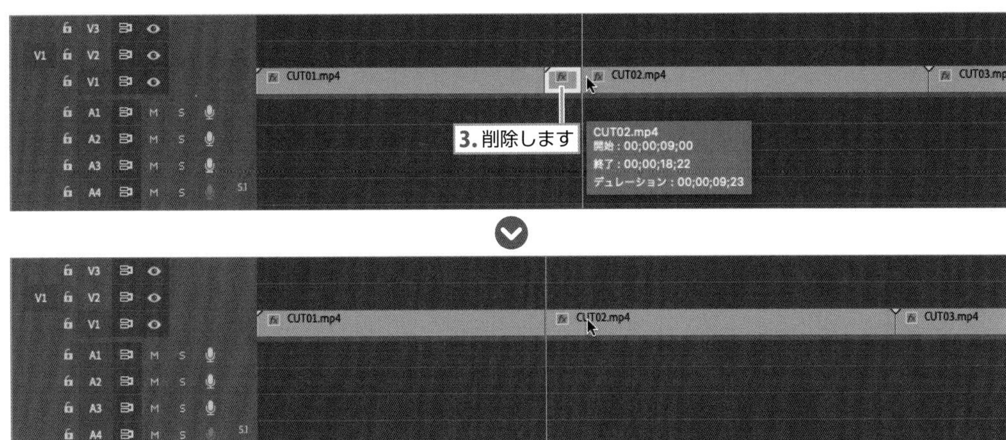

再生すると、"CUT01.mp4" の最後でカメラレンズを手で塞ぎ、黒つなぎで "CUT02.mp4" の噴水へと場面展開します。

3 "00;00;15;19" に【現在の時間インジケーター】を合わせて、"CUT02.mp4" クリップをカットします。分割された右側のクリップを Mac option + delete（Win Alt + Delete）キーで削除します。

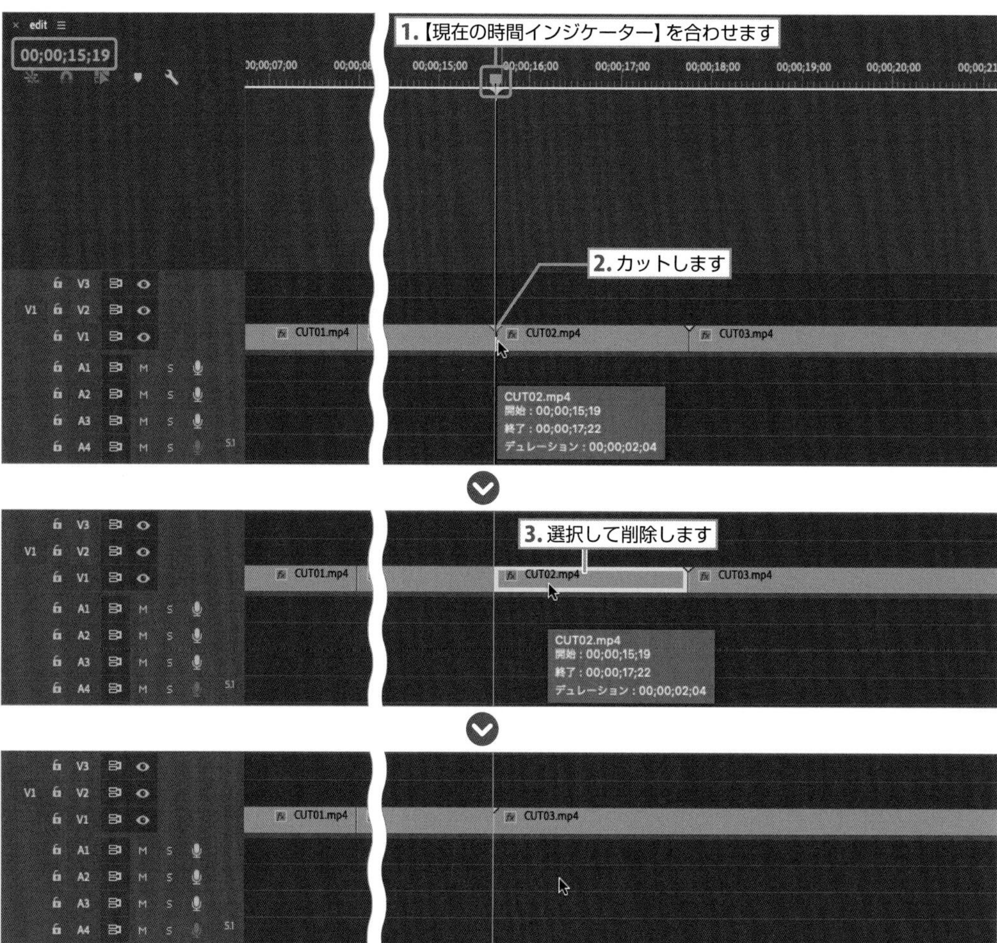

4 "00;00;19;06" に【現在の時間インジケーター】を合わせて、"CUT03.mp4" クリップをカットします。左側のクリップを Mac option + delete（Win Alt + Delete）キーで削除します。

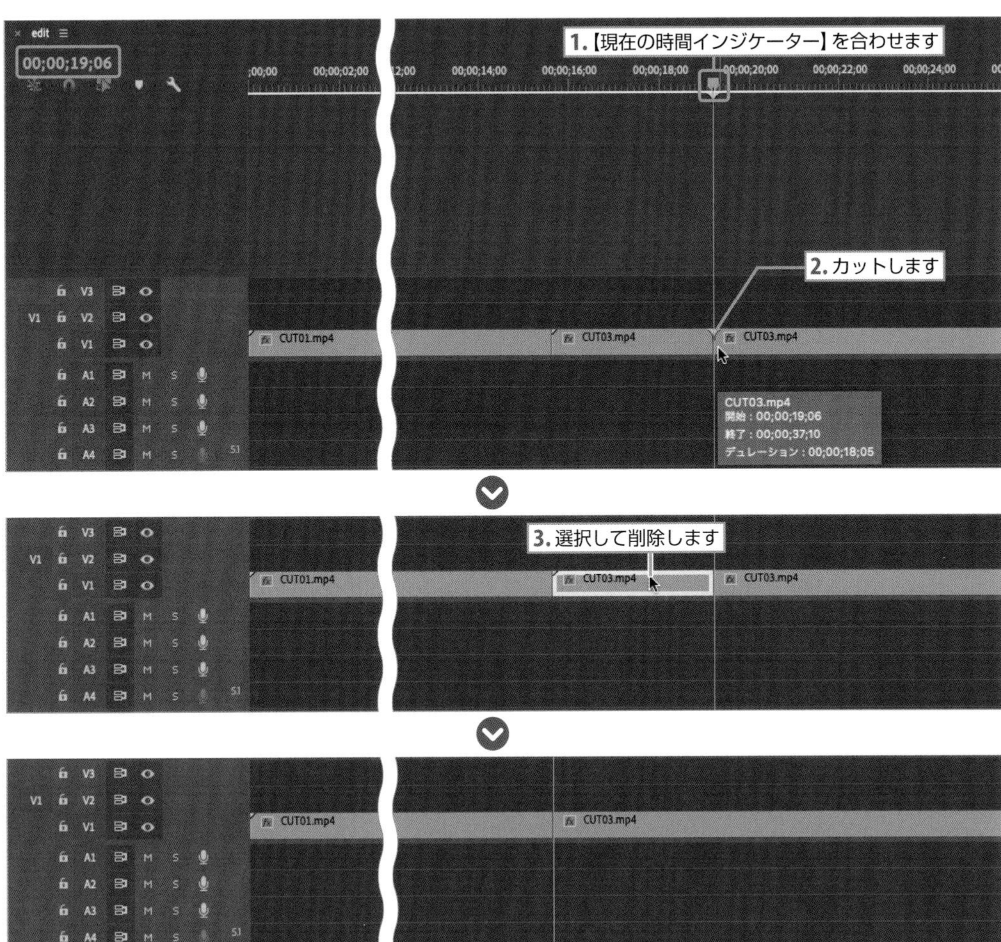

再生すると、ジャンプして着地すると場所が変わる場面展開になります。

5 “00;00;31;26” に【現在の時間インジケーター】 を合わせて、“CUT03.mp4” クリップをカットします。分割された右側のクリップを Mac option ＋ delete （ Win Alt ＋ Delete ）キーで削除します。

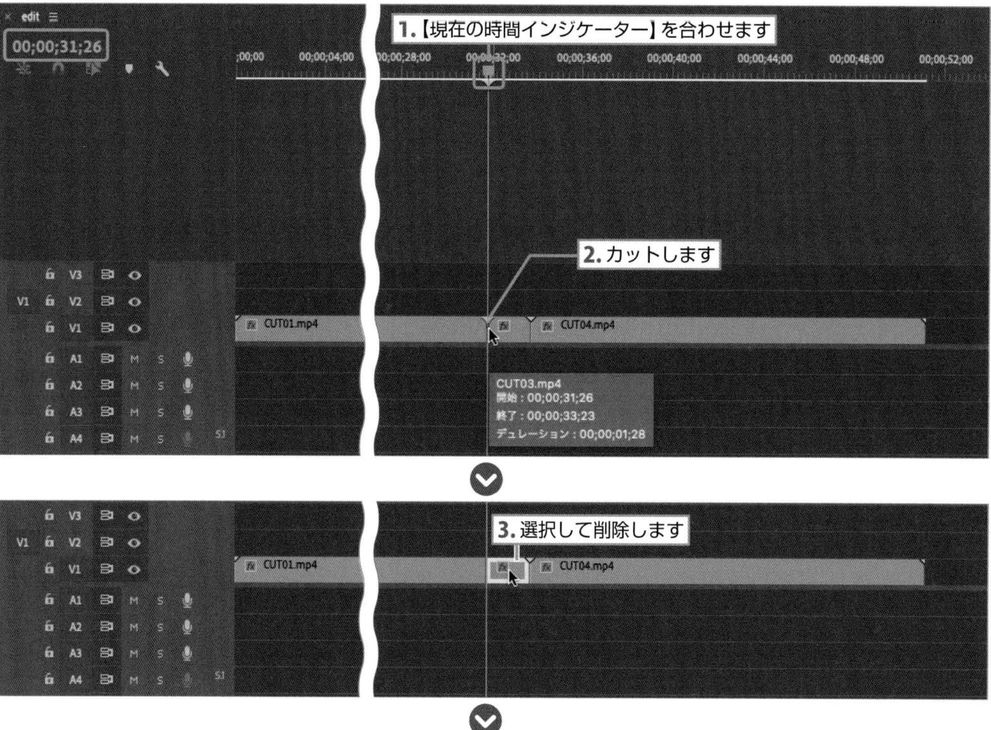

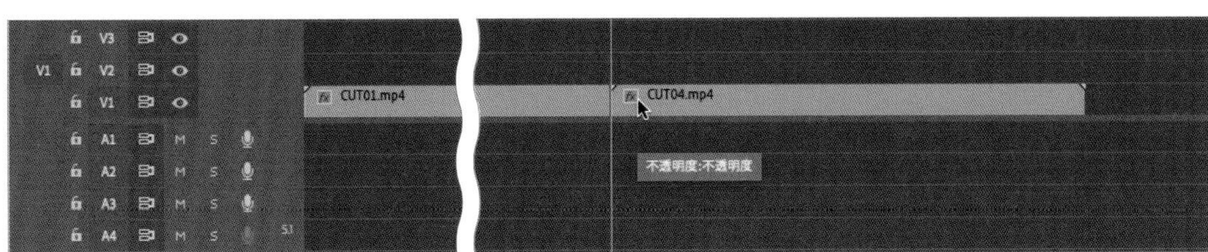

6 “00;00;32;24” に【現在の時間インジケーター】を合わせて、“CUT04.mp4” クリップをカットします。左側のクリップを Mac option + delete（Win Alt + Delete）キーで削除します。

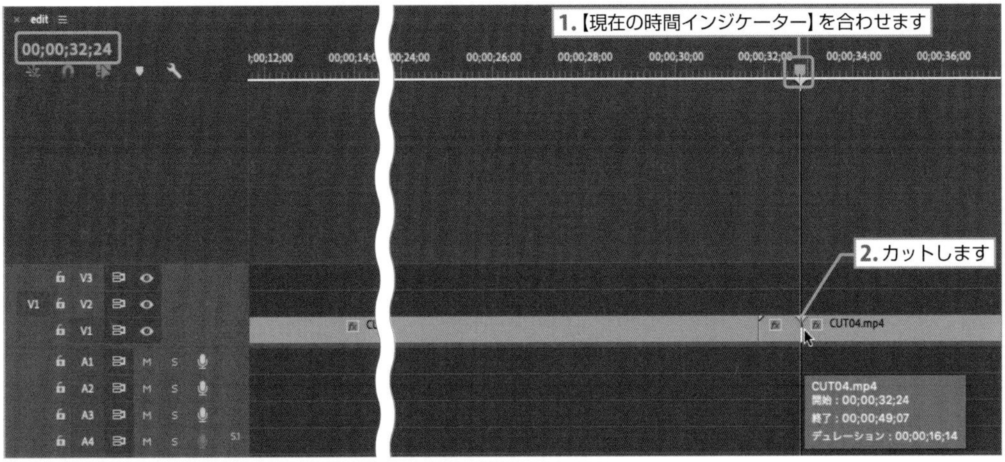

00;00;32;24

1.【現在の時間インジケーター】を合わせます

2. カットします

CUT04.mp4
開始：00;00;32;24
終了：00;00;49;07
デュレーション：00;00;16;14

3. 選択して削除します

CUT04.mp4
開始：00;00;31;26
終了：00;00;32;23
デュレーション：00;00;00;28

再生して確認すると、手のひらがカメラレンズを横切ると夜のシーンに場面展開します。
この部分は、後からエフェクト処理を行います。

7 最後に“00;00;45;02”に【現在の時間インジケーター】を合わせて、“CUT04.mp4”クリップをカットします。
分割された右側のクリップを Mac delete（Win Delete）キーで削除します。

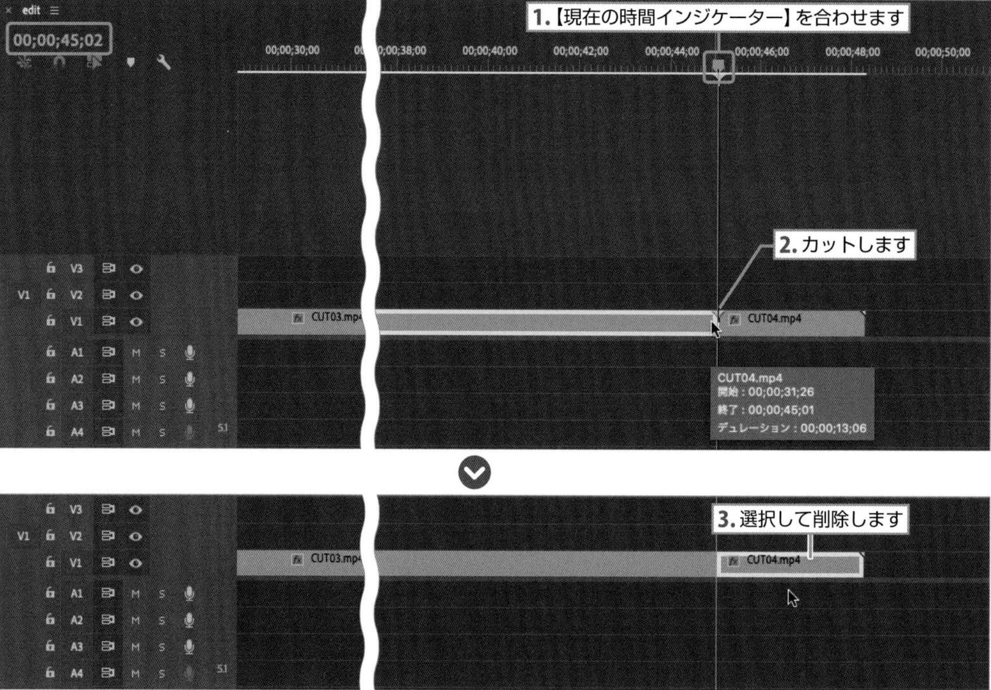

これで、カット編集は終了です。

マスクをかける

次にエフェクト調整を行います。

1 【現在の時間インジケーター】を"00;00;31;15"に合わせてカットします。分割した右側にある"CUT03.mp4"を【選択ツール】で選択します。

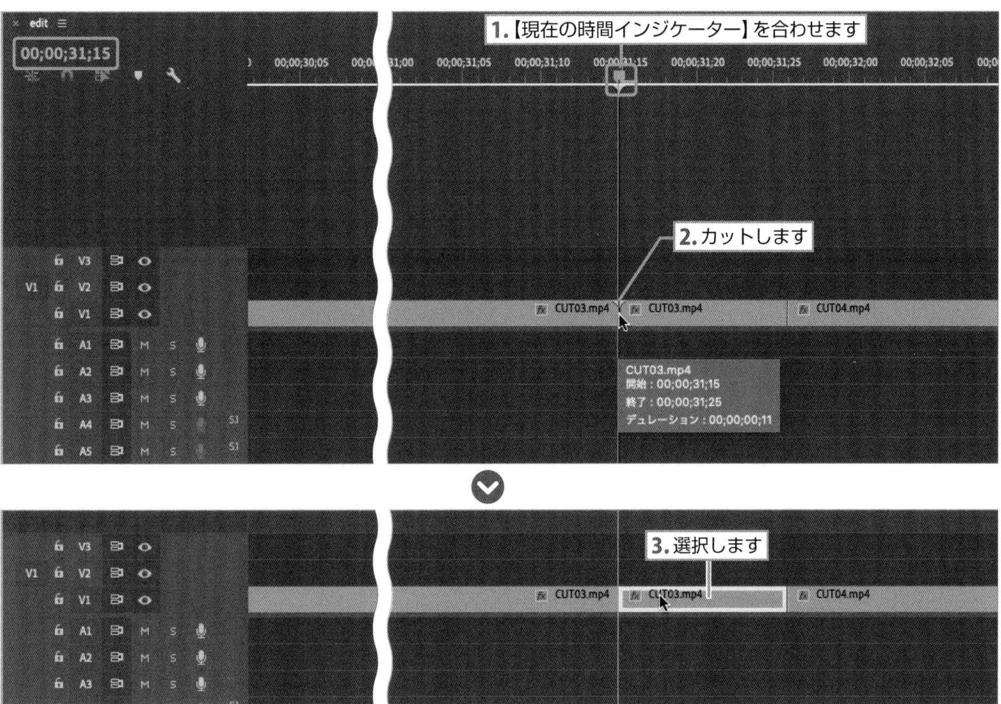

2 【エフェクトコントロール】パネルの【不透明度】➡【ベジェのペンマスクの作成】を選択します。

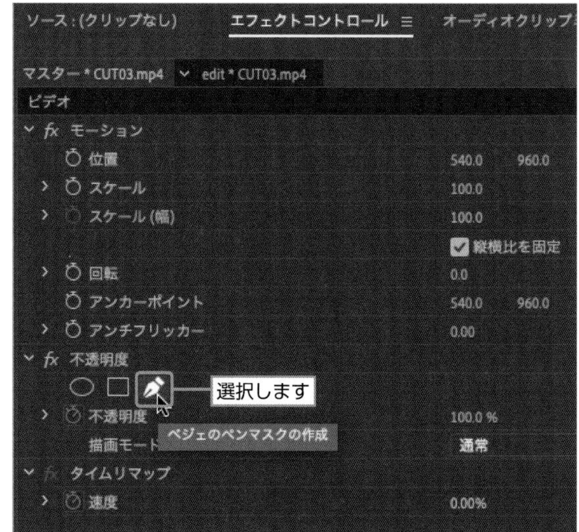

3 【現在の時間インジケーター】 を“00;00;31;15”に合わせて、【プログラムモニター】でモデルの左側の手のひらの輪郭に沿ってクリックし、パスを作っていきます。
このとき、パスを形成するポイントは多めに作っておいたほうがよいでしょう。

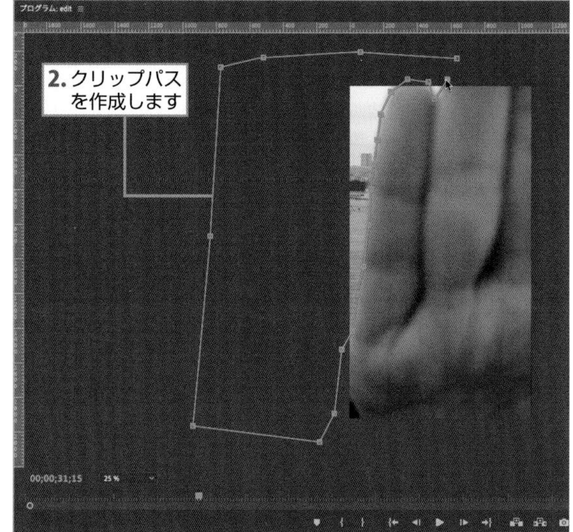

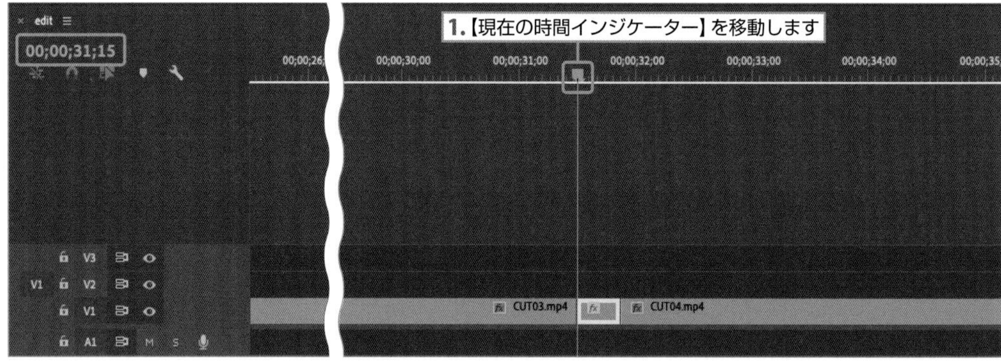

4 パスをつなげると、つなげた以外のところが黒くなります。黒くなっている部分は、透過される状態です。

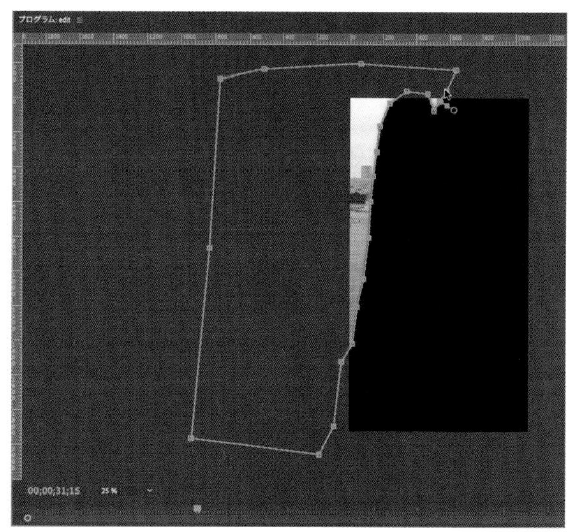

5 【エフェクトコントロール】パネルの【不透明度】に【マスク1】が作成されています。【マスクの境界のぼかし】を"10"に設定します。

6 【マスクの反転】をオンにすると、さきほど透過されていた箇所が表示されます。

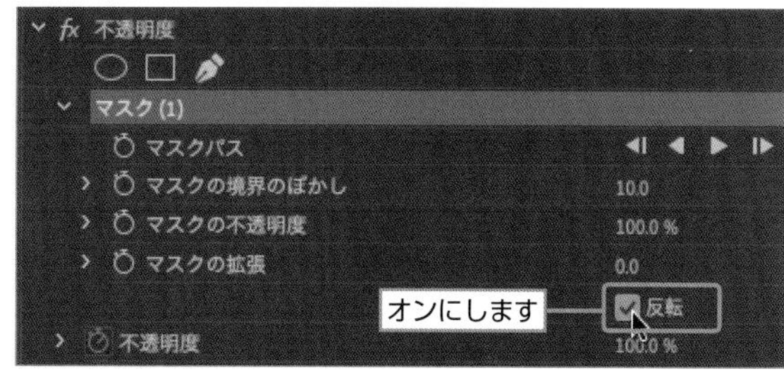

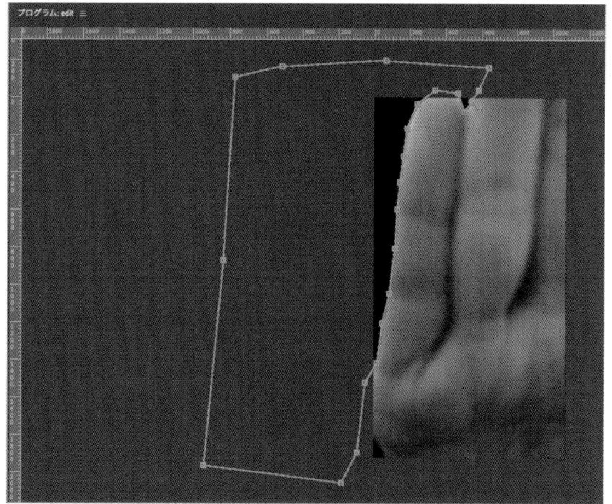

7 【マスクパス】にある【ストップウォッチ】アイコン をクリックすると、キーフレームが作成されます。

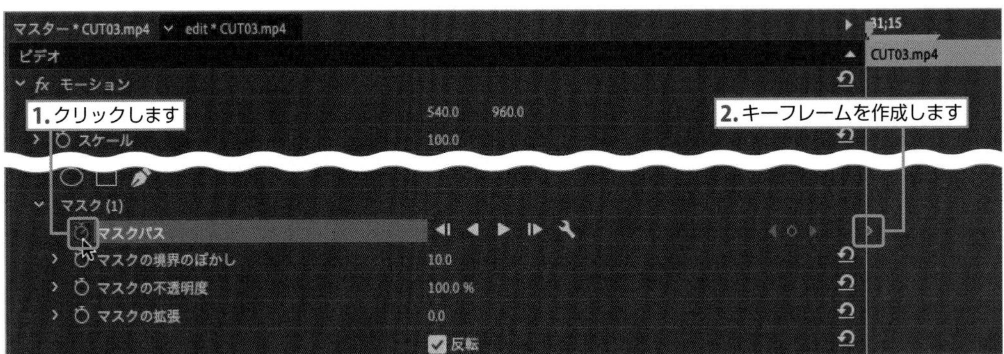

8 ⇥キーを押して1フレーム進めて、"00;00;31;16" に移動します。
【マスク (1)】をクリックするとパスが表示されます。マスクパスをドラッグして調整し、手のひらの輪郭に合わせると、自動的にキーフレームが生成されます。

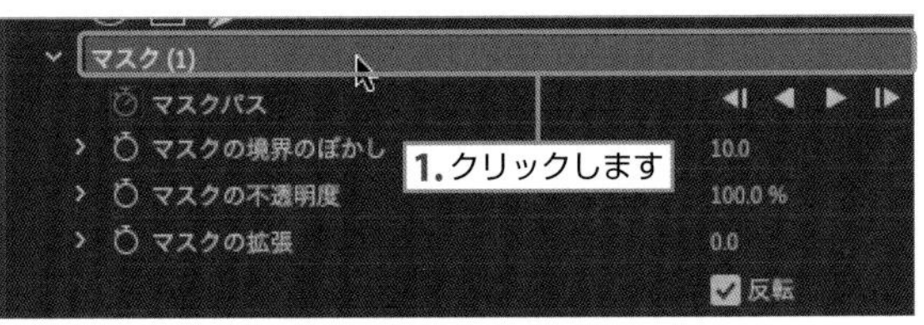

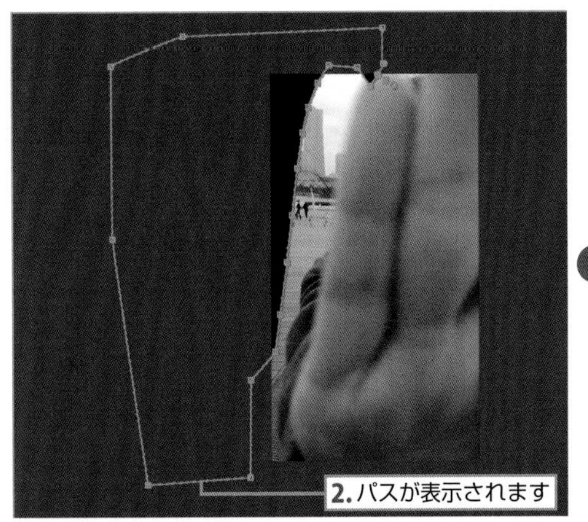

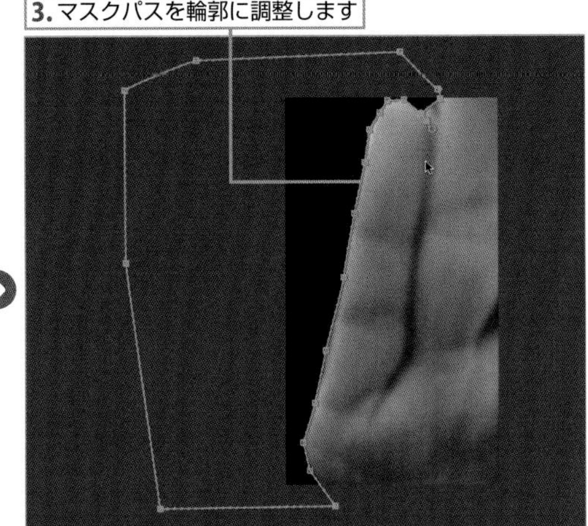

TIPS

曲線

マスクパスの【ハンドル】を操作することで、曲線を描くことができます。

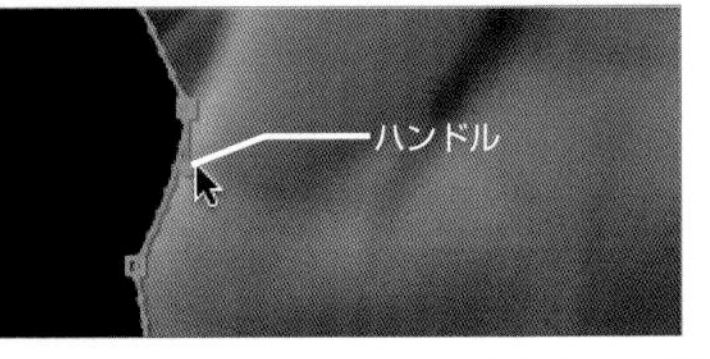

TIPS

マスクパスの追加

マスクパスは追加することができます。
【ベジェのペンマスクの作成＋】アイコン が表示されているときにクリックすると、パスが追加されます。

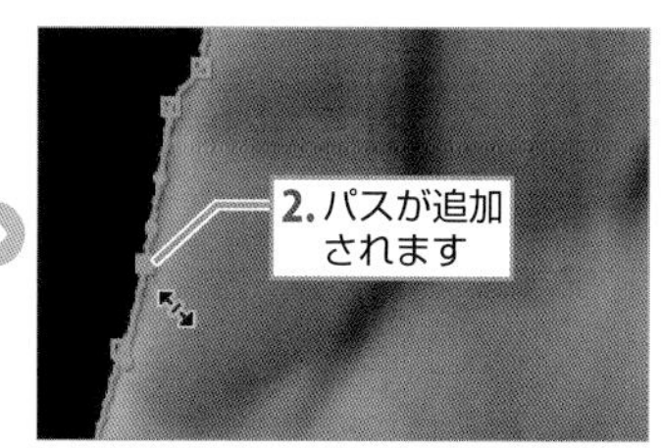

TIPS

画面の拡大

【プログラムモニター】の左下にある【画面の表示】の表示倍率は、選択して切り替えることができます。
パスを作成する際に活用してください。

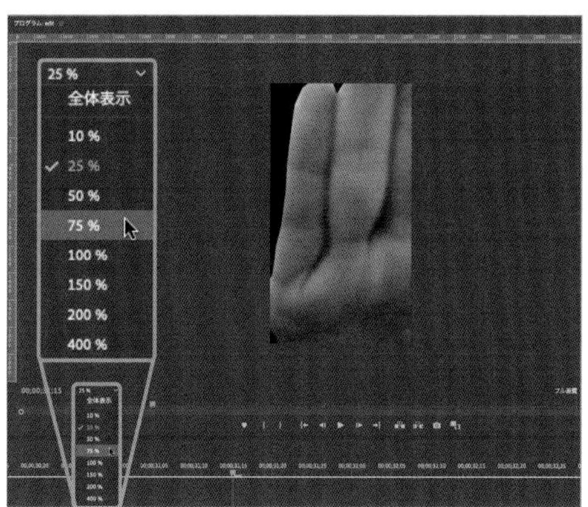

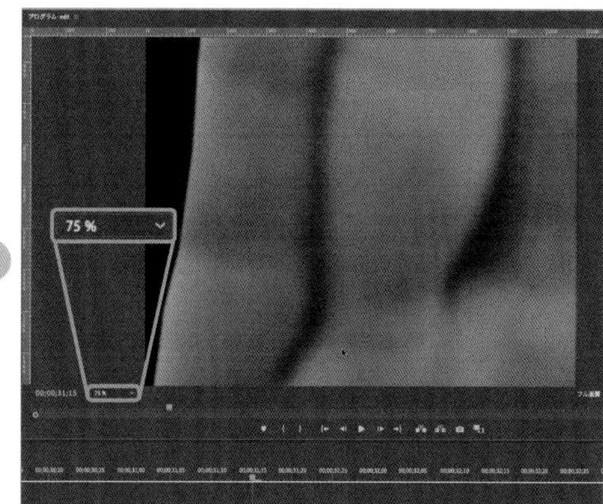

またゲージを移動することで、画面の表示内容を動かすことができます。

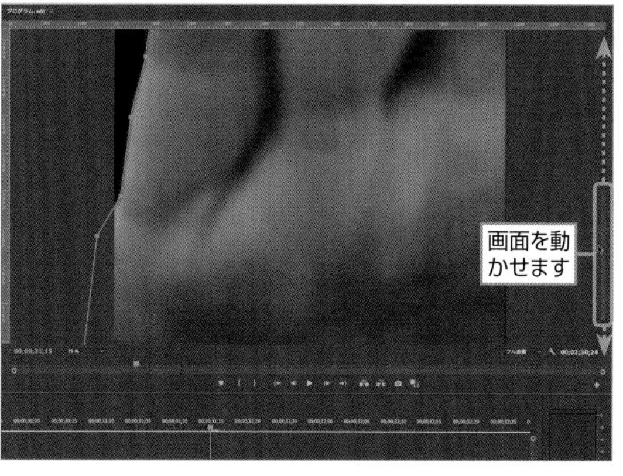

9 同様に、→キーを押して1フレーム進めます。
【マスク (1)】をクリックするとパスが表示されるので、さきほどと同様にマスクパスを1フレームずつ調整して、手のひらの輪郭に合わせます。この作業を、“00;00;31;26”まで繰り返します。

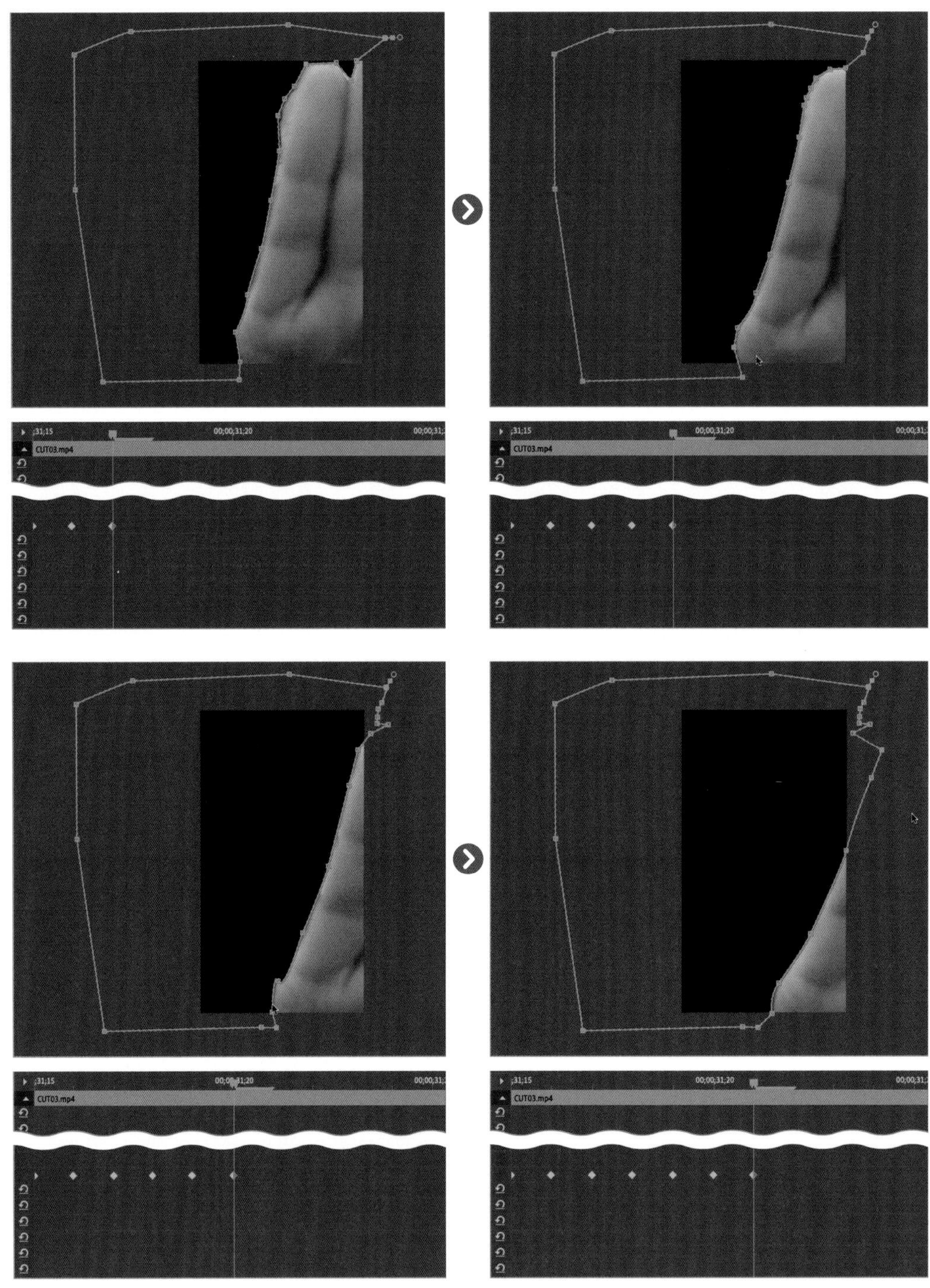

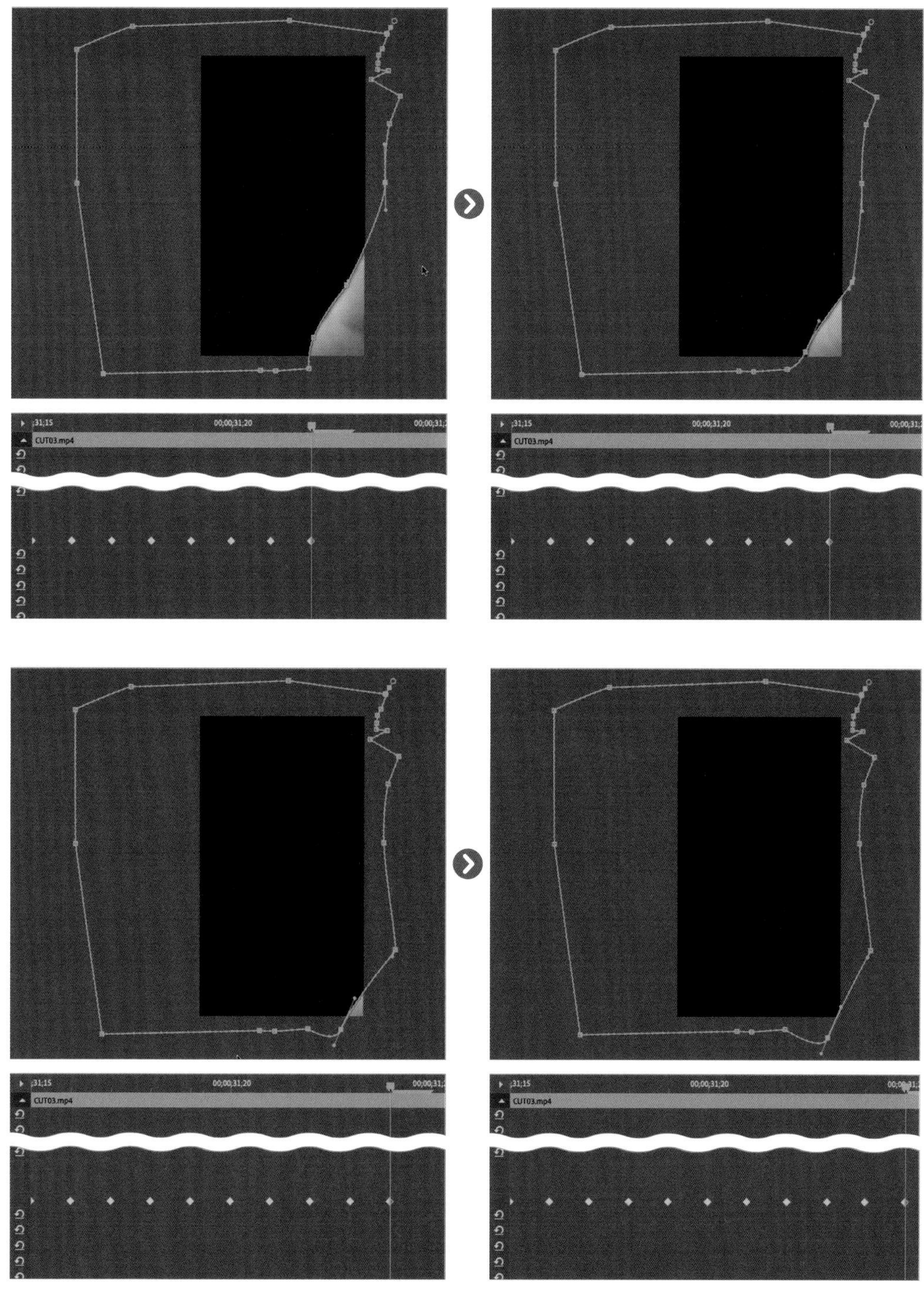
;31;15
00;00;31;20
CUT03.mp4

最初はかなり手間がかかるかと思いますが、慣れてくると効率よくなりますので、コツコツと進めていきましょう。

マスクパスの修正

マスクパスの修正は、後からでも変更することができます。

出来上がったものを再生すると、このようになります。

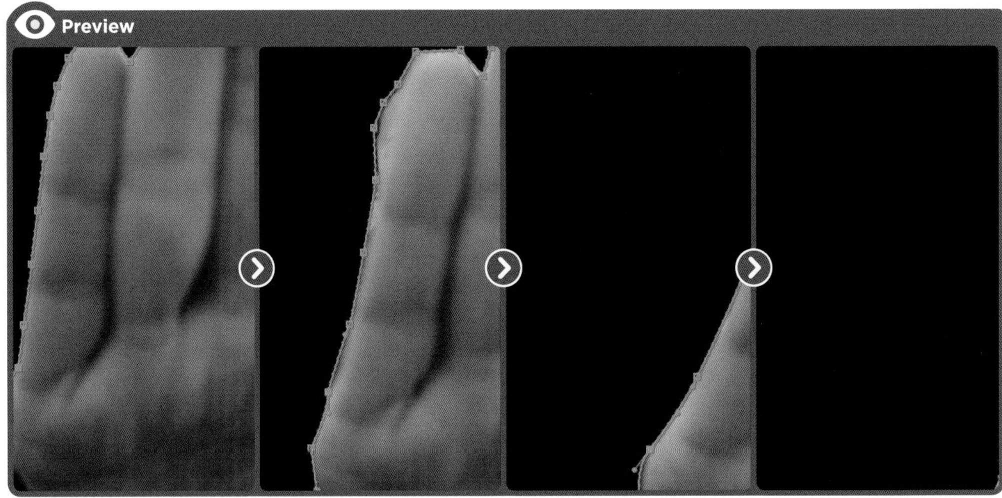

1 黒い部分が透過されているので、"CUT03.mp4" クリップを shift キーを押しながら【V2】トラックに移動します。

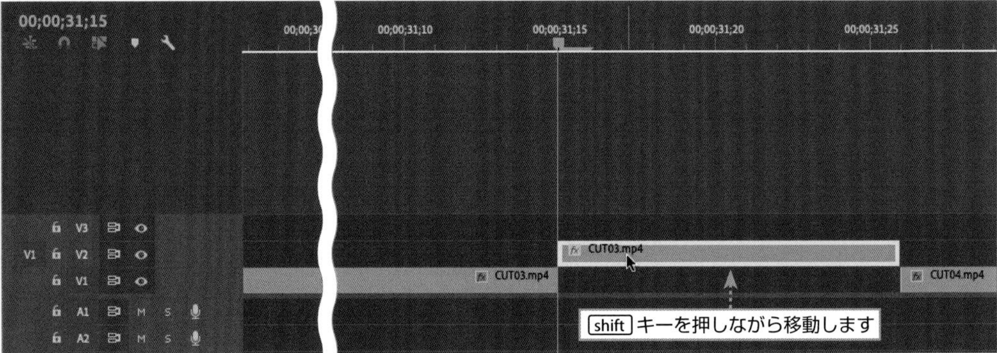

2 “CUT04.mp4” を左方向に詰めます。

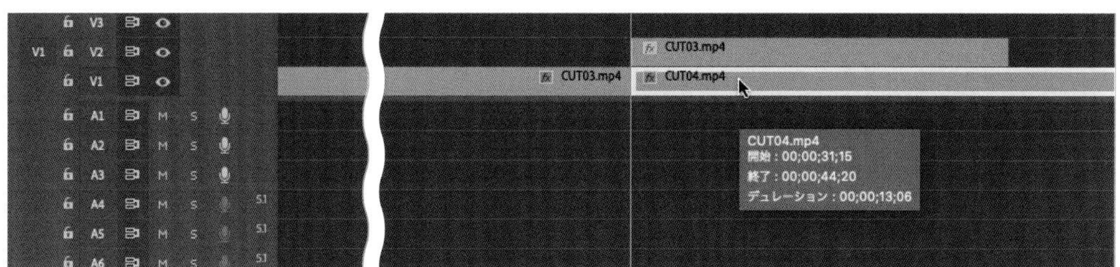

再生すると、手のひらの左から “CUT04.mp4” が現れる場面展開になります。

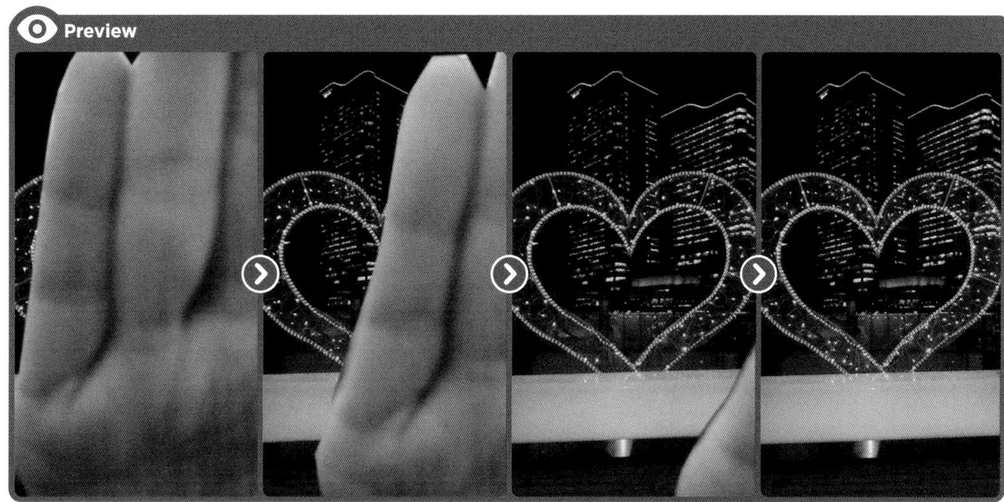

テロップを作ろう！

1 【現在の時間インジケーター】を “00;00;44;21” に合わせます。

2 【ファイル】➡【新規】➡【レガシータイトル】を選択して、【新規タイトル】ダイアログボックスで【名前】を “坂口彩” とします。

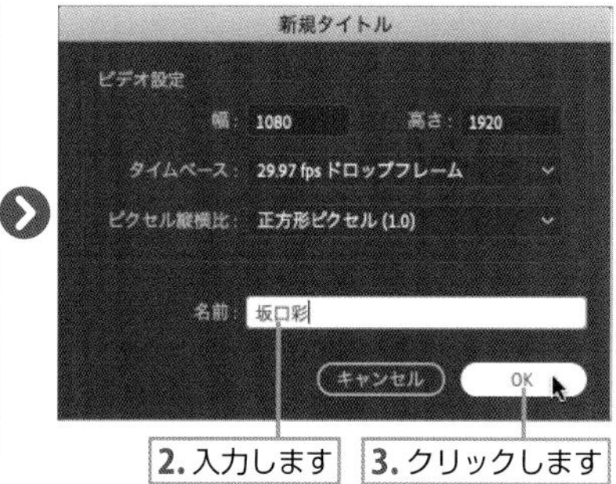

3 "Aya Sakaguchi" と入力します。

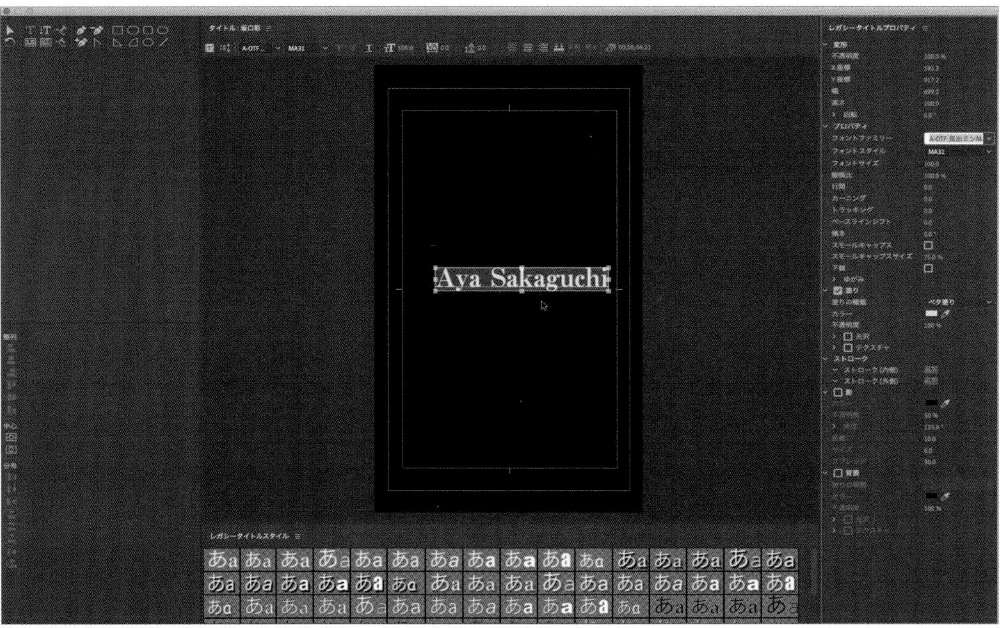

4 中央揃えを選択すると、縦横センターに配置されます。

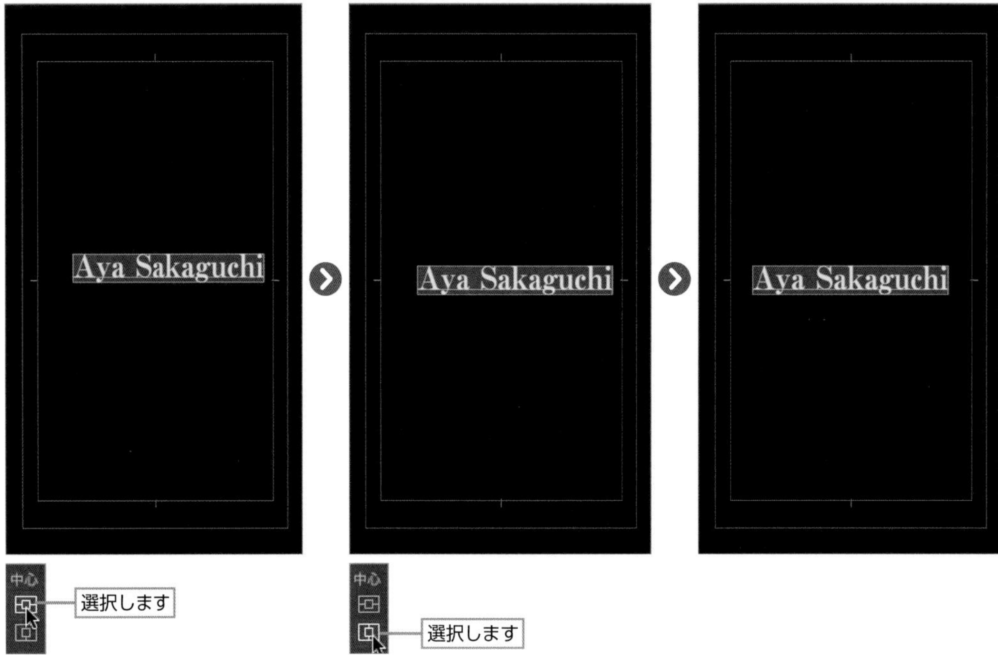

5 【タイトル作成】パネルを閉じます。

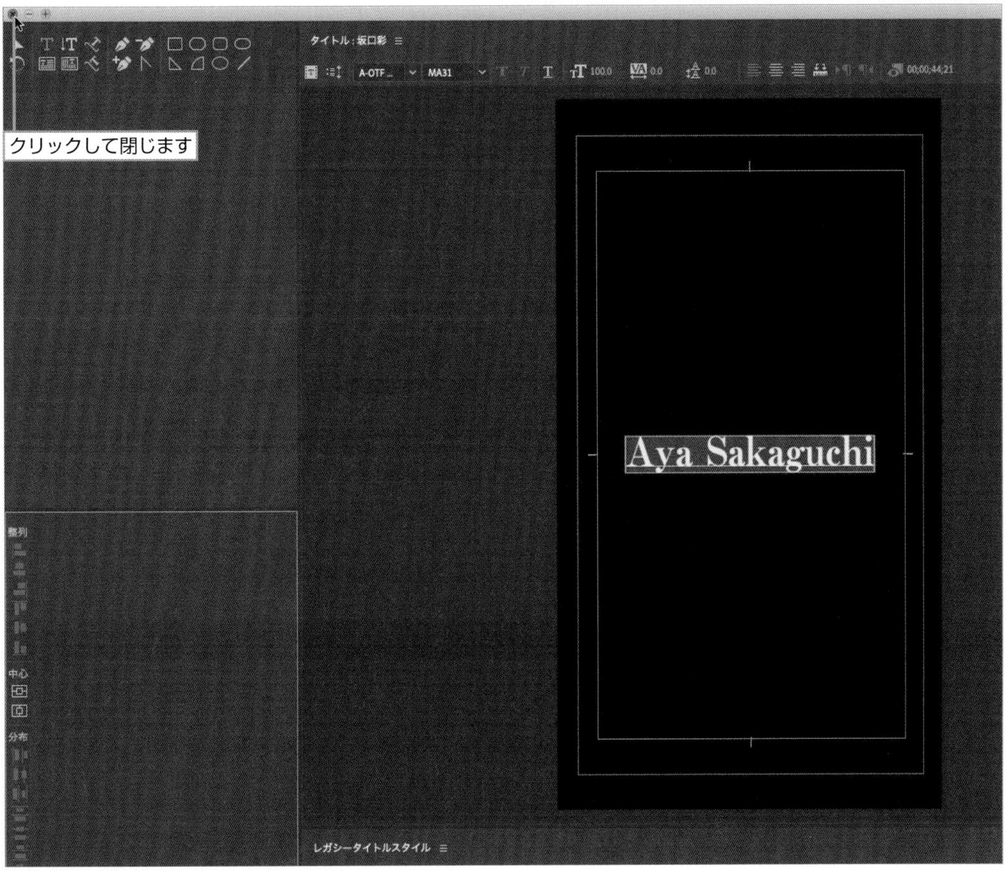

クリックして閉じます

6 【プロジェクト】パネルから【坂口彩】クリップを選択し、ドラッグ＆ドロップして【V2】トラックに配置します。

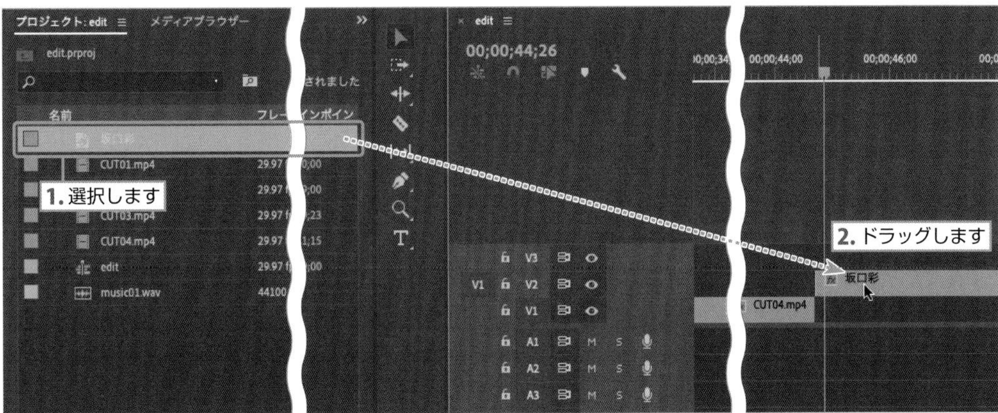

7 【坂口彩】クリップの左端で右クリックして、【デフォルトのトランジションを適用】をクリックします。

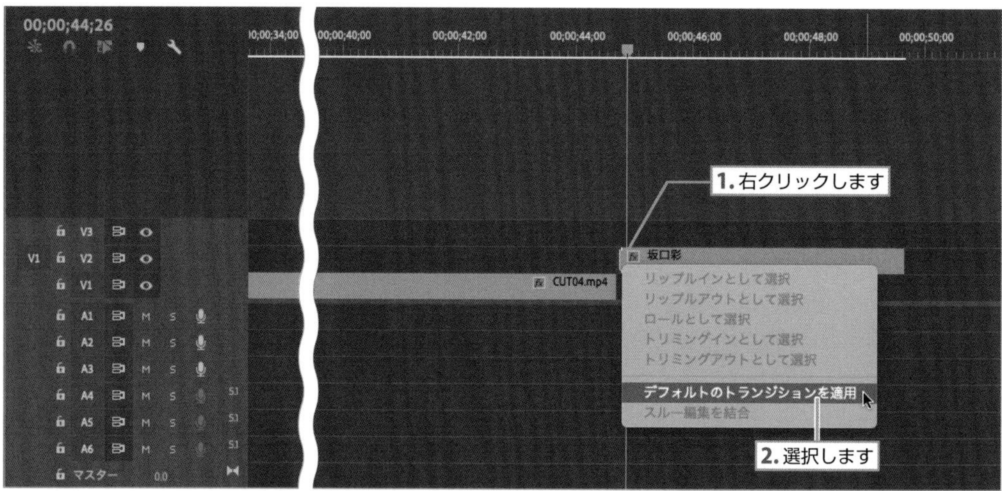

8 再生すると、フェードインしてタイトルが表示されます。

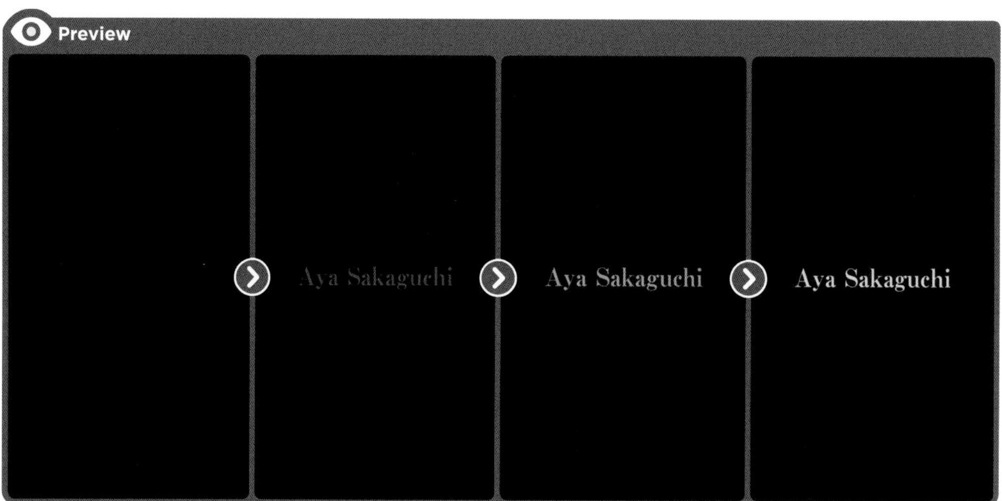

色補正をしよう！

最後に、各クリップに色補正を行います。

1 一番上にある【カラー】をクリックします。色補正に適したレイアウトに変化します。

2 “CUT01.mp4” を選択します。
右側の【Lumetriカラー】パネルの【ホワイトバランス】にある【WBセレクター】のスポイトをクリックします。

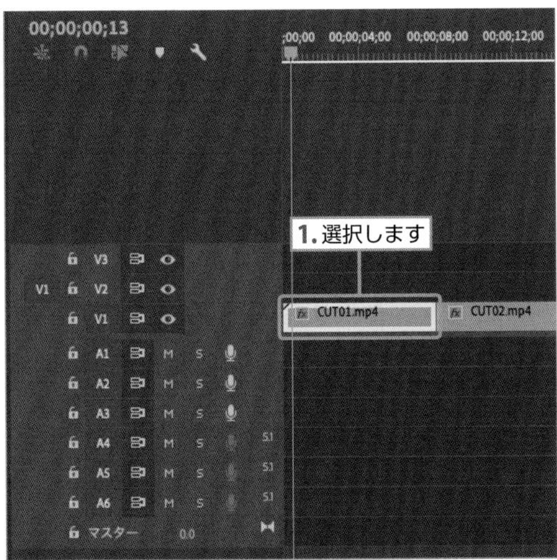

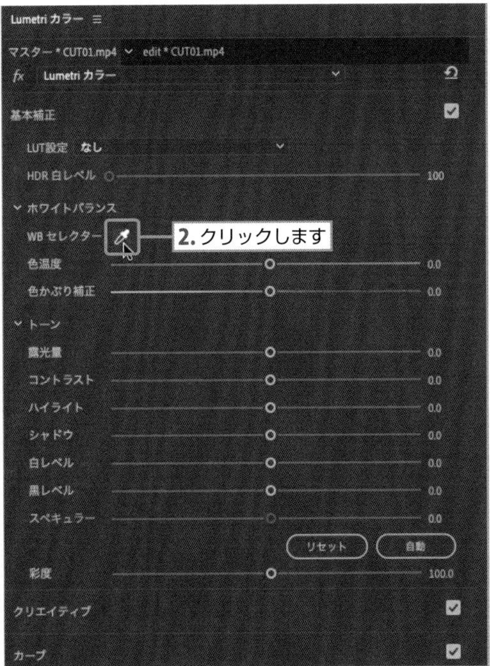

3 【プログラムモニター】の白線をクリックすると、映像が本来の白色に近い色味になります。

4 【基本補正】➡【トーン】➡【露光量】を“2”に設定すると、全体的に明るくなります。

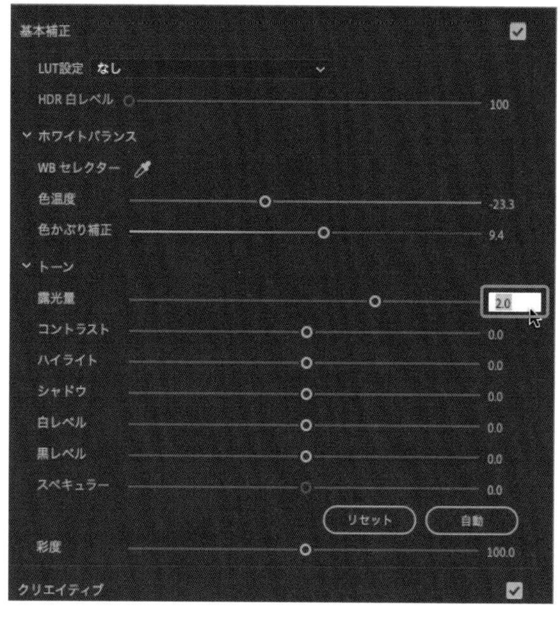

5 【コントラスト】を“44”に設定すると、メリハリのあるトーンになります。

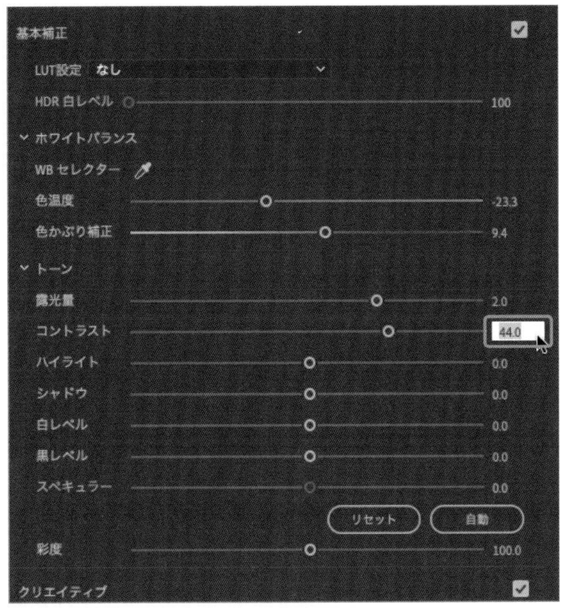

6 【ハイライト】を“30”に設定すると、明るい場所がより明るくなります。

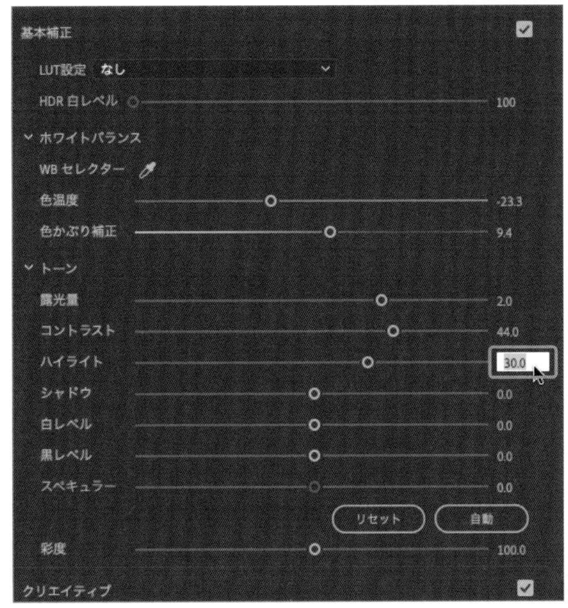

7 【シャドウ】を "70" に上げると、暗い箇所が明るくなります。

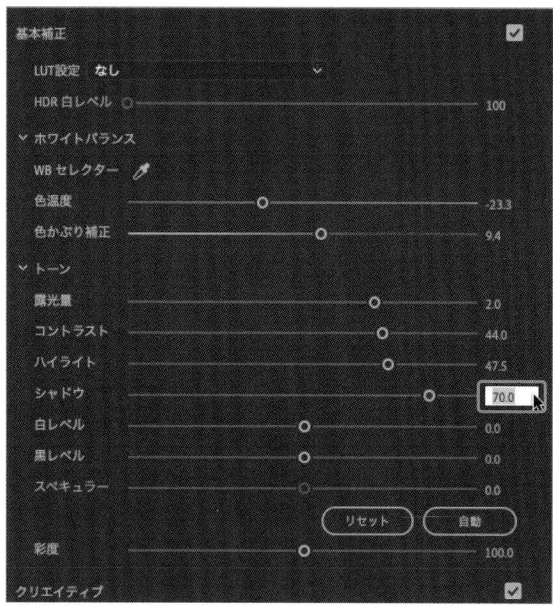

8 【クリエイティブ】を展開します。

9 【Look】から "Fuji ETERNA 250D Kodak 2395 (by Adobe) "を選択すると、淡いフィルム調になります。

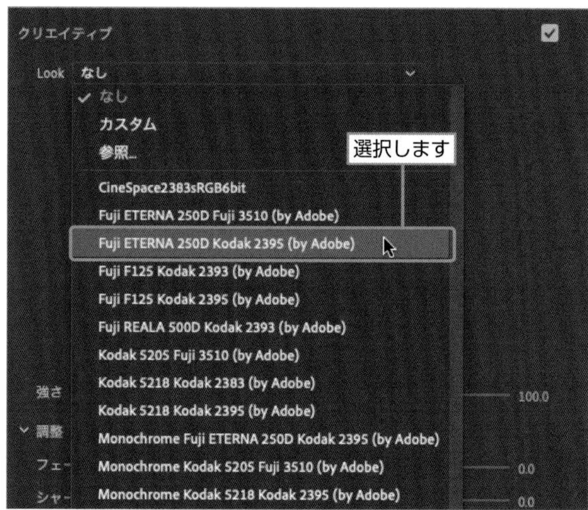

10 少しLookが強すぎるので、【強さ】を“75%”に変更します。

11 【カーブ】を展開して、【RGBカーブ】の下の部分を少し上げると、暗いところが明るくなります。

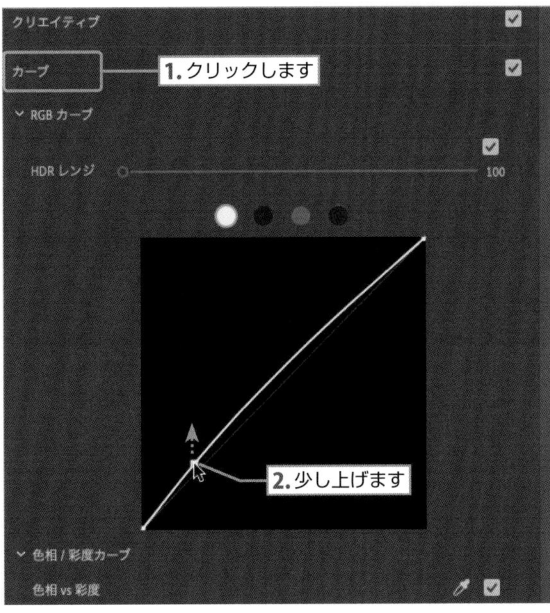

12 【Lumetriカラー】パネルの【バイパスのオン/オフを切り替え】をクリックすると、エフェクト効果の有無を確認できます。

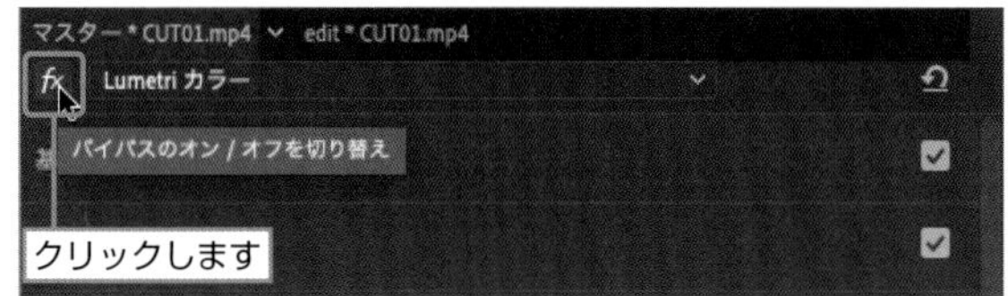

13 次の図のように変化します。Instgramなどのフィルターを適用したような色補正を施すことができます。

色補正なし

色補正あり

他のクリップにも、同じ色補正効果をコピー＆ペーストします。

1 “CUT01.mp4” を選択し、【編集】➡【コピー】（Mac ⌘ ＋ C ／ Win Ctrl ＋ C キー）を選択してコピーします。

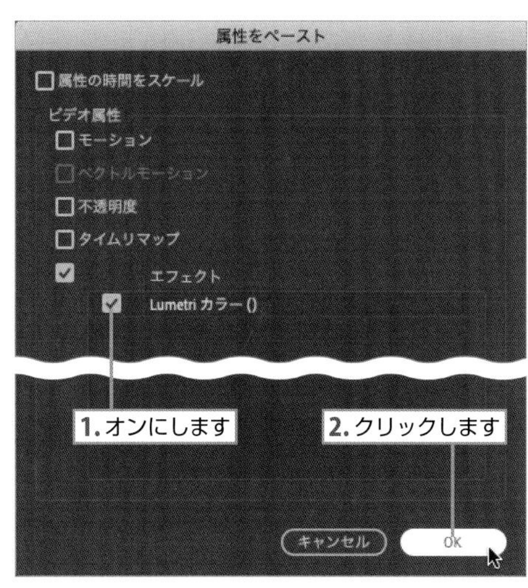

2 “CUT02.mp4” を選択し、【編集】➡【属性をペースト】（Mac option ＋ ⌘ ＋ V ／ Win Alt ＋ Ctrl ＋ V キー）を選択して属性をコピーします。
【属性をペースト】ダイアログボックスで【エフェクト】➡【Lumetri カラー】だけをオンにして、【OK】をクリックします。

3 若干ですが明るすぎるので、“CUT02.mp4” を選択して【Lumetri カラー】パネルの【基本補正】➡【トーン】➡【露光量】を “0.5” に変更すると、暗くなってバランスが取れます。

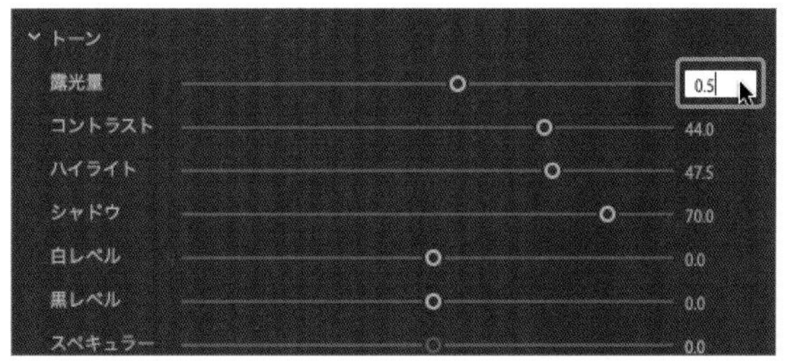

4 “CUT02.mp4” を選択し、【編集】➡【コピー】（Mac ⌘ + C ／ Win Ctrl + C キー）を選択してコピーします。

5 “CUT03.mp4” を選択し、【編集】➡【属性をペースト】（Mac option + ⌘ + V ／ Win Alt + Ctrl + V キー）を選択して属性をコピーします。
【属性をペースト】ダイアログボックスで【エフェクト】➡【Lumetri カラー】だけをオンにして、【OK】をクリックします。

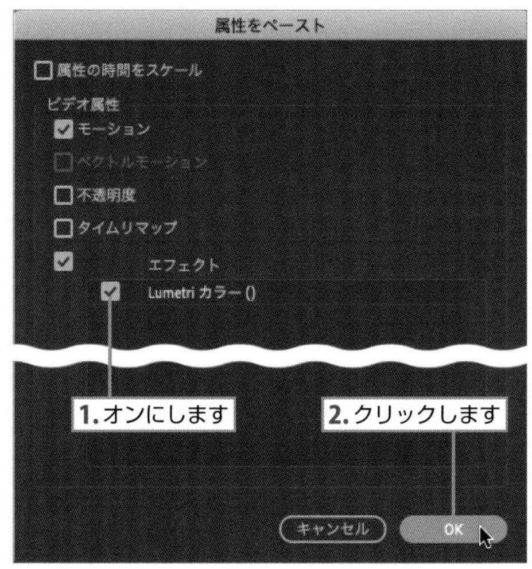

6 “CUT03.mp4” を選択して、【露光量】を “0”、【シャドウ】を “35” に設定します。

7 "CUT03.mp4" を選択し、【編集】➡【コピー】（Mac ⌘ + C ／ Win Ctrl + C キー）を選択してコピーします。

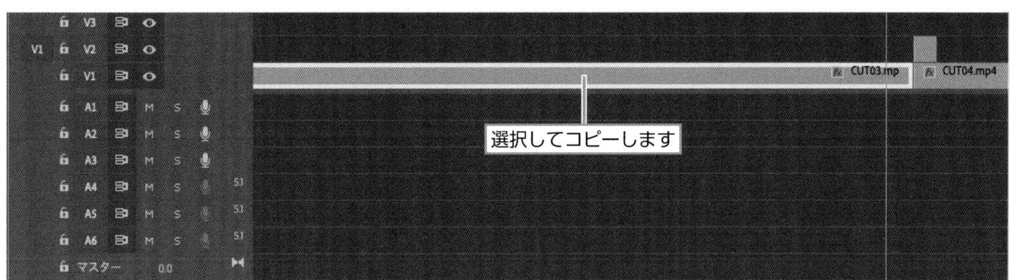

8 "00;00;31;15" にある分割された "CUT03.mp4" を選択し、【編集】➡【属性をペースト】（Mac option + ⌘ + V ／ Win Alt + Ctrl + V キー）を選択して属性をコピーします。
【属性をペースト】ダイアログボックスで【エフェクト】➡【Lumetriカラー】だけをオンにして、【OK】をクリックします。

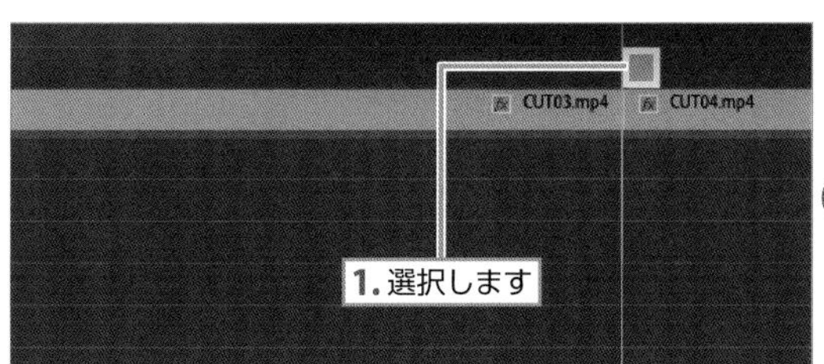

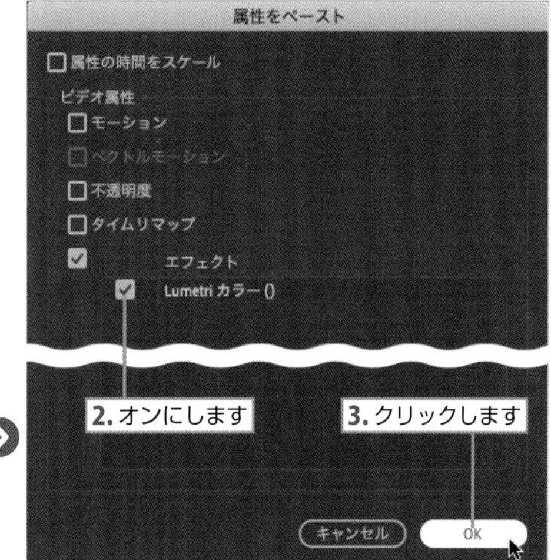

9 "CUT03.mp4" を選択し、【編集】➡【コピー】（Mac ⌘ + C ／ Win Ctrl + C キー）を選択してコピーします。

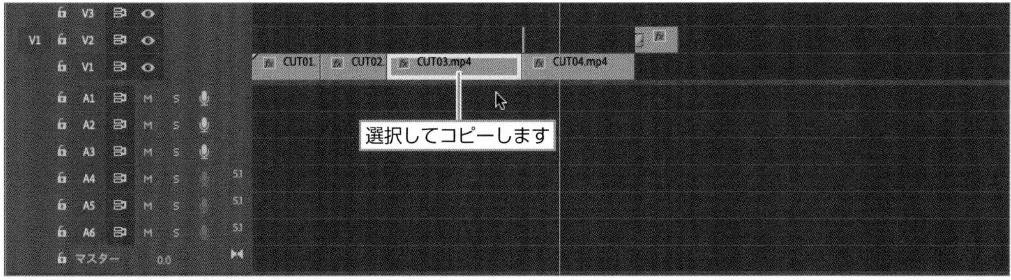

10 “CUT04.mp4” を選択し、【編集】➡【属性をペースト】（Mac option ＋ ⌘ ＋ V ／ Win Alt ＋ Ctrl ＋ V キー）を選択します。
【属性をペースト】ダイアログボックスで【エフェクト】➡【Lumetriカラー】だけをオンにして、【OK】をクリックします。

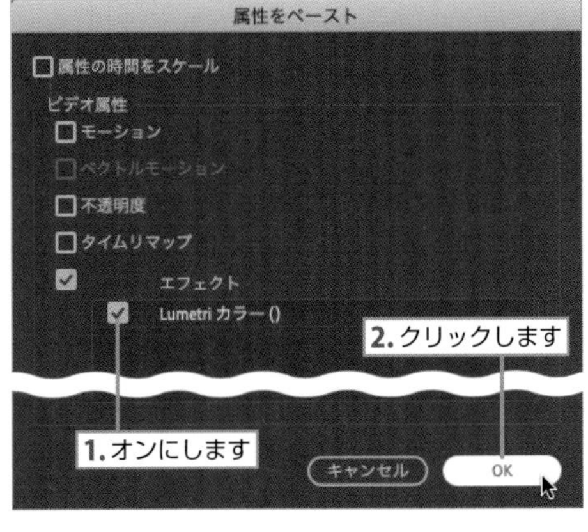

11 少し暗いので、“CUT04.mp4” を選択して、【露光量】を “1”、【Look】の【強さ】を “100” に設定します。

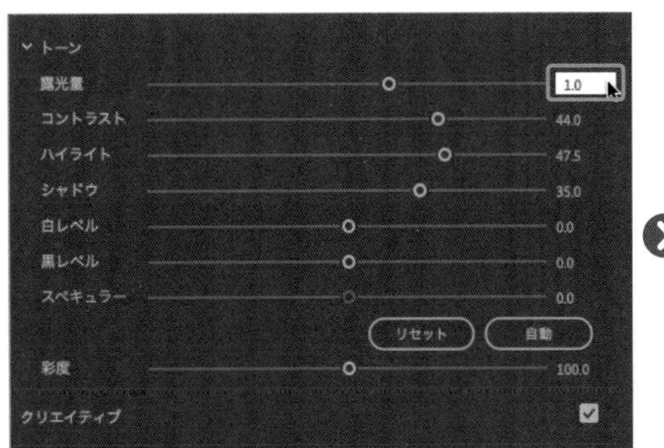

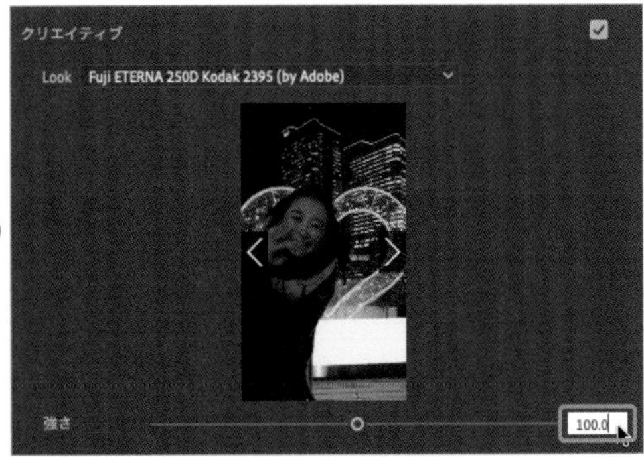

これで、色補正は終了です。

調整する

これで、映像編集はおおよそ終了ですが、再生して確認しましょう。

1 【編集】をクリックして、ワークスペースを【編集】のレイアウトに戻します。

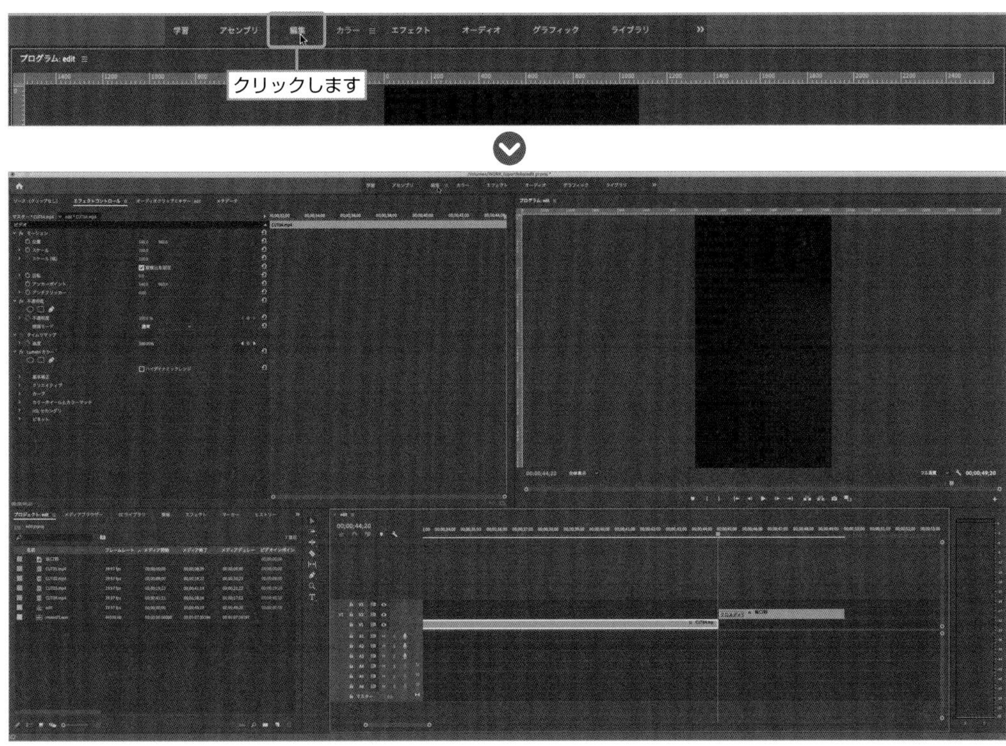

2 確認すると、色補正をしたことで"00;00;44;21"のシーンが完全に黒くならないので、調整します。"坂口彩"クリップを選択して、Mac ⌘（Win Ctrl）キーを押しながら→キーを15回押すと、15フレーム後ろに移動します。

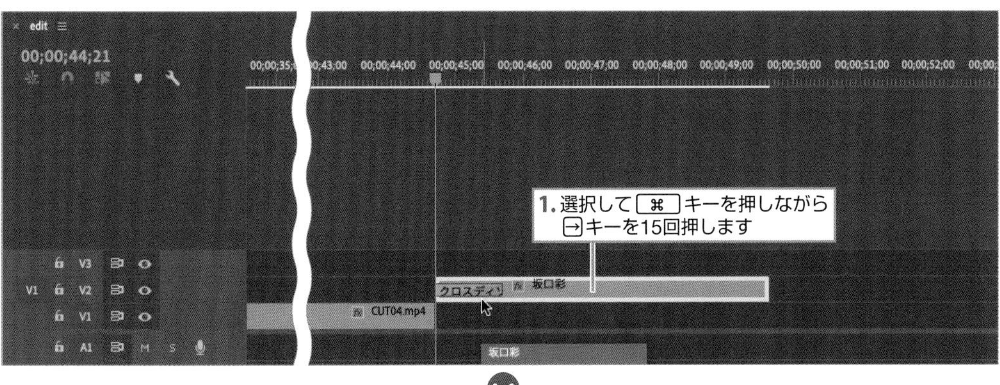

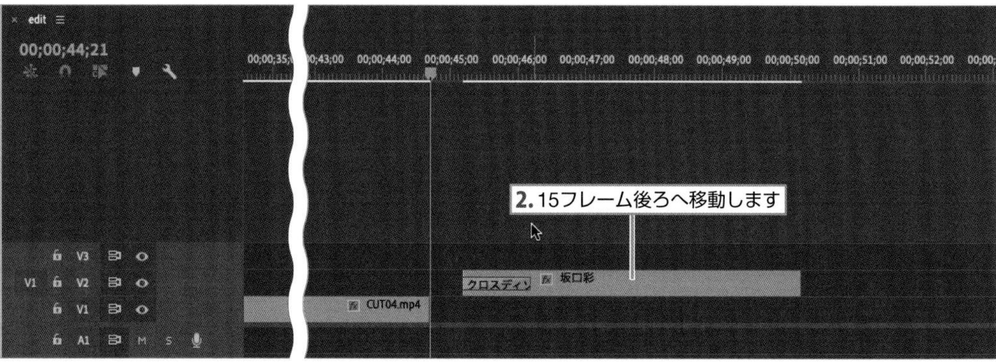

3 後ろにずらした分だけ、"CUT04.mp4" を15フレーム伸ばします。

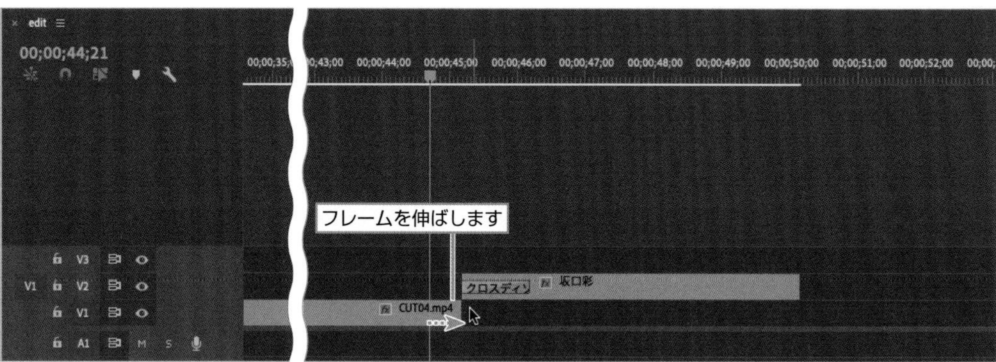

4 右端で右クリックして、【デフォルトのトランジションを適用】を選択します。

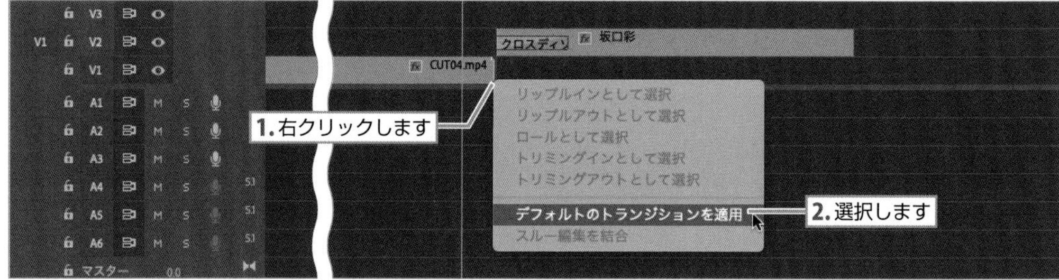

5 適用されたトランジションを15フレーム縮めます（デフォルトでは1秒）。

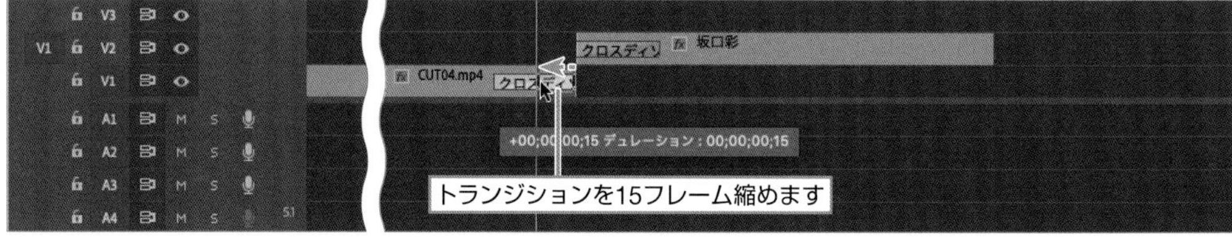

再生すると、きちんと黒くなって、テロップが表示されます。

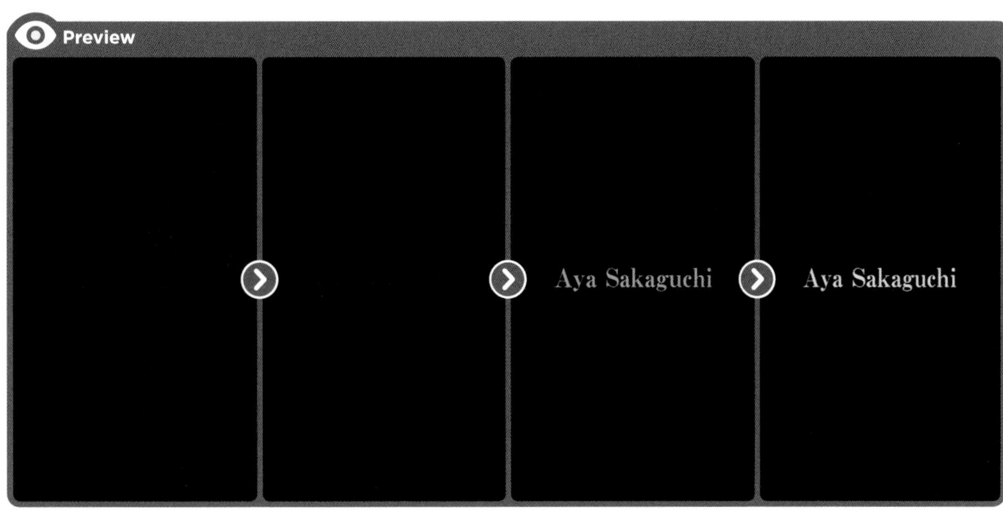

音楽を挿入しよう！

最後に、音楽を入れます。

1 【プロジェクト】パネルから "music01.wav" をドラッグ＆ドロップして、【A1】トラックに配置します。

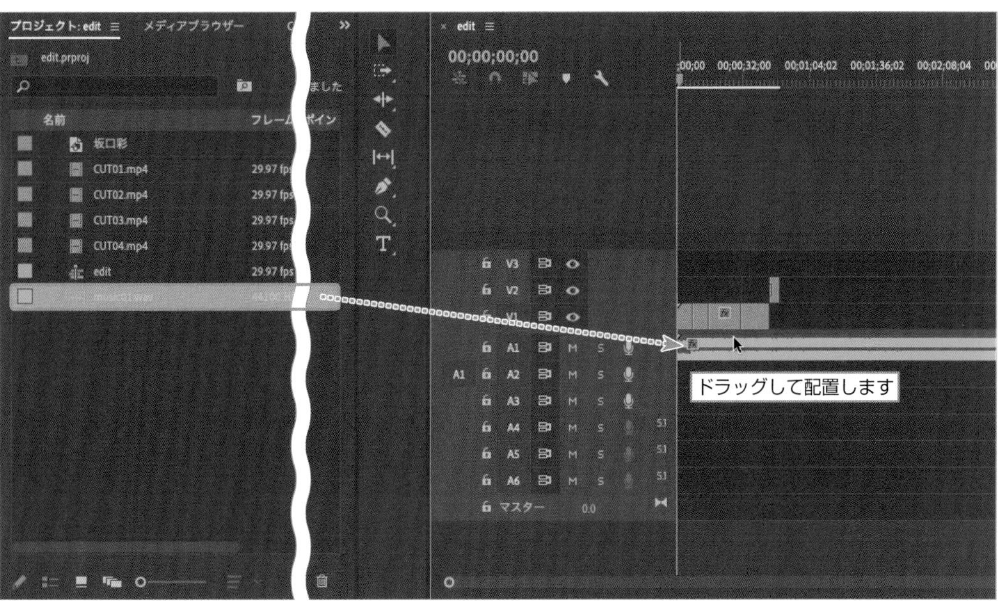

2 映像の時間より右に飛び出している部分を縮めます。

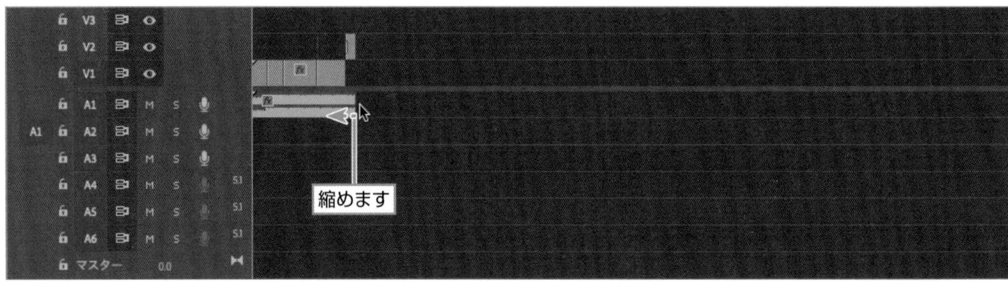

3 右端を右クリックして【デフォルトのトランジションを適用】を選択し、フェードアウトを適用します。

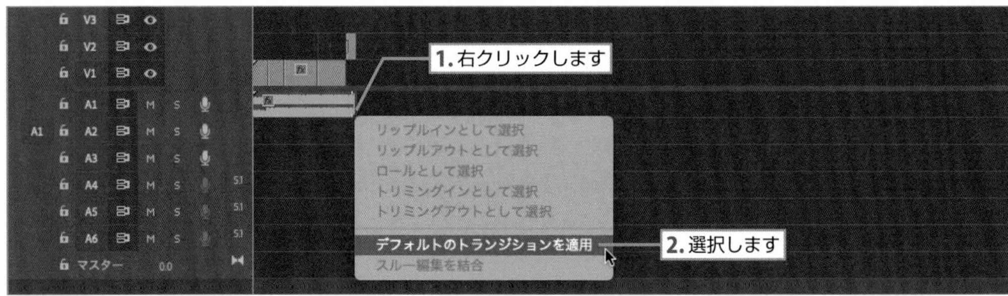

4 最後に、【エフェクトコントロール】パネルから【レベル】を"-6.0db"に変更します。

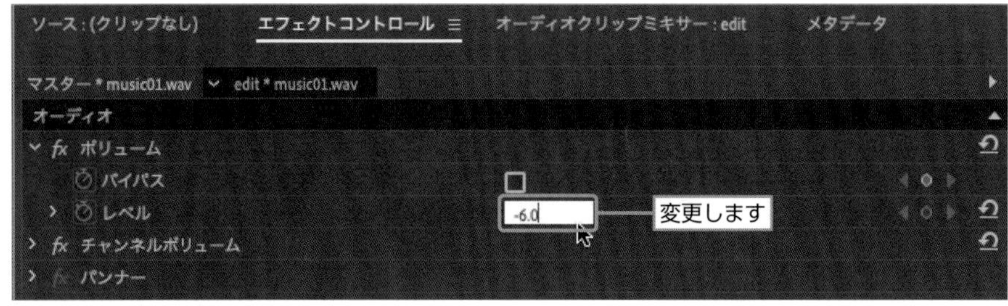

これで、ポートフォリオ動画の完成です。
なお、縦動画の書き出し設定については、344ページのTIPS「縦動画の書き出し」を参照してください。

PART 3

ビジネスで使えるネット動画

ここでは、アプリ紹介動画や宣伝動画などビジネスで使える動画の作り方を紹介します。また、編集ではPremeire Proの【エッセンシャルグラフィックス】やアニメーションについて、さらに詳しい解説を進めていきます。

STEP 3-1

チュートリアル動画を作ろう！

ここでは、実際にアプリケーションの使い方を実況的に解説して、アプリ画面をキャプチャーする方法を紹介します。また、編集では【エッセンシャルグラフィックス】の使い方も解説していきます。

完成動画 3-1

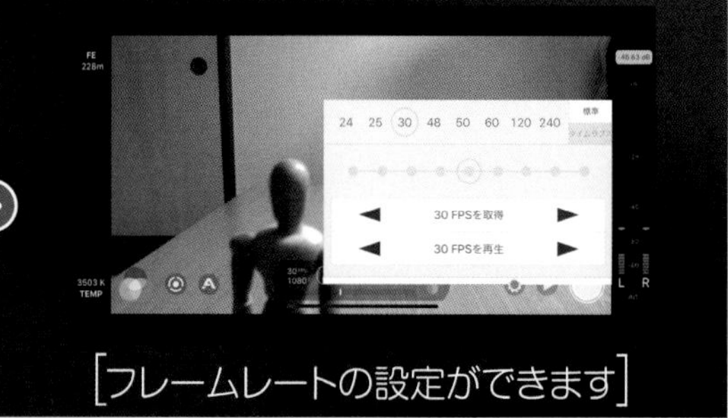

画面を録画する

iPhoneの場合

iPhone X以降は右上から下方向（iPhone 8以前は左下から上方向）にスワイプして、**【画面収録】**アイコンをタップすると収録が開始されます。**【マイク】**アイコンを長押しするとオン／オフが切り替えられるので、オフにします。収録中に左上のアイコンをタップすると、収録を停止できます。収録した画面は、**【写真】**アプリに保存されます。

TIPS

「画面収録」が表示されないときは

【設定】➡【コントロールセンター】➡【コントロールをカスタマイズ】➡【画面収録】を追加します。

Androidフォンの場合

Androidフォンの場合は、画面の上から下方向にスワイプして表示されるスイッチコントロールの**【スクリーン録画】**をタップすると、画面が録画されます。

収録中に左上のアイコンをタップすると、収録を停止できます。収録した画面は、**【ギャラリー】**に追加されます。

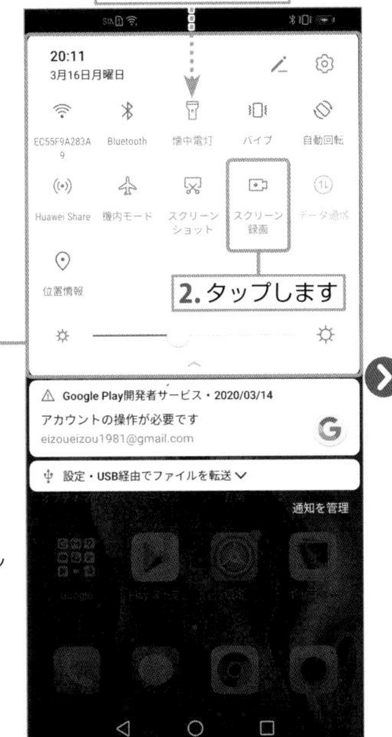

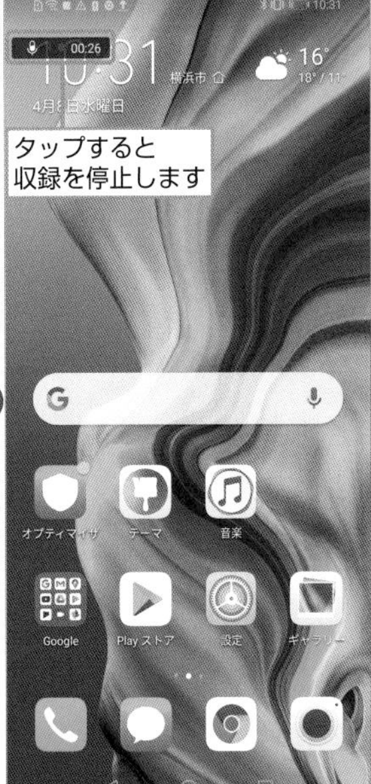

TIPS

「スクリーン録画」が表示されないときは

画面の右上にある✎をタップして、下部にある【スクリーン録画】を長押しして上部に移動すると、スイッチコントロールに表示されます。

アフレコ

マイクがある場合

ここでは、Smart Mikeを使用します。

アプリケーションを操作しながら、操作方法を紹介し、マイクに収録していきます。なるべく「えっと」や「えー」などの口癖を言わないように気をつけましょう。

編集でも削除できますが、できるだけスムーズにしゃべったほうが編集の手間が少なく、自然な映像に仕上がります。原稿を用意するか、言うべきことを何回か撮影前に練習しておくとよいでしょう。

マイクがない場合

先に操作方法をキャプチャーして、その後でスマートフォンを使ってアフレコを収録します。ボイスメモなどの音声収録アプリを使って、解説する内容を収録します。

スマートフォンのマイクに向かって話すようにしてください。また、クーラーなどの環境音がない静かな場所で収録しましょう。

スマートフォンからパソコンにデータをコピーする方法は、STEP 1-5（25ページ）を参照してください。

マイクに向かって話します。

編集しよう！

ここでは、画面キャプチャーした動画ファイルを使った編集を行います。

1 Premiere Proの**【ホーム画面】**で**【新規プロジェクト】**をクリックします（28ページ参照）。

2 **【新規プロジェクト】**ダイアログボックスで**【名前】**を“edit”と入力します。**【場所】**にある**【参照】**をクリックして、**【新規フォルダ】**の“tutorial”を作成します（29ページ参照）。

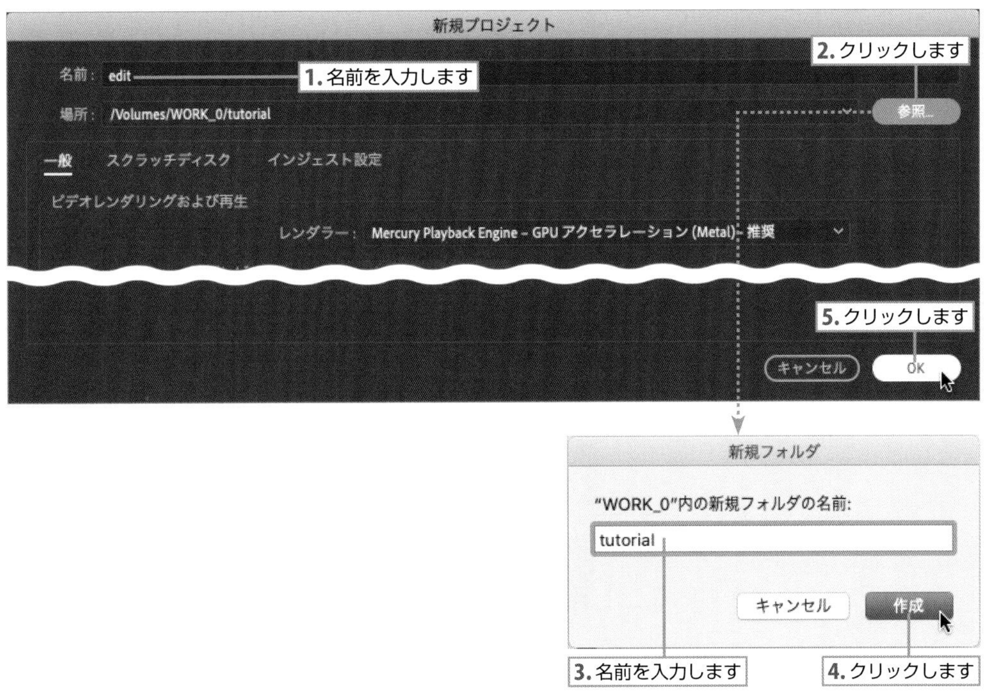

ファイルの読み込み

1 【ファイル】➡【読み込み】を選択して、"tutorial_source" フォルダから "CUT01～CUT03.mp4" "CUT01～CUT03.wav" を選択します（32ページ参照）。

2 【読み込み】をクリックすると、素材が【プロジェクトパネルグループ】に読み込まれます（32ページ参照）。

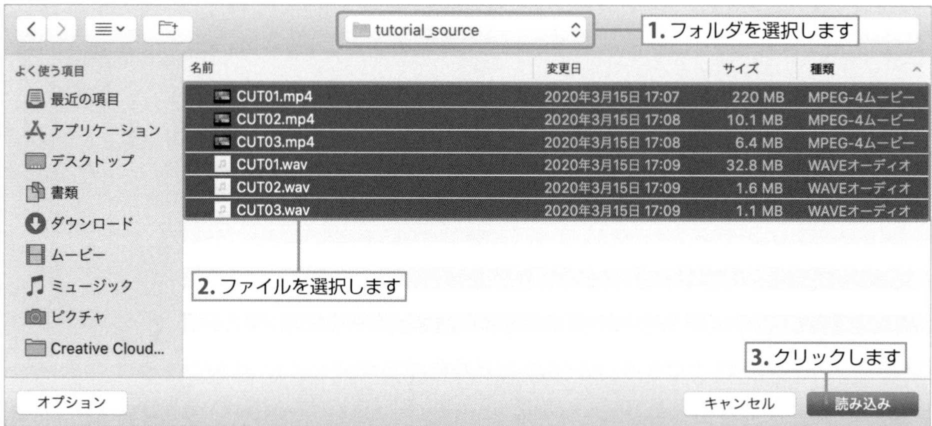

シーケンスを作成する

1 【ファイル】➡【新規】➡【シーケンス】を選択します（33ページ参照）。

2 【新規シーケンス】ダイアログボックスで【AVCHD 1080p 30】を選択して、【シーケンス名】を "edit" と入力し、【OK】をクリックします。

背景を作る

【ファイル】➡【新規】➡【カラーマット】を選択し、**【新規カラーマット】**ダイアログボックスで黒色のカラーマットを作成します。カラーマットの名前も"黒"とします。

クリップを配置する

1 **【V1】**トラックの0秒の位置に黒クリップを配置します。

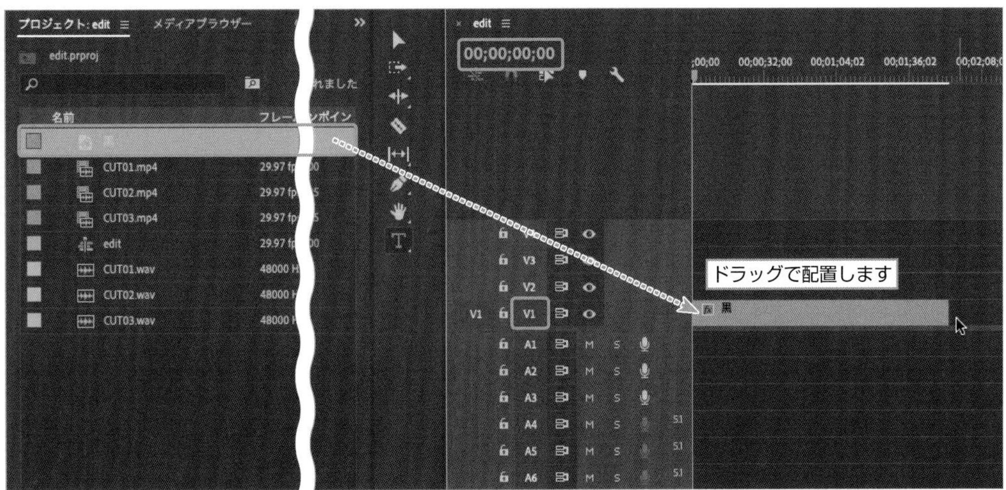

2 **【エフェクト】**パネルの検索窓に"グラデ"と入力して、**【4色グラデーション】**エフェクトを表示します。**【4色グラデーション】**エフェクトを選択して、"黒"クリップにドラッグ&ドロップして適用します。**【エフェクトコントロール】**パネルで各カラーを黒から灰色の間に設定して、黒のグラデーションを作成します。

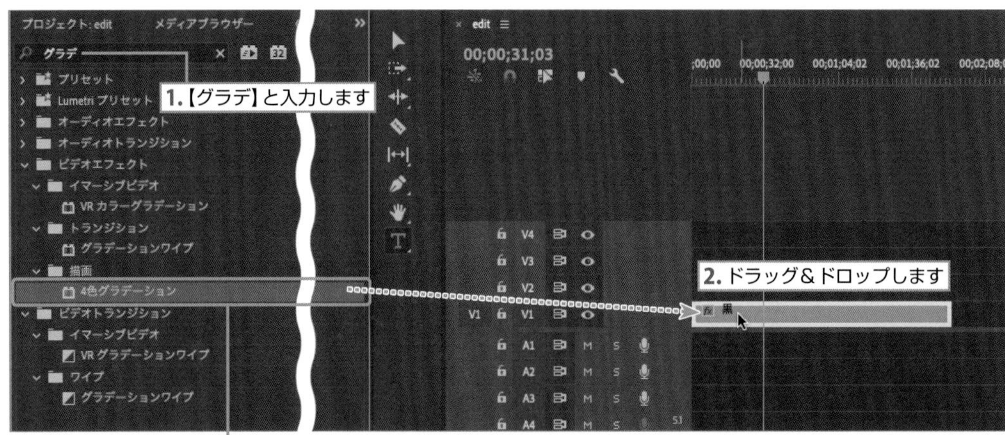

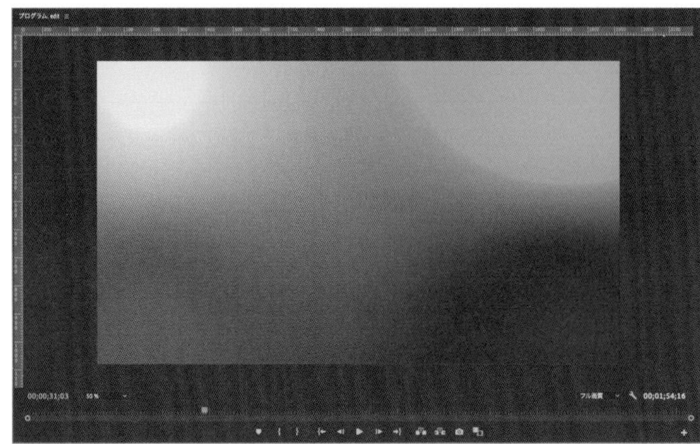

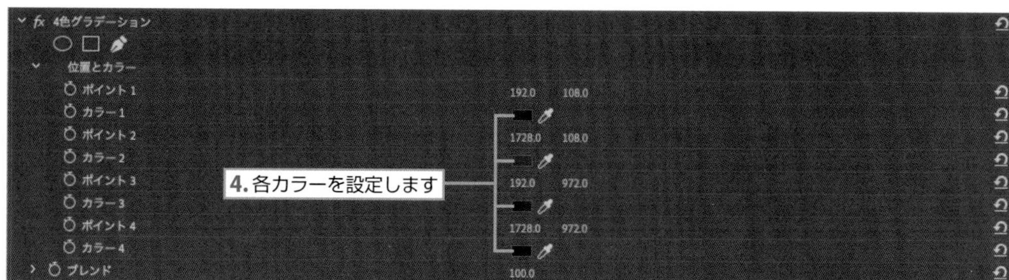

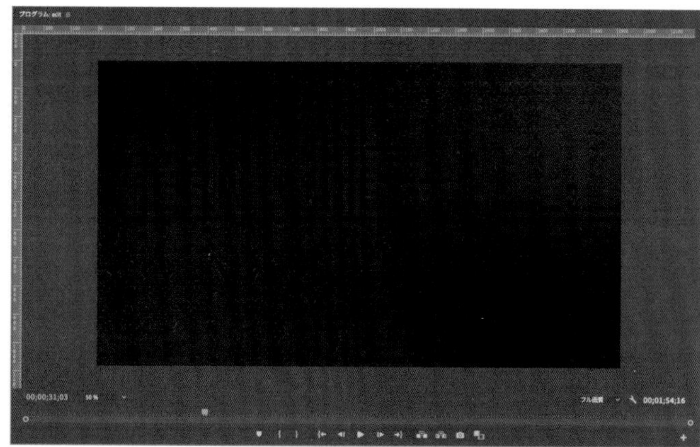

3 “00;03;04;26” まで “黒” のクリップを伸ばします。

4 【V2】トラックの0秒の位置に “CUT01～CUT03.mp4” クリップを配置します。

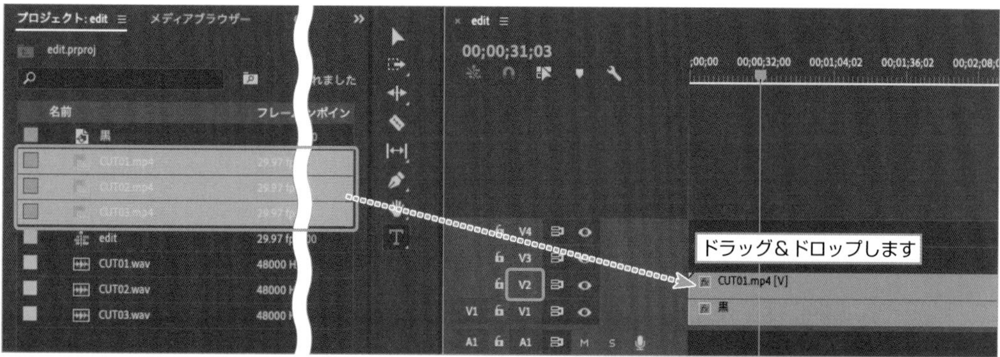

5 “CUT01.mp4” クリップを選択して、【エフェクトコントロール】パネルでY軸を “461”、【スケール】を “80.0” に設定すると、画面上部にレイアウトされます。下に後でテロップを挿入します。

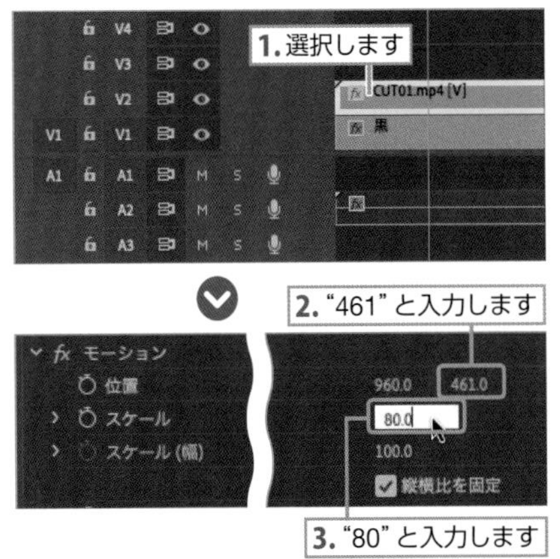

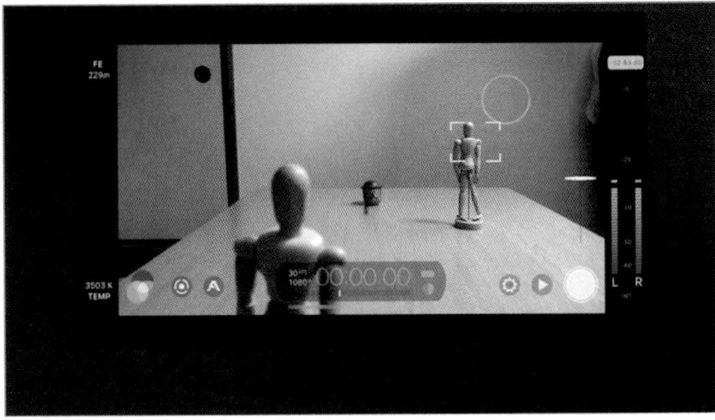

6 “CUT01.mp4” を【編集】➡【コピー】（Mac ⌘ + C ／ Win Ctrl + C キー）を選択してコピーし、“CUT02～CUT03.mp4” クリップに【編集】➡【属性をペースト】（Mac option + ⌘ + V ／ Win Alt + Ctrl + V キー）を選択してペーストします。【属性をペースト】ダイアログボックスで【モーション】だけオンにすると、“CUT01.mp4” と同じように上部に小さくレイアウトされます。

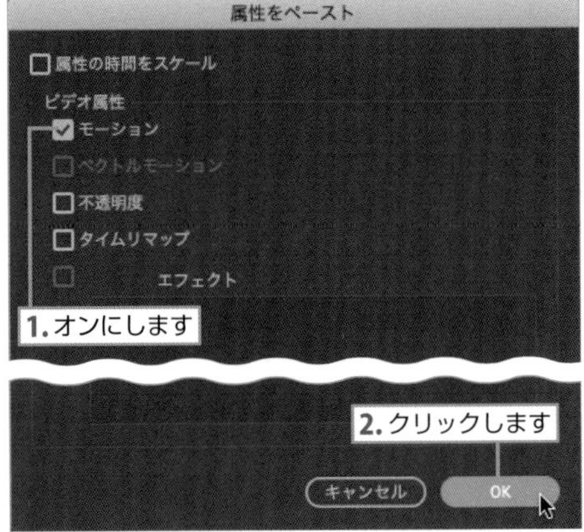

7 “CUT01～CUT03.wav” を0秒の位置から配置します。

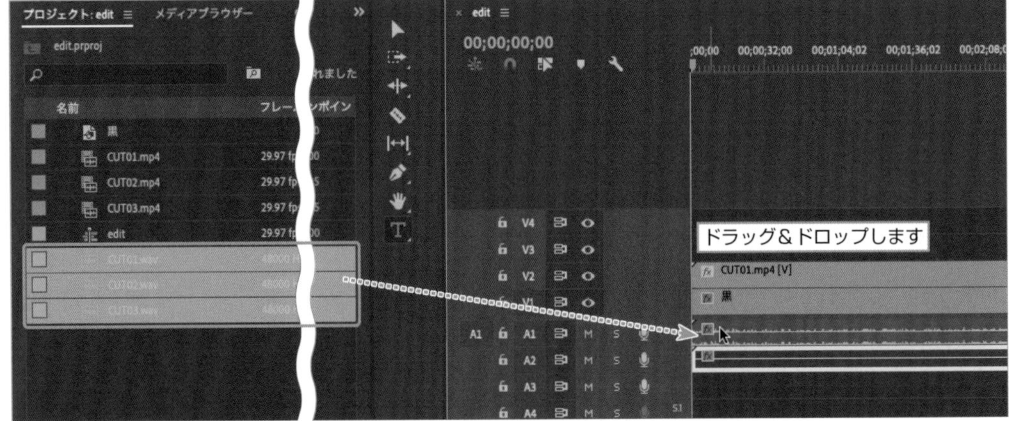

説明用の矢印グラフィックを作る

キャプチャーのどこのアイコンをタップするかなど、視覚的にもわかりやすくするために矢印を作ります。

1 【現在の時間インジケーター】 を "00;00;03;28" に合わせます。【ファイル】➡【新規】➡【レガシータイトル】を選択して、【新規タイトル】ダイアログボックスで【名前】を "矢印" とします。

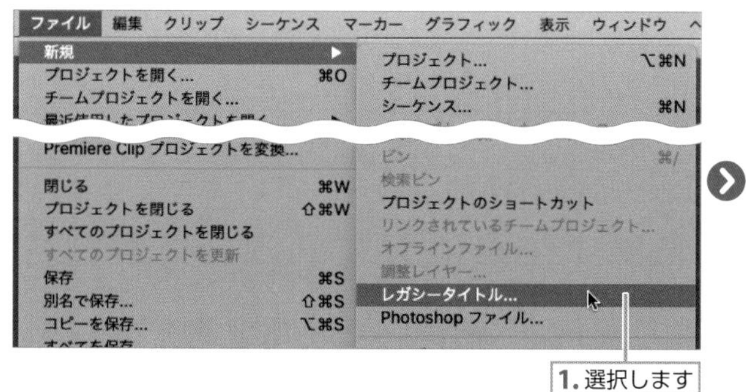

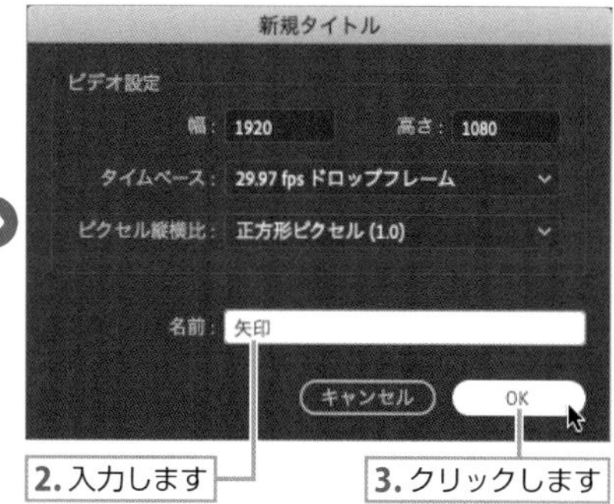

2 【レガシータイトル】が表示されるので、タイトルツールで "■■■▶" と入力します。文字をすべて選択して【カーニング】を下げると、次図のようになります。

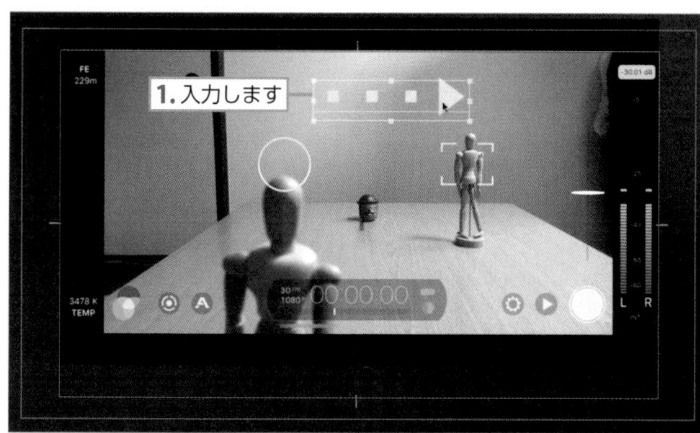

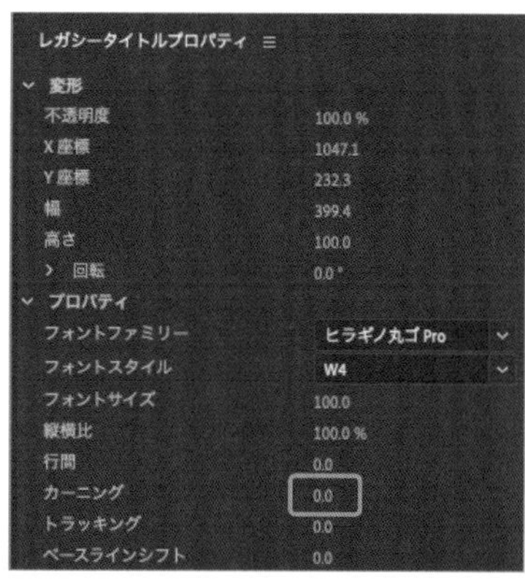

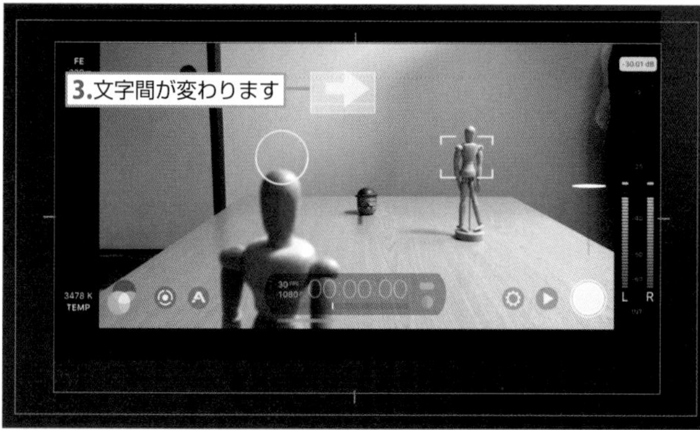

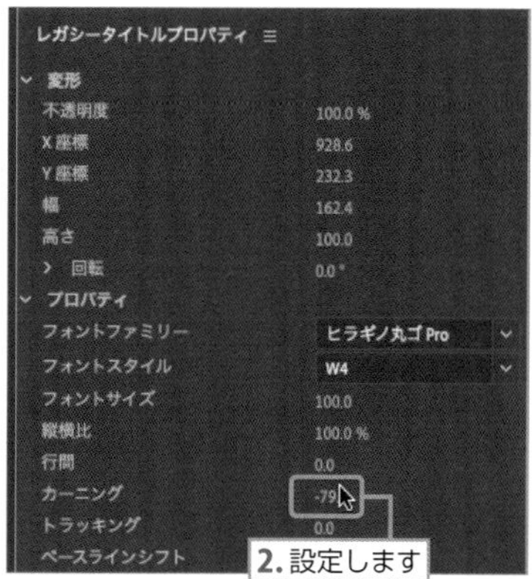

3 【塗り】の【カラー】を【赤】に設定します。

4 【選択ツール】 でアプリ上の四角の枠の左に移動して、レガシータイトルを閉じます。

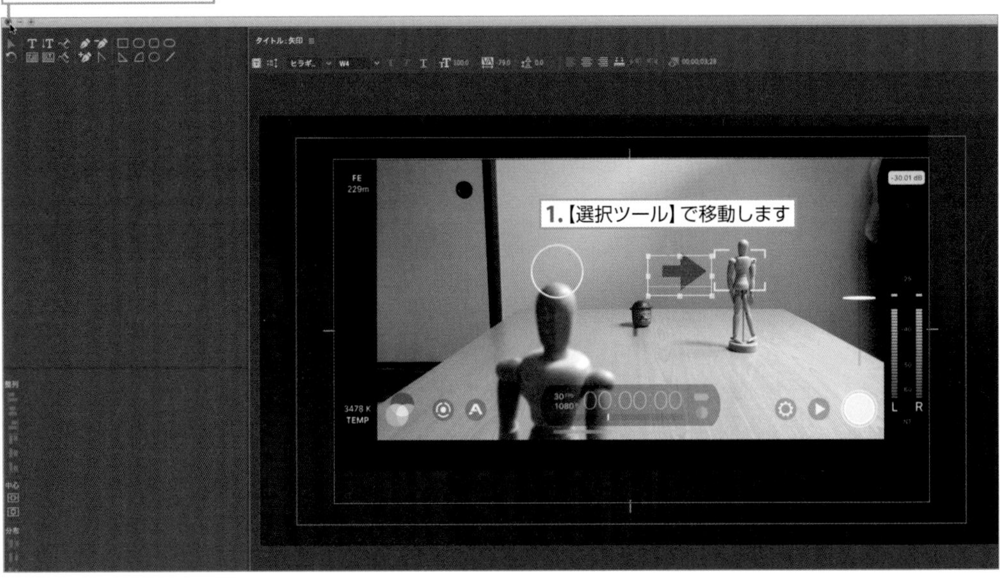

5 “00;00;03;28” 頭合わせに “矢印” クリップを配置して “00;00;07;20” までクリップを伸ばし、クリップの頭と終わりにフェードを適用します。

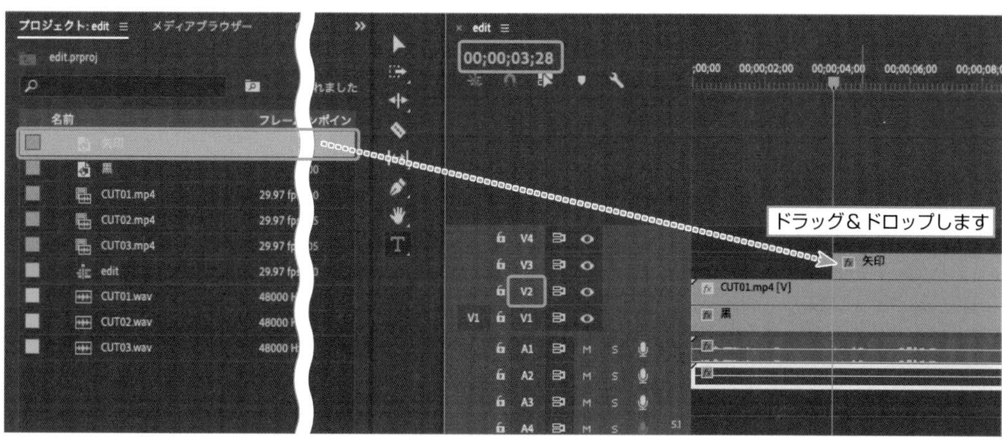

6 トラックターゲットになっている【V1】トラックを【V3】トラックに変更します。配置した “矢印” クリップにフェードイン・フェードアウトごと選択して、【編集】➡【コピー】（Mac ⌘＋C／Win Ctrl＋Cキー）を選択してコピーし、“00;00;23;19” 頭合わせに【編集】➡【ペースト】（Mac ⌘＋V／Win Ctrl＋Vキー）を選択してペーストします。【プログラムモニター】で矢印をダブルクリックして、【選択ツール】でアプリ上の丸アイコンの左に移動します。

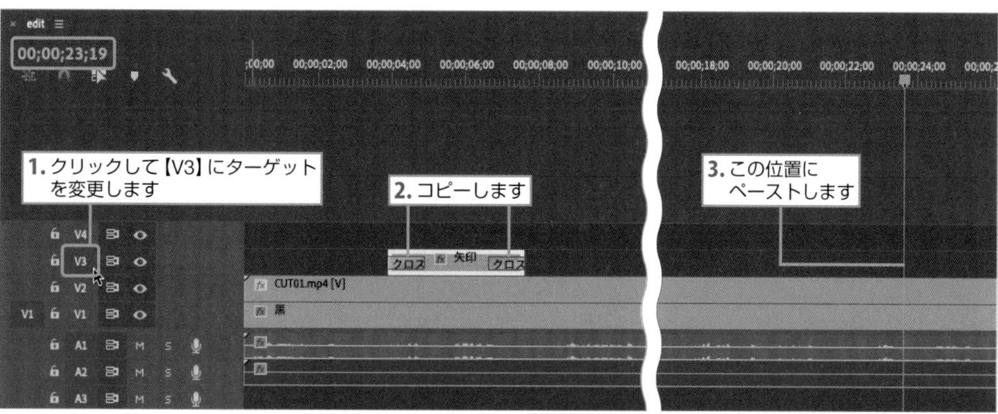

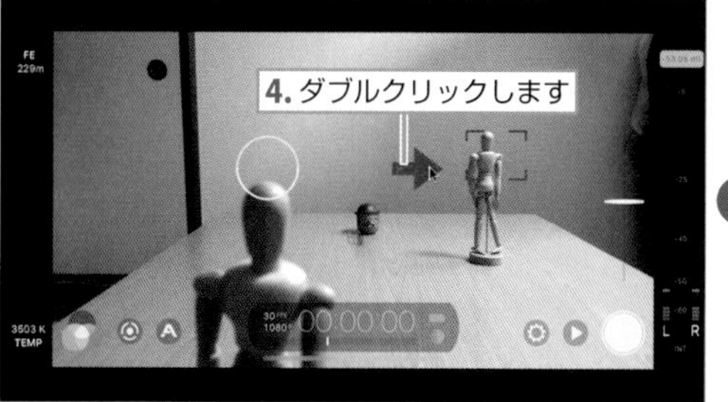

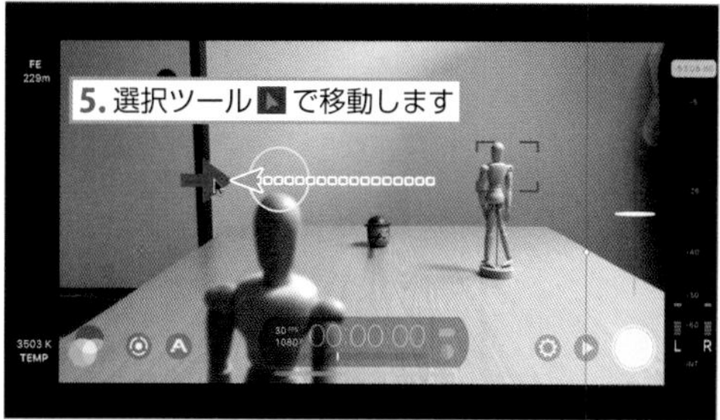

7 "00;00;39;05" 頭合わせにペーストします。"矢印" クリップを選択して【**エフェクトコントロール**】パネルの【**回転**】を "90°" に設定すると、下向きになります。

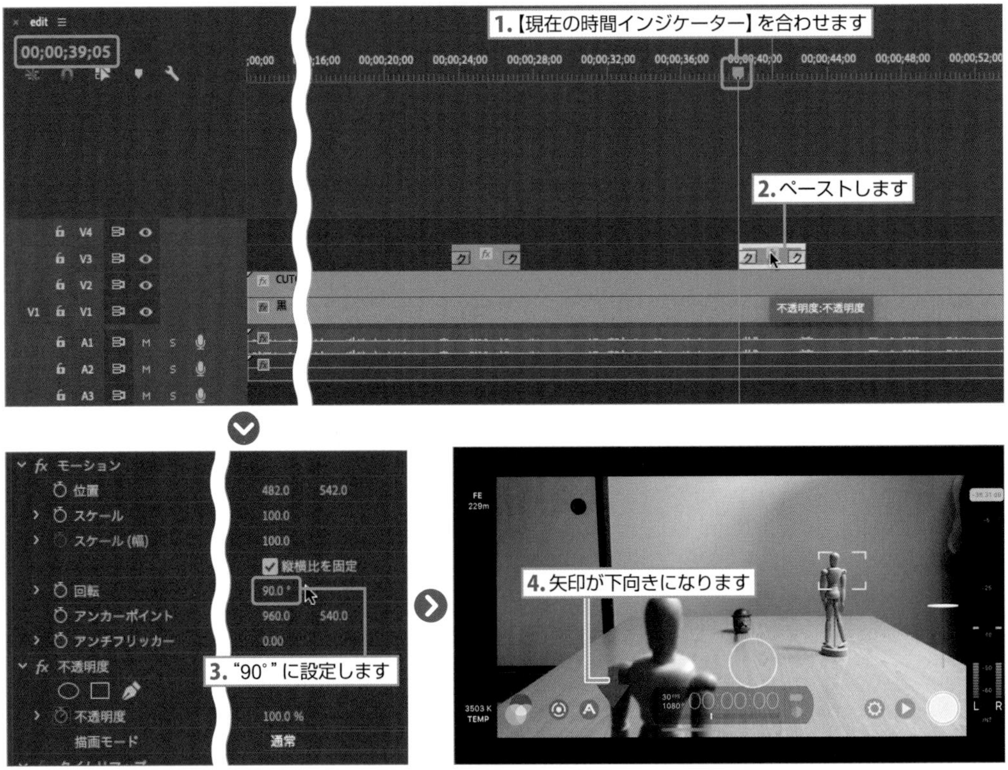

8 【**プログラムモニター**】で矢印をダブルクリックして、【**選択ツール**】▶ でアプリ上の歯車アイコンの上に移動します。

9 “00;01;40;18”頭合わせにペーストします。【**プログラムモニター**】で矢印をダブルクリックして、【**選択ツール**】 でアプリ上の中央のアイコンの上に移動します。

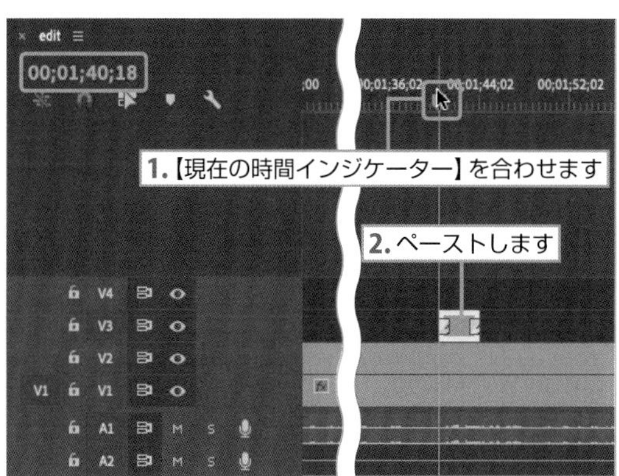

10 “00;02;18;07”頭合わせにペーストします。【**プログラムモニター**】で矢印をダブルクリックして、【**選択ツール**】 でアプリ上の左のアイコンの上に移動します。

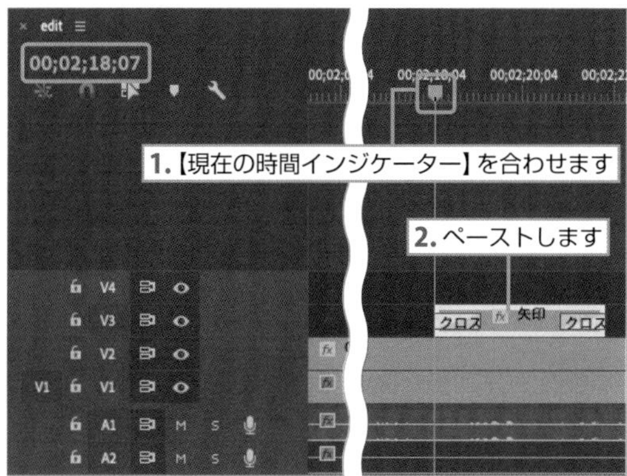

11 “00;02;50;20”頭合わせにペーストします。【**プログラムモニター**】で矢印をダブルクリックして、【**選択ツール**】 でアプリ上の右下のアイコンの上に移動します。

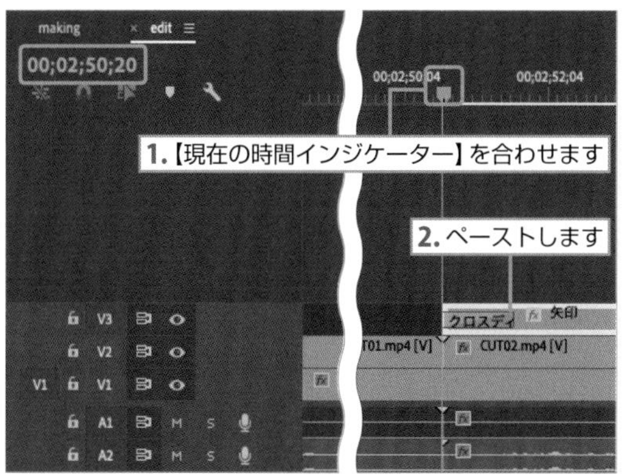

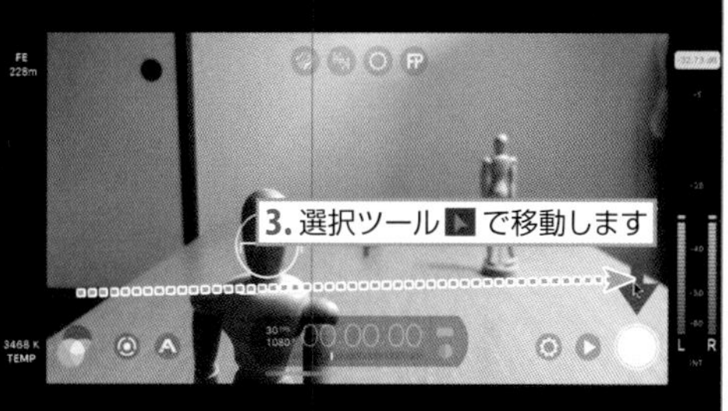

12 【グラフィック】のレイアウトに変更し、【エッセンシャルグラフィックス】パネルの【参照】から【タイトル（モダン）】をドラッグ＆ドロップして "00;00;03;28" に配置します。

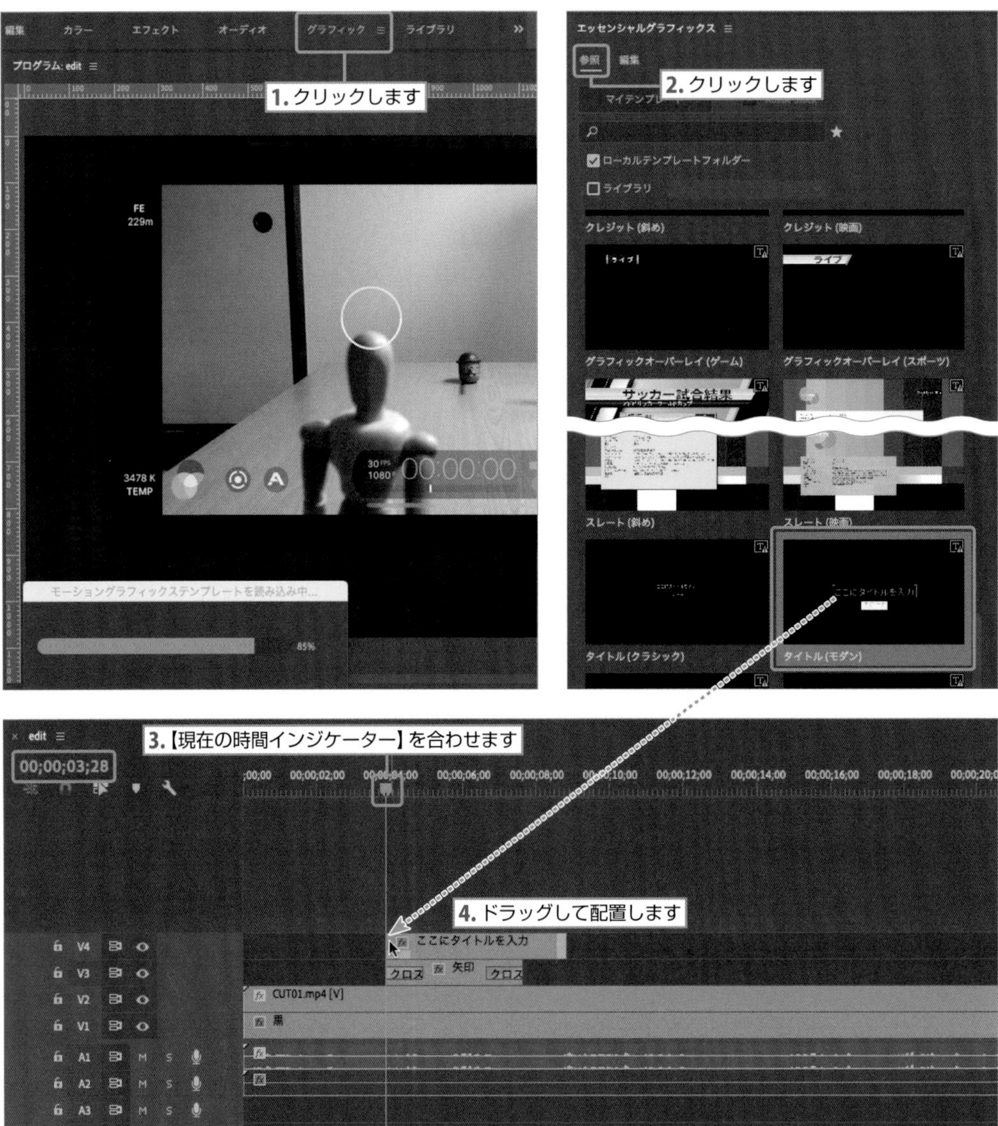

13 【エフェクトコントロール】パネルの【グラフィック】にある【モーション】➡【位置】のY軸を“980”に設定します。

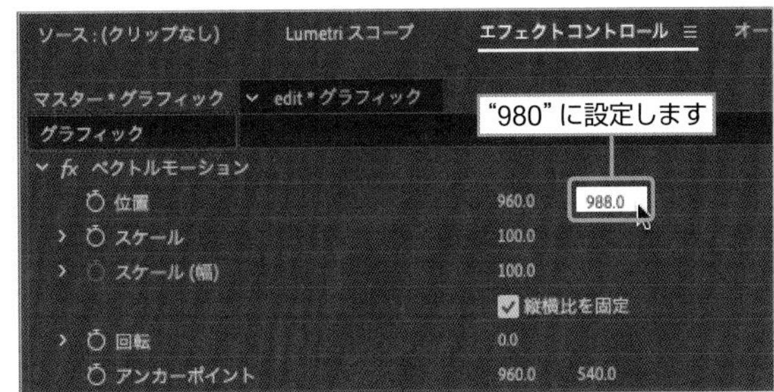

14 下に配置されます。【エッセンシャルグラフィックス】パネルの【編集】から【エピソード】と【シェイプ】は使わないので、非表示にします。

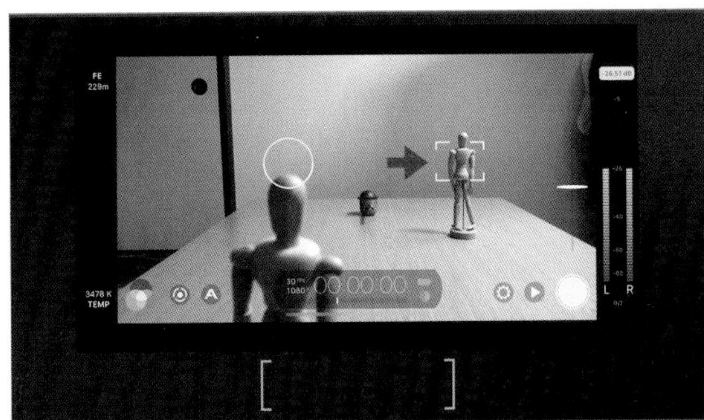

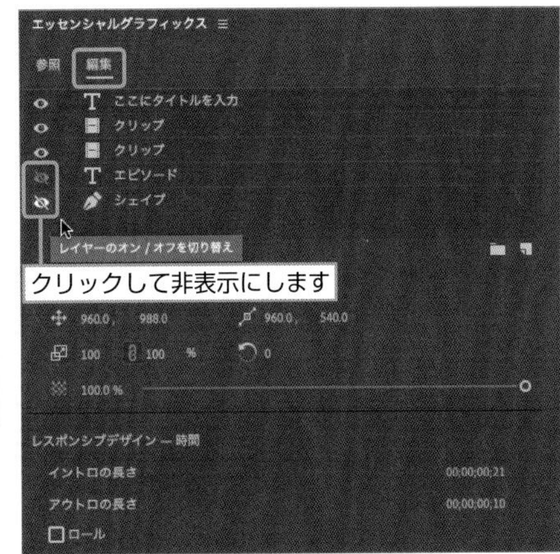

15 【ここにタイトルを入力】をクリックして、テキストを入力します。ここでは、“四角アイコンはフォーカス調整”と入力します。

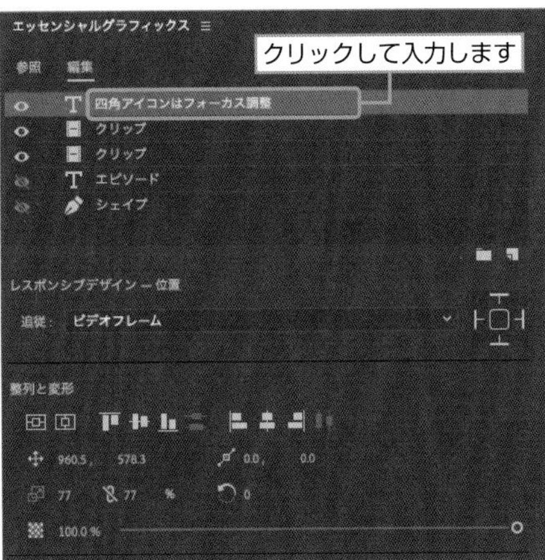

16 文字の色は変更できますが、**【クリップ】**（[ ]）の色は変更できません。
【エフェクト】パネルの検索窓に“色”と入力して、**【色を変更】**エフェクトを表示します。**【色を変更】**エフェクトを選択して、**【グラフィックス】**のクリップにドラッグ＆ドロップして適用します。
【エフェクトコントロール】パネルから**【色を変更】➡【変更するカラー】**のスポイトをクリックして文字の青色を選択し、**【明度】**を“100”に設定すると白くなります。

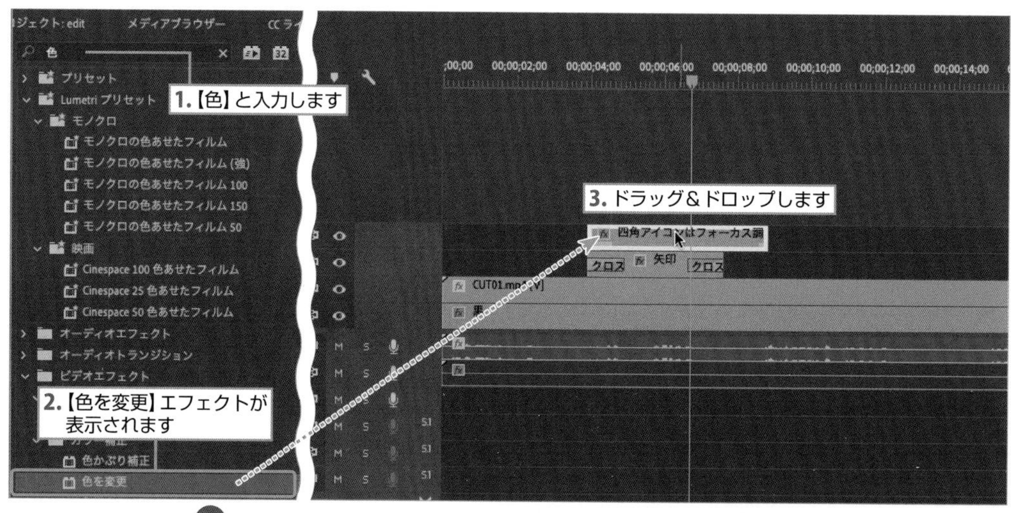

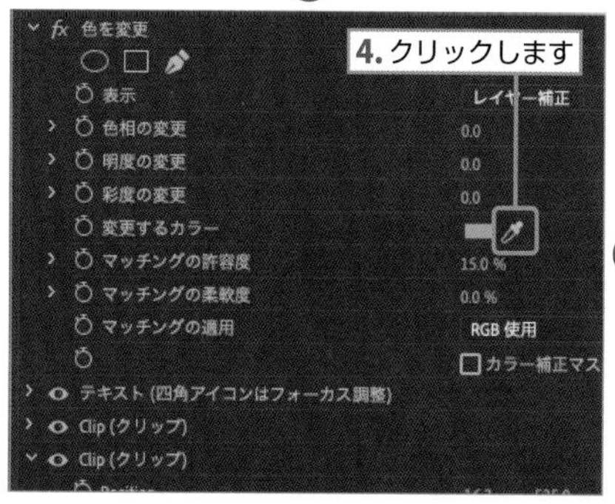

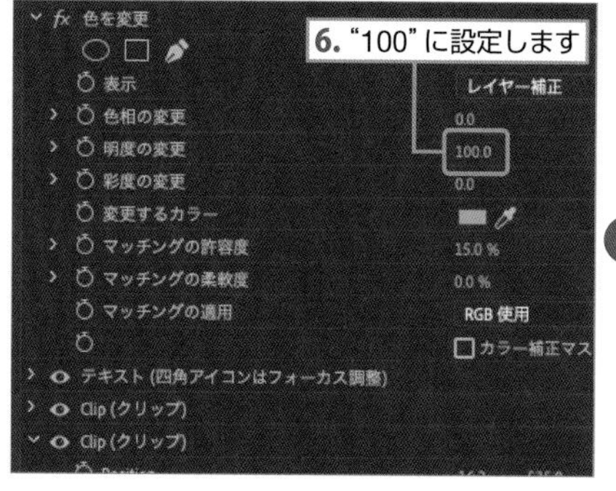

17 フォーカスアイコンを説明している“00;00;22;17”までクリップを伸ばします。

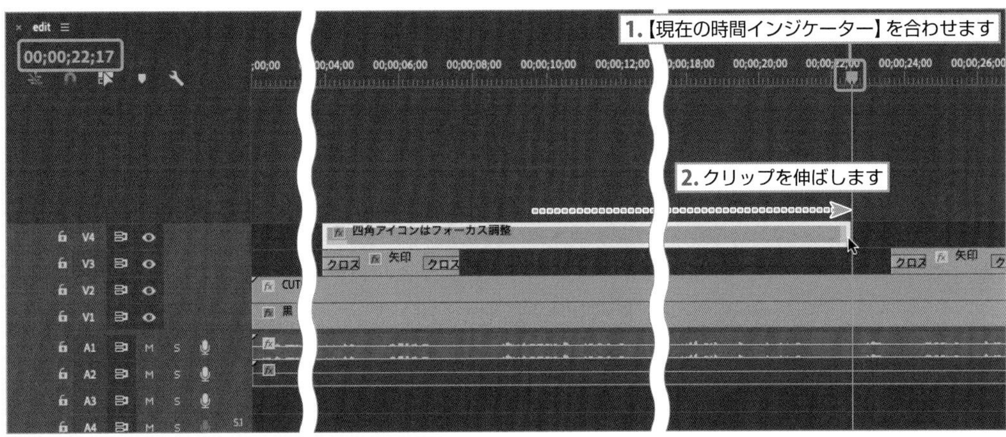

18 トラックターゲットになっている【V3】トラックを【V4】トラックに変更します。

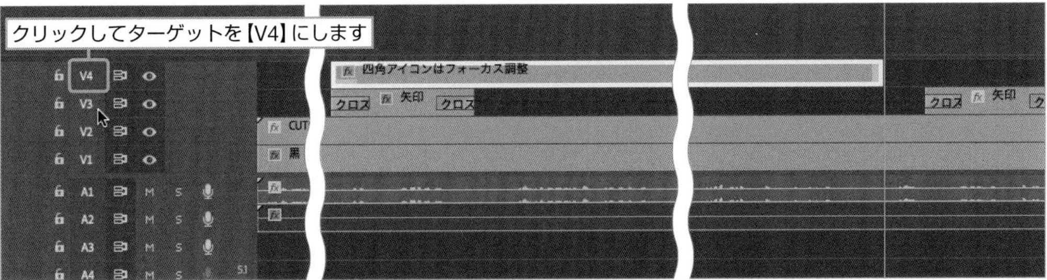

19 先ほど作成した【グラフィック】クリップを【編集】➡【コピー】（Mac ⌘＋C／Win Ctrl＋Cキー）を選択してコピーして、“00;00;23;19”頭合わせで【編集】➡【ペースト】（Mac ⌘＋V／Win Ctrl＋Vキー）を選択してペーストします。

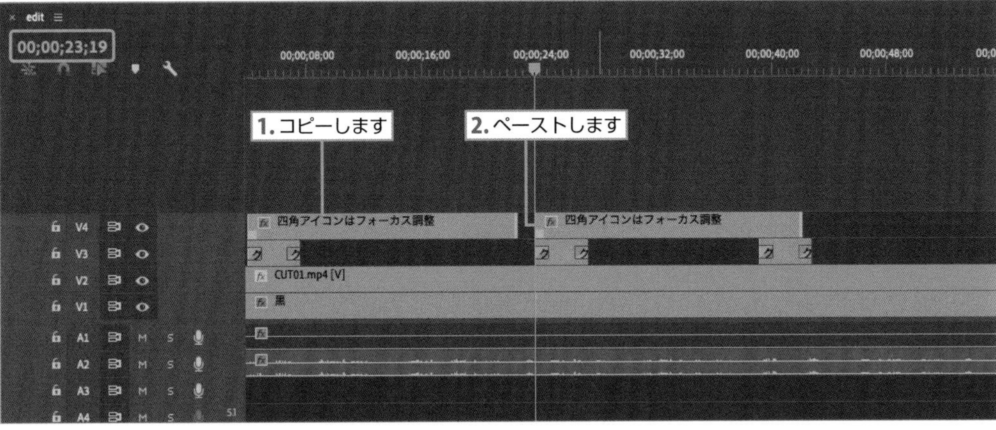

20 **【プログラムモニター】**でテキストをクリックして、"丸アイコンは露出調整"と変更します。丸アイコンの説明が終わる"00;00;38;22"までクリップを縮めます。

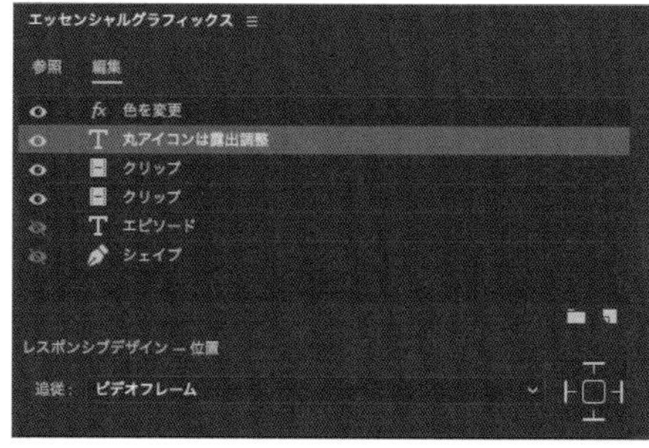

21 このように、同じグラフィックスをコピー＆ペースト（Mac ⌘＋C→⌘＋V／Win Ctrl＋C→Ctrl＋Vキー）して、説明ナレーションに沿ったテロップを配置します。

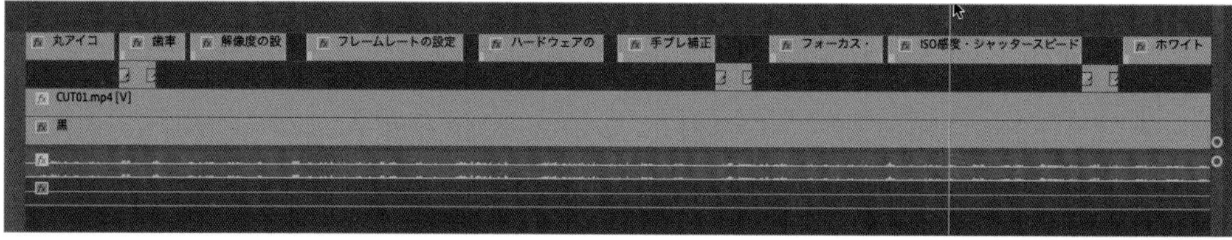

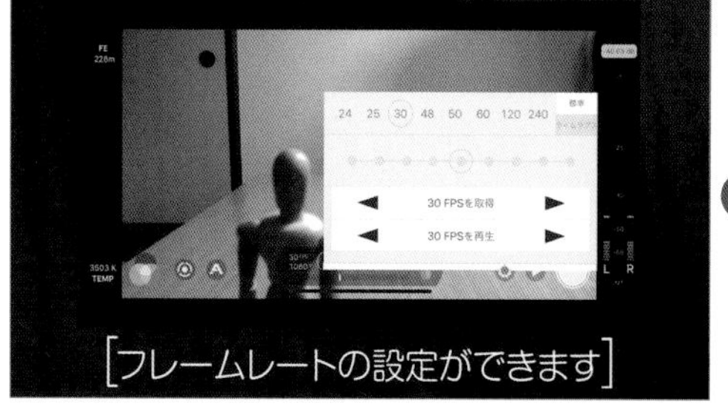

TIPS

サイズ調整

【エッセンシャルグラフィックス】パネルの【編集】から【クリップ】を選択して【アニメーションのスケールを切り替え】の数値を変更すると、[ ]の大きさを変更できます。また、テキストもゲージを調整すると、大きさを調整できます。

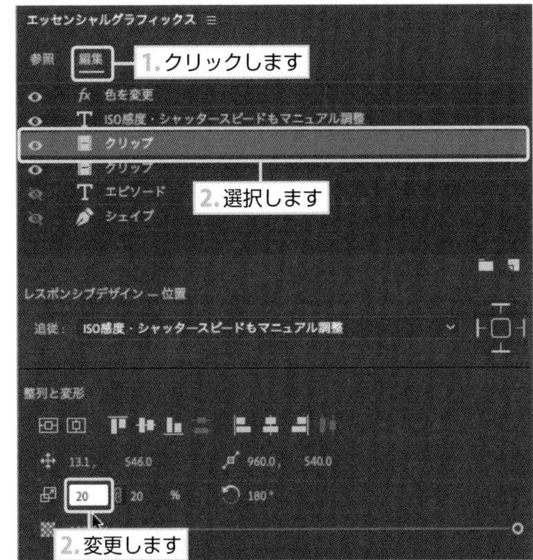

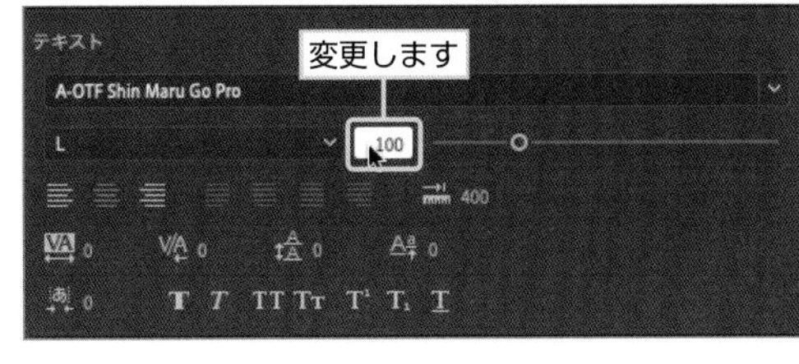

以上で、チュートリアル動画の編集は終了です。

STEP 3-2

プロモーション動画を作ろう！

ここでは、商品や会社の紹介など、プロモーションで使える映像の作り方を解説します。具体的には、静止画像や動画をキーフレームアニメーションする方法を学びます。

完成動画 3-2

プロジェクトを作成する

1 Premiere Proの【ホーム画面】で【新規プロジェクト】をクリックします（28ページ参照）。

2 【新規プロジェクト】ダイアログボックスで【名前】を“edit”と入力します。【場所】にある【参照】をクリックして、【新規フォルダ】の“promotion”を作成します（29ページ参照）。

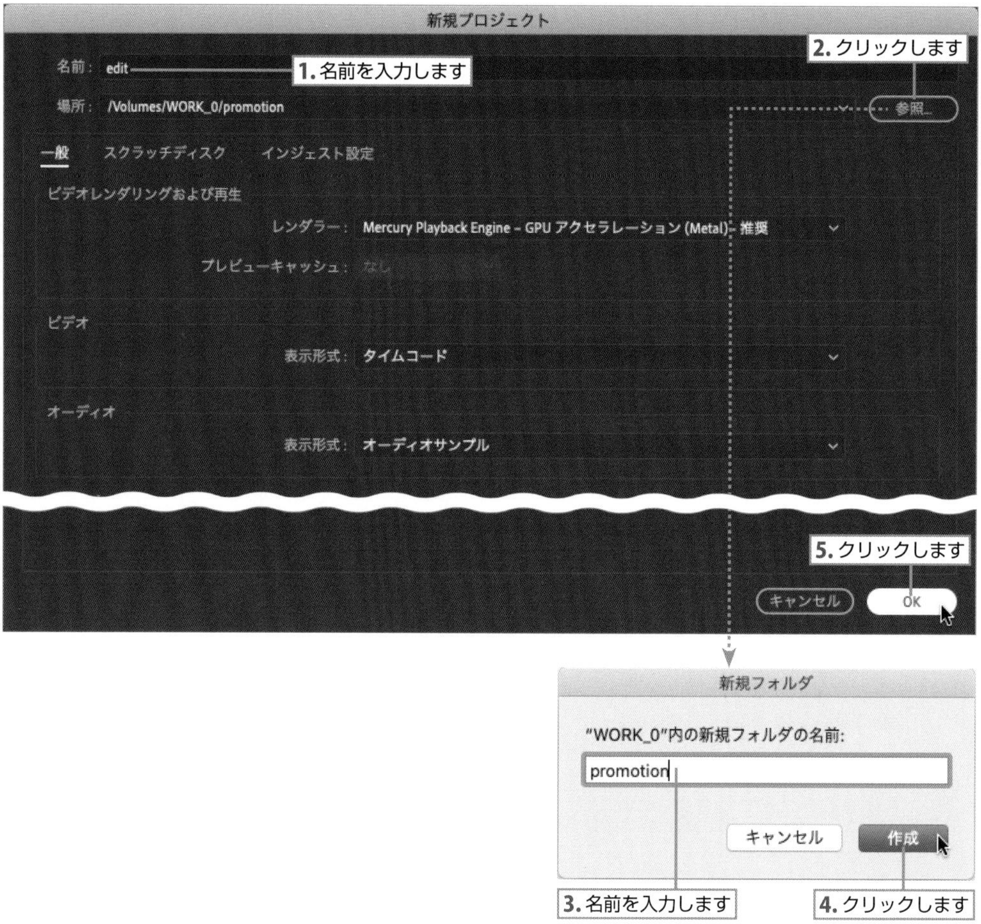

ファイルの読み込み

1 【ファイル】➡【読み込み】を選択して、"promotion_source" フォルダから "book.jpg" "CUT01～CUT06.mp4" を選択します（32ページ参照）。

2 【読み込み】をクリックすると、素材が【プロジェクトパネルグループ】に読み込まれます（32ページ参照）。

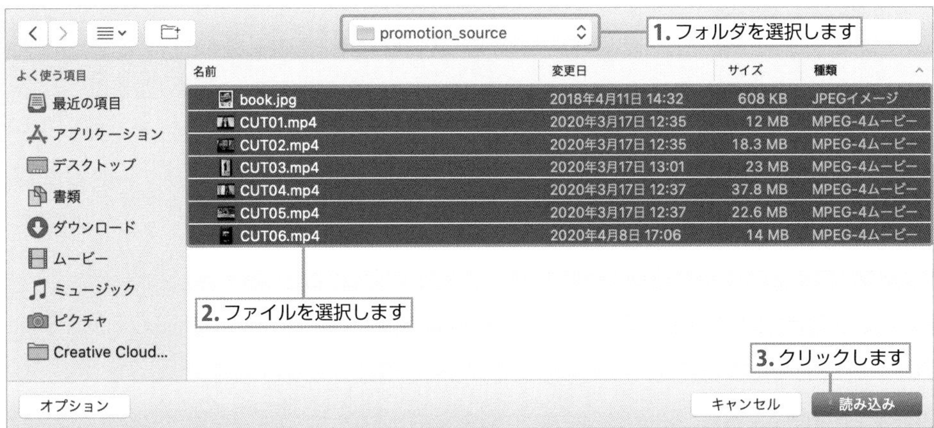

シーケンスを作成する

1 【ファイル】➡【新規】➡【シーケンス】を選択します（33ページ参照）。

2 【新規シーケンス】ダイアログボックスで【AVCHD 1080p 30】を選択して、【シーケンス名】を "edit" と入力し、【OK】をクリックします。

背景を作成する

1 【ファイル】➡【新規】➡【カラーマット】を選択して、【新規カラーマット】ダイアログボックスで赤色に設定します。
クリップの名前も"赤"にします。

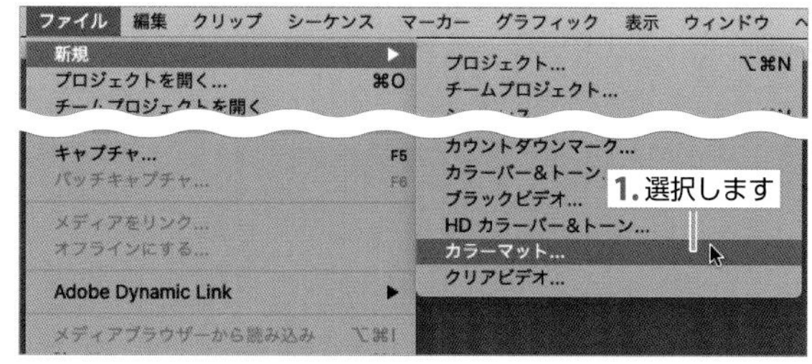

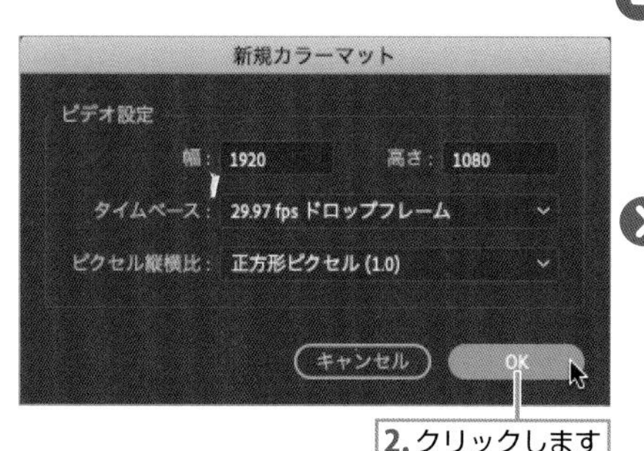

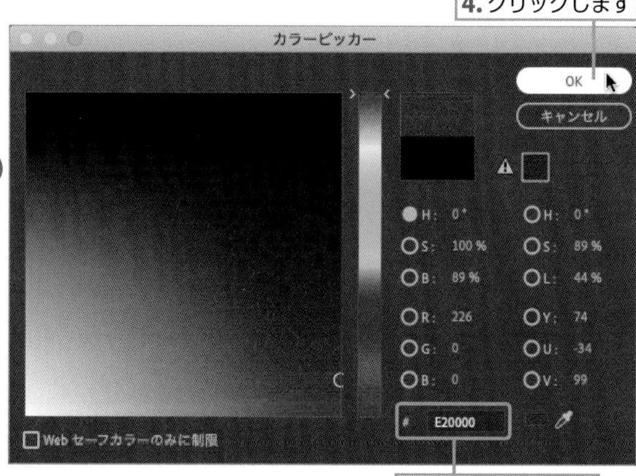

2 【プロジェクト】パネルから【赤】クリップを選択して【編集】➡【コピー】(Mac ⌘ + C ／ Win Ctrl + C キー)でコピーし、【編集】➡【ペースト】(Mac ⌘ + V ／ Win Ctrl + V キー)で6回ペーストします。

3 複製したクリップをダブルクリップすると【カラーピッカー】ダイアログボックスが表示されます。
青色に変更して、【OK】をクリックします。

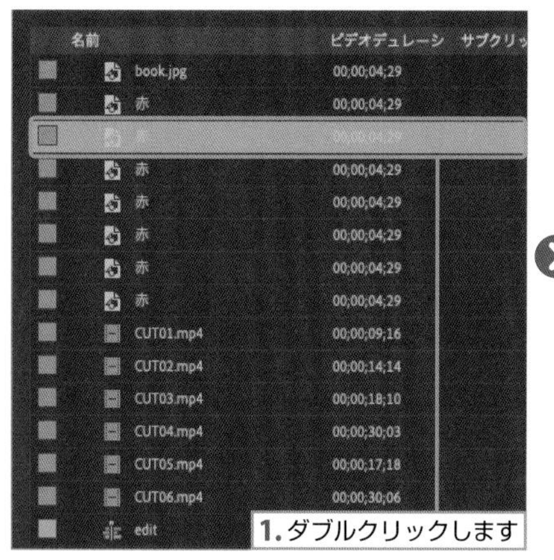

4 名前をクリックして、“青” に変更します。

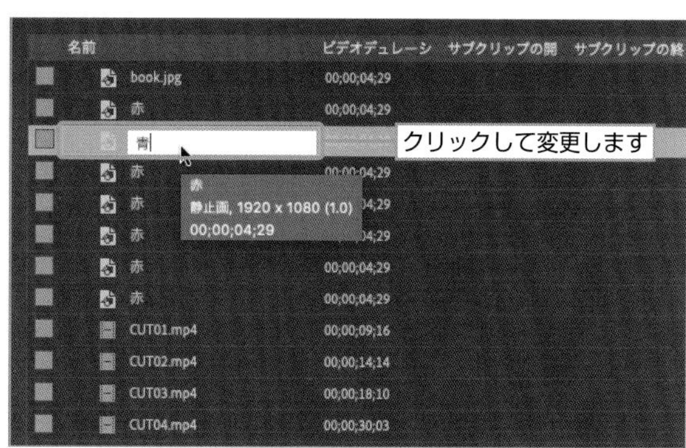

5 同様に他の複製したクリップも変更して、“黄色”、“緑”、“薄紫”、“オレンジ”、“深い青” を作成します。

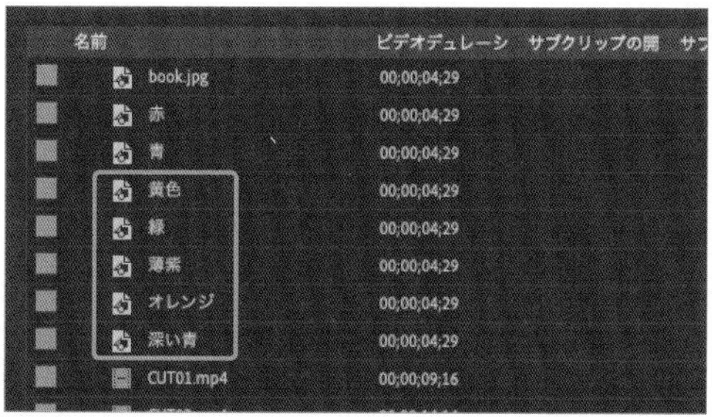

6 最初に作った“赤”と“青”を入れると、7個の背景クリップができました。

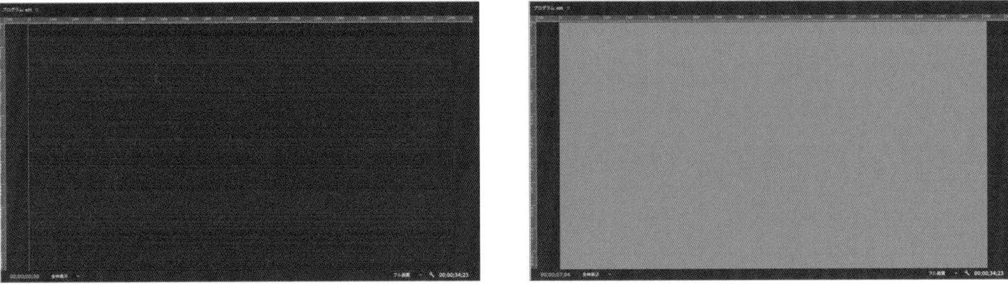

7 0秒の位置に“赤”クリップを配置します。ここでは、静止画像のデュレーションは4秒29フレームになっています。

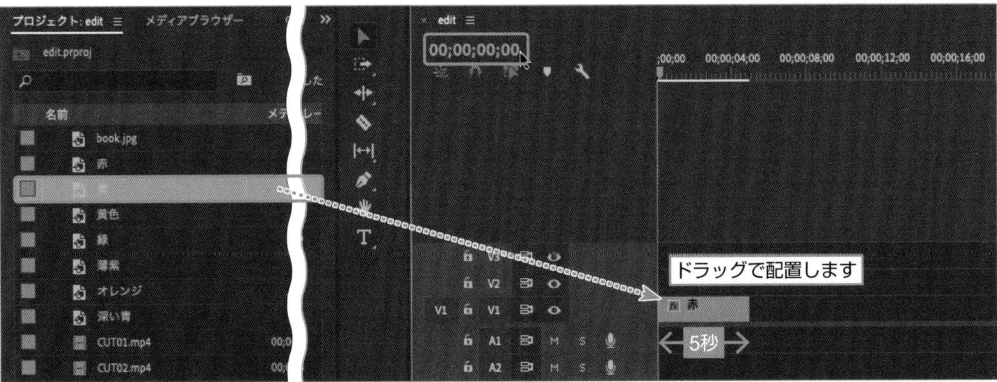

8 【プロジェクト】パネルから“青”クリップの【ビデオアウトポイント】をクリックして、“00;00;07;28”に設定します。“赤”クリップの後ろに配置します。

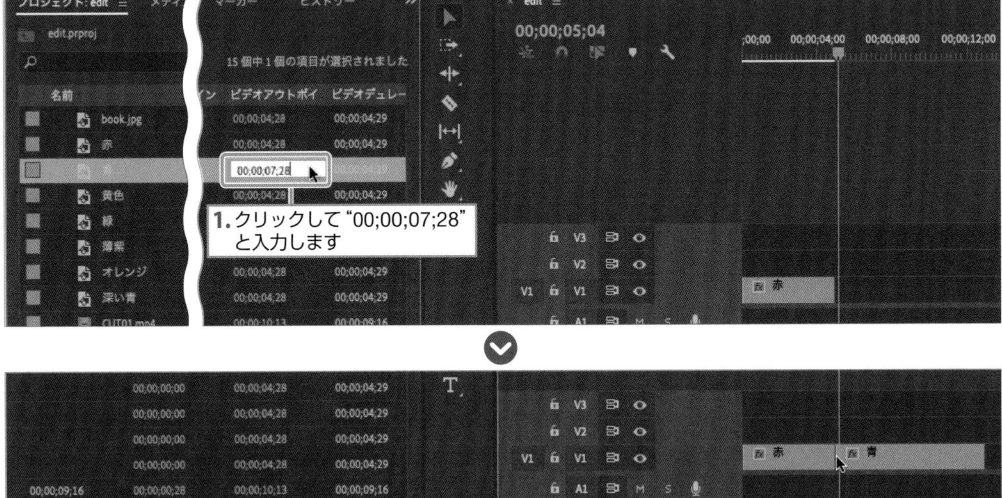

9 同様に、他の複製したクリップの【ビデオアウトポイント】を"00;00;07;28"に設定します。"赤"→"青"→"黄色"→"緑"→"オレンジ"→"薄紫"→"深い青"の順番に並べます。

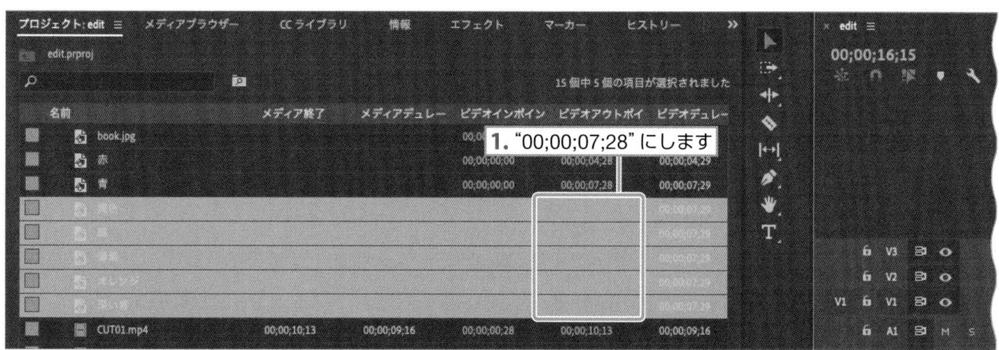

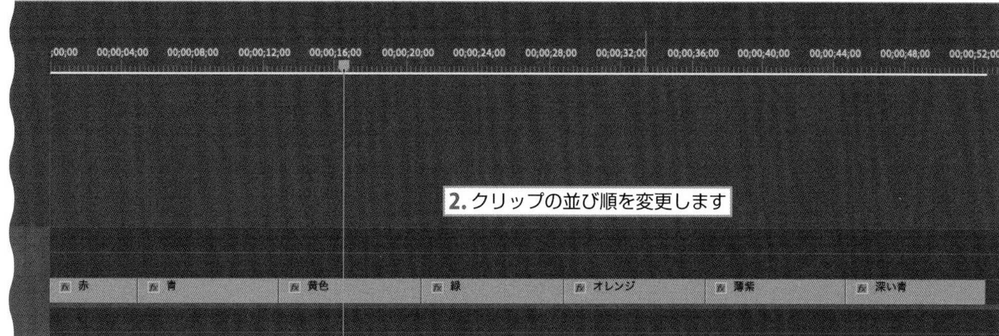

10 最後に、もう一度"赤"クリップを配置します。

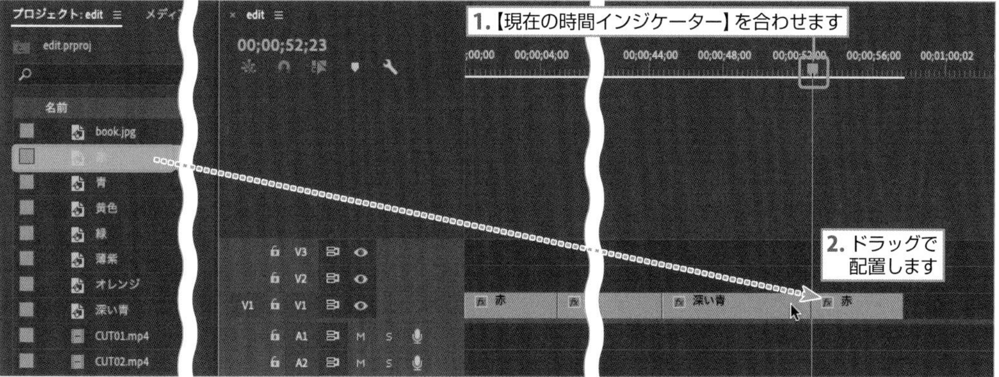

11 “CUT01～CUT06.mp4” クリップを、“青” ～ “深い青” クリップの上に同じ長さで配置します。

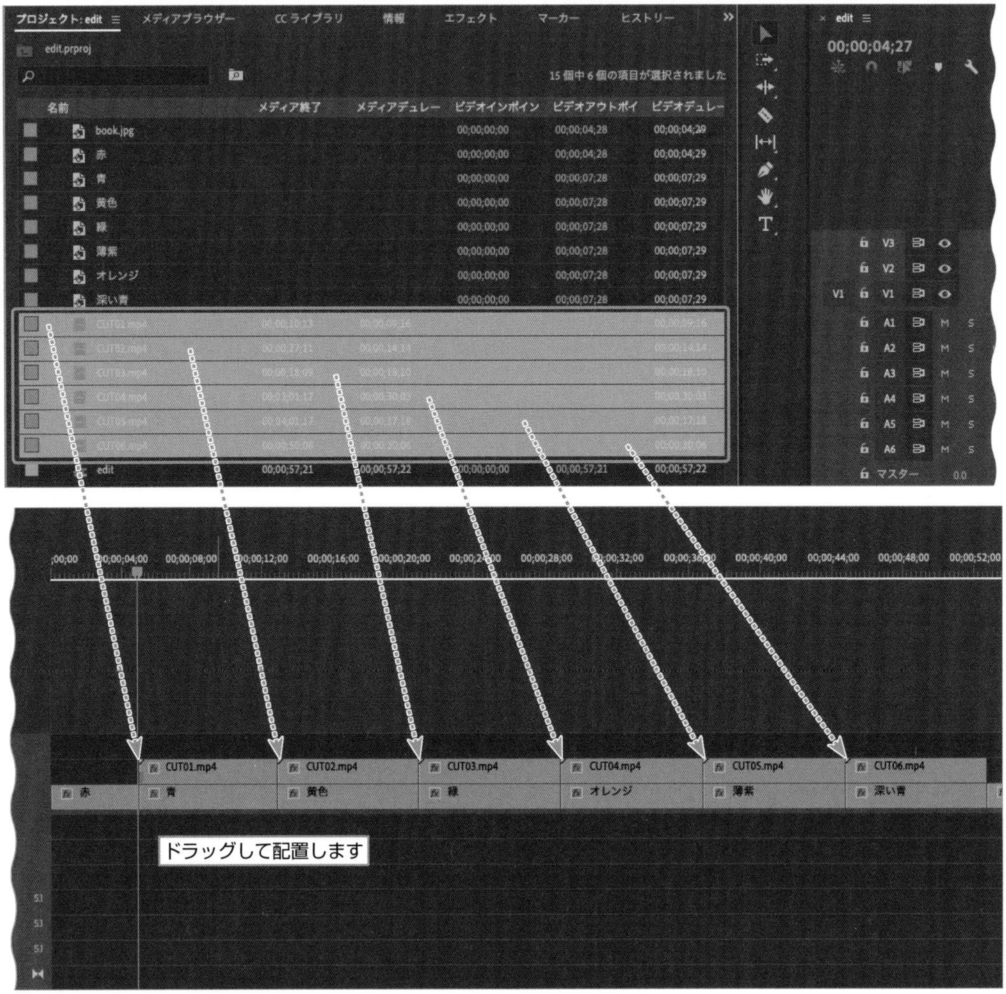

ドラッグして配置します

12 スケール調整は後で行います。

00;00;25;16

トランジションをつける

1 【V2】トラックを非表示にすると、カラーマットの背景のみ表示されます。

2 【エフェクト】パネルの検索窓に“押”と入力して、【押し出し】エフェクトを表示します。
【押し出し】エフェクトを選択して、“赤”クリップと“青”クリップをまたぐようにに配置します。

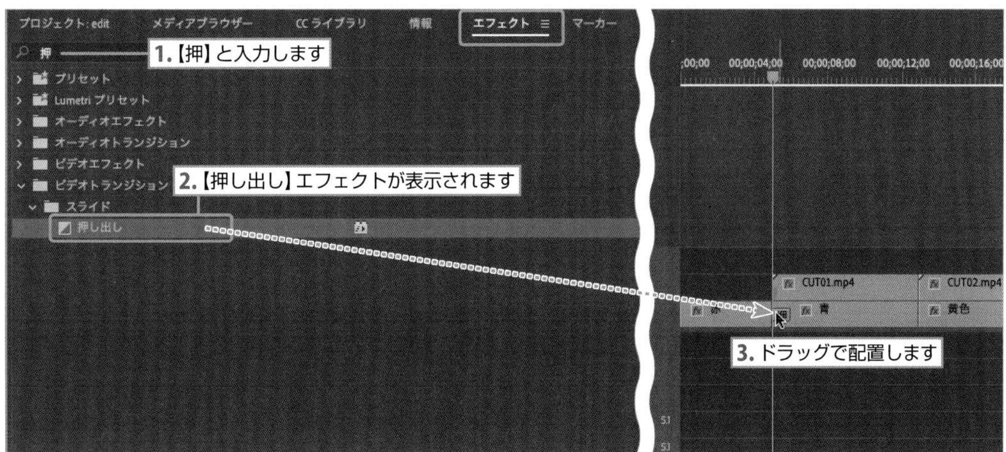

3 再生すると、左から右に青背景が出現します。これを逆にします。

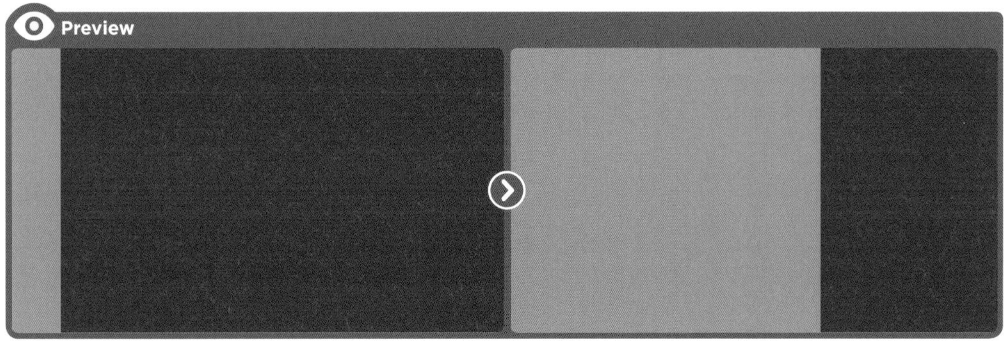

4 【押し出し】トランジションをクリックします。【エフェクトコントロール】パネルに【押し出し】エフェクトのパラメーターが表示されます。

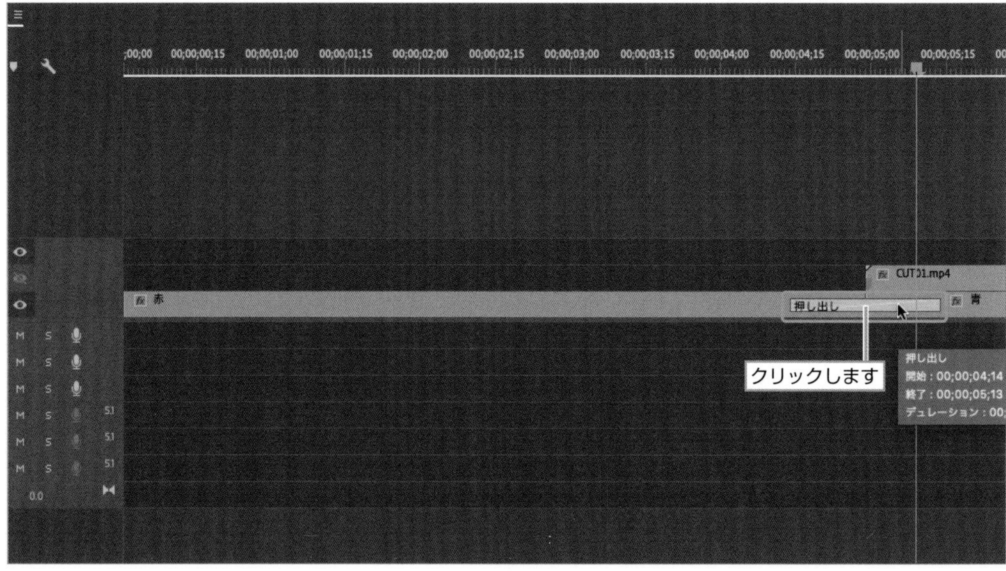

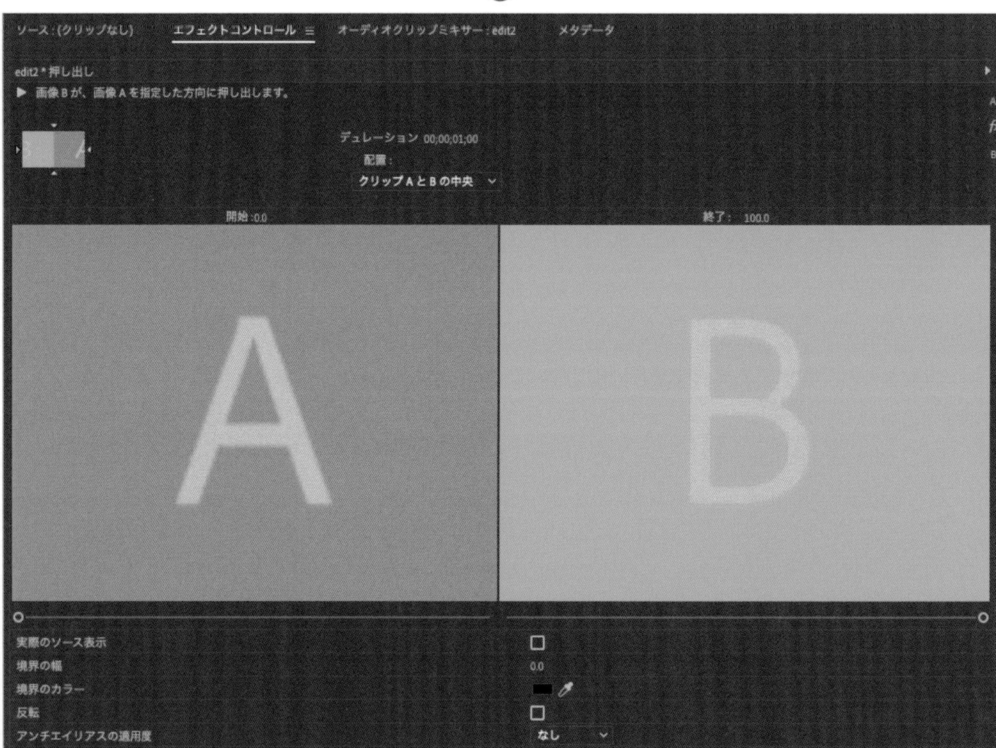

5　次図のカーソル部分をクリックします。

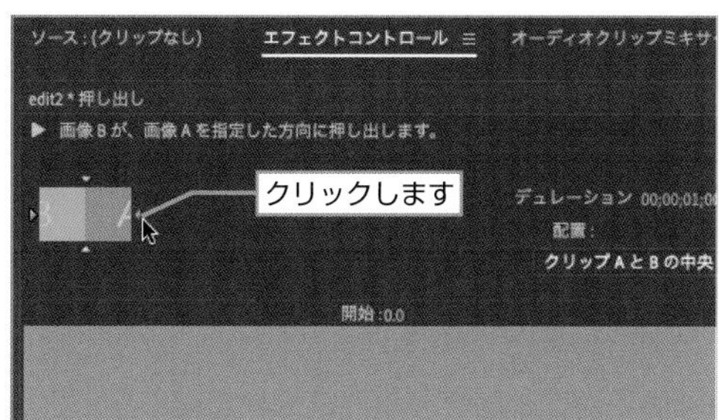

6　右から左に青背景が出現します。

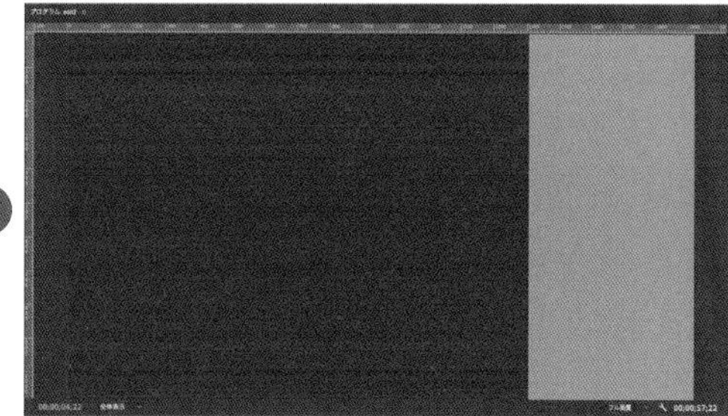

7　スピードが遅いので、【押し出し】エフェクトをダブルクリックして、【トランジションのデュレーションを設定】ダイアログボックスで"15"フレームに設定します。

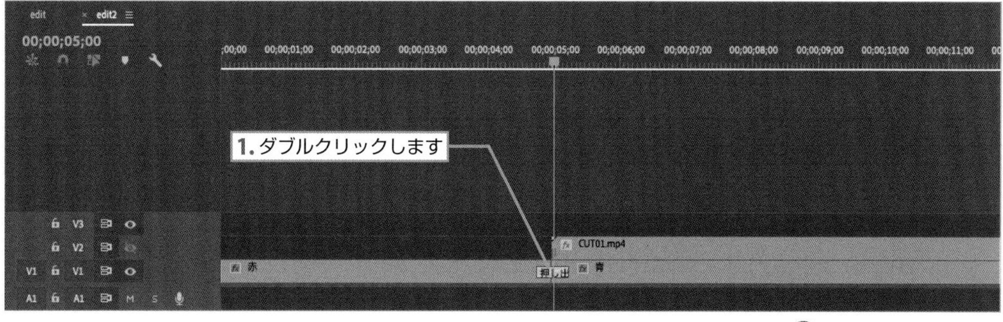

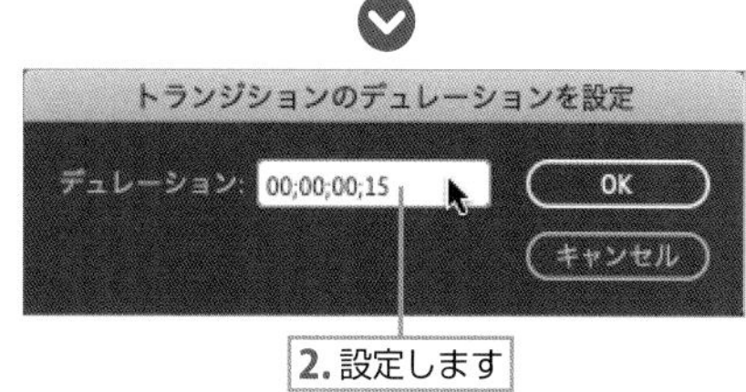

8 **【押し出し】**エフェクトを選択して、**【編集】➡【コピー】**（Mac ⌘＋C／Win Ctrl＋Cキー）でコピーします。それぞれの背景クリップの中央をクリックして、**【編集】➡【ペースト】**（Mac ⌘＋V／Win Ctrl＋Vキー）でペーストしていきます。

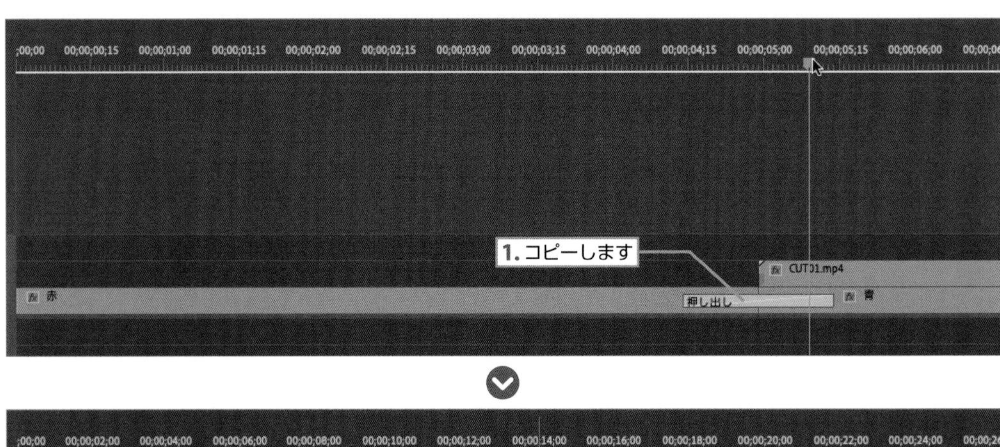

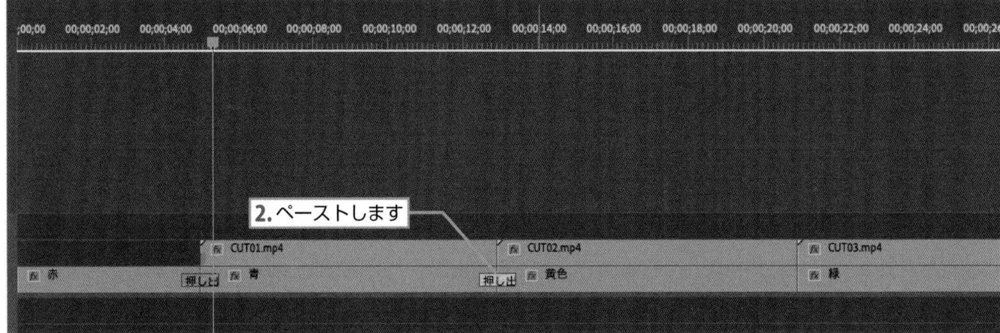

9 全部ペーストすると、**【タイムライン】**パネルは次図のようになります。
これで、すべての背景が右から左に押し出されるトランジションになります。

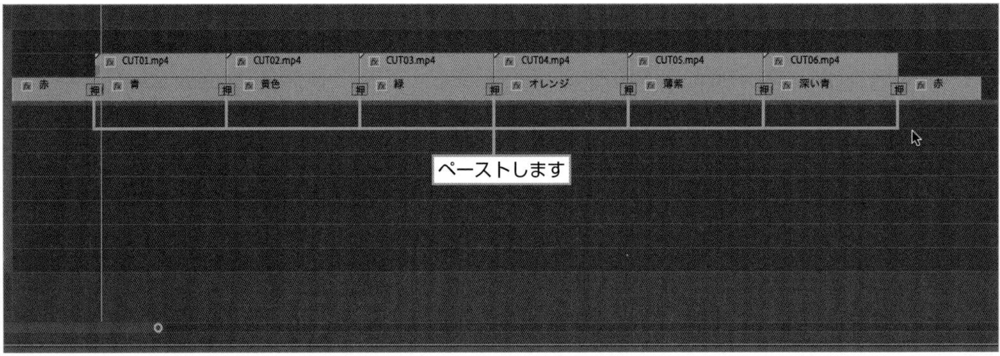

アニメーションを付ける

1 【V2】トラックを表示します。
"CUT01.mp4" クリップを選択して、【位置】を "960,410"、【スケール】を "60" に設定すると、画面上部にレイアウトされます。

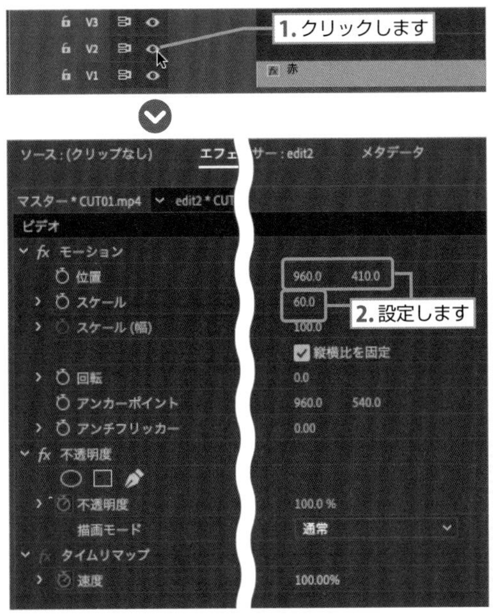

2 "CUT01.mp4" クリップを【編集】➡【コピー】（Mac ⌘ + C ／ Win Ctrl + C キー）でコピーし、"CUT02.mp4" "CUT04.mp4" "CUT05.mp4" を複数選択して、【編集】➡【属性をペースト】（Mac option + ⌘ + V ／ Win Alt + Ctrl + V キー）を選択します。

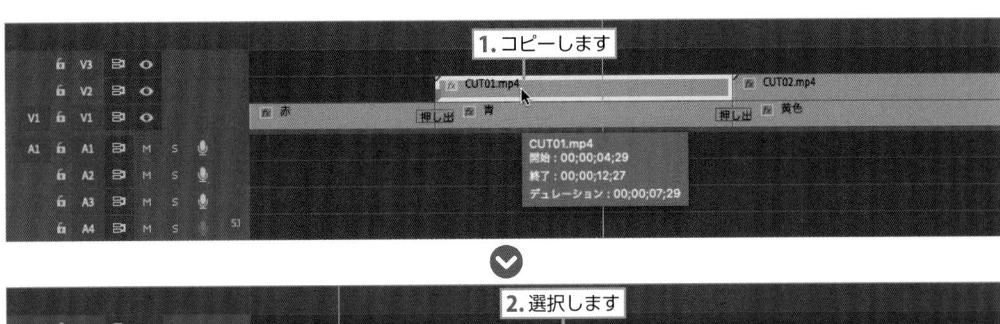

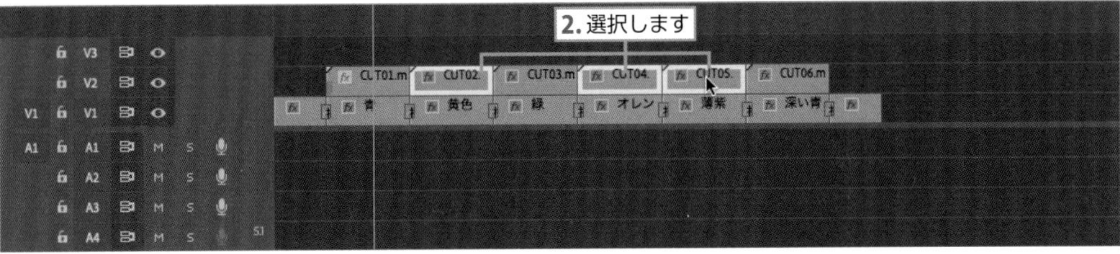

3 【属性をペースト】ダイアログボックスで【モーション】をオンにして【OK】をクリックすると、“CUT02.mp4”“CUT04.mp4”“CUT05.mp4”のレイアウトが変わります。

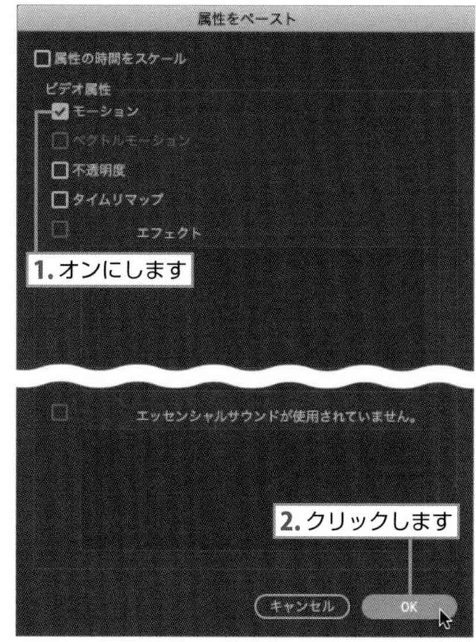

4 横型から縦型動画にスムーズに変化するアニメーションを作成します。
“00;00;20;12”に【現在の時間インジケーター】を合わせます。“CUT02.mp4”クリップを選択して、【位置】➡【スケール】➡【回転】の【ストップウォッチ】アイコンをクリックします。

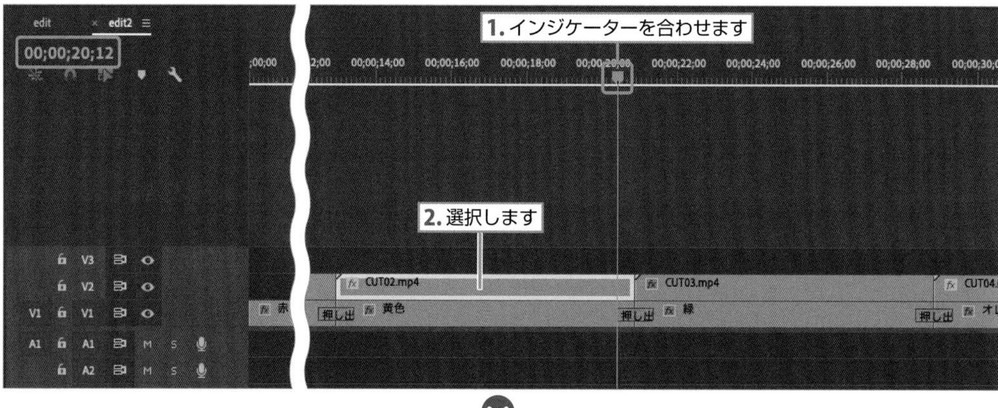

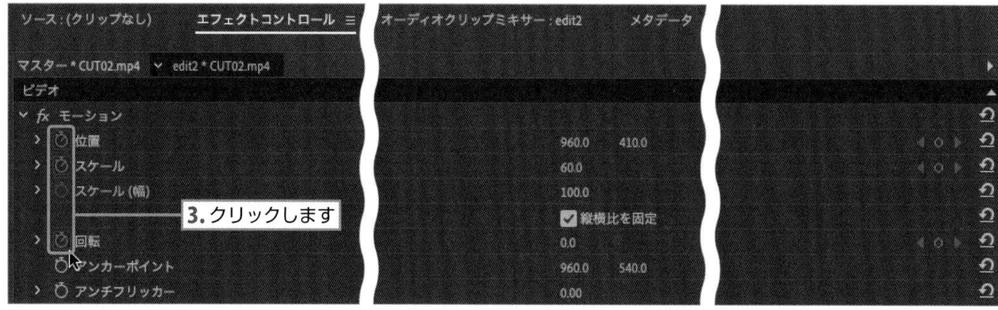

5 14フレーム進んで“00;00;20;26”の位置で“CUT02.mp4”クリップの【位置】を“488,529”、【スケール】を“50”、【回転】を“90”に設定します。

6 キーフレームが自動で作成され、下図のように“CUT02.mp4”クリップが回転しながら縦にレイアウトしていきます。

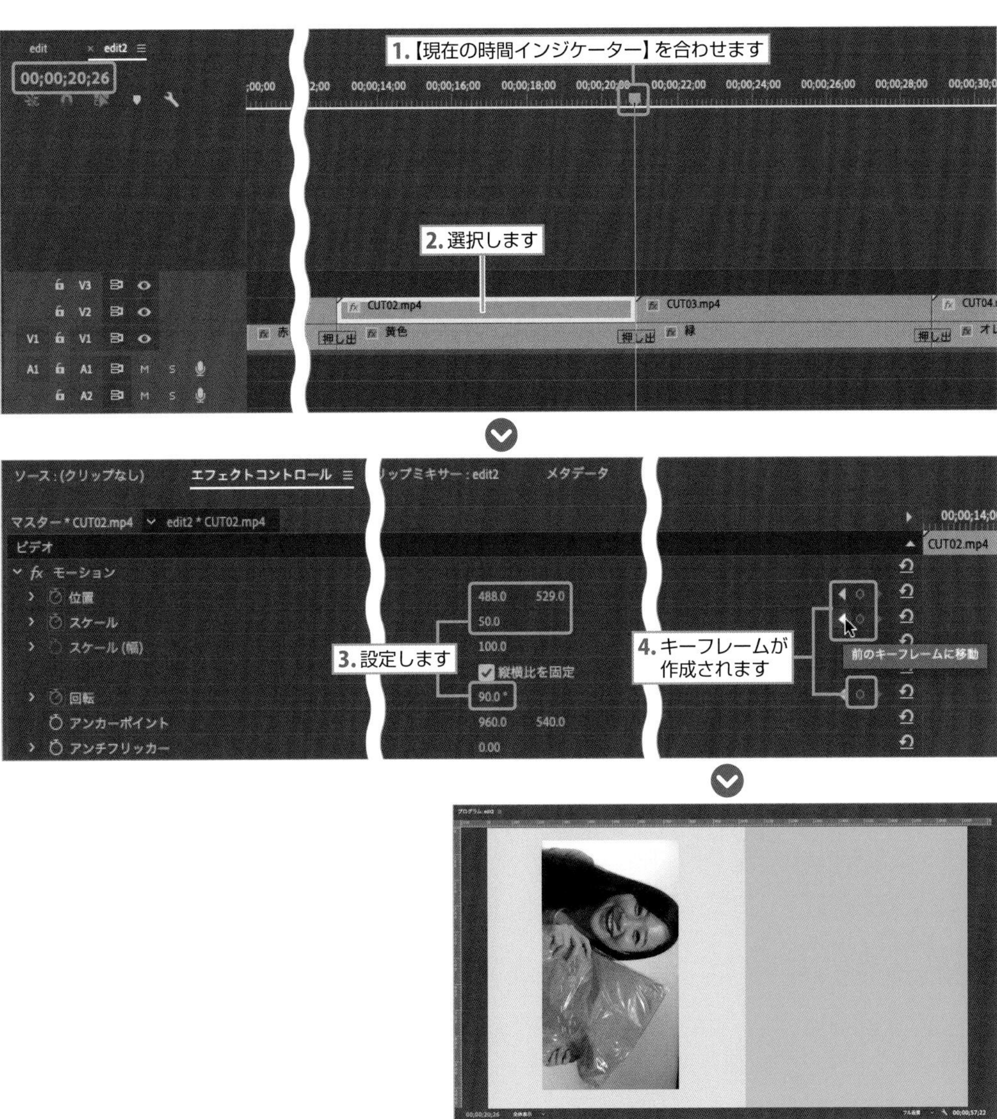

7 **【現在の時間インジケーター】** を"00;00;20;27"に合わせて"CUT03.mp4"クリップを選択し、**【位置】**を"488,529"、**【スケール】**を"50"に設定します。**【回転】**は変更しません。
"CUT02.mp4"クリップと同じ大きさと位置に配置されます。

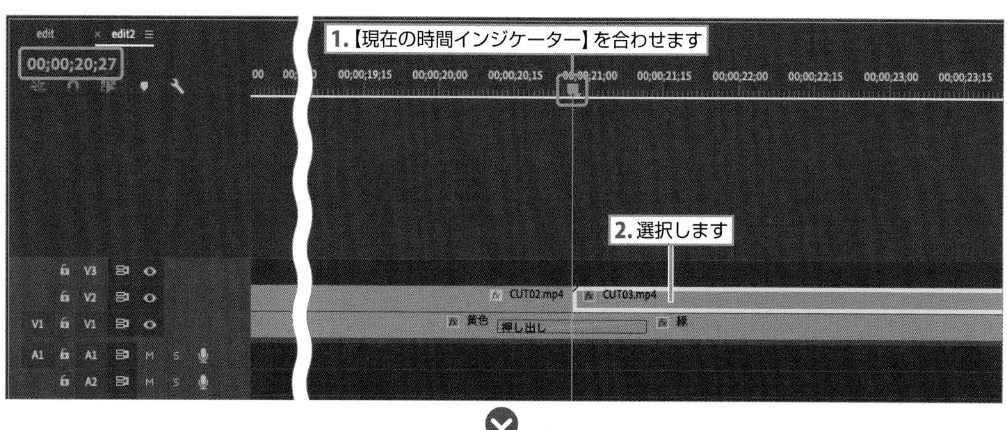

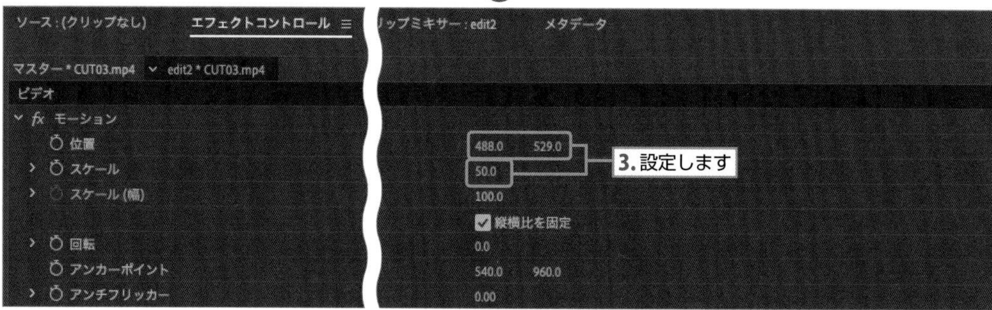

再生すると、スムーズに切り替わります。

8 “CUT04.mp4” クリップは横型の動画なので、元に戻さなくてはなりません。
【現在の時間インジケーター】 を “00;00;28;11” に合わせて “CUT03.mp4” クリップを選択し、**【位置】** ➡ **【スケール】** ➡ **【回転】** の **【ストップウォッチ】** アイコン をクリックします。

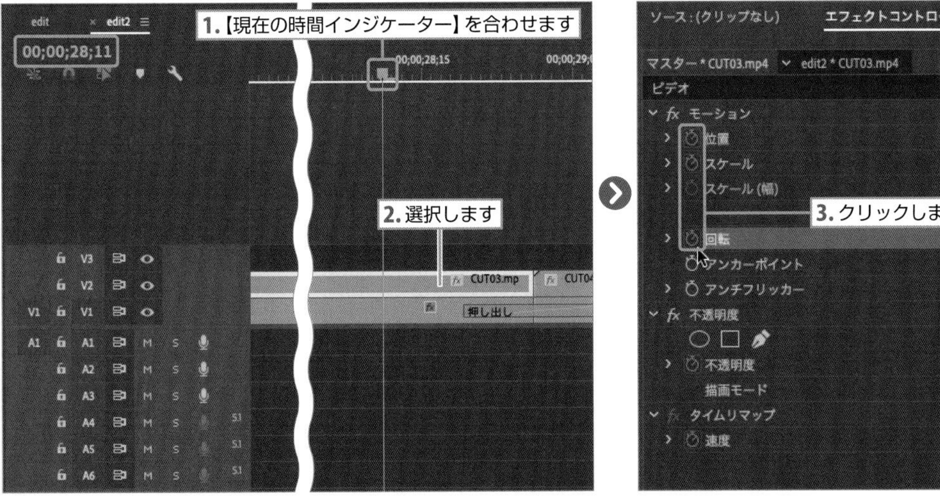

9 “00;00;28;25” に移動して、【位置】を “960,410”、【スケール】を “60”、【回転】を “90” に設定すると、横画像のレイアウトになります。

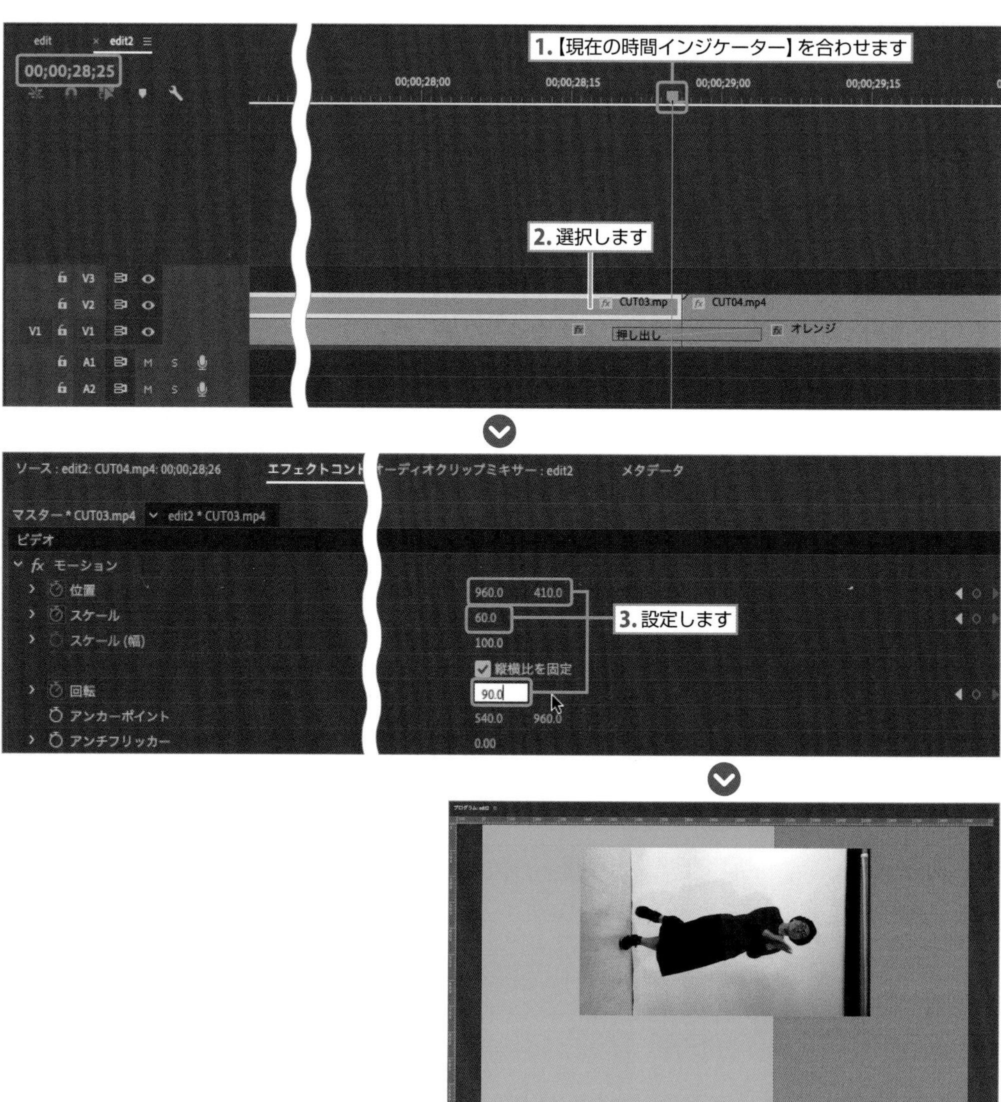

再生すると、次のカットにスムーズに切り替わります。

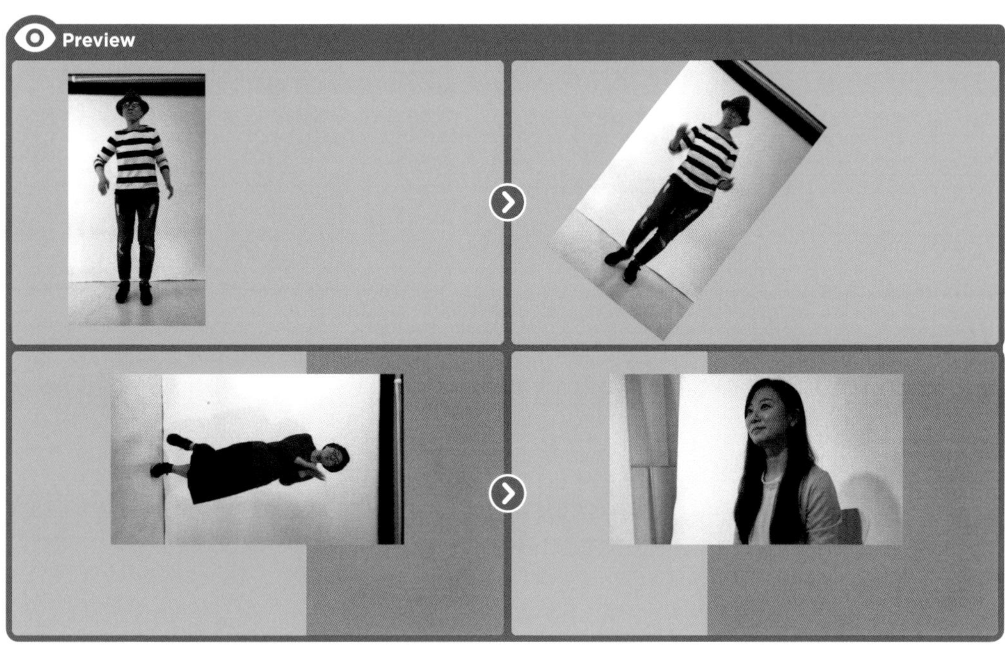

10 また、"CUT05.mp4" と "CUT06.mp4" クリップが先ほどと同じ動きになるので、作ったアニメーションをコピーして、属性をペーストしていきます。

11 "CUT02.mp4" クリップを【編集】➡【コピー】（Mac ⌘＋C／Win Ctrl＋Cキー）を選択してコピーします。
"CUT05.mp4" クリップを選択して【編集】➡【属性をペースト】（Mac option＋⌘＋V／Win Alt＋Ctrl＋Vキー）を選択し、【属性をペースト】ダイアログボックスで【モーション】の属性をペーストすると、同じアニメーションが適用されます。

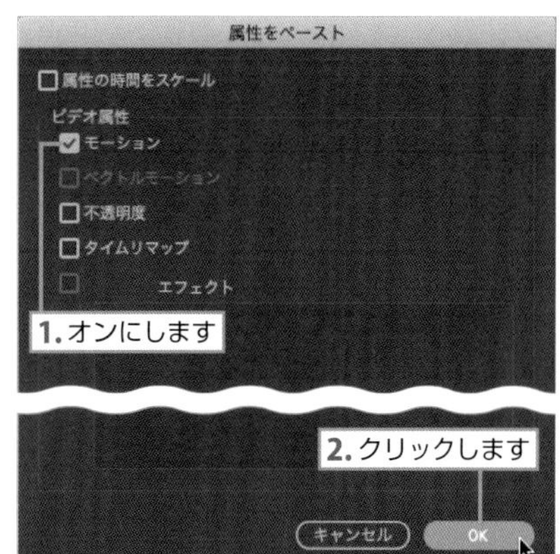

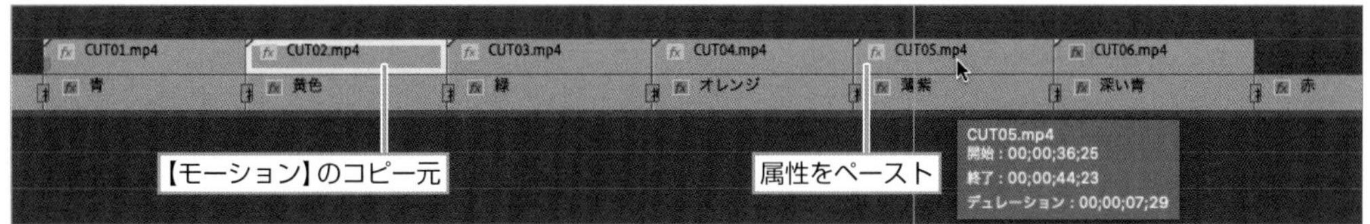

再生すると、"CUT02.mp4" と同様の縦動画用のレイアウトに変形するアニメーションになります。

12 同様に "CUT03.mp4" と "CUT06.mp4" クリップが先ほどと同じ動きになるので、作ったアニメーションをコピーして、属性をペーストしていきます。

13 "CUT03.mp4" クリップを【編集】➡【コピー】(Mac ⌘ + C ／ Win Ctrl + C キー) でコピーします。"CUT06.mp4" クリップを選択して【編集】➡【属性をペースト】(Mac option + ⌘ + V ／ Win Alt + Ctrl + V キー) を選択し、【属性をペースト】ダイアログボックスで【モーション】の属性をペーストすると、同じアニメーションが適用されます。

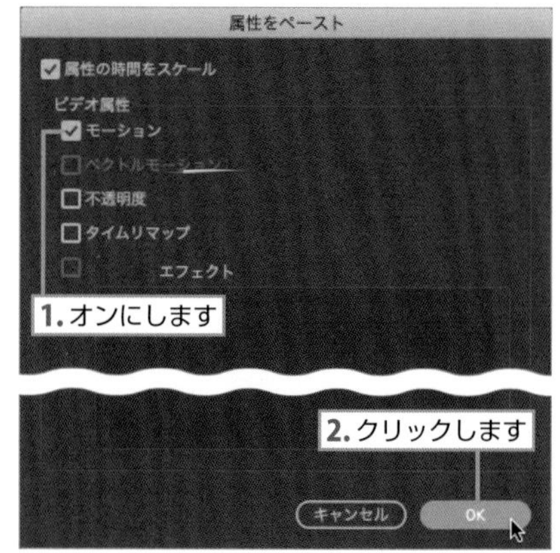

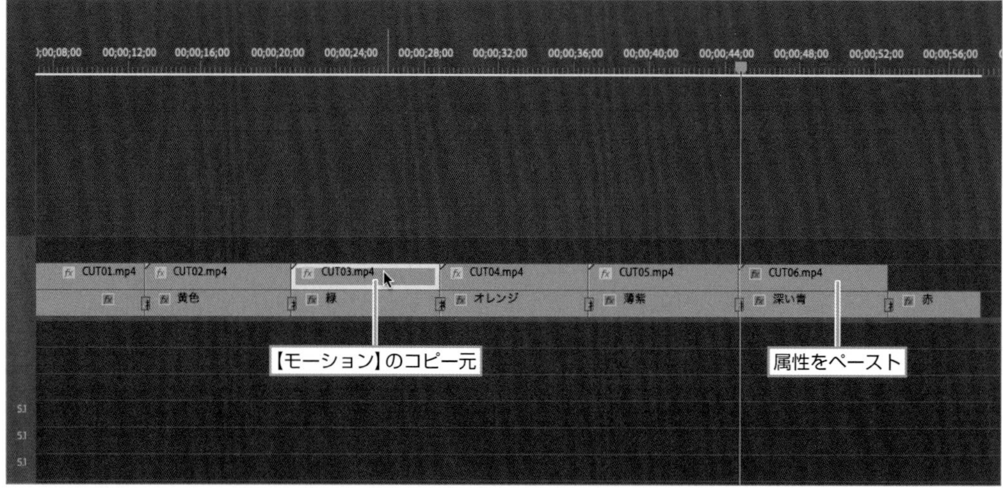

14 "CUT06.mp4" には次のクリップはないので、背景と同様に左にスライドしていくアニメーションに変更します。
"00;00;52;22" に移動して "CUT06.mp4" クリップを選択すると、キーフレームが作成されています。
"00;00;52;22" のキーフレームをクリックして選択し、Mac delete（Win Delete）キーで削除すると、縦画面レイアウトのままになります。

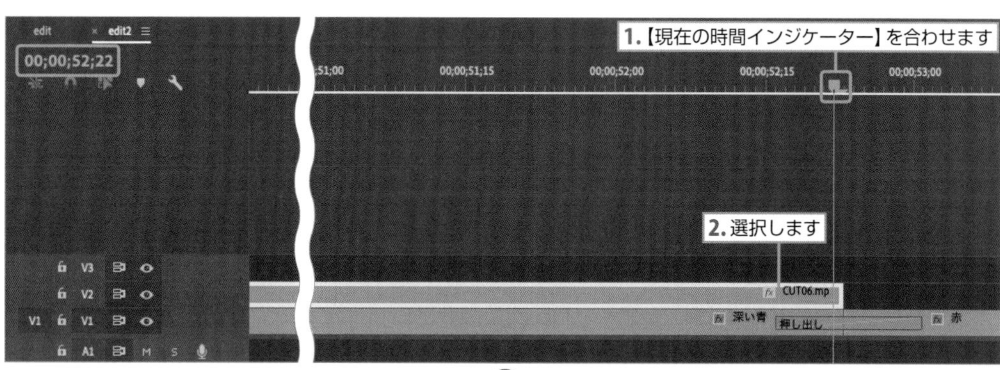

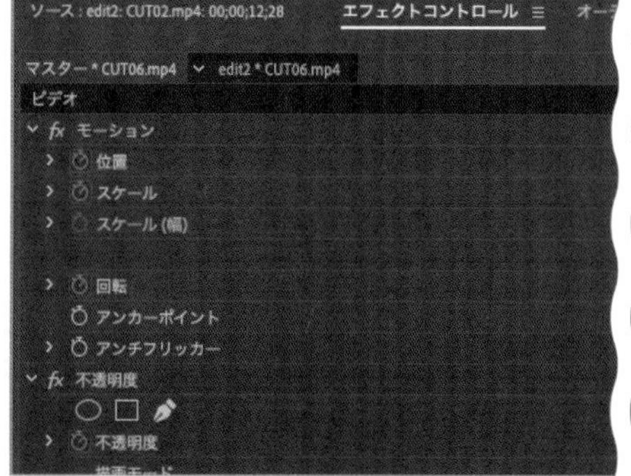

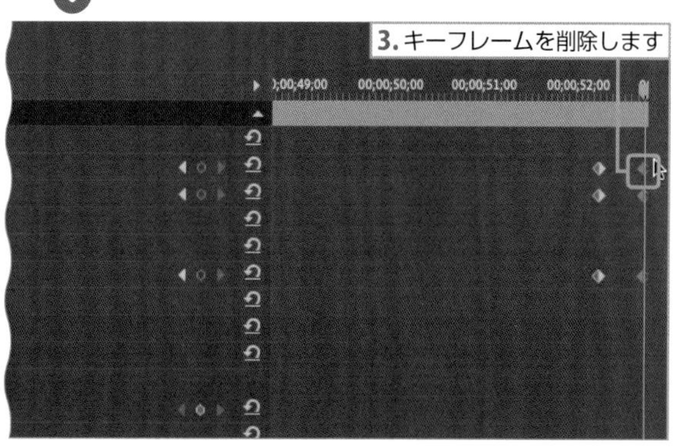

15 "00;00;52;16" に移動して "CUT06.mp4" を選択し、【モーション】の【位置】のキーフレームをクリックして作成します。

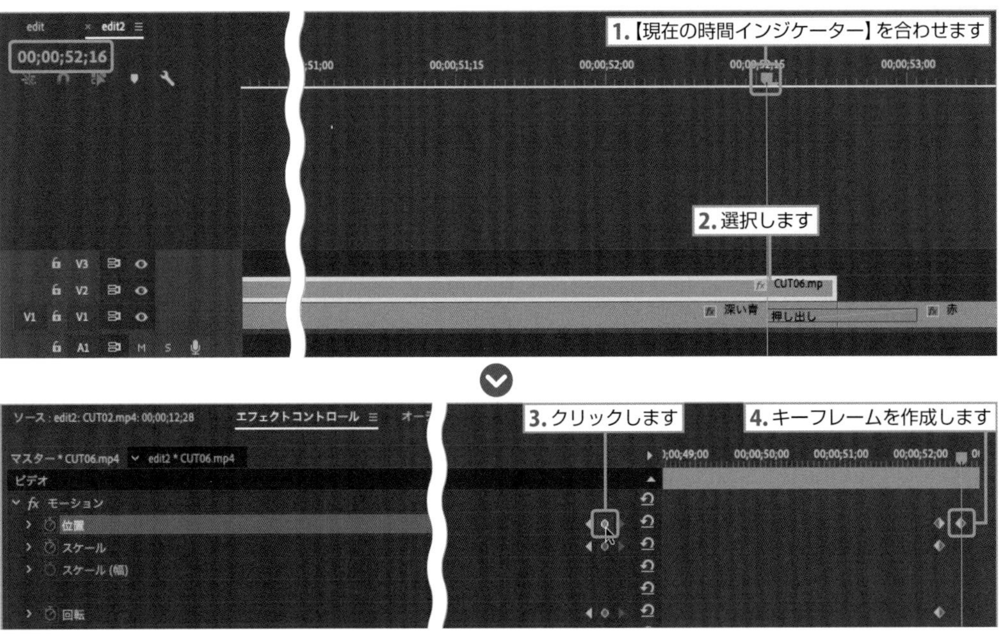

16 "00;00;52;22" に移動して、【モーション】の【位置】のX軸を "-300" に設定すると、画面の外に消えます。

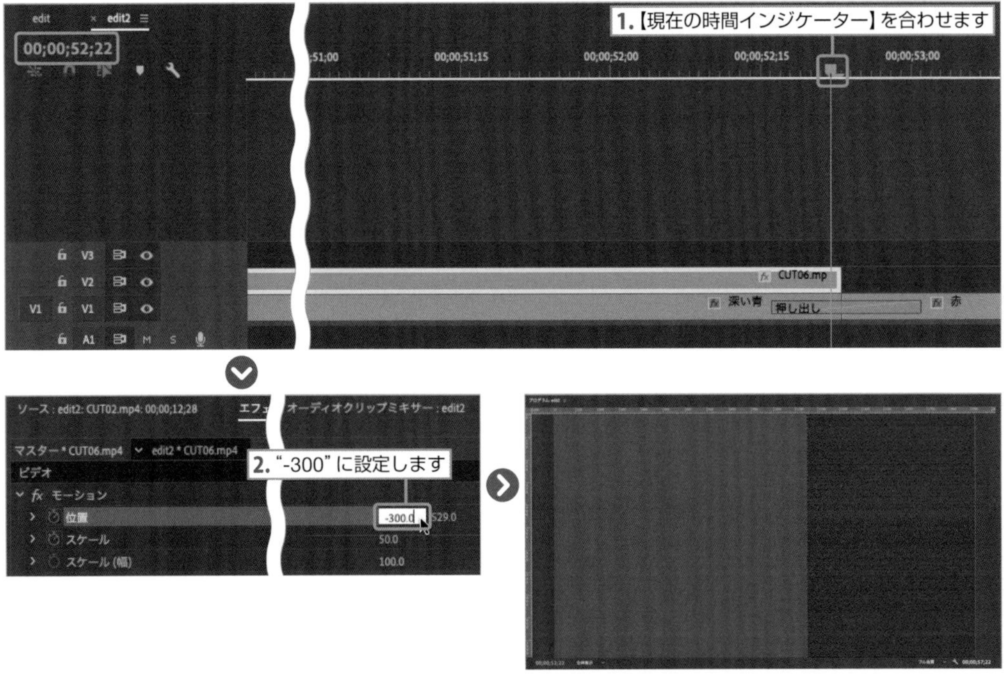

再生すると、背景が動くと同時に画面も左に消えていきます。

17 同様に“CUT01.mp4”クリップも、背景とともにスライドして入ってくるアニメーションを適用します。“00;00;04;22”に移動します。“CUT01.mp4”クリップを頭合わせに移動します。

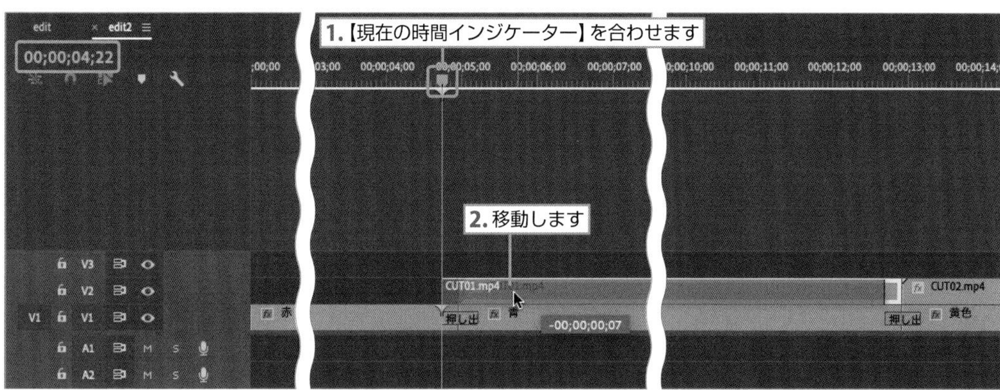

18 足りなくなったクリップを伸ばします。

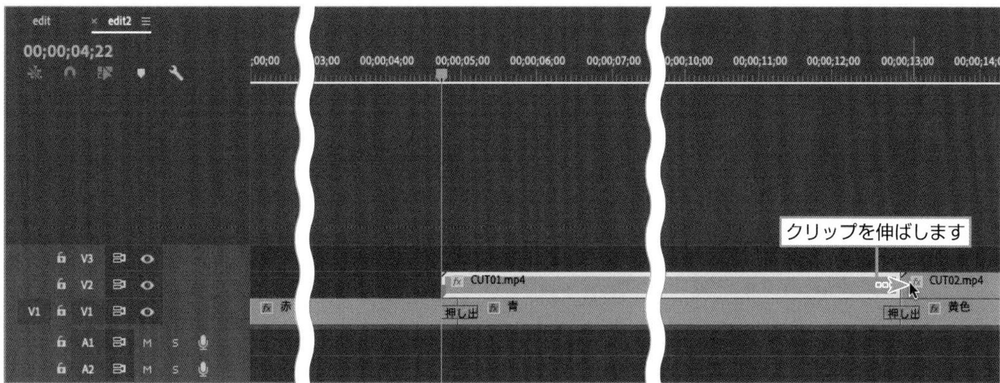

19 **【現在の時間インジケーター】** を "00;00;05;07" に合わせて "CUT01.mp4" を選択し、**【位置】➡【スケール】** のキーフレームをつけます。

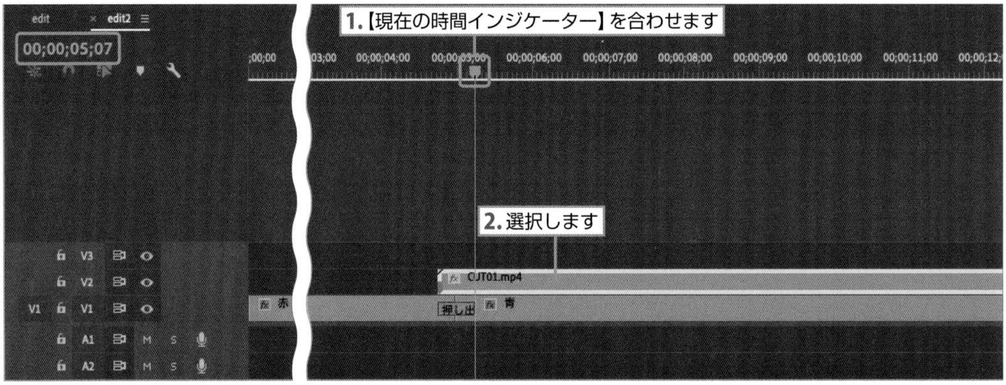

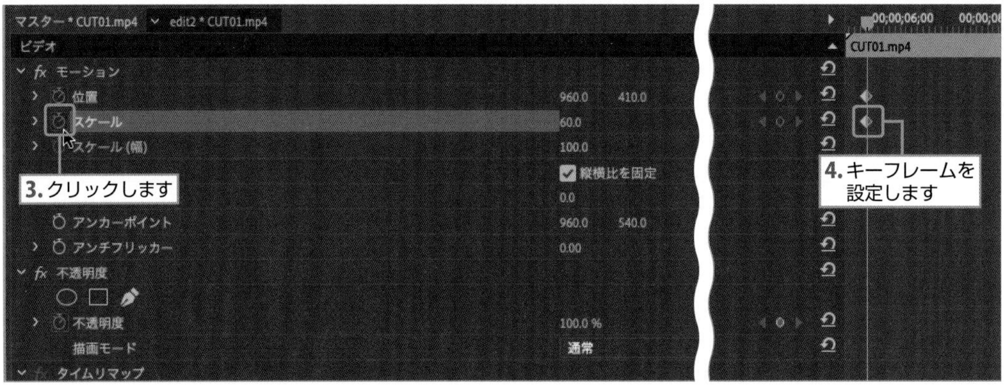

1.【現在の時間インジケーター】を合わせます
2.選択します
3.クリックします
4.キーフレームを設定します

20 "00;00;04;22" に移動して **【モーション】** の **【位置】** のX軸を "2510" に設定すると、画面外へ消えます。

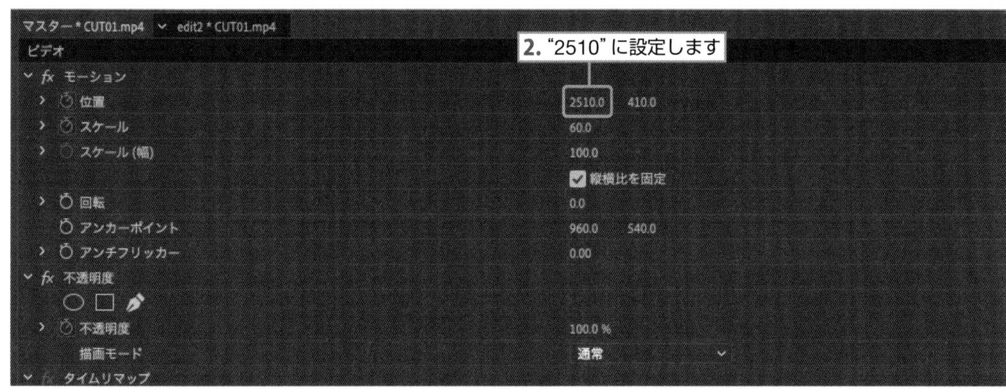

再生すると、背景とともに “CUT01.mp4” クリップが入ってきます。

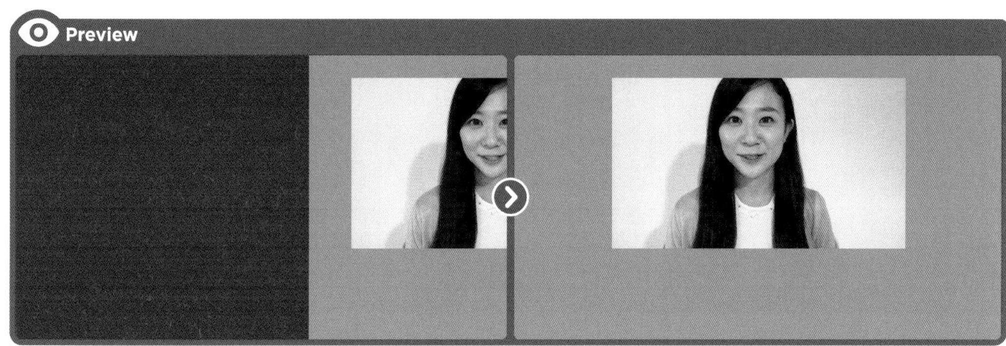

21 “book.jpg” を【V3】トラックに【0秒】頭合わせで配置します。

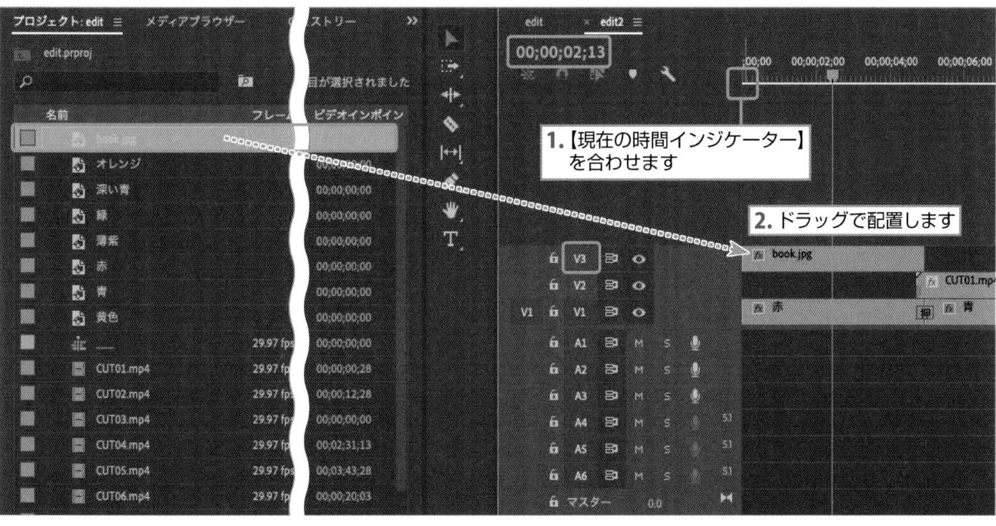

22 【モーション】➡【位置】を"538,540"、【スケール】を"35"に設定します。
次に【エフェクト】パネルの検索窓に"ドロップ"と入力して、【ドロップシャドウ】エフェクトを表示します。
【ドロップシャドウ】エフェクトを選択して、"book.jpg"クリップにドラッグ＆ドロップして適用します。

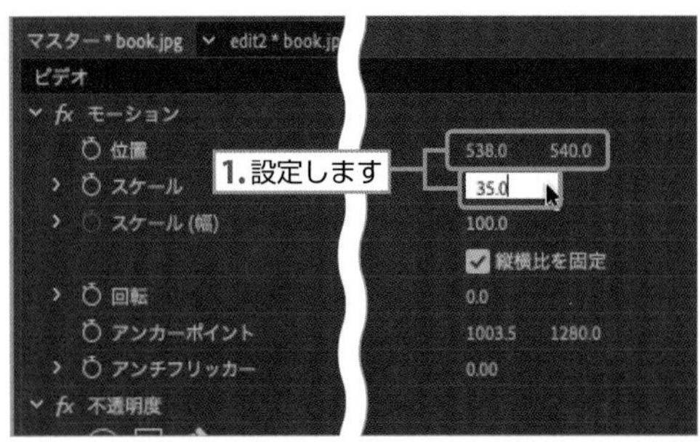

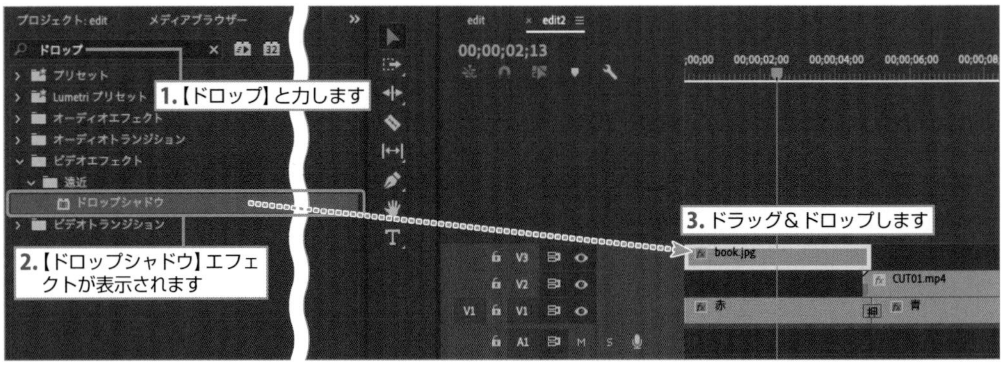

23 以下のように設定して、本の右下に影を付けます。

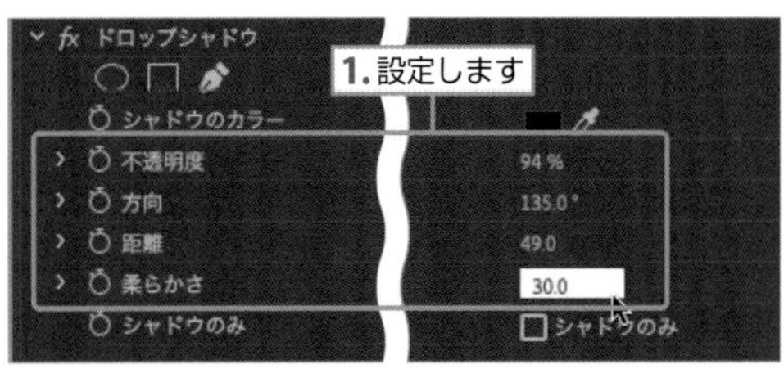

24 背景と本が同化しているように見えるので、"赤" クリップをダブルクリックして色を変更します。このようにカラーマットの色は、後からでも変更できます。

25 トラックターゲットを【V2】トラックに変更します。
このクリップを【編集】➡【コピー】（Mac ⌘ + C ／ Win Ctrl + C キー）でコピーし、"00;00;52;23" の位置で【編集】➡【ペースト】（Mac ⌘ + V ／ Win Ctrl + V キー）を選択してペーストします。

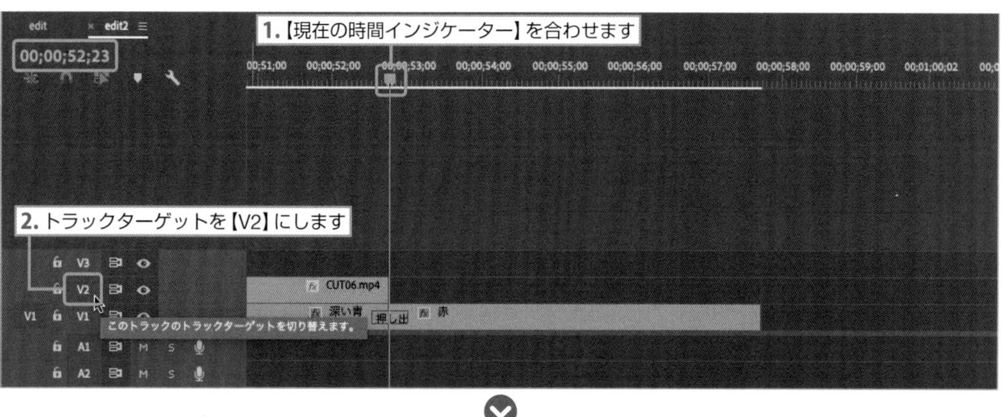

冒頭とラストの本にも、後でアニメーションを付けていきます。

テロップを作ろう

1 【ファイル】➡【新規】➡【レガシータイトル】を選択し、名前を"1"とします。

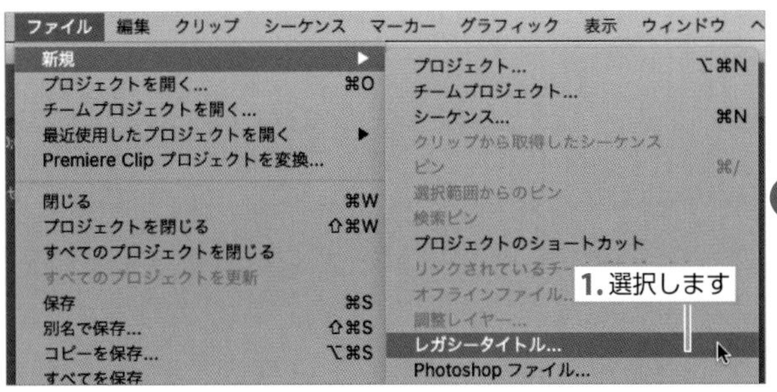

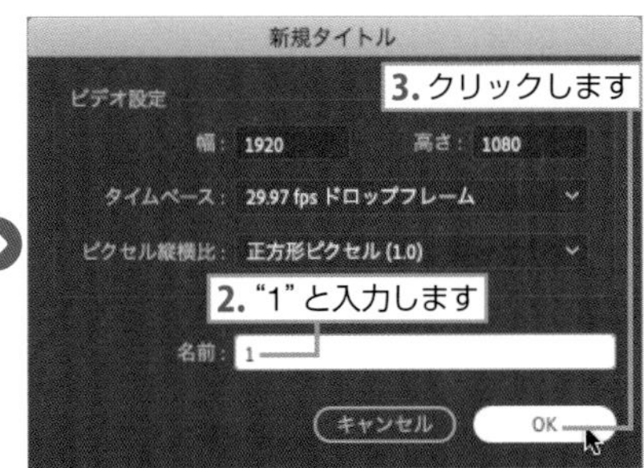

2 【テキストツール】で"おかげさまでロングセラー"と入力します。

3 【ロングセラー】の部分だけ選択して、フォントサイズを大きくします。

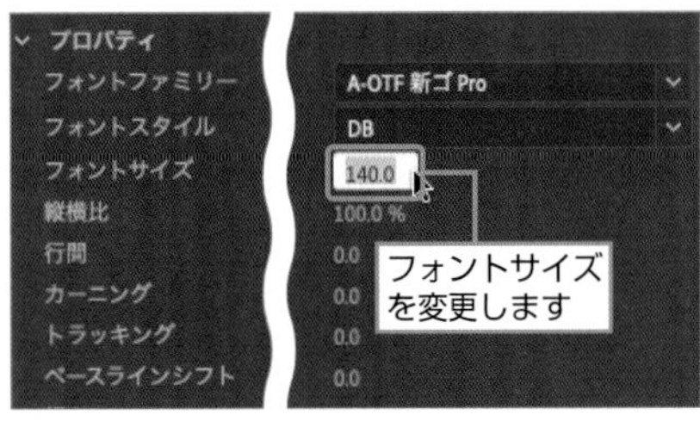

4 文字をすべて選択して【行間】の数値を上げると、行間が広がります。

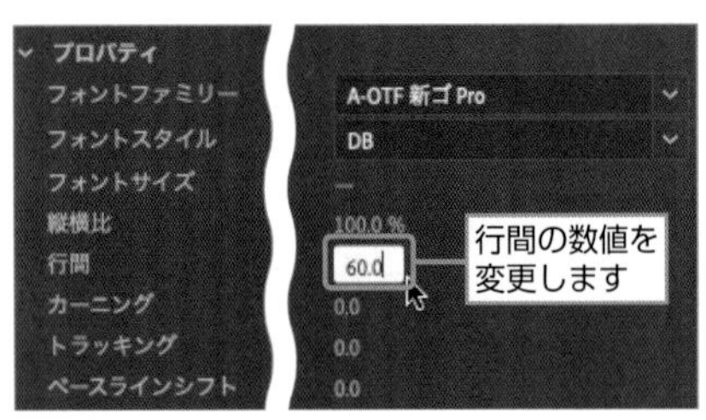

5 0秒の位置に“1”クリップを配置します。

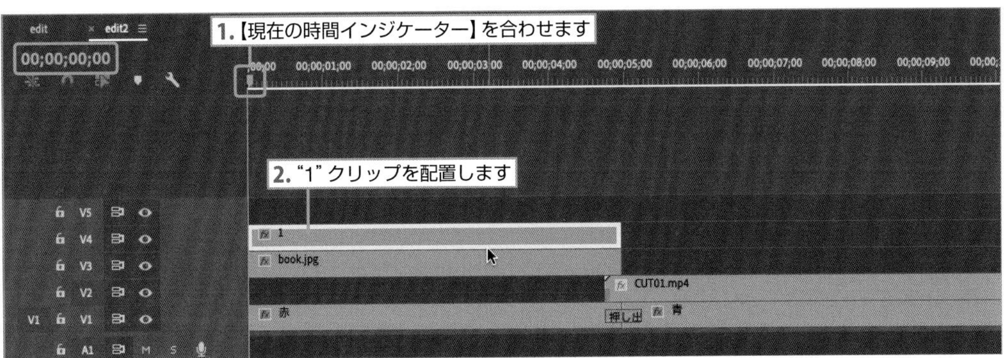

6 “1”クリップを選択して【エフェクトコントロール】パネルの【アンカーポイント】を選択すると、“1”クリップのアンカーポイントが表示されます。現在は画面の中心にあるので、ドラッグして文字の中心に合わせます。

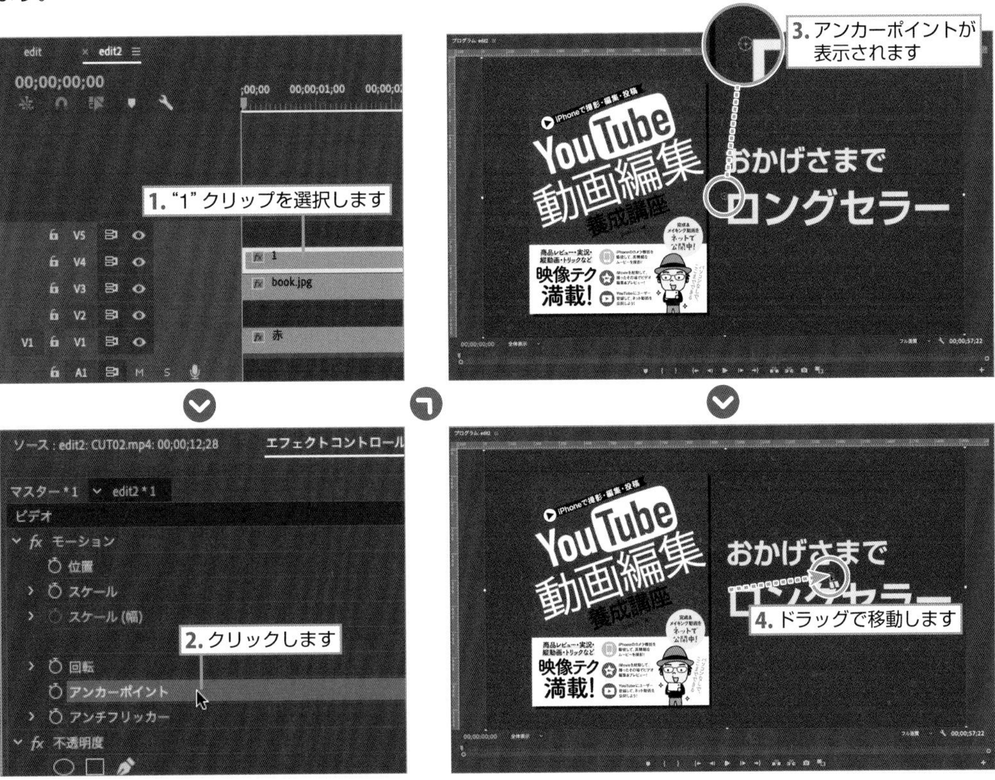

7 "1" クリップの【スケール】のキーフレームを "00;00;00;20" の位置でクリックして作成します。

8 0秒に戻って【スケール】を "0" に設定すると、自動的にキーフレームが追加されます。

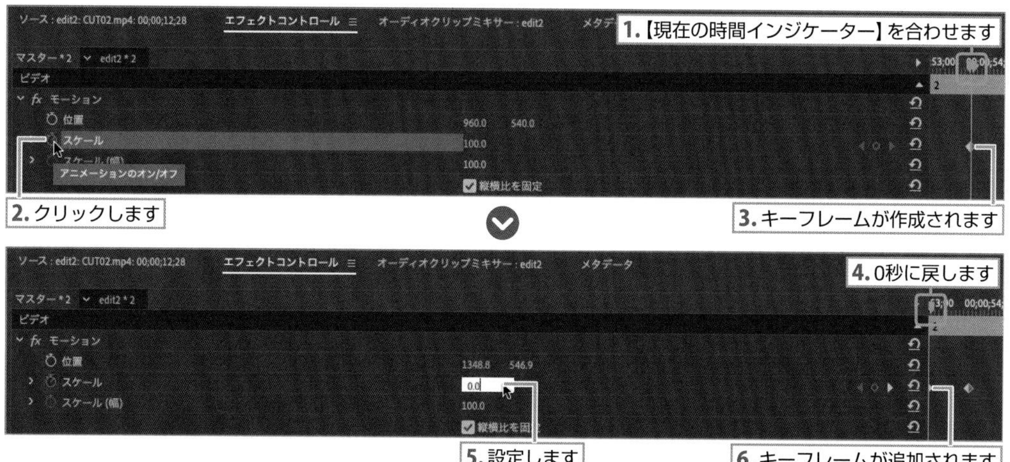

再生すると、文字が20フレームかけて大きくなって出現します。

TIPS

アンカーポイント

もしアンカーポイントを文字の中央に移動しないと、画面の中央から右に移動しながら出現して大きくなるアニメーションになるので、注意してください。

9 同様に、"book.jpg" も20フレームかけて大きくなって出現させます。"book.jpg" クリップを選択して【アンカーポイント】を選択すると、本の中央にアンカーポイントがあるので、変更しなくて大丈夫です。

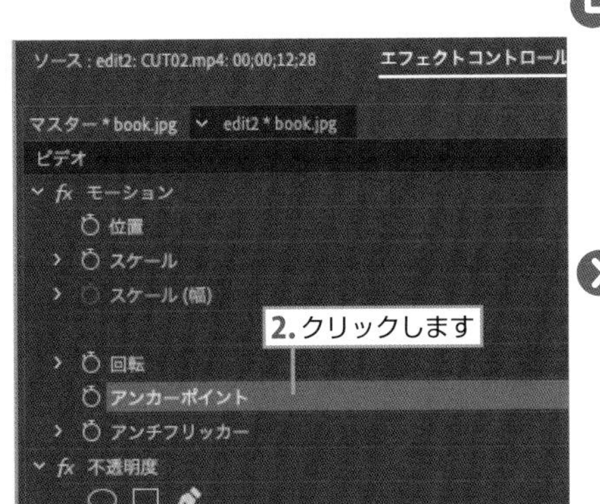

10 "book.jpg" クリップの【スケール】のキーフレームを "00;00;00;20" の位置でクリックして作成します。0秒に戻って【スケール】を "0" に設定すると、自動的にキーフレームが作成されます。

再生すると、本と文字が20フレームかけて大きくなって出現します。

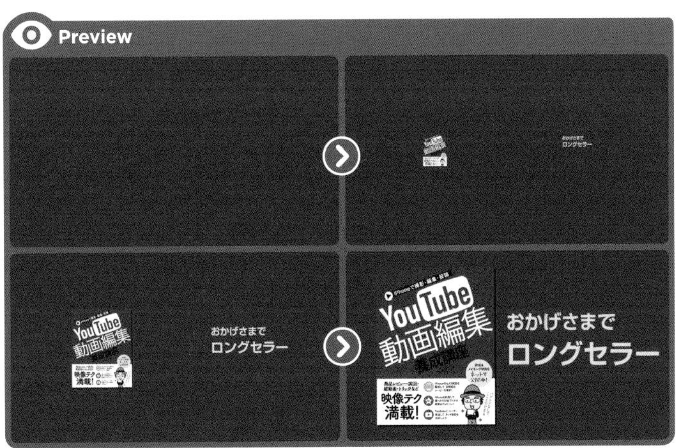

11 "book.jpg" と "1" クリップを選択して右クリックして【ネスト】を選択します。【ネストされたシーケンス名】ダイアログボックスで【名前】を "opening" とすると、1つのクリップにまとまります。

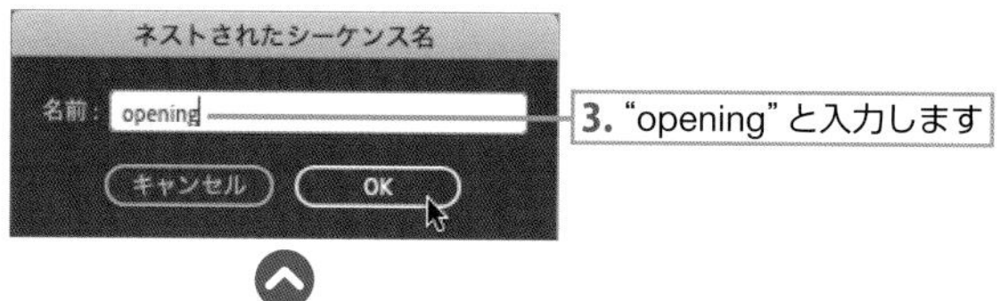

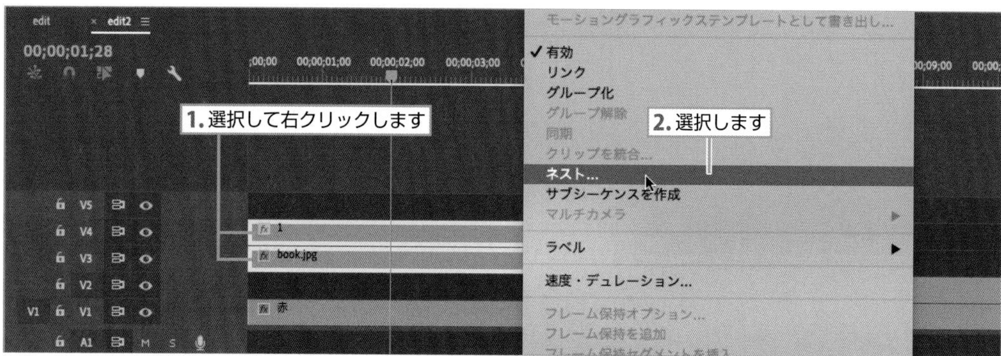

12 "00;00;04;22" に移動して、"opening" クリップの【位置】にキーフレームを設定します。

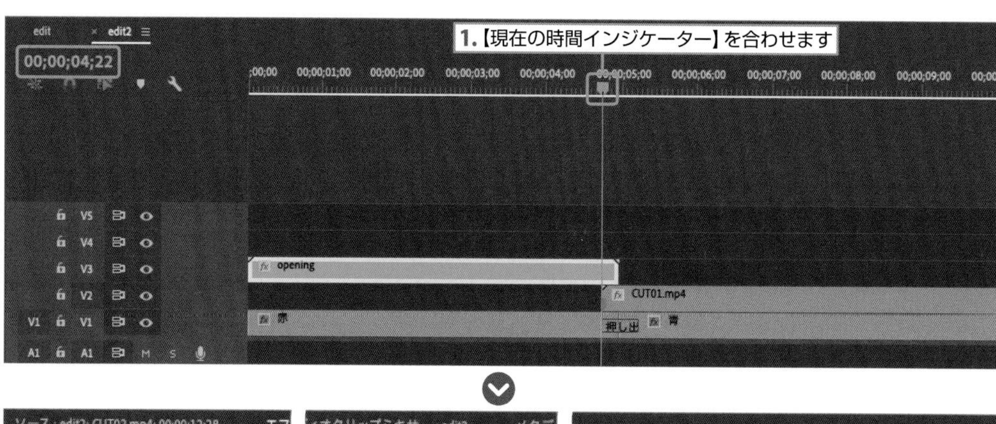

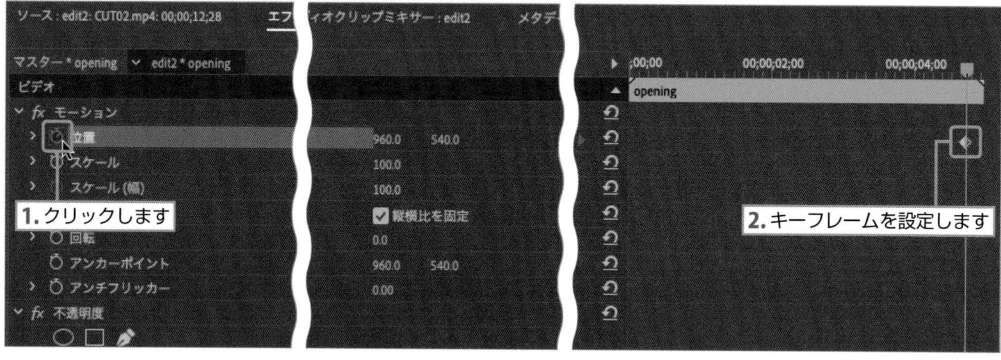

13 “00;00;04;29” に移動して、**【位置】** のX軸を “-960” に設定します。

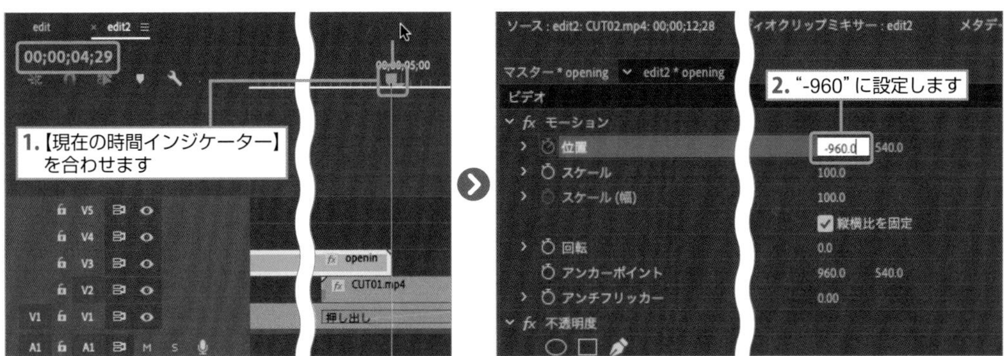

再生すると、背景とともにスライドアウトします。

14 "00;00;52;23"に移動します。【ファイル】➡【新規】➡【レガシータイトル】を選択して、名前を"2"とします。

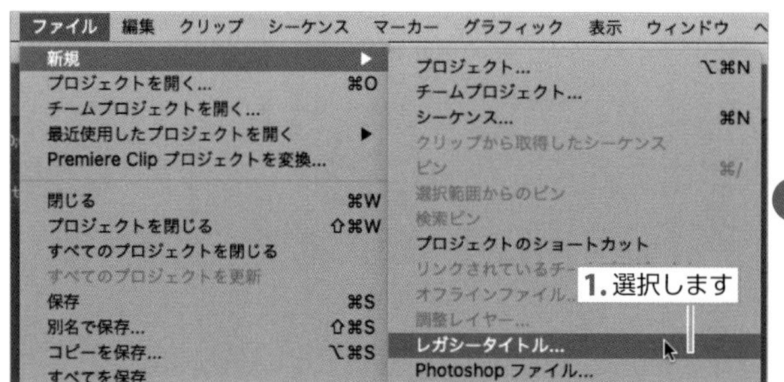

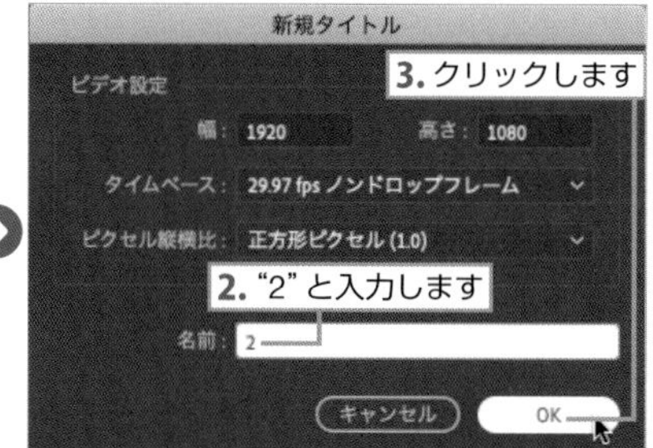

15 テキストツールで"この1冊で動画制作の基本がすべて学べます！"と入力します。行間と位置をレイアウトします。

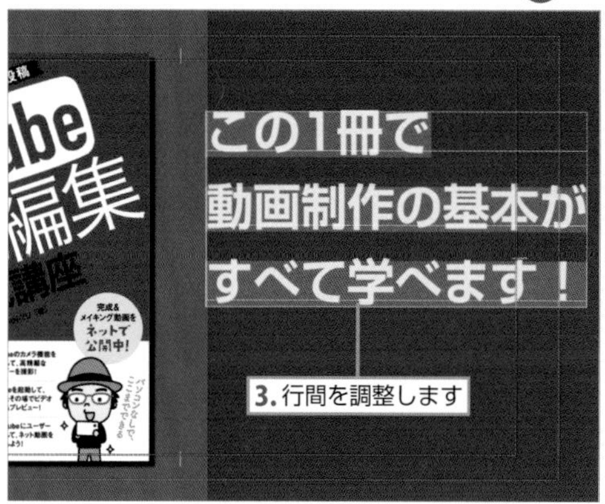

16 “00;00;52;23” の位置に頭合わせで “2” クリップを配置します。

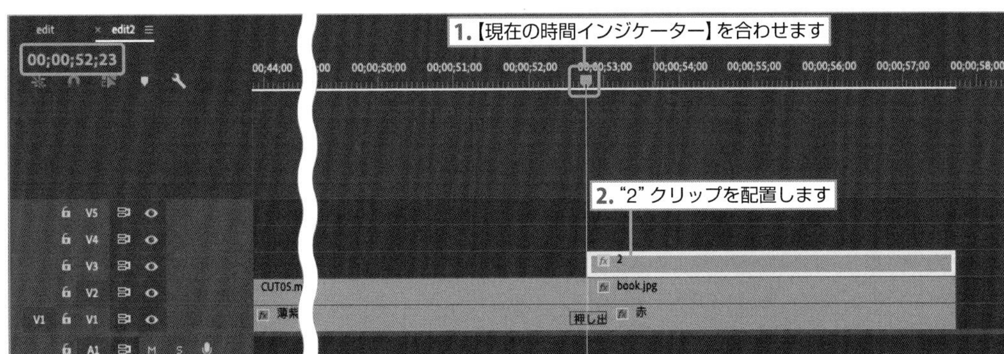

17 “2” クリップと “book.jpg” クリップの先頭を、背景が完全に変わる “00;00;53;01” の位置まで縮めます。

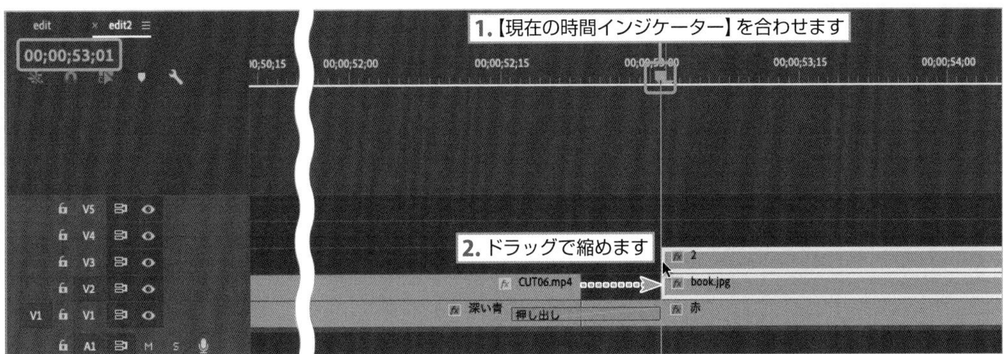

18 “2” クリップのアンカーポイントを文字の中心に移動します。

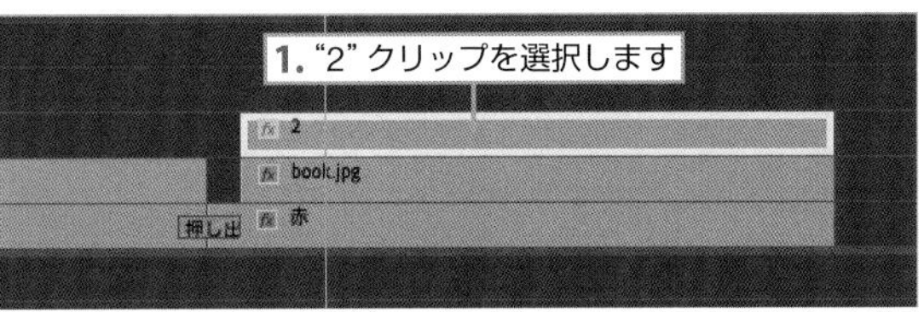

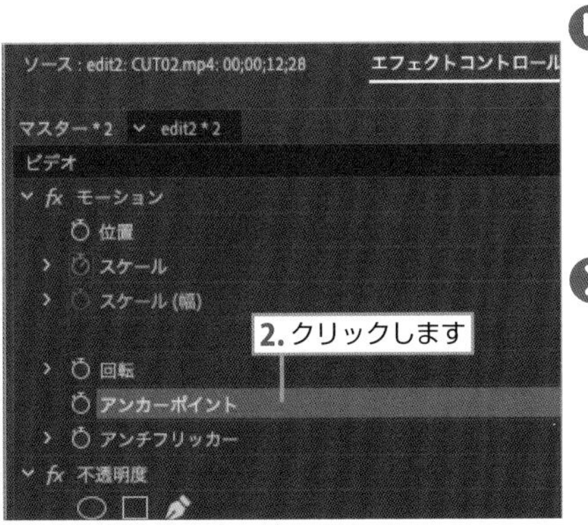

19 "00;00;53;21" に移動して、"2" クリップの【スケール】にある【ストップウォッチ】アイコン をクリックします。"00;00;53;01" に移動して、【スケール】を "0" に設定します。

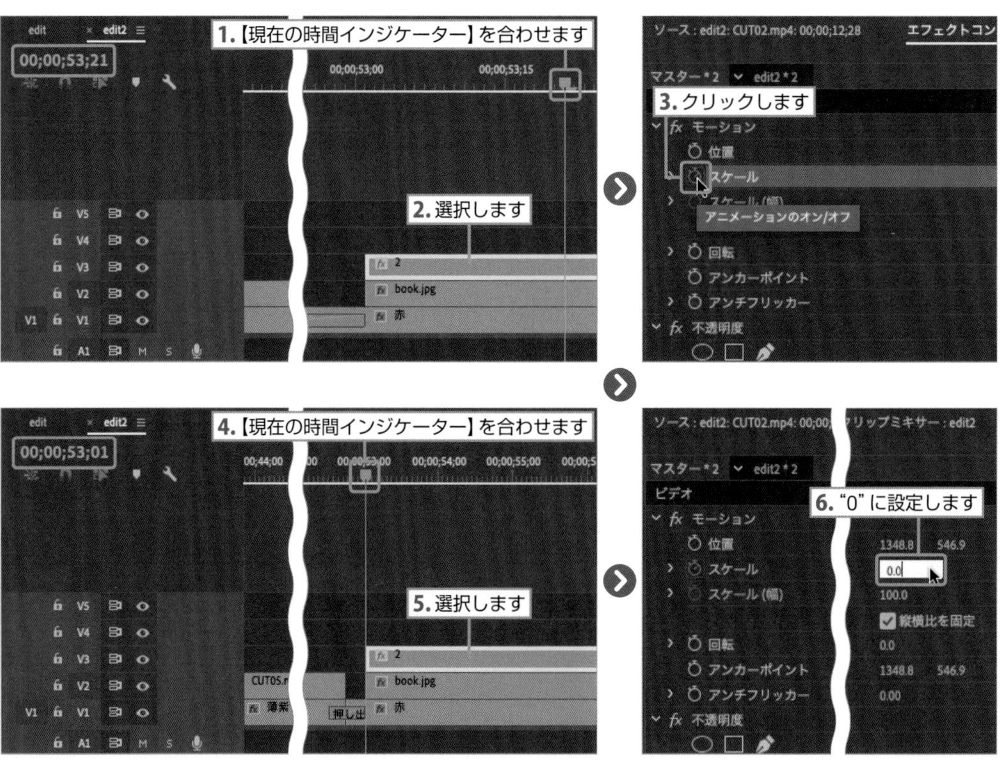

20 "00;00;53;21" に移動して、"book.jpg" クリップの【スケール】【ストップウォッチ】アイコン をクリックします。"00;00;53;01" に移動して、【スケール】を "0" に設定します。

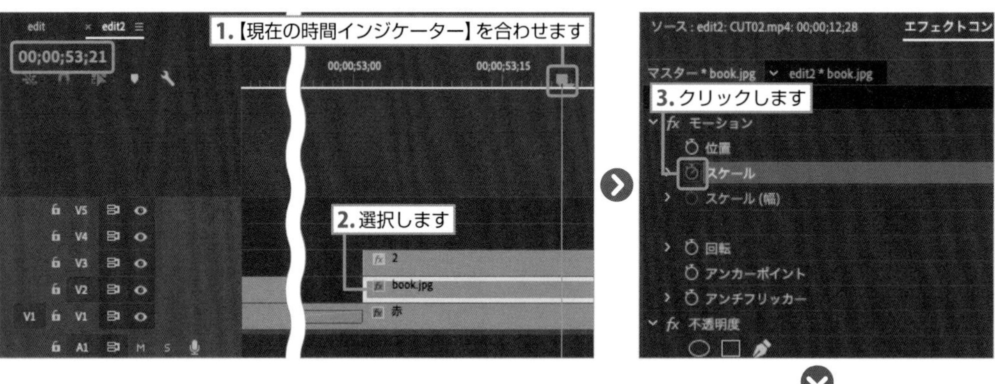

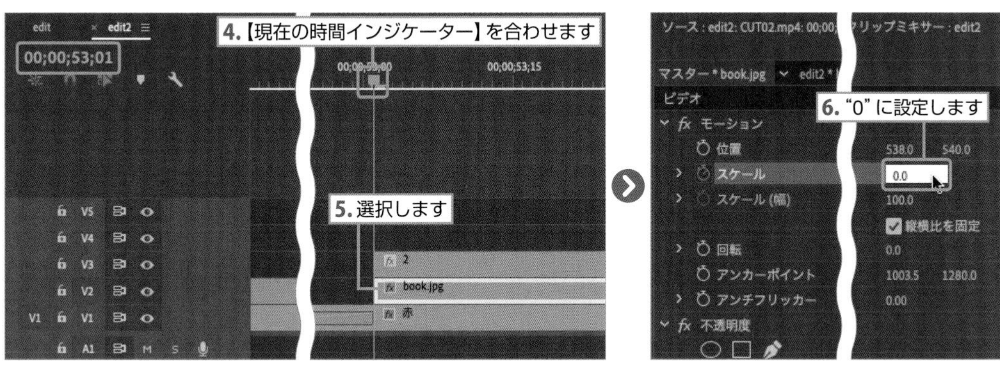

再生すると、文字と本が拡大して出現します。

21 最後に "CUT01～CUT06" にテロップを入れます。**【グラフィックス】**のレイアウトに変更します。

22 **【エッセンシャルグラフィックス】**パネル➡**【参照】**から**【タイトル(太字)】**を "00;00;04;29" の位置にドラッグして配置し、次のクリップまで伸ばします。

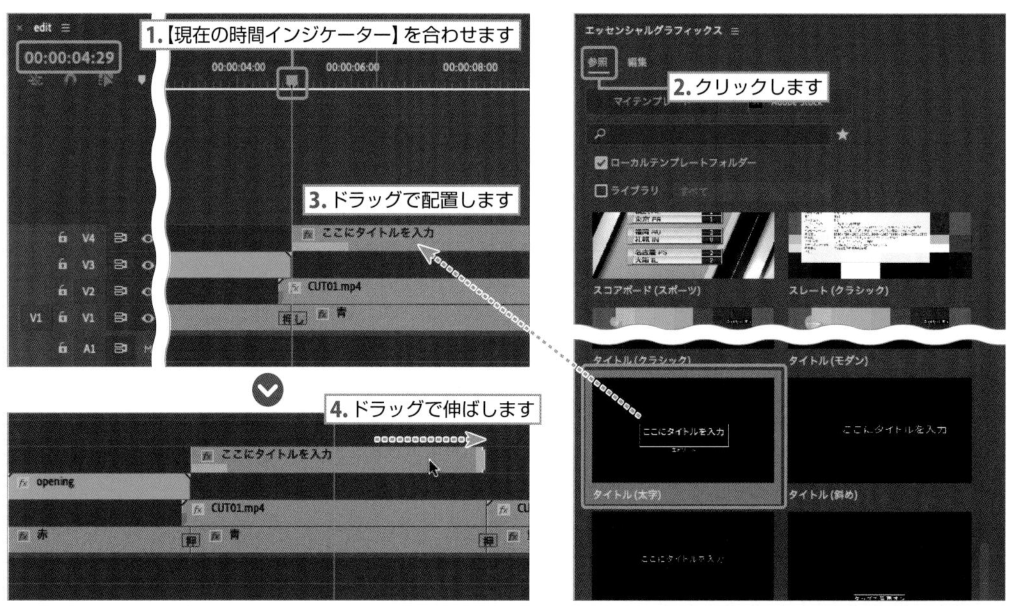

23 **【エッセンシャルグラフィックス】**パネルの**【編集】**タブで**【エピソード】**を非表示にします。

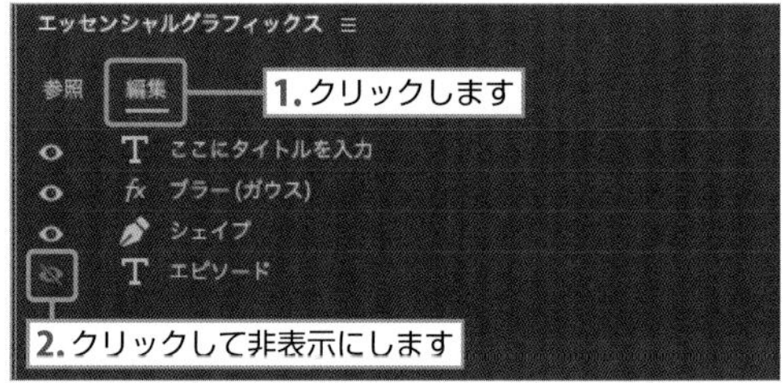

24 **【エフェクトコントロール】**パネルの【ビデオ】にある**【モーション】**の**【位置】**のY軸を"846"に設定し、画面下の位置に変更します。

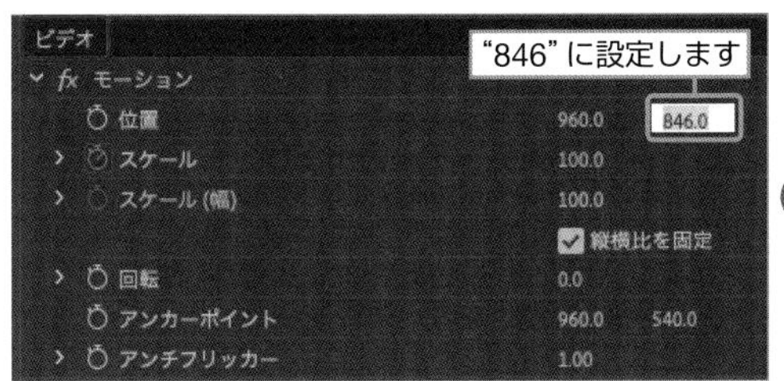

25 **【エッセンシャルグラフィックス】**パネルの**【編集】**タブにある**【ここにタイトル】**をダブルクリックして、文字を入力します。
"Part1.スマホを使った動画の撮影と編集"と入力します。

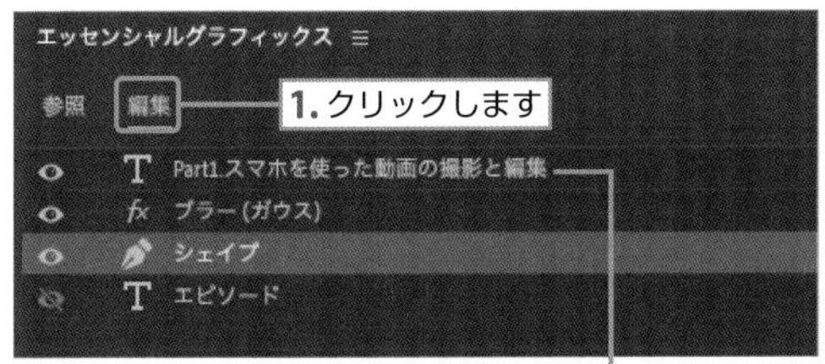

26 自動的に枠が大きくなり、下が見えなくなるので、**【エッセンシャルグラフィックス】**パネルの**【編集】**タブにある**【シェイプ】**を選択して、**【アニメーションのスケールを切り替え】**を"40"、**【アニメーションの位置を切り替え】**を"-29.5"に設定します。

再生すると、自動的に大きくなって表示し、最後は小さくなって消えるアニメーションになります。

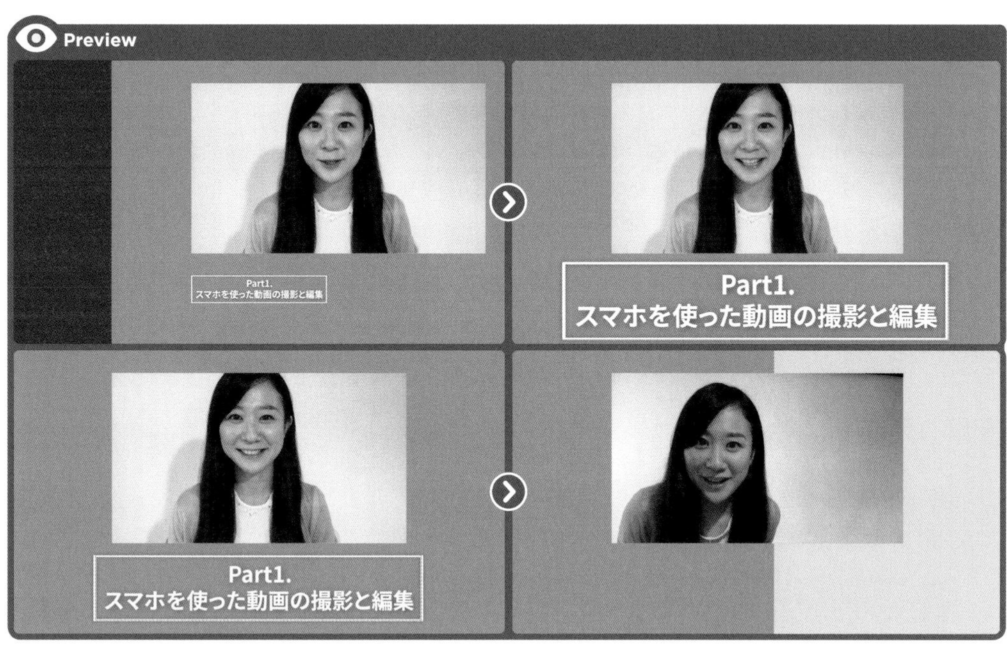

27 このクリップを【編集】➡【コピー】（Mac ⌘＋C／Win Ctrl＋Cキー）でコピーして、"CUT02.mp4" の上に【編集】➡【ペースト】（Mac ⌘＋V／Win Ctrl＋Vキー）でペーストし、文字を変更します。

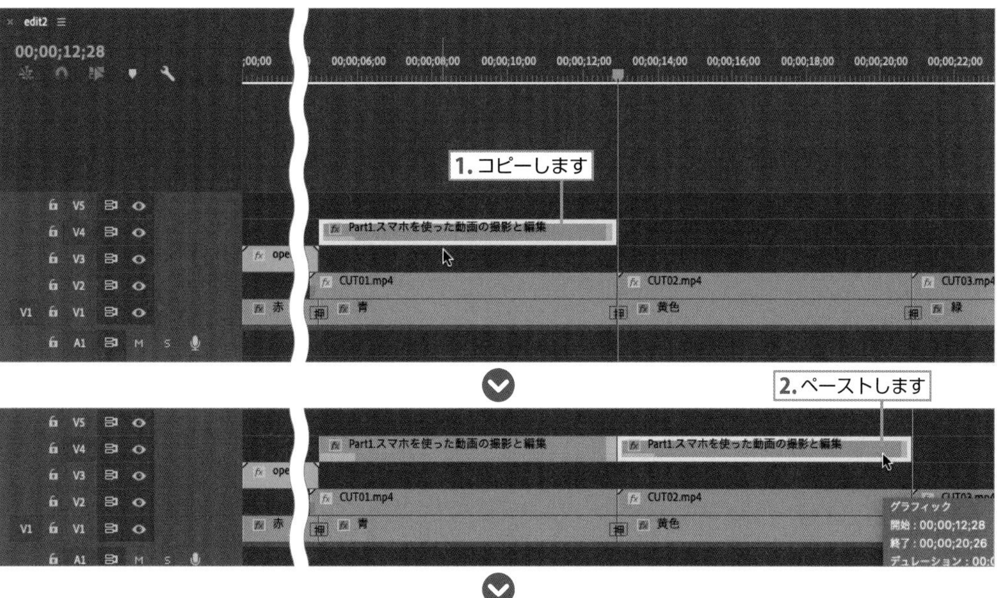

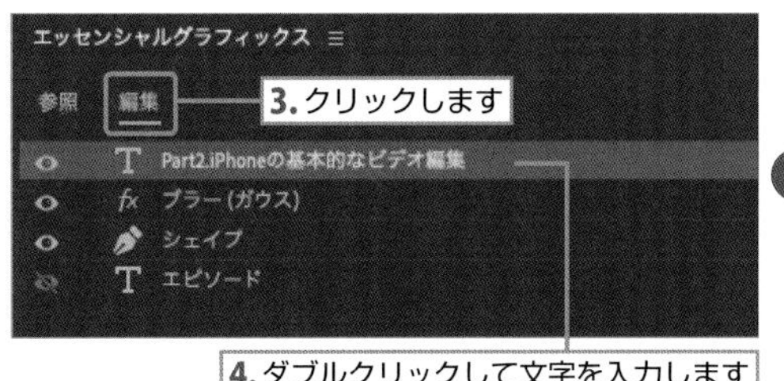

28 "CUT03.mp4" の上にもペーストして変更しますが、映像とかぶってしまうので、位置と大きさを調整します。
【エッセンシャルグラフィックス】パネルの**【編集】**タブにある**【T】**を選択し、フォントサイズを "100" に設定すると、全体が小さくなります。

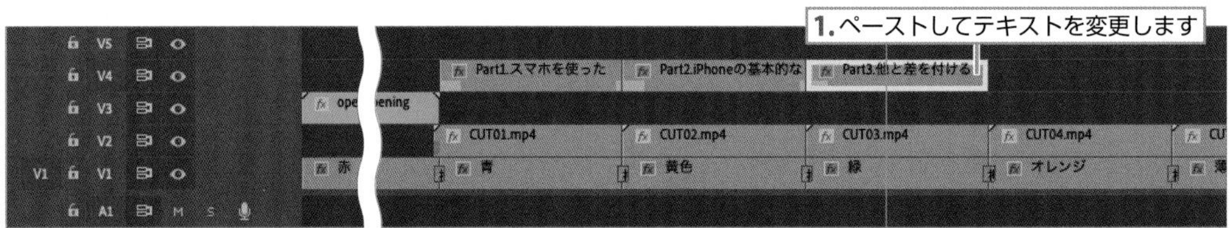

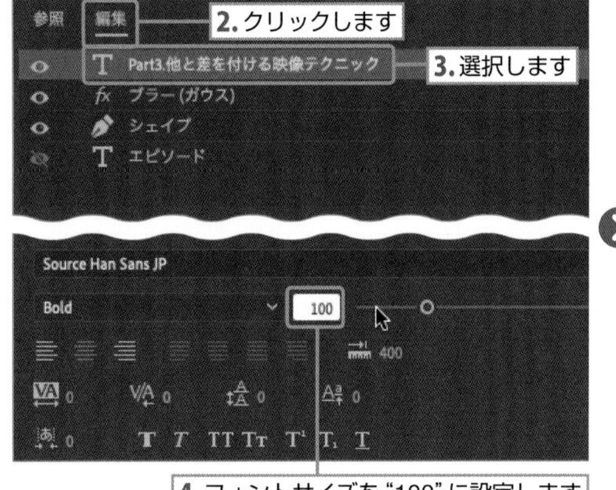

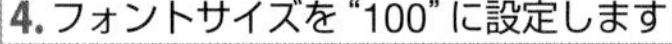

29 【エフェクトコントロール】パネルの【ビデオ】にある【位置】を“1340,467”に設定すると、右の中央に配置されます。

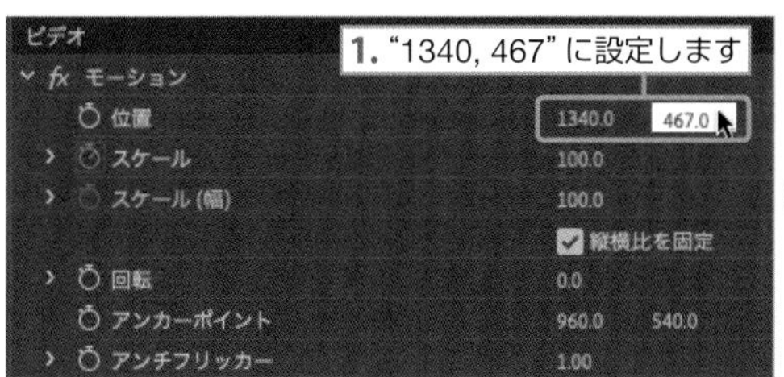

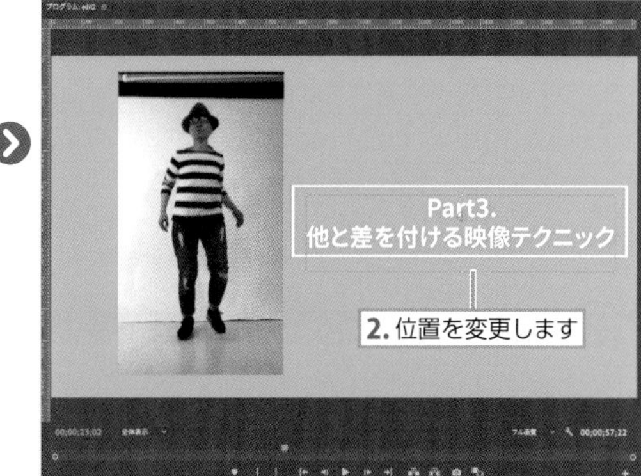

30 残りの“CUT04.mp4”“CUT05.mp4”クリップの上には、横動画用のテロップをペーストします。“CUT06.mp4”クリップの上には、縦動画用のテロップをペーストします。

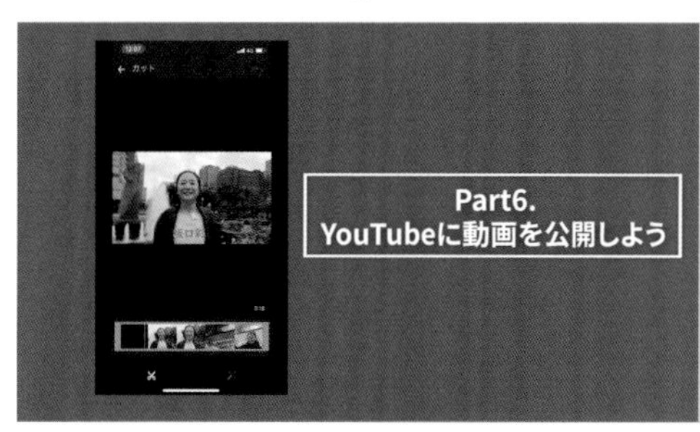

最後に、音楽を入れて完成です。

PART

4

オリジナル動画で個性を出そう！

ここでは、さまざまなテクニックを活用したトリップ動画とスマートフォンだけで撮影したショートムービーの作り方を紹介します。
映像の撮影と編集の技をマスターして、自分なりの動画制作に活かしてみましょう。

STEP 4-1

トリップ動画を作ろう！

ここではSNS、特にInstagramやYouTube動画で見られる旅行動画の作り方を解説していきます。
撮影時にはタイムラプスの撮影について、そして編集時にはカットとカットの場面転換を印象づけるトランジションの作成方法を紹介します。

完成動画 4-1

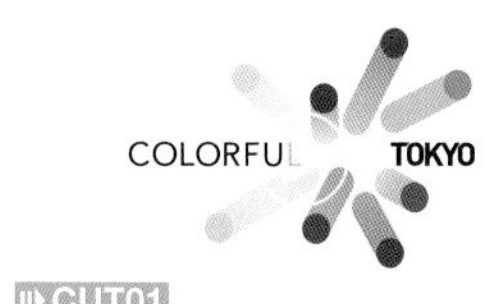

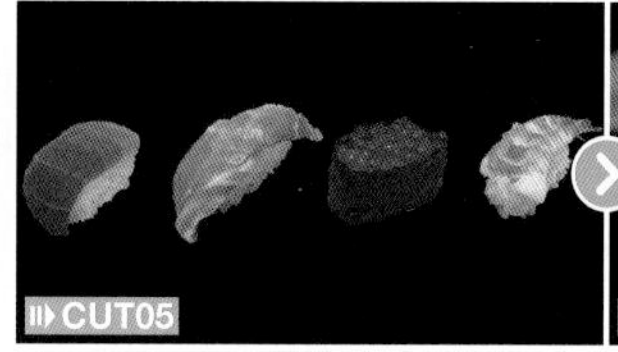

魅力的な撮影をしよう！

これまでは絵コンテや字コンテを作っていましたが、トリップ動画は旅行先の名所をいかに魅力的に撮影するかが鍵になります。

ここでは、テーマとして「東京の赤」を旅先で撮影し、編集していきます。

タイムラプス撮影

CUT03 と **CUT04** は、iPhone やAndroidのスマートフォンにあるタイムラプス撮影の機能を使って撮影します。

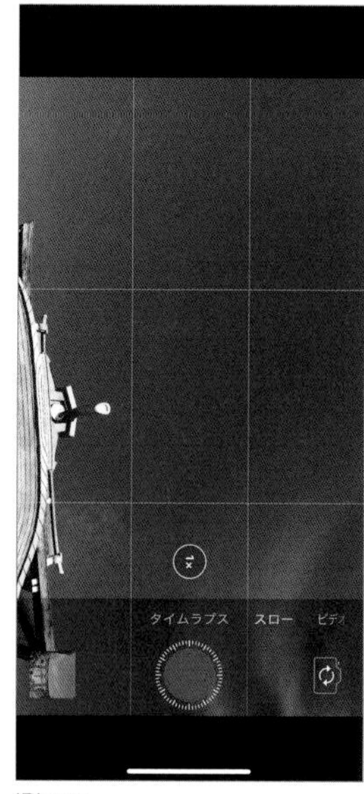

iPhone

Android

歩きながらタイムラプス撮影をすると、早送りで場所を行き交う魅力的な撮影ができますが、非常に映像がブレやすくなります。
そこで、Osmo Mobileのようなスタビライザー機能のあるアクセサリーを使って、撮影することが必須になります。

また、できるだけゆっくり歩きながら撮影することが大切です。

CUT03

カメラの目線を一定に保ちながらゆっくり前進して撮影すると、下記のような赤く連なった鳥居の中を進む魅力的な撮影ができます。

CUT04

こちらもカメラの目線を一定に保ちながらゆっくり前進して撮影すると、赤が特徴的な浅草寺へと進む撮影ができます。

物（ブツ）撮り

CUT05は、赤色のネタのお寿司を写真撮影します。

物撮り撮影用のアイテムを使用しています。なくても撮影できますが、できるだけ上から照明が当てられるとベストです。このとき、日光が当たりすぎるような場所は避けましょう。

照明を利用するときは、お寿司（食べ物）にテカリが出ないように気をつけましょう。また、お寿司の色とは別の色を下に敷きましょう。

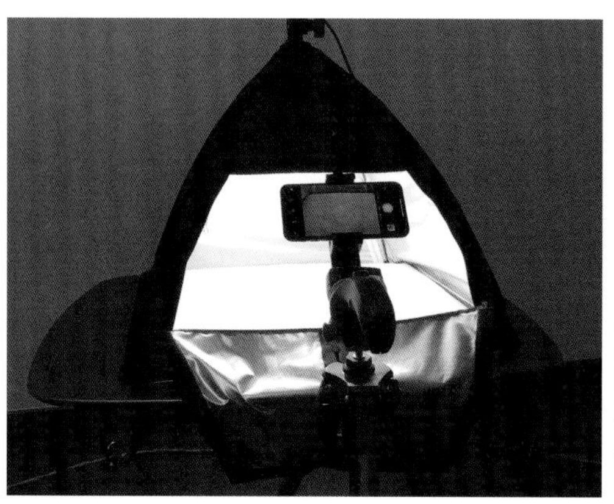

通常の撮影

ここでは、通常の動画撮影モードで撮影します。

CUT06は、金魚がたくさん泳いでいる水槽をアップで撮影しています。

CUT07は、遠く離れたライトアップされた東京タワーを通常モードで撮影します。

CUT08は、東京タワーを下から上に振り上げて（ティルトアップ）撮影します。

これで、撮影はすべて終了です。編集へと進みます。

編集しよう！

今回はこれまでとは異なり、編集作業のレベルがグッと上がります。
ここまでの編集操作を復習しながら作業してみましょう。

プロジェクトを作成する

1 Premiere Proの【ホーム画面】で【新規プロジェクト】をクリックします（28ページ参照）。

2 【新規プロジェクト】ダイアログボックスで【名前】を“edit”と入力します。【場所】にある【参照】をクリックして、【新規フォルダ】の“trip”を作成します（29ページ参照）。

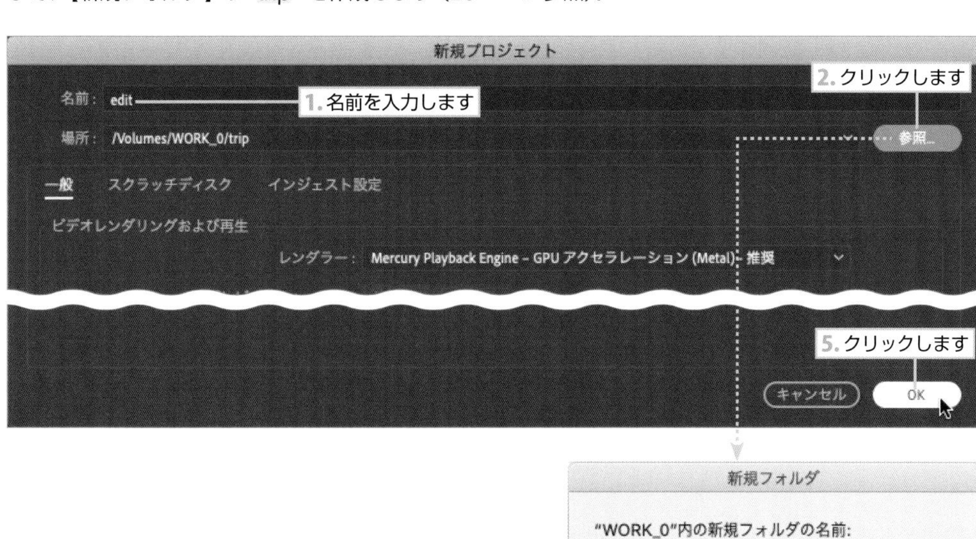

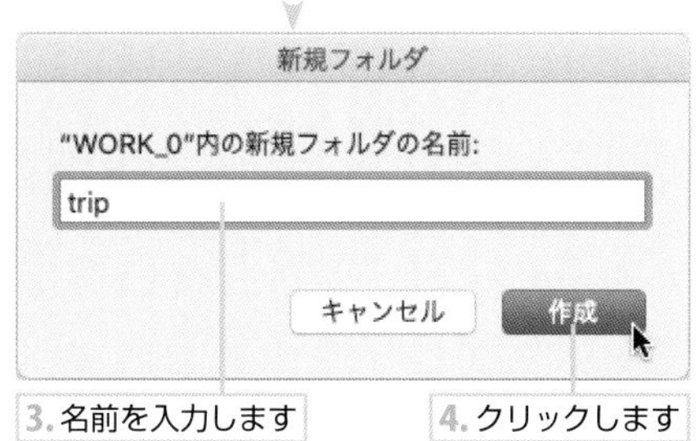

ファイルの読み込み

1 【ファイル】➡【読み込み】を選択して、"trip_source"フォルダから"CUT01.mp4""CUT02.png""CUT03〜CUT04.mp4""CUT05a〜CUT05d.jpg""CUT06〜CUT08.mp4"を選択します（32ページ参照）。
※本書のサンプルには、"music.wav"は入っていません。

2 【読み込み】をクリックすると、素材が【プロジェクトパネルグループ】に読み込まれます（32ページ参照）。

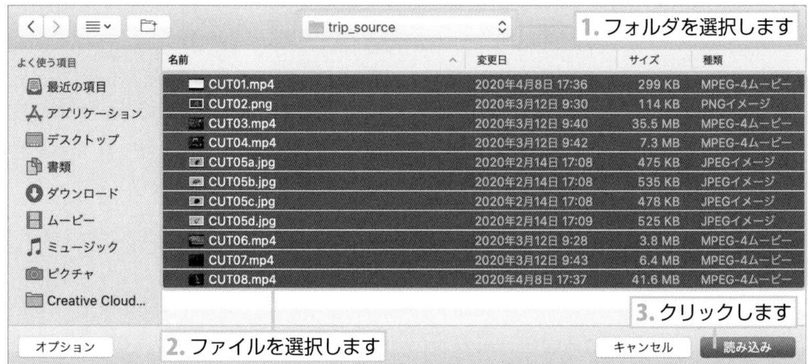

TIPS

音楽サイトについて

筆者は【Royalty Free Music & Audio from AudioJungle】（https://audiojungle.net/）などの音楽サイトを使用しています。

シーケンスを作成する

1 【ファイル】➡【新規】➡【シーケンス】を選択します（33ページ参照）。

2 【新規シーケンス】ダイアログボックスで【AVCHD 1080p 30】を選択して【シーケンス名】を"edit"と入力し、【OK】をクリックします。

クリップを配置する

“CUT01.mp4” “CUT02.png” “CUT03 ～ CUT04.mp4” “CUT05a ～ CUT05d.jpg” “CUT06 ～ CUT08.mp4” の順番に、1つずつ **【0秒】** から配置します。

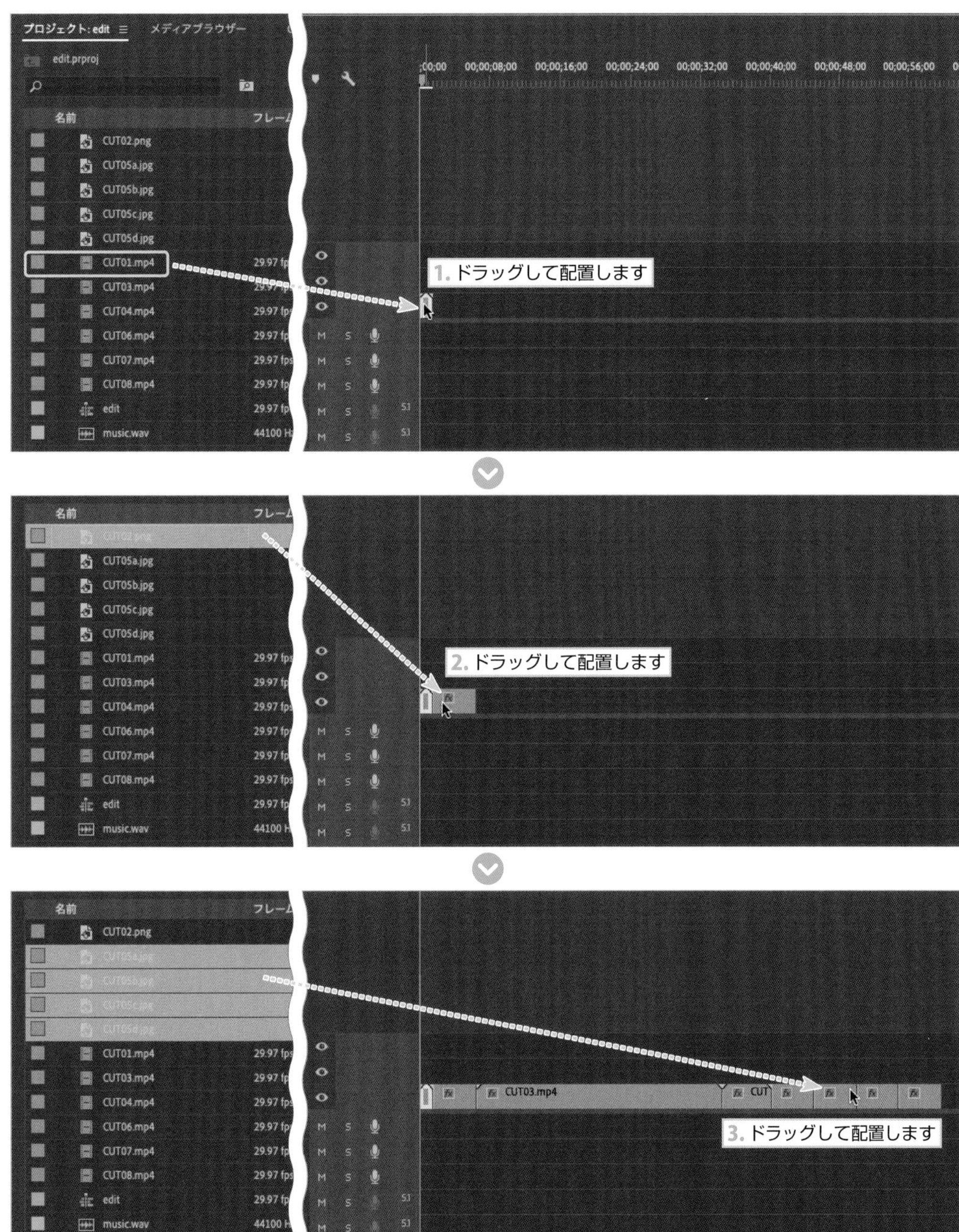

TIPS

静止画像の長さ

Mac【Premiere Pro】➡【環境設定】➡【タイムライン】／Win【編集】➡【環境設定】➡【タイムライン】の【静止画像のデフォルトデュレーション】を選択すると、静止画像を表示する長さ（秒数）を変更できます。ここでは、5秒に設定しています。

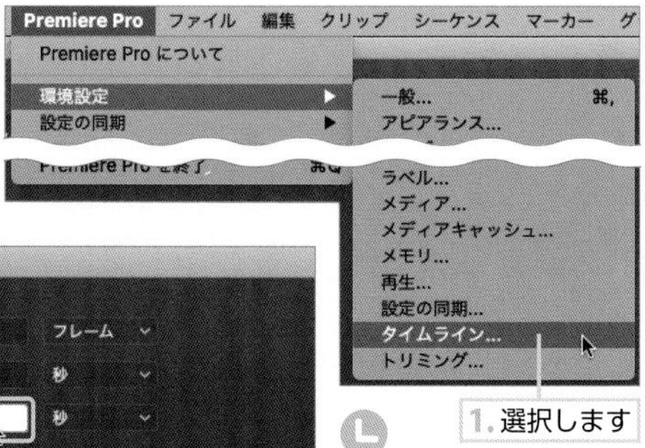

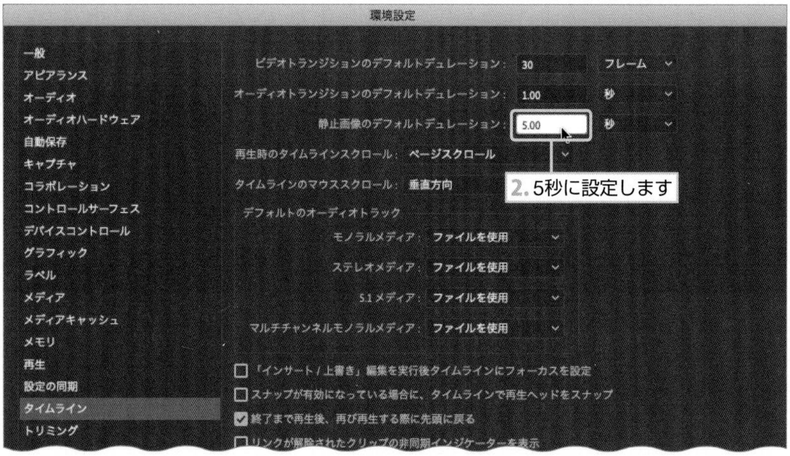

1. 選択します

2. 5秒に設定します

映像クリップを並べたら、音楽クリップも配置します。今回、音楽はミュージックライブラリーから購入して使用しています（本書のサンプルファイルとしては、配布していません）。

みなさんも使いたい曲を使用してみましょう。ただし、アップロードするときなどは、著作権に十分に注意してください。

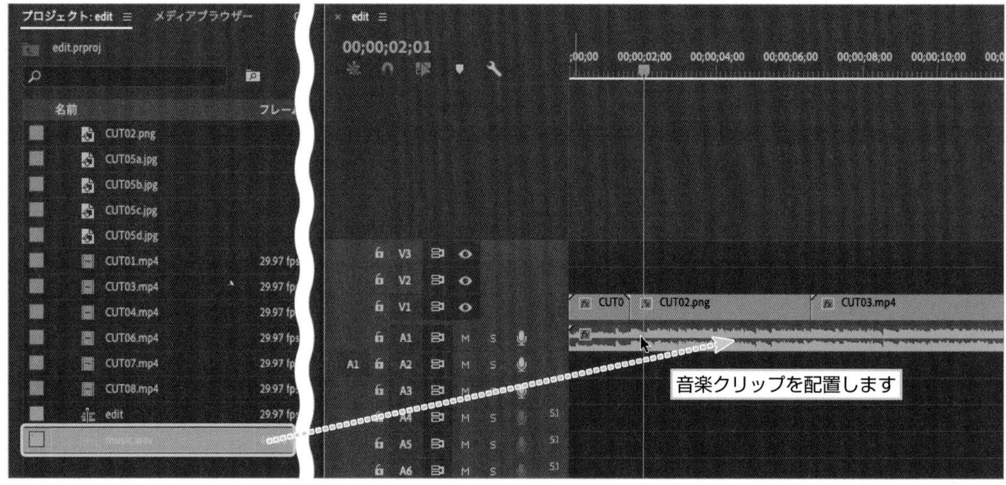

カット編集

1 "00;00;01;08" の位置で "CUT01.mp4" をカットして右側のクリップを Mac option + delete（ Win Alt + Delete ）キーで削除し、空白を詰めます。

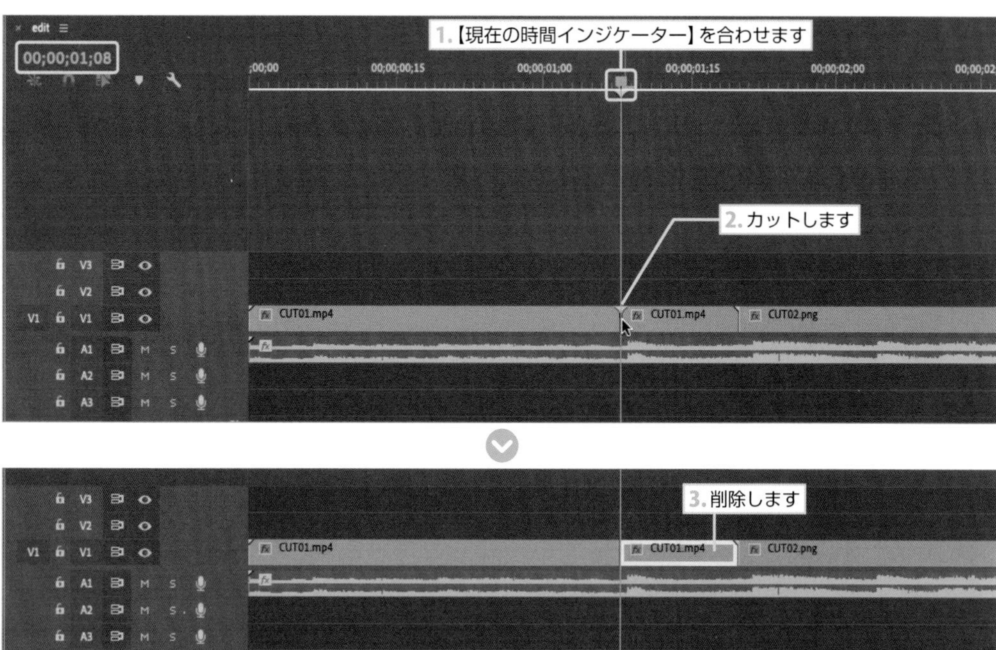

2 "00;00;01;21" の位置で "CUT02.png" をカットして右側のクリップを削除し、空白を詰めます。

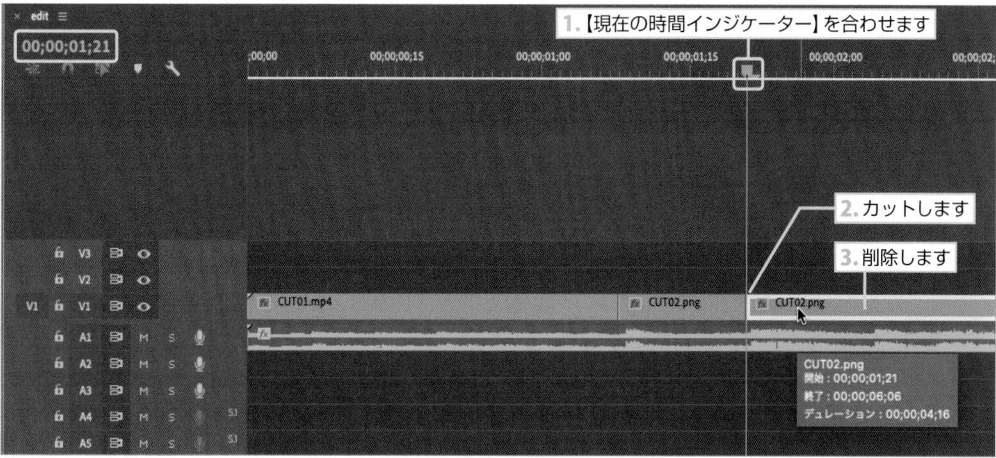

3 “CUT03.mp4”クリップを選択します。右クリックして【速度・デュレーション】を選択し、【速度】を“600”に設定します。

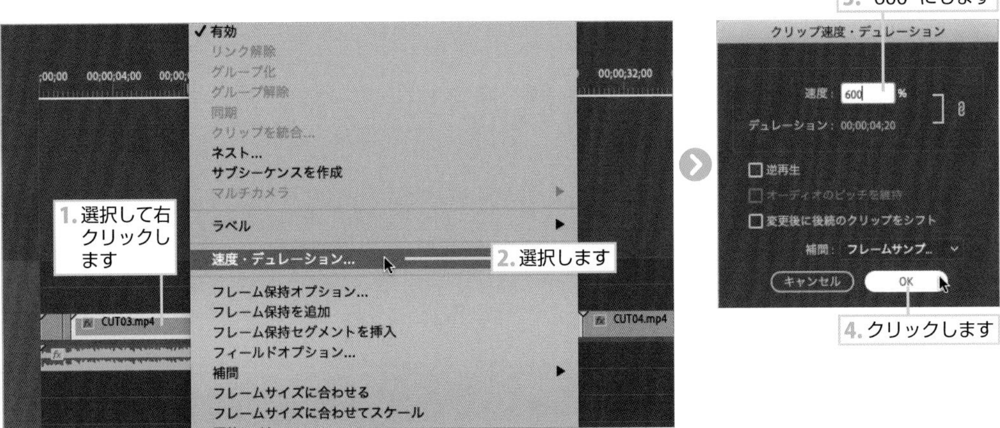

4 “00;00;02;26” の位置で “CUT03.mov” をカットしてクリップの左側を Mac option ＋ delete （ Win Alt ＋ Delete ）キーで削除し、空白を詰めます。

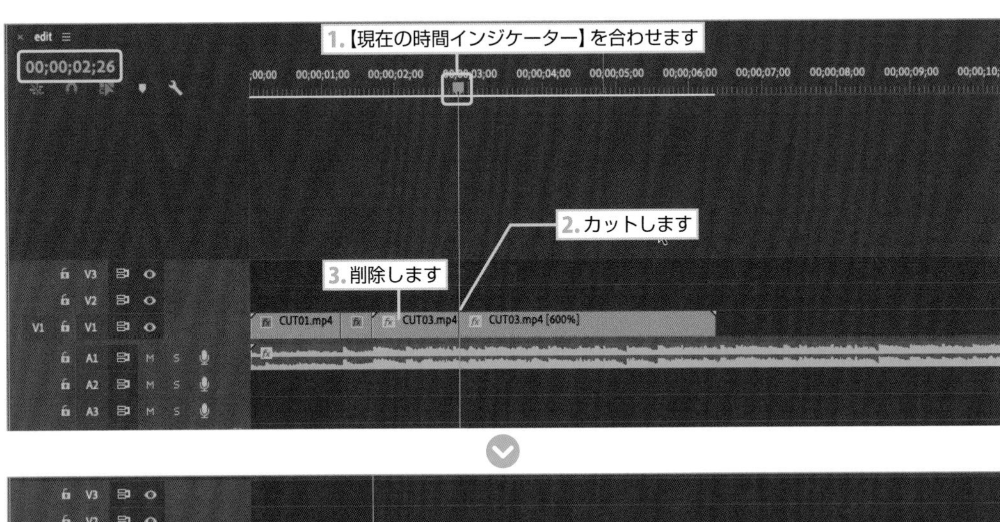

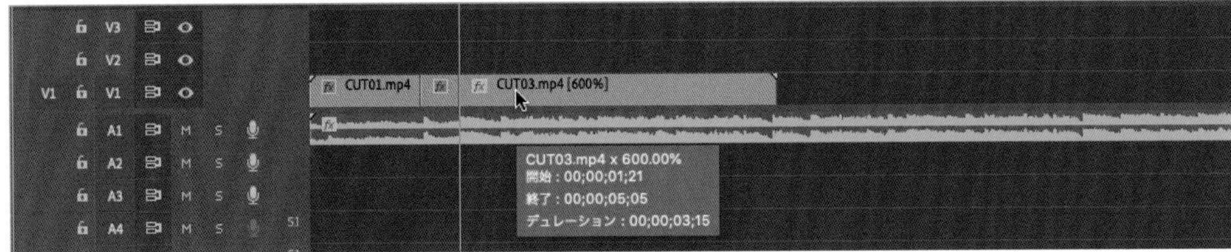

5 “00;00;04;23” の位置で “CUT03.mov” をカットして右側のクリップを Mac ▸ delete （ Win ▸ Delete ）キーで削除します。

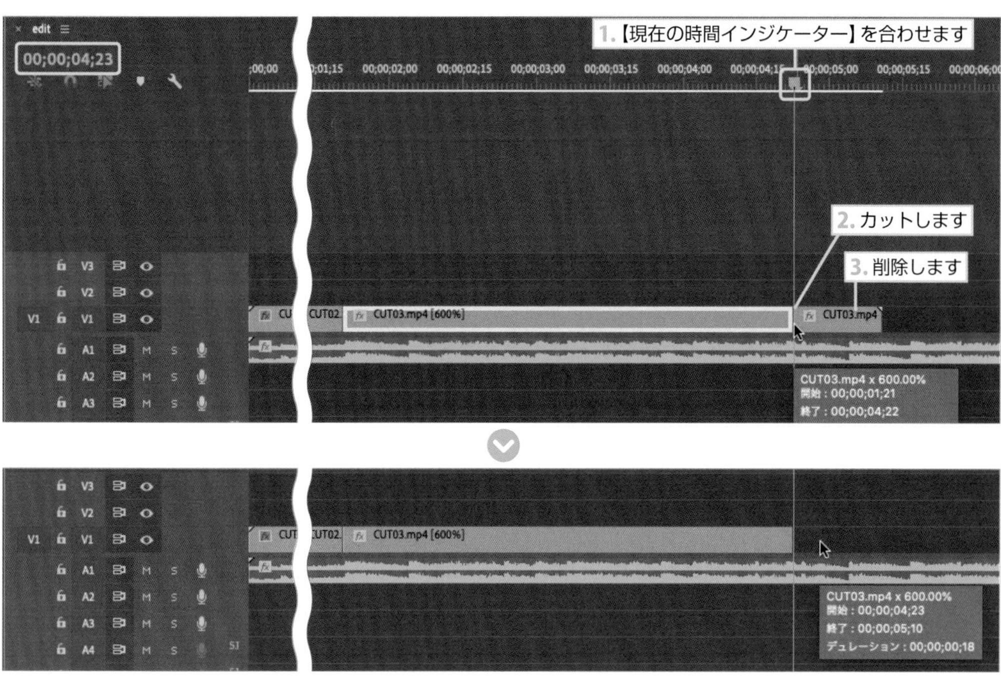

再生すると、赤い通りの中を駆け抜ける疾走感のある映像になります。

6 【トラックの前方選択ツール】を選択します。

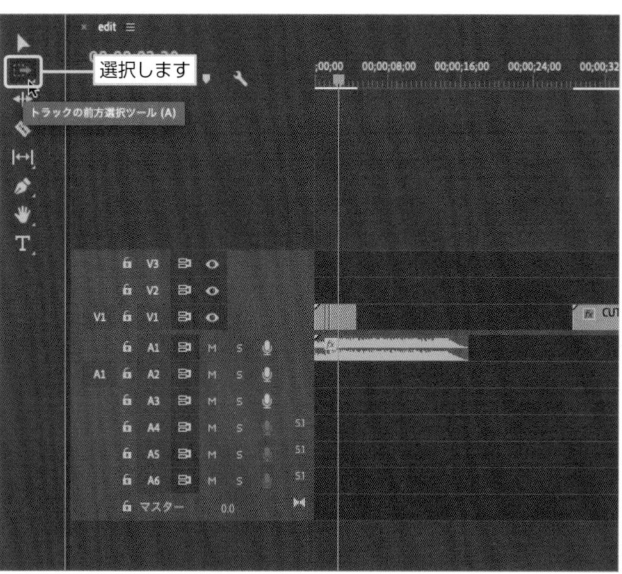

7 【タイムライン】パネルの下図の位置でクリックすると、このアイコンの右側がすべて選択されます。

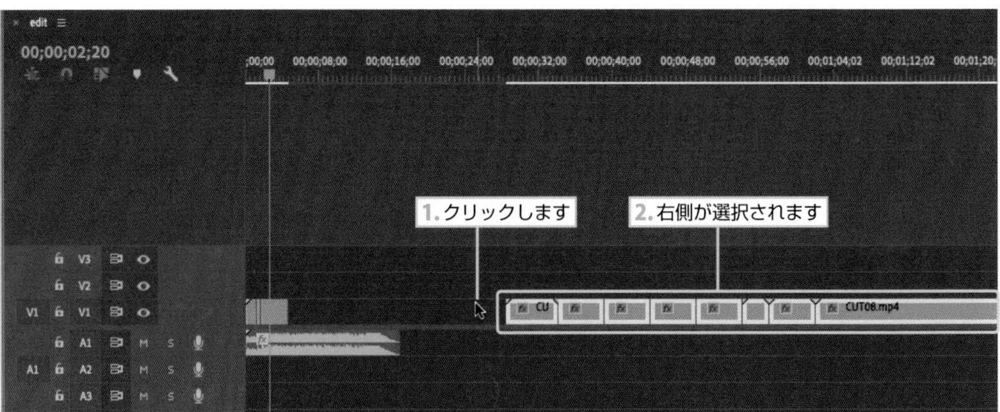

8 左側にドラッグして、“CUT03.mp4” に接合します。

9 “00;00;06;00” の位置で “CUT04.mp4” をカットしてクリップの左側を Mac option + delete （Win Alt + Delete）キーで削除し、空白を詰めます。

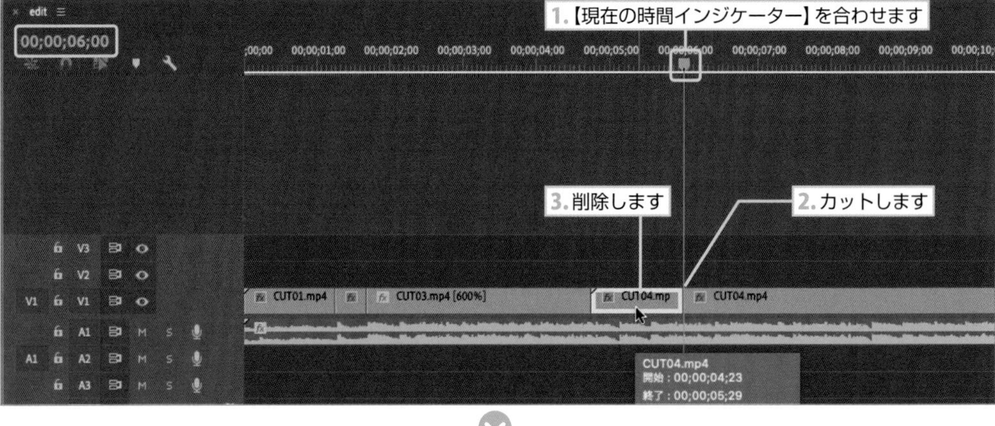

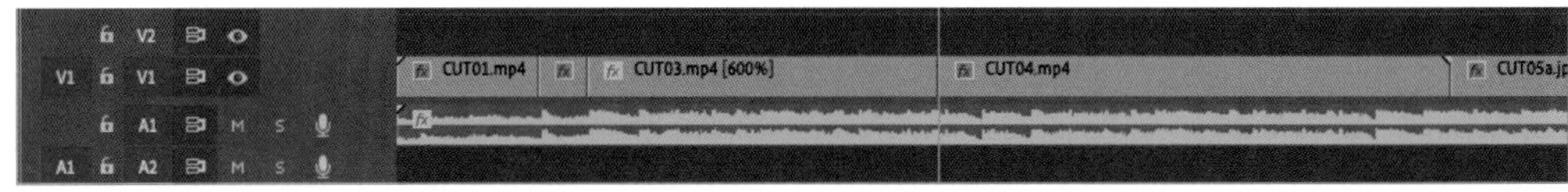

10 “00;00;08;16” の位置で “CUT04.mp4” をカットして右側のクリップを Mac option ＋ delete （ Win Alt ＋ Delete ）キーで削除し、空白を詰めます。

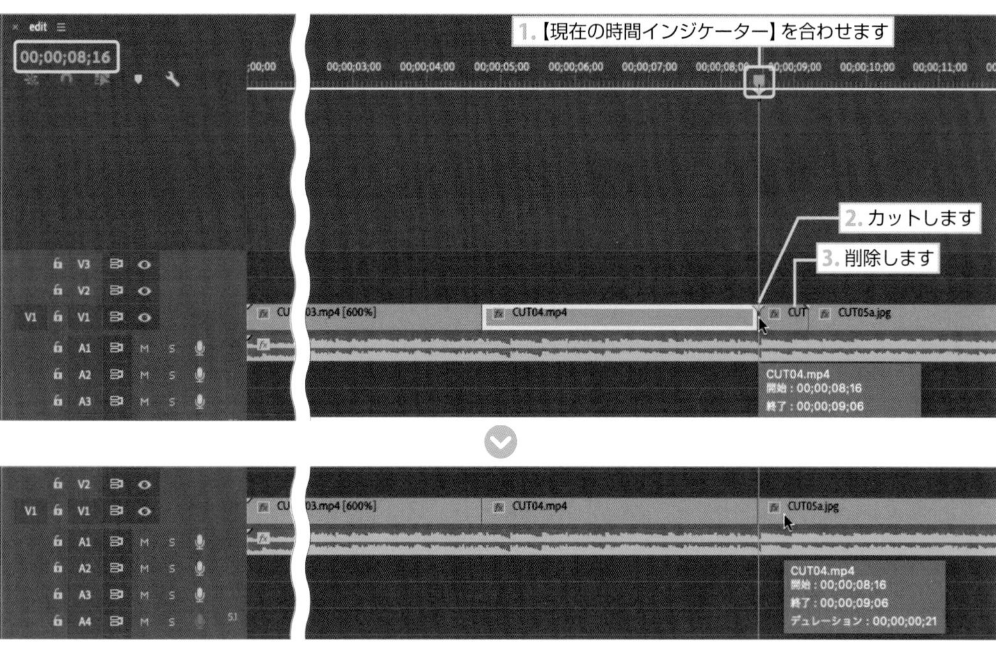

11 【V2】トラックの “00;00;09;00” の位置に “CUT05b.jpg” を配置します。

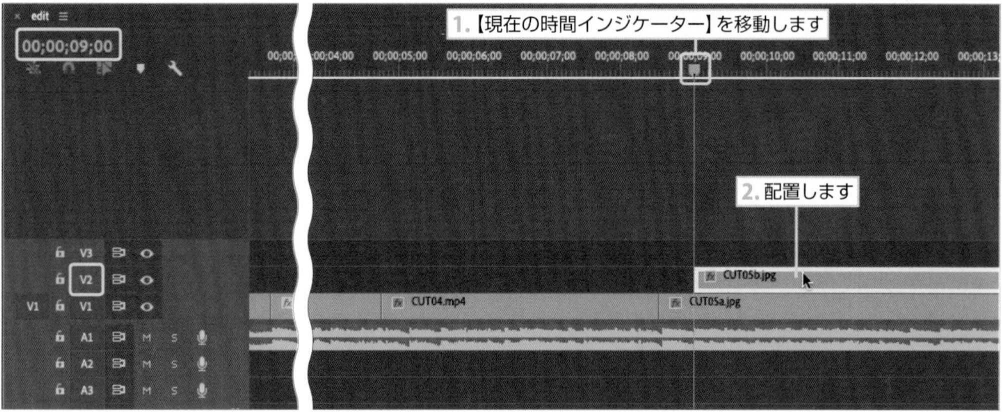

12 【V3】トラックの "00;00;09;13" の位置に "CUT05c.jpg" を配置します。

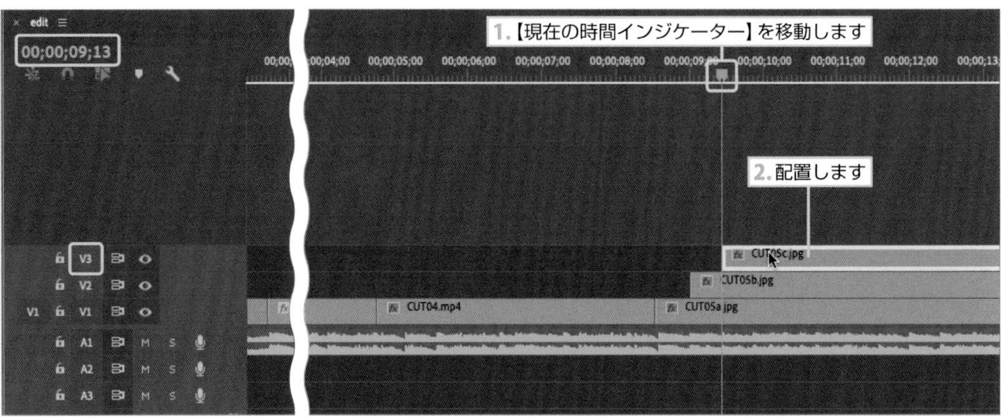

13 この位置（カーソルの場所）で右クリックして【1つのトラックを追加】を選択すると、【V】トラックが追加されます。

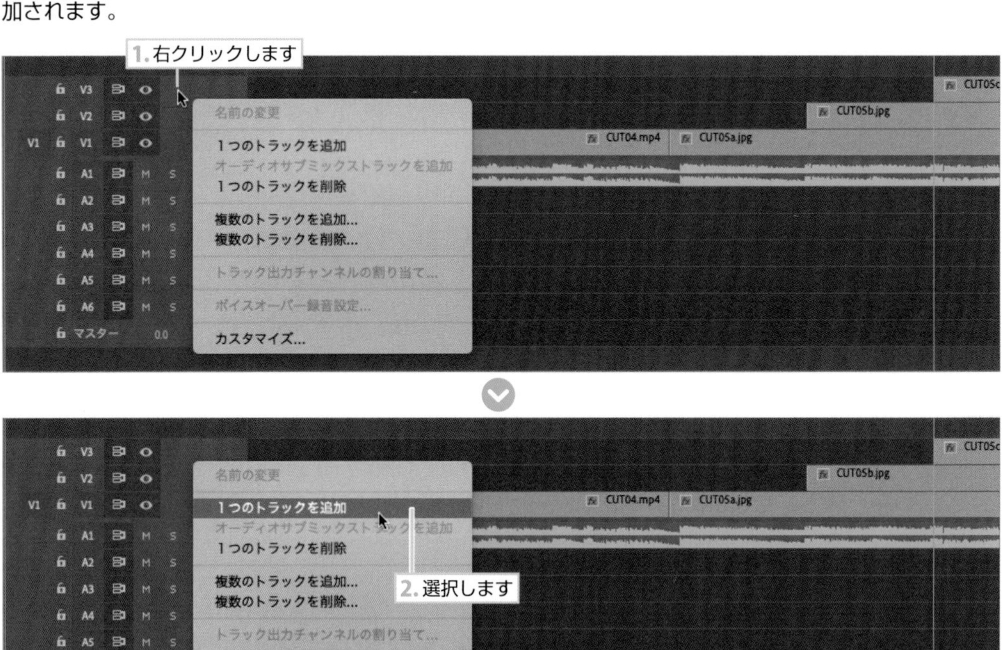

14 【V4】トラックの“00;00;09;24”の位置に“CUT05d.jpg”を配置します。

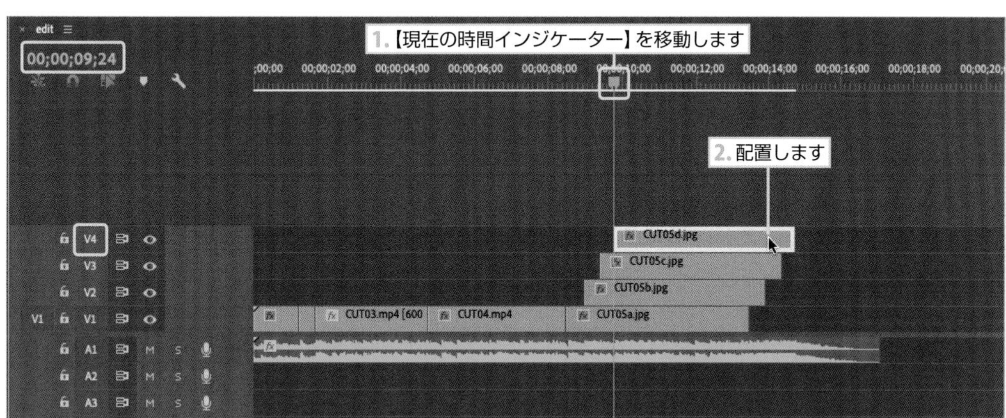

15 “00;00;10;09”の位置で“CUT05a.jpg〜CUT05d.jpg”をカットして選択し、右側クリップを Mac option ＋ delete（ Win Alt ＋ Delete ）キーで削除します。

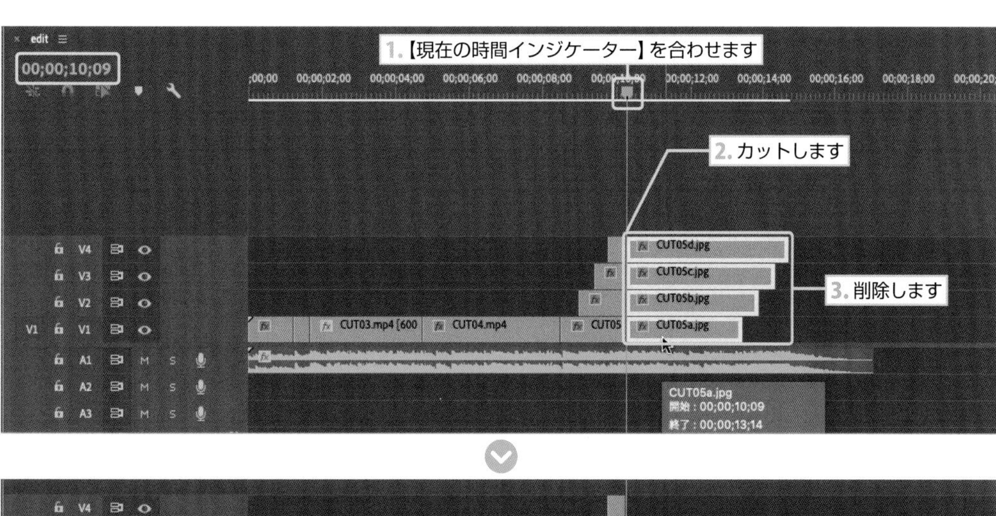

16 【トラックの前方選択ツール】で右側すべて選択し、左詰めします。

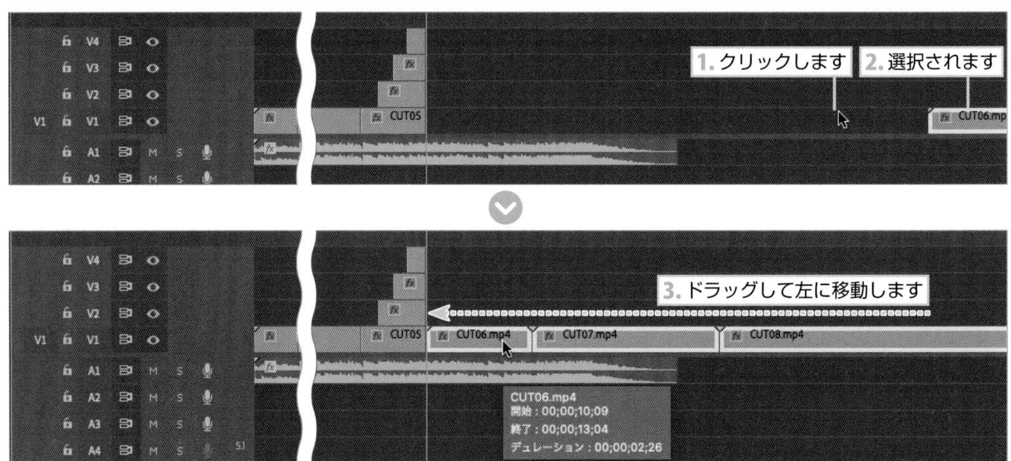

17 "00;00;11;20" の位置で "CUT06.mp4" をカットして、右側のクリップを Mac option ＋ delete （ Win Alt ＋ Delete ）キーで削除し、空白を詰めます。

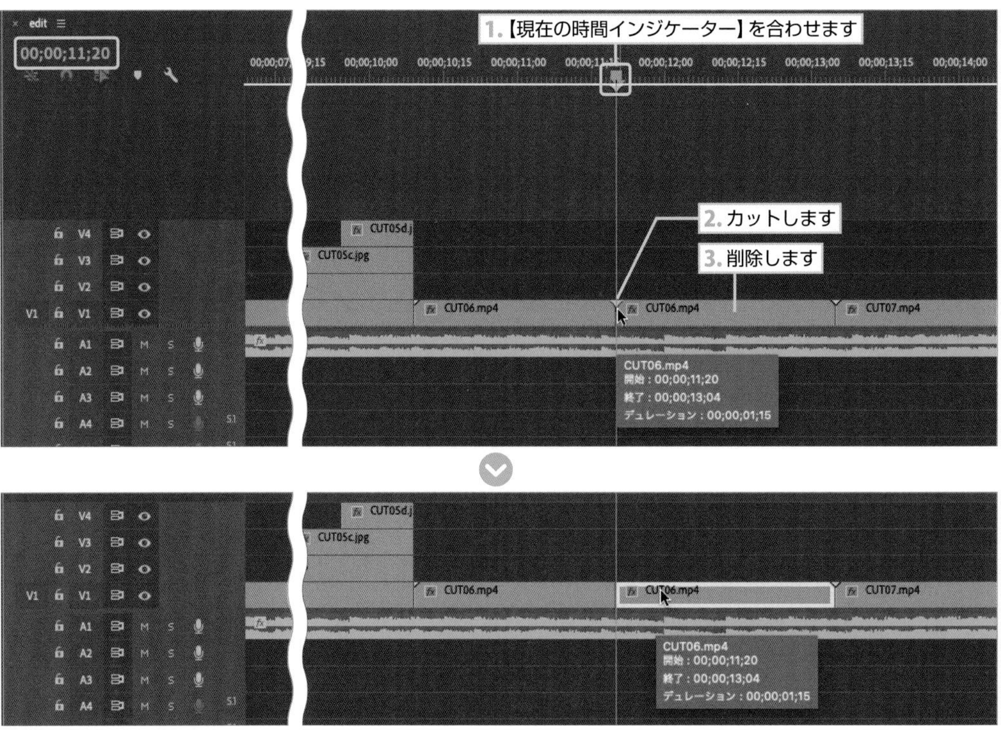

18 “00;00;12;08” の位置で “CUT07.mp4” をカットして、左側のクリップを Mac option ＋ delete （ Win Alt ＋ Delete ）キーで削除し、空白を詰めます。

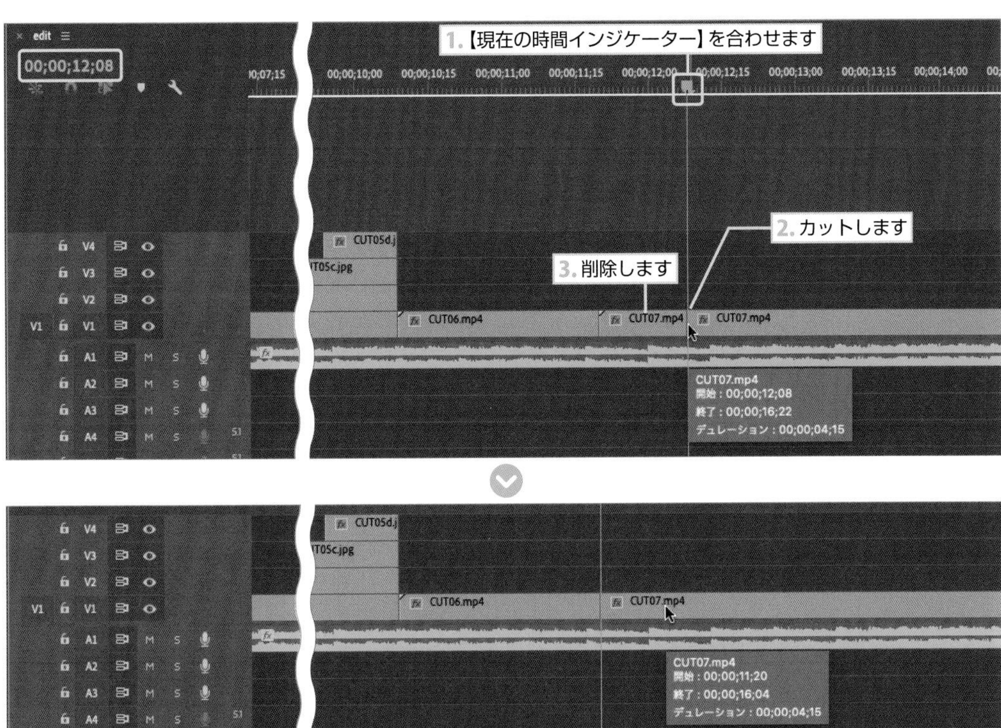

19 “00;00;13;16” の位置で “CUT07.mp4” をカットして右側のクリップを Mac option ＋ delete （ Win Alt ＋ Delete ）キーで削除し、空白を詰めます。

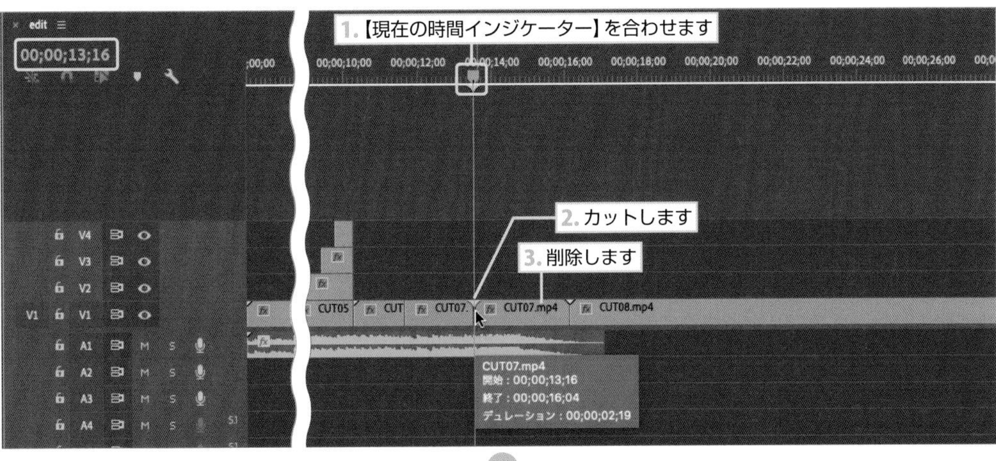

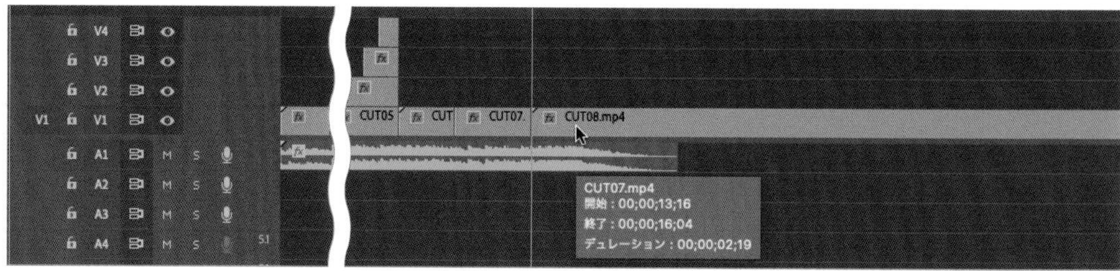

20 "00;00;21;04" の位置で "CUT08.mp4" をカットして、左側のクリップを Mac option ＋ delete （ Win Alt ＋ Delete ）キーで削除し、空白を詰めます。

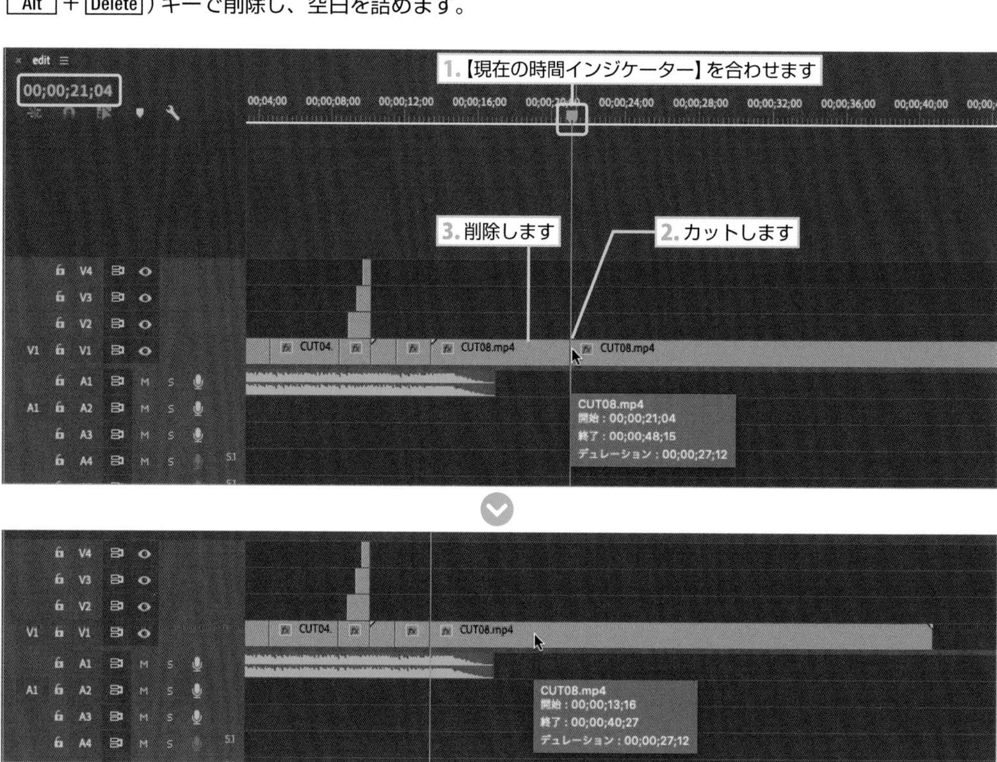

21 “00;00;17;03” の位置で “CUT08.mp4” をカットして、右側のクリップを Mac option ＋ delete（ Win Alt ＋ Delete ）キーで削除し、空白を詰めます。

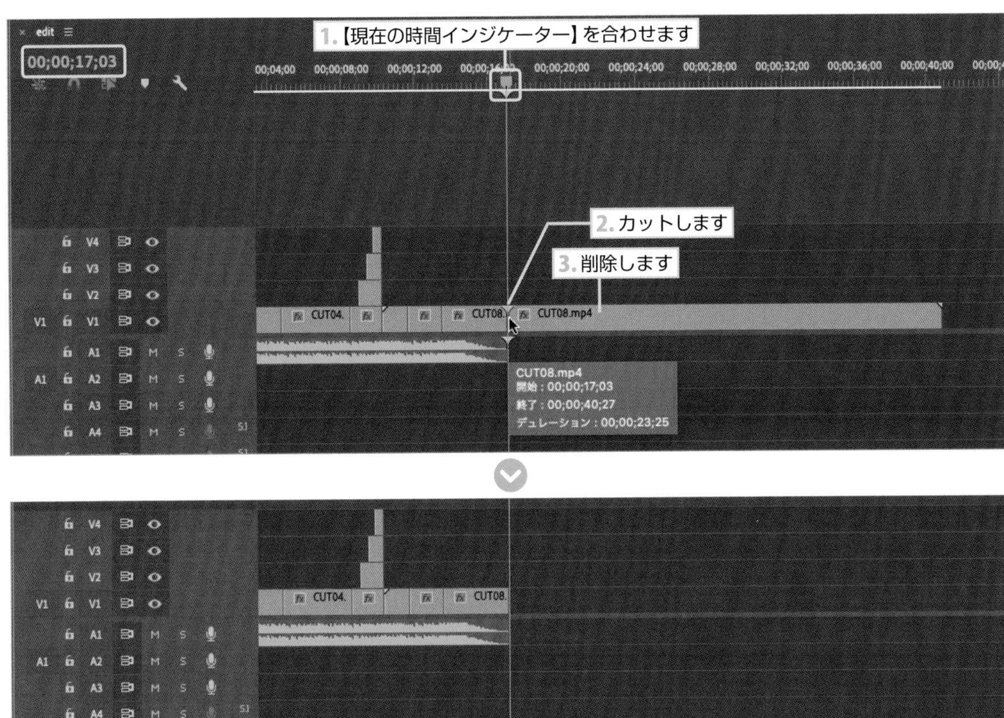

22 重い処理になっている可能性もあるので、再生する前に一度レンダリングを適用します。
【タイムライン】パネルをクリックしてアクティブにし、【編集】➡【すべてを選択】（ Mac ⌘ ＋ A ／ Win Ctrl ＋ A キー）を選択すると、すべてのクリップが選択状態になります。
【シーケンス】➡【インからアウトをレンダリング】を選択すると、レンダリングが始まります。

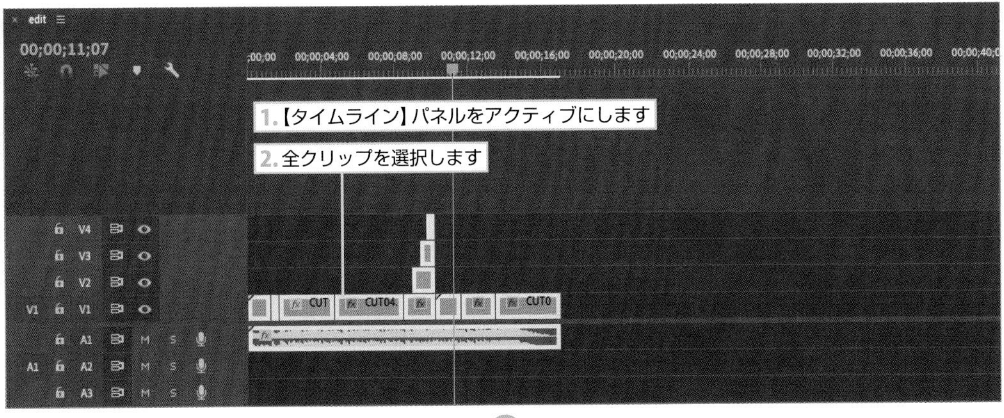

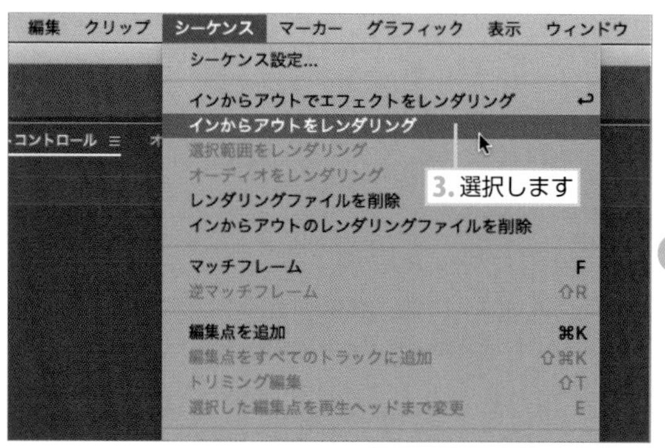

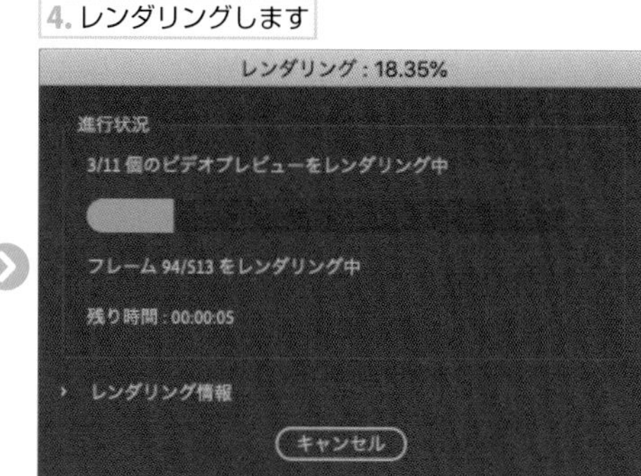

23 レンダリングが終了すると、緑色のバーに変化します。

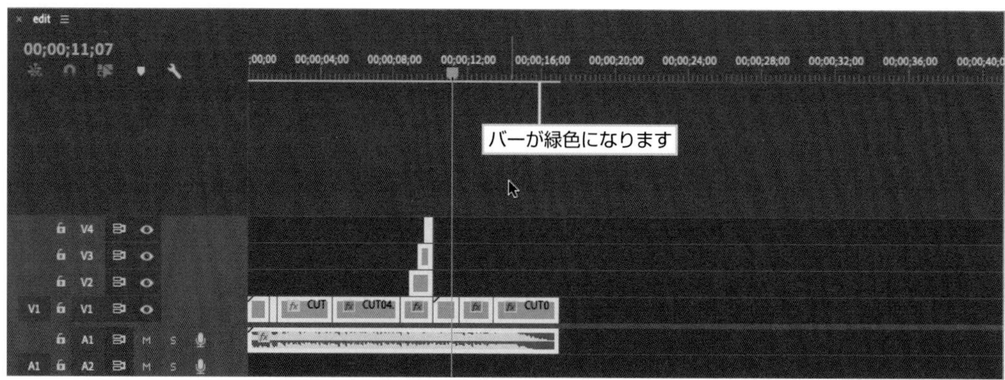

エフェクトを適用しよう！

まずは、"CUT05a～CUT05d" のマスクを作っていきましょう。
大変手間ですが、1つずつ進めていきましょう。

1 "CUT05a.jpg" クリップを選択して、【エフェクトコントロール】パネルの【不透明度】➡【ベジェのペンマスクの作成】をクリックします。

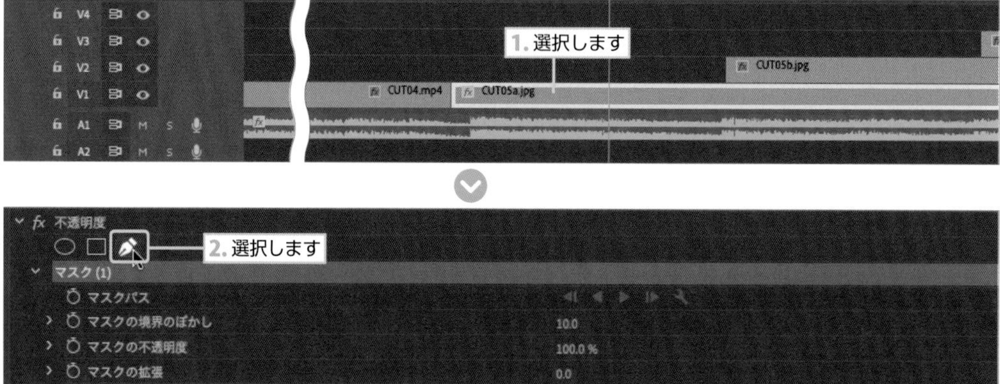

2 お寿司のアウトラインに沿ってマスクを作っていきます。画面拡大などして作成しましょう。

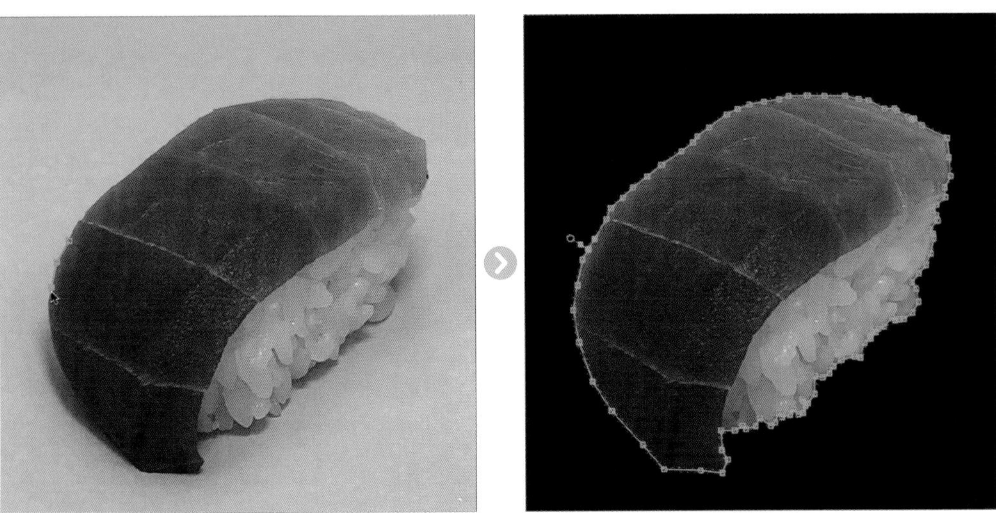

3 マスクが作成できたら、"CUT05a.jpg" クリップを右クリックして【有効】を選択すると、クリップが【プログラムモニター】に表示されなくなります。

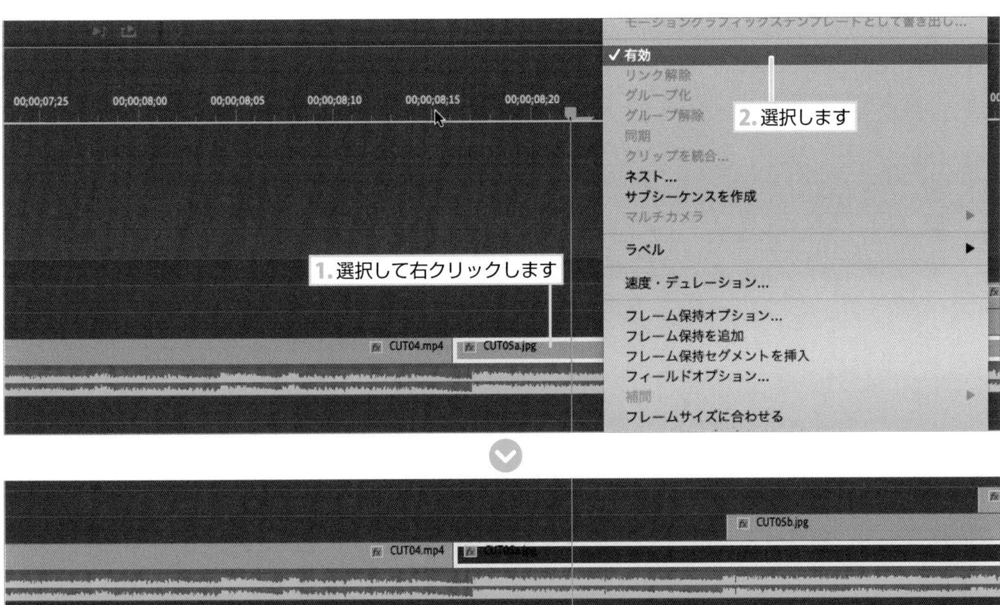

4 同様に、"CUT05b～CUT05d.jpg" もマスクを作成していきます。
慣れていないと、この作業だけで1時間以上かかります。

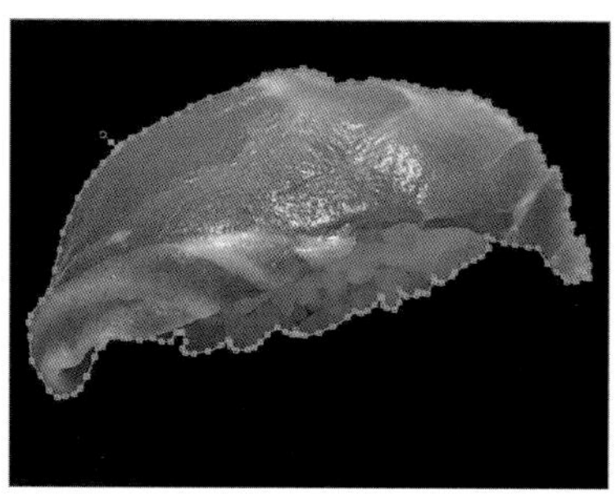
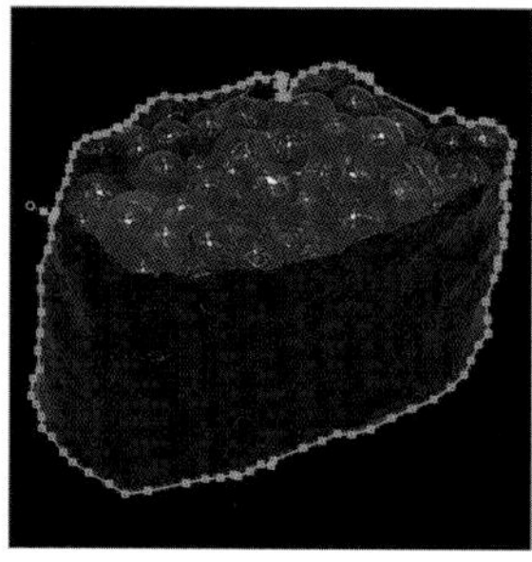
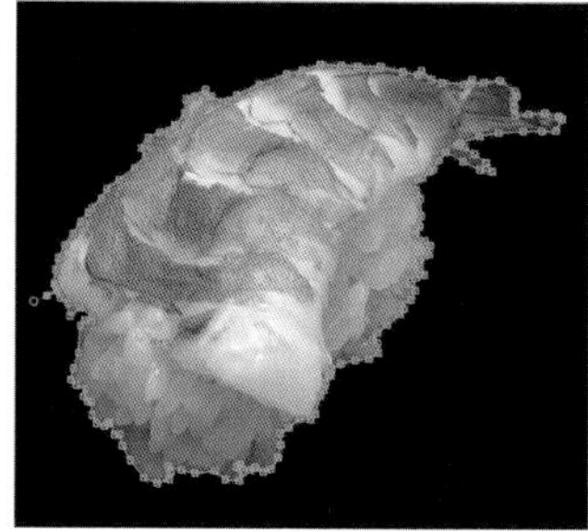

5 非表示になったクリップを選択して、右クリックで【有効】を選んで表示させます。
【プログラムモニター】にすべてのクリップが重なって表示されます。

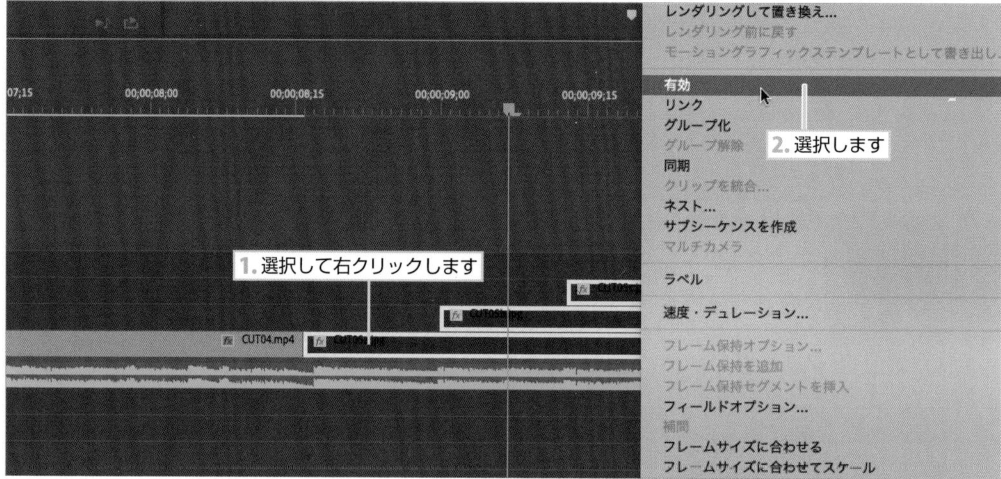

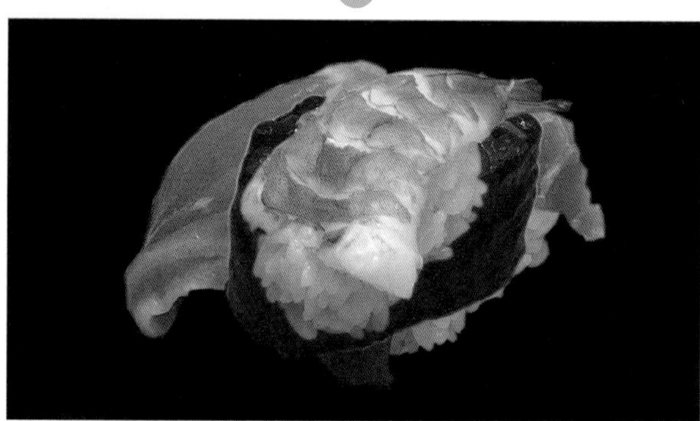
3. すべてのクリップが重なって表示されます

次にレイアウトします。

1 “CUT05a.jpg” クリップを選択して【エフェクトコントロール】パネルの【モーション】➡【位置】を【X：125、Y：540】と入力し、【スケール】を “45” に設定します。

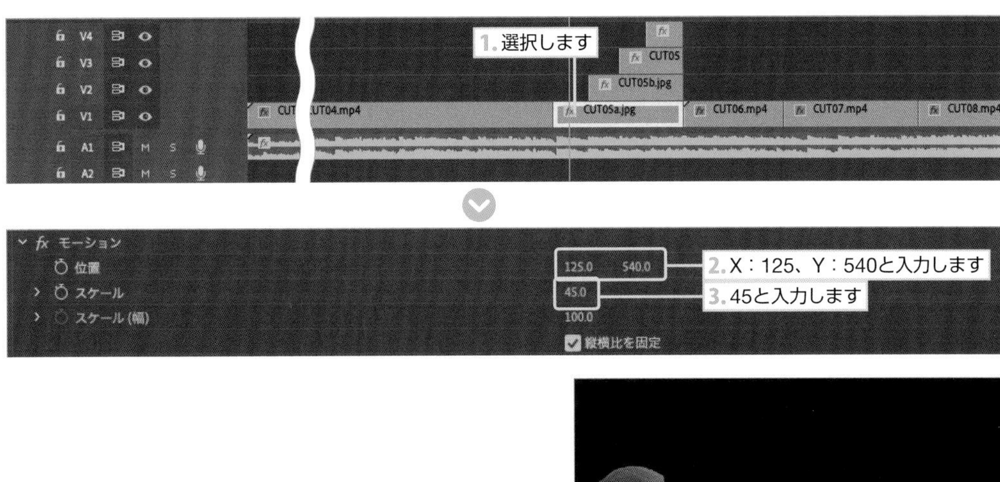

2 “CUT05a.jpg” クリップを【編集】➡【コピー】（Mac ⌘ ＋ C ／ Win Ctrl ＋ C キー）を選択してコピーし、“CUT05b～CUT05d.jpg” に【編集】➡【属性をペースト】（Mac option ＋ ⌘ ＋ V ／ Win Alt ＋ Ctrl ＋ V キー）を選択します。
【属性をペースト】ダイアログボックスで【モーション】だけオンにすると、他のクリップも同じ位置に同じサイズで移動します。

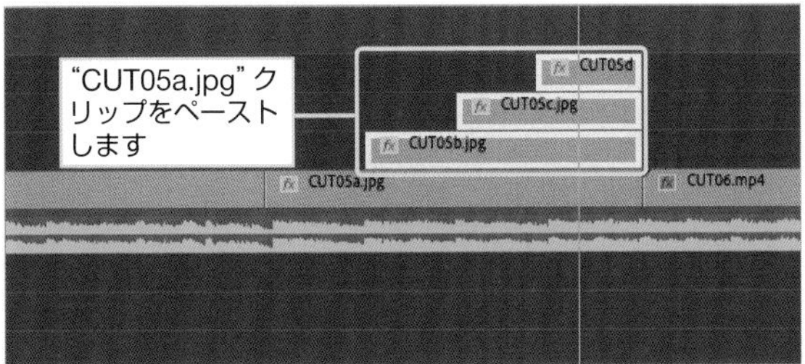

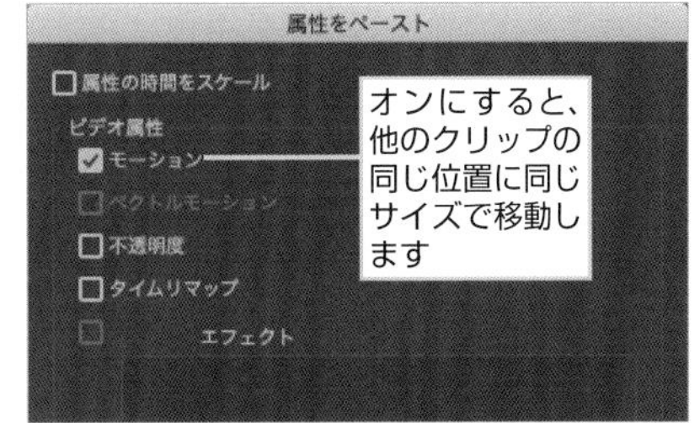

3 “CUT05b.jpg” クリップを選択して【エフェクトコントロール】パネルの【モーション】➡【位置】を【X：726】と入力します。
【スケール】を “42”、【回転】を “-26.0” に設定すると、右に移動します。

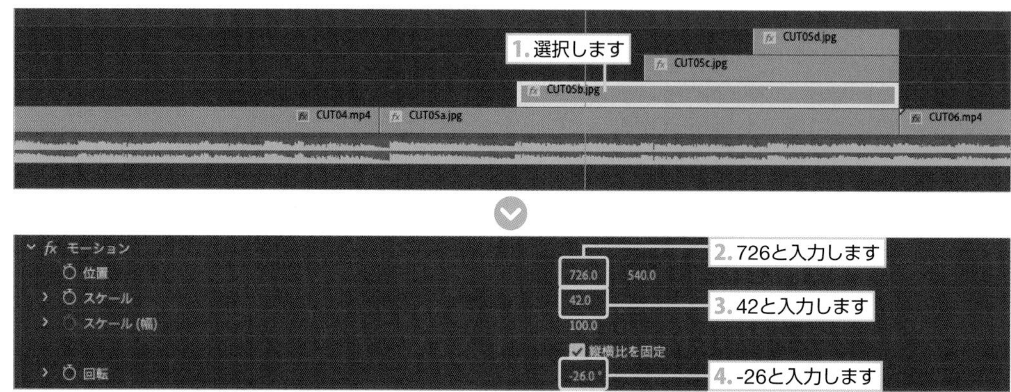

4 “CUT05c.jpg” クリップを選択して【エフェクトコントロール】パネルの【モーション】➡【位置】を【X：1170】と入力し、さらに右に移動します。

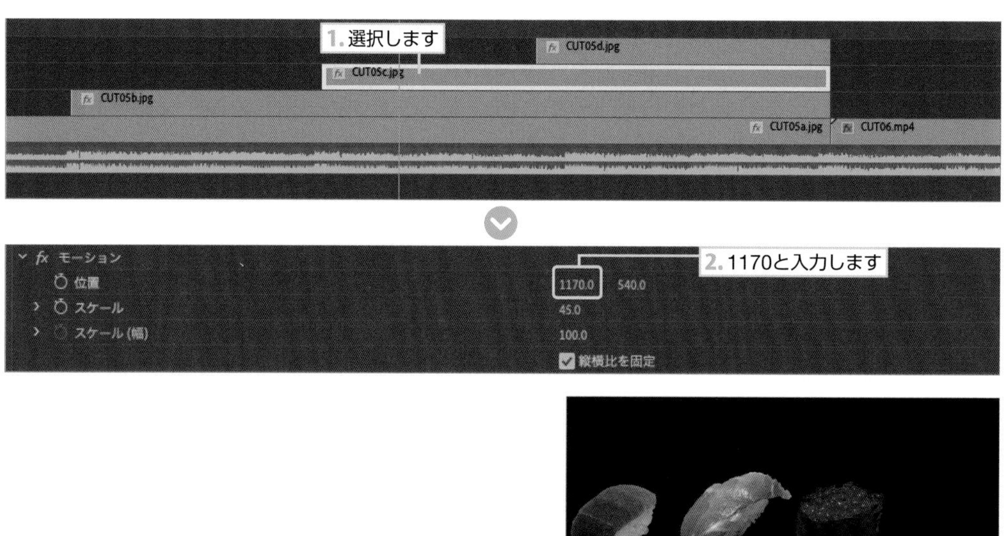

5 "CUT05d.jpg" クリップを選択して【エフェクトコントロール】パネルの【モーション】➡【位置】を【X：1645】と入力し、さらに右に移動します。

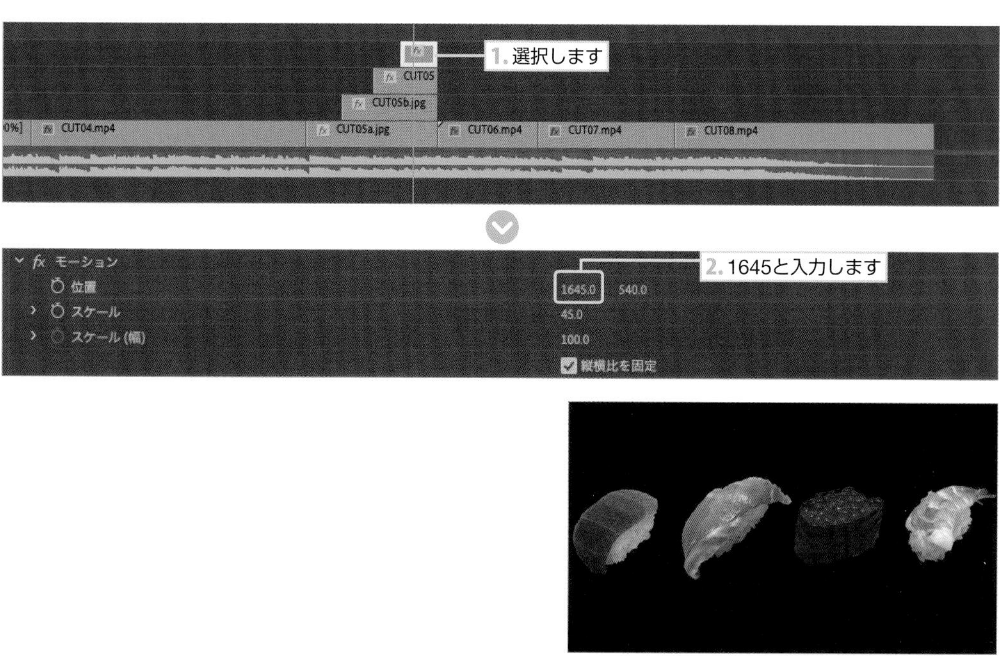

再生すると、リズミカルにお寿司が登場します。

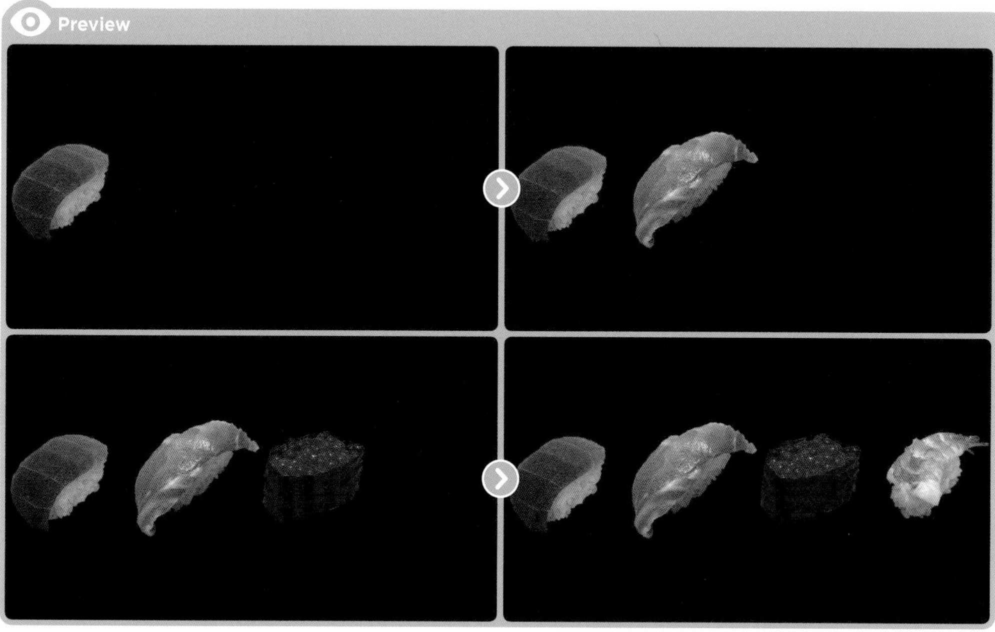

ズームエフェクトを適用しよう

1 【プロジェクト】パネルをクリックしてアクティブにします。【ファイル】➡【新規】➡【調整レイヤー】を選択して、【調整レイヤー】ダイアログボックスで【OK】をクリックします。

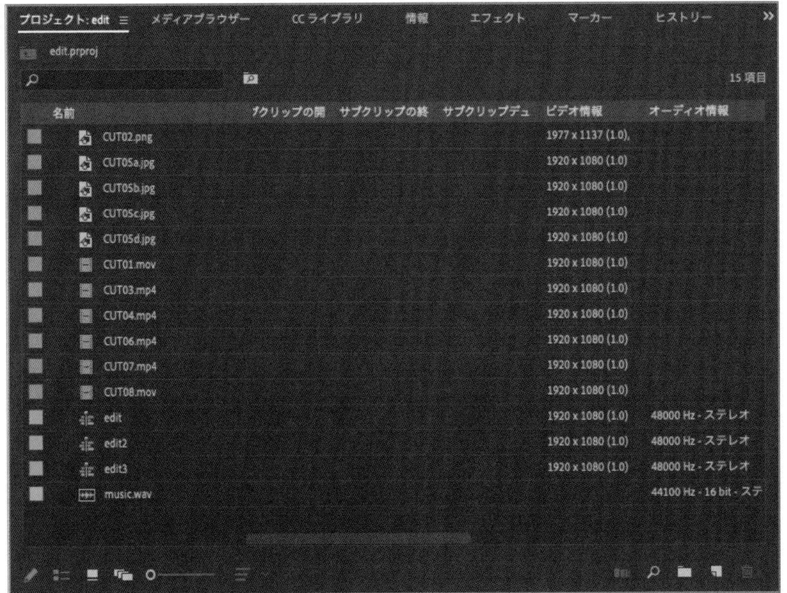

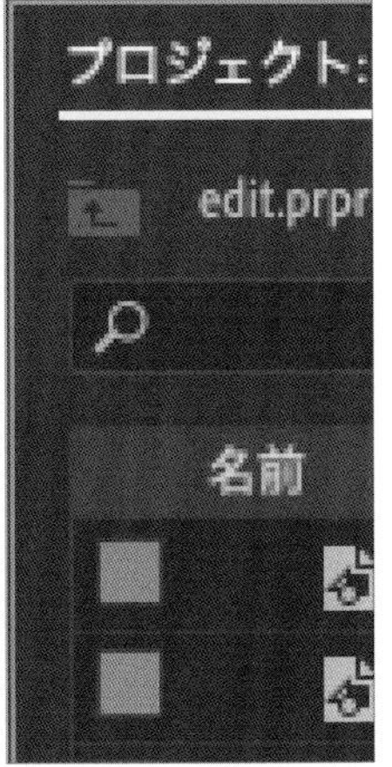

1.【プロジェクト】パネルをクリックしてアクティブにします。アクティブなパネルには青い枠が表示されます

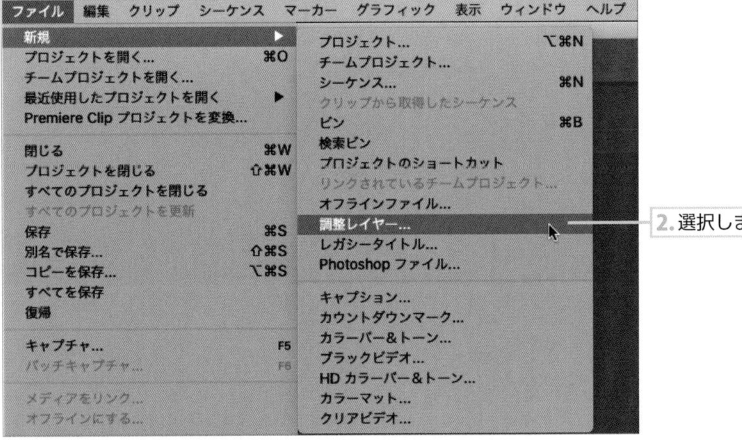

2.選択します

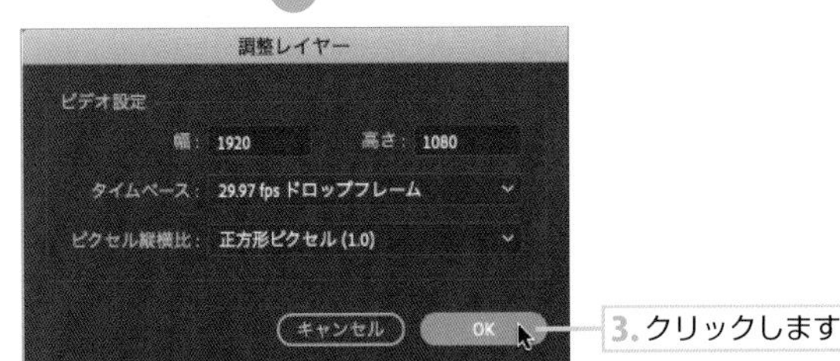

3.クリックします

2 作成した調整レイヤーを "CUT03.mp4" と "CUT04.mp4" にまたぐように【V3】トラックに配置します。

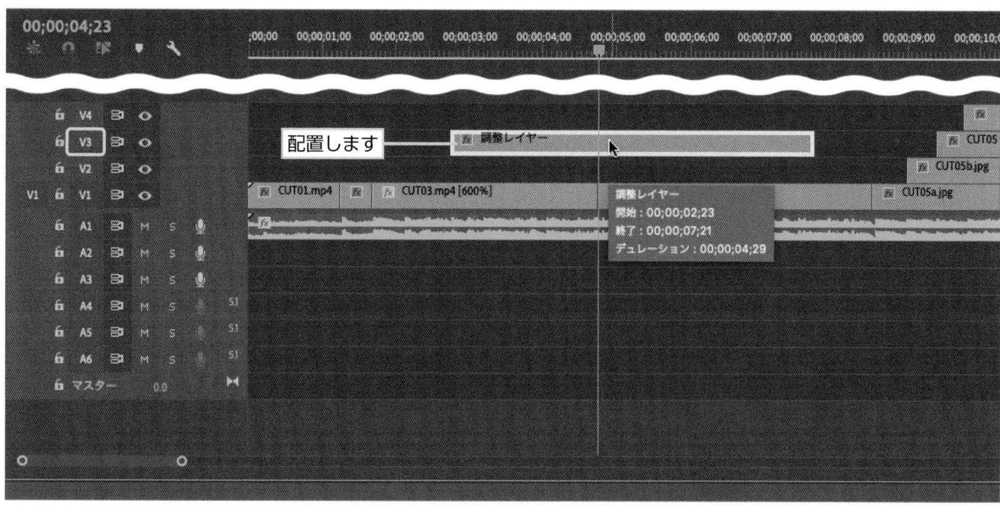

3 "00;00;04;23" に【現在の時間インジケーター】 を合わせて時間表示に "-12" と入力し、Mac ▶ return（Win ▶ Enter）キーを押すと-12 フレーム戻ります。そこまで【調整レイヤー】クリップを左から縮めます。

4 時間表示に“+24”と入力して Mac return（Win Enter）キーを押すと24フレーム進むので、その位置まで【調整レイヤー】クリップを右から縮めます。

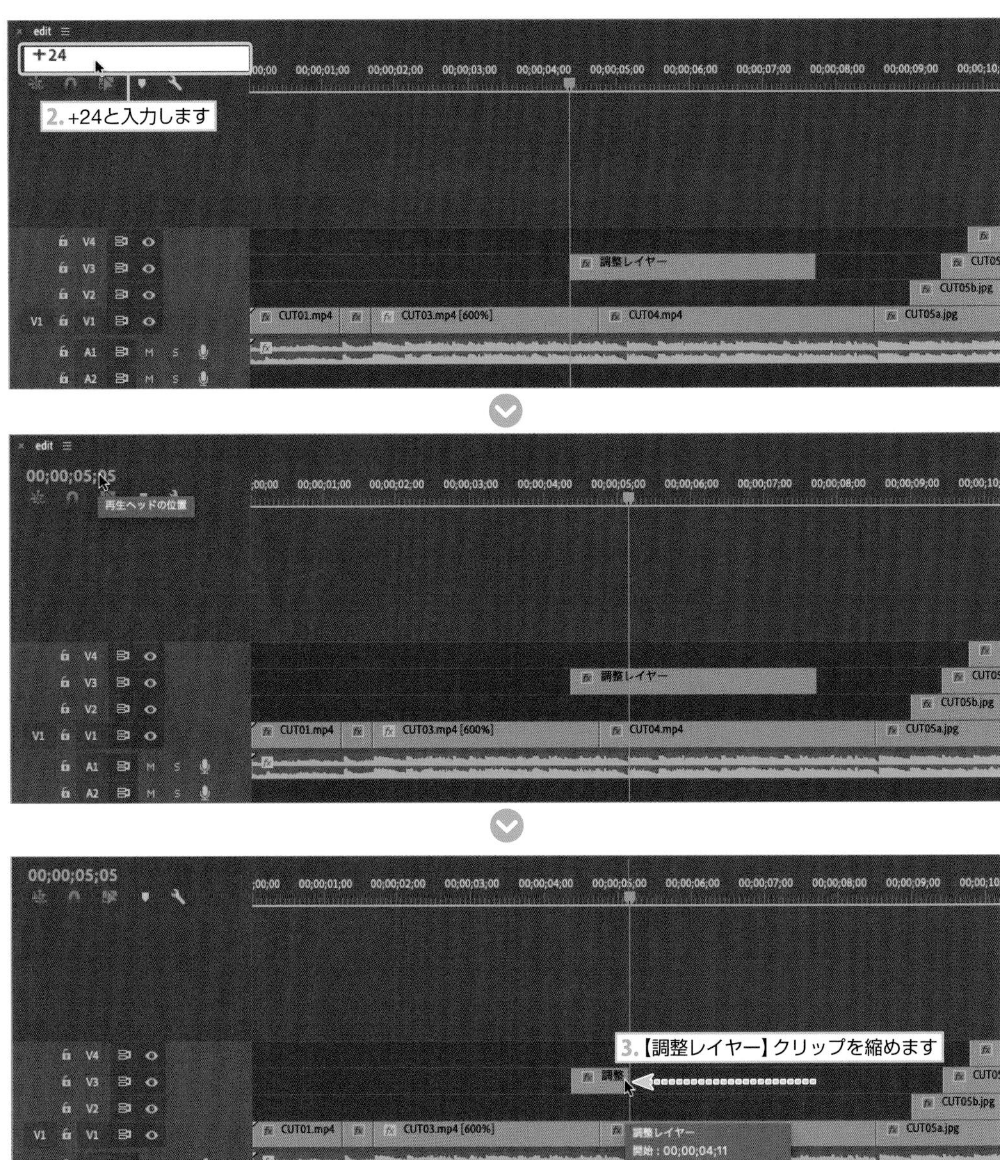

5 【V3】トラックの【調整レイヤー】クリップを Mac shift ＋ option （ Win Shift ＋ Alt ）キーを押しながら下にドラッグすると複製されます。

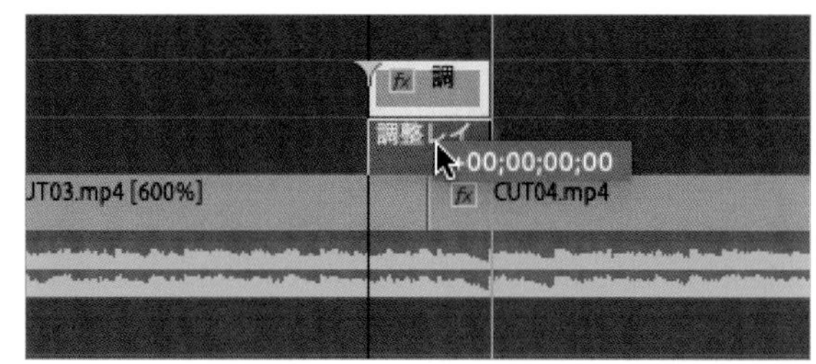

6 複製した【V2】トラックの【調整レイヤー】クリップを“00;00;04;23”まで左から縮めます。

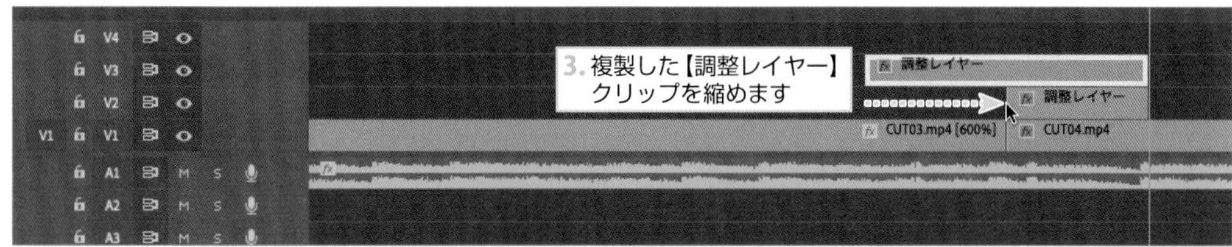

7 【エフェクト】パネルの検索窓に“複製”と入力して、【複製】エフェクトを表示します。
【複製】エフェクトを選択して、【V2】トラックの【調整レイヤー】クリップにドラッグ＆ドロップして適用します。
【エフェクトコントロール】パネルの【複製】エフェクトにある【V2】トラックの【調整レイヤー】を選択し、【カウント】を“3”に設定すると、9画面マルチになります。

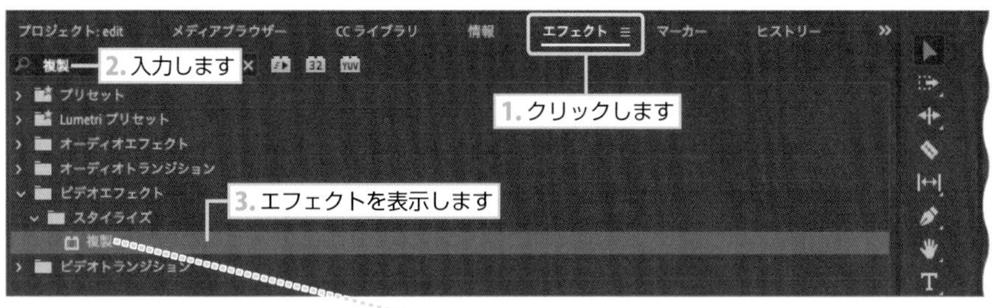

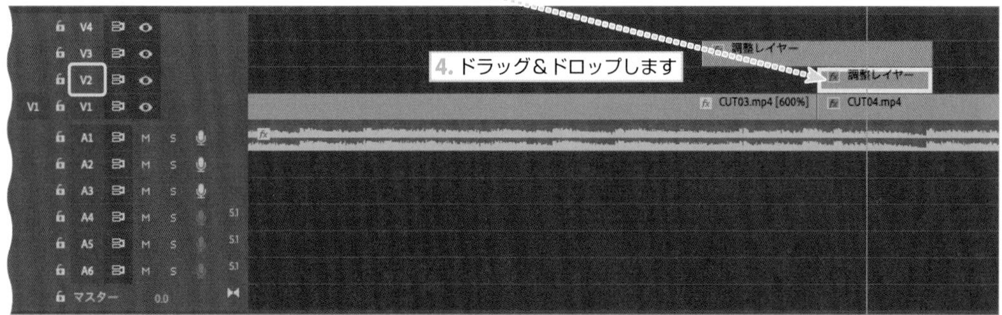

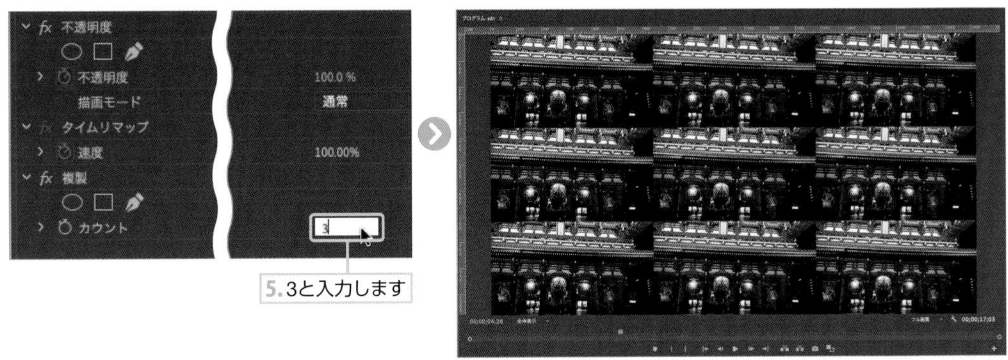

8 【エフェクト】パネルの検索窓に“ミラー”と入力して、【ミラー】エフェクトを表示します。【ミラー】エフェクトを選択して、【V2】トラックの【調整レイヤー】クリップにドラッグ＆ドロップして適用します。
【エフェクトコントロール】パネルの【ミラー】エフェクトにある【反射角度】を“90°”、【反射の中心】を“1920, 718”に設定します。これは、マルチ画面の境目をなくしていく作業になります。

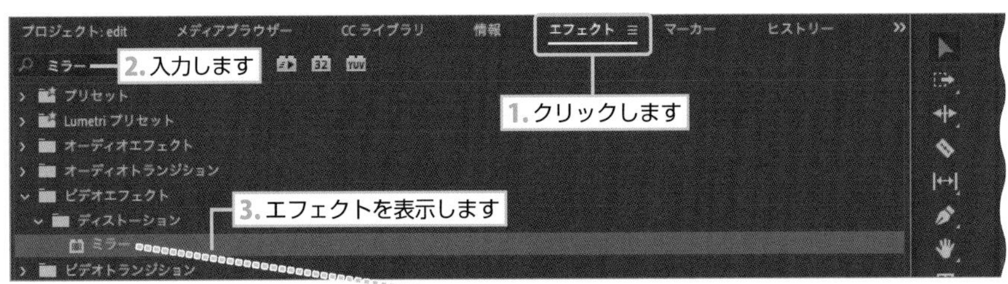

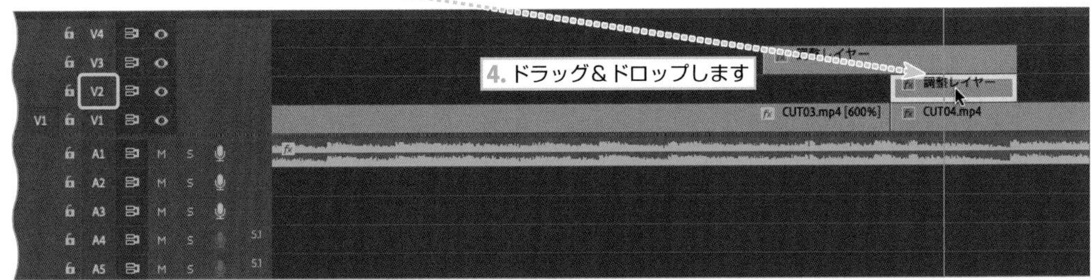

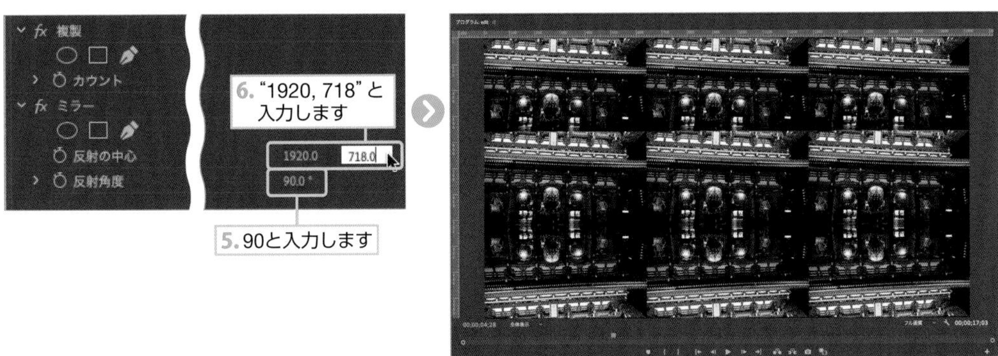

9 【エフェクトコントロール】パネルの【ミラー】エフェクトをコピー＆ペースト（Mac ⌘＋C→⌘＋V／Win Ctrl＋C→Ctrl＋Vキー）すると、【ミラー】エフェクトが複製されます。

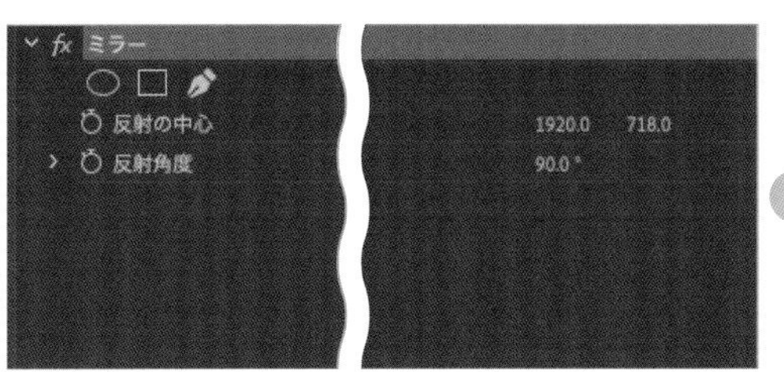

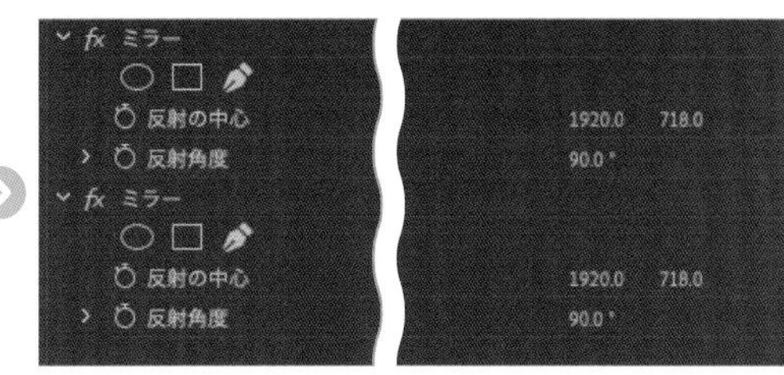

10 追加された【ミラー】エフェクトの【反射角度】を“-90°”、【反射の中心】を“1920, 360”に設定します。

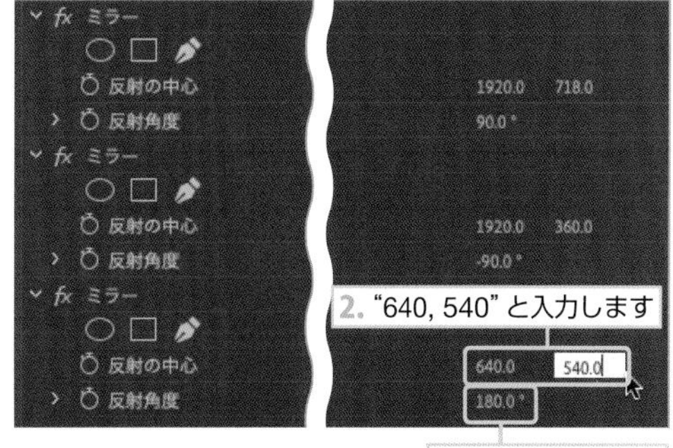

11 次に【ミラー】エフェクトをコピー＆ペースト（Mac ⌘＋C→⌘＋V／Win Ctrl＋C→Ctrl＋Vキー）します。追加された【ミラー】エフェクトの【反射角度】を“180°”、【反射の中心】を“640, 540”に設定します。

12 さらに【ミラー】エフェクトをコピー＆ペーストします。追加された【ミラー】エフェクトの【反射角度】を“360°（1回転）”、【反射の中心】を“1276, 540”に設定します。

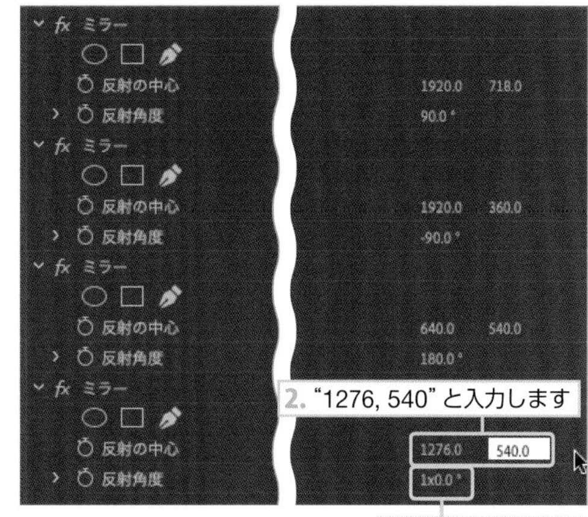

これで、画像の切れ目がきれいに反射され、わかりにくくなります。

1 【エフェクト】パネルの検索窓に“トランス”と入力して、【トランスフォーム】エフェクトを表示します。【トランスフォーム】エフェクトを選択して、【V3】トラックの【調整レイヤー】クリップにドラッグ＆ドロップして適用します。

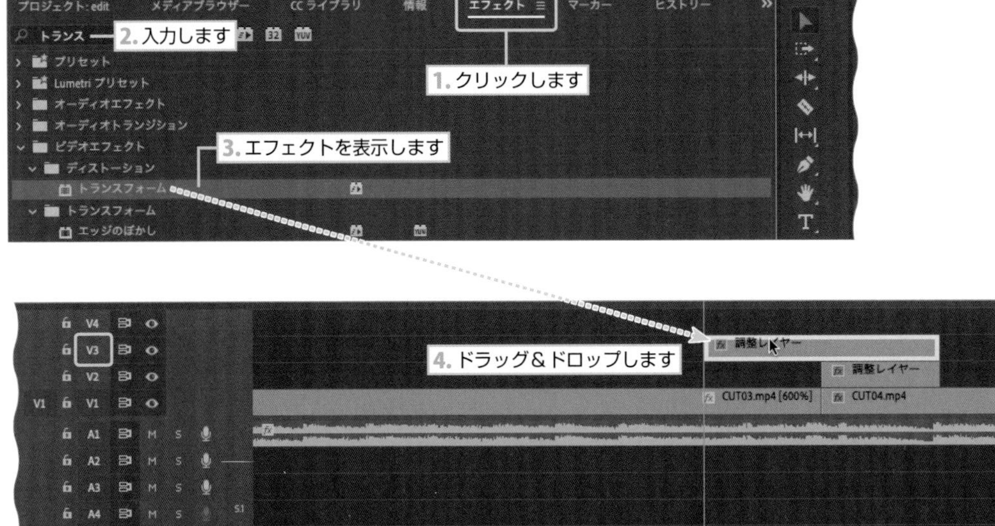

2 【現在の時間インジケーター】を“00;00;04;15”に合わせて、【エフェクトコントロール】パネルから【トランスフォーム】エフェクトの【スケール】にある【ストップウォッチ】アイコンをクリックします。

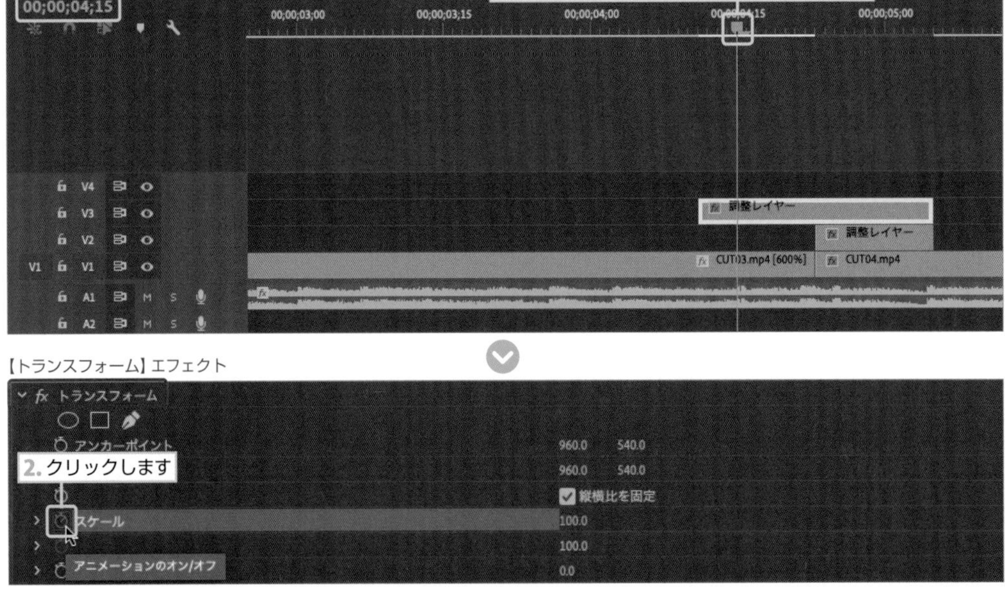

3 【現在の時間インジケーター】 を "00;00;05;01" に合わせて、【エフェクトコントロール】パネルから【スケール】の数値を "300" に設定すると、自動的にキーフレームが作成されます。

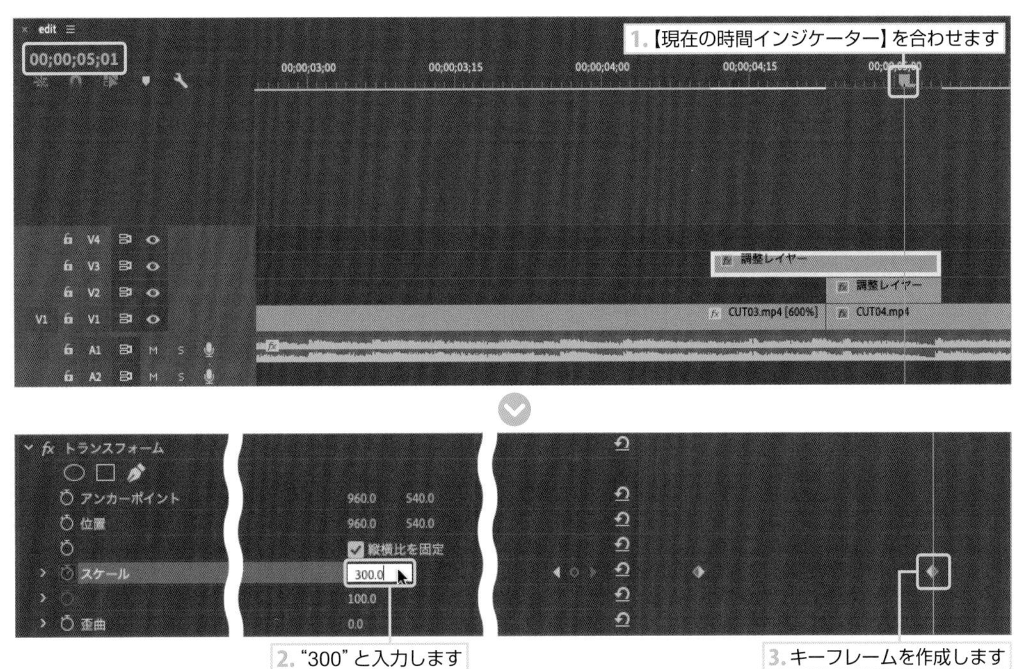

再生すると、ズームしながら画面が切り替わっていきます。
ただし、生っぽい切り替えになるので、もう少し調整します。

4 【V3】トラックの【調整レイヤー】クリップを選択して、【エフェクトコントロール】パネルから【トランスフォームエフェクト】の【コンポジションのシャッター角度を使用】をオフにし、【シャッター角度】を"360°"に設定します。

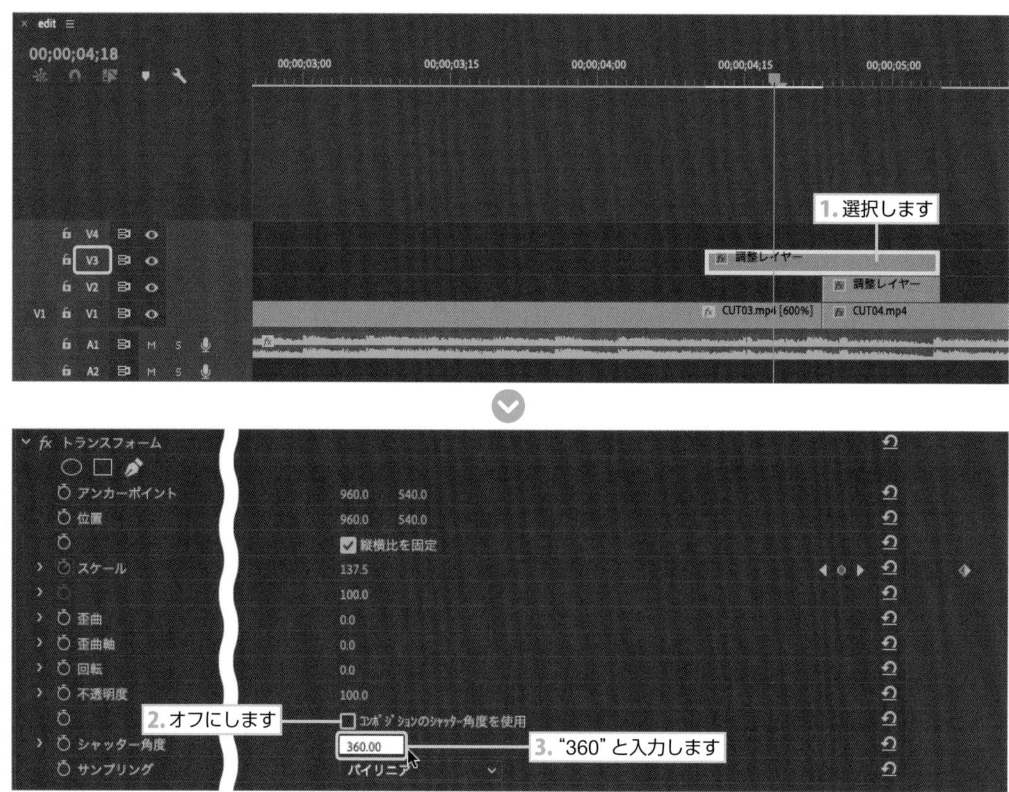

これで、ズームするときにブラー効果が追加され、ズームの切り替えが印象強くなります。

1 さらに【エフェクトコントロール】パネルの【スケール】で作成したキーフレームを2つとも選択し、右クリックして【ベジェ】を選択すると、キーフレームのアイコンが変化します。
再生するとズームの速さがゆるやかな加速から始まり、中間点で一気にスピードが上がり、その後ゆるやかに減速していくことで、緩急が生まれます。

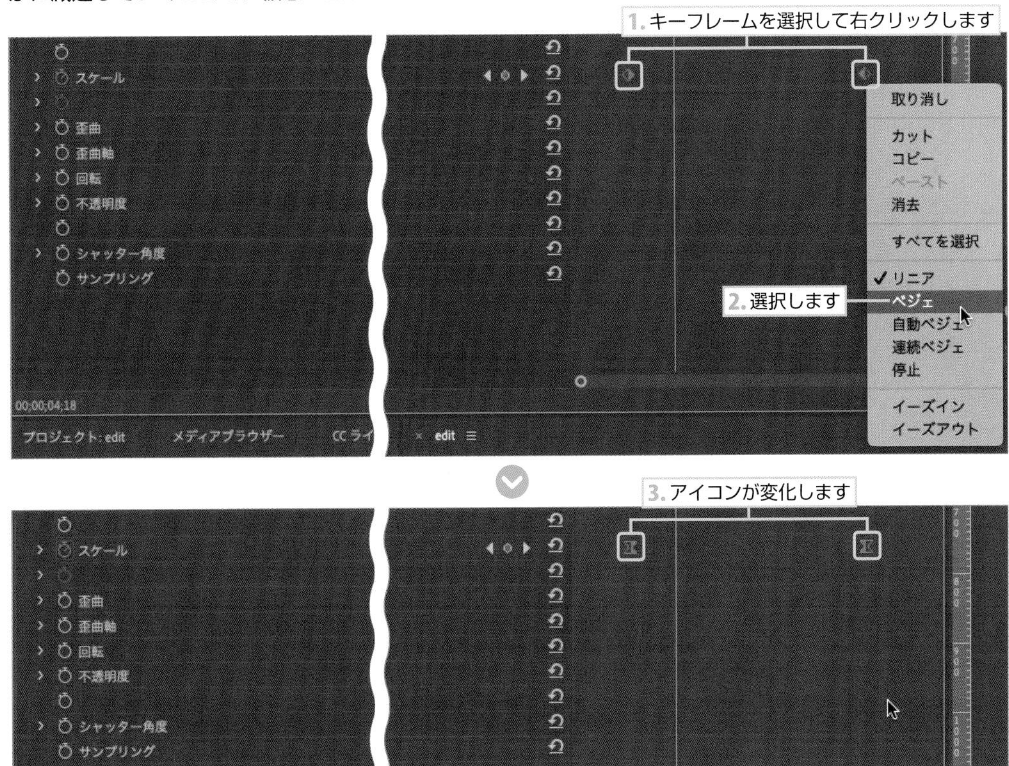

2 【スケール】を展開すると、グラフエディターが表示されます。調整するとズームの速さを詳細に調整できます。

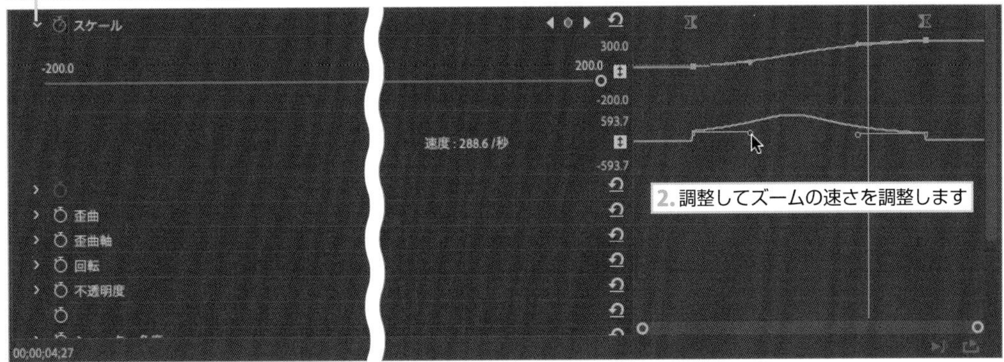

3 作成した2つの【調整レイヤー】を選択して、【編集】➡【コピー】（Mac ⌘ + C ／ Win Ctrl + C キー）を選択してコピーします。
"00;00;11;08" に【現在の時間インジケーター】 を合わせます。

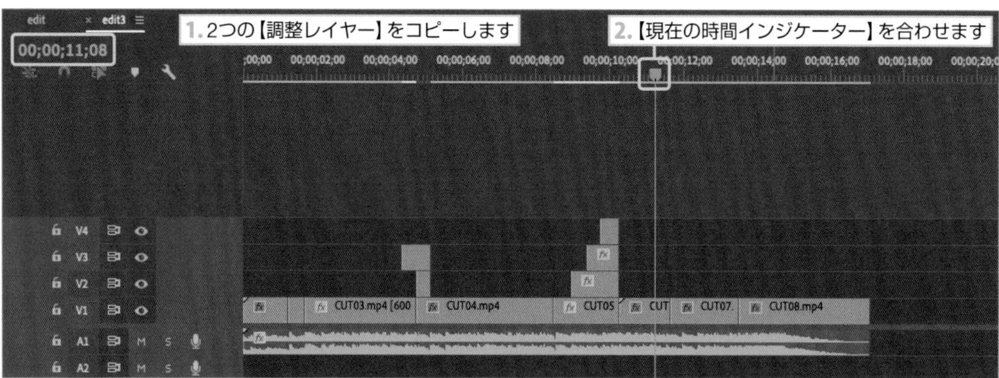

4 ターゲットトラックを【V2】トラックに変更して、【編集】➡【ペースト】（Mac ⌘ + V ／ Win Ctrl + V キー）を選択してペーストします。
"CUT06.mp4" と "CUT07.mp4" にまたがります。

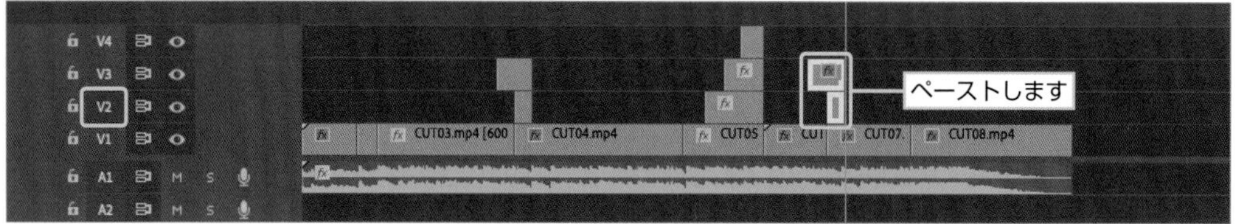

5 "00;00;13;04" に【現在の時間インジケーター】 を合わせて【編集】➡【ペースト】（Mac ⌘ + V ／ Win Ctrl + V キー）を選択してペーストすると、"CUT07.mp4" と "CUT08.mp4" にまたがります。

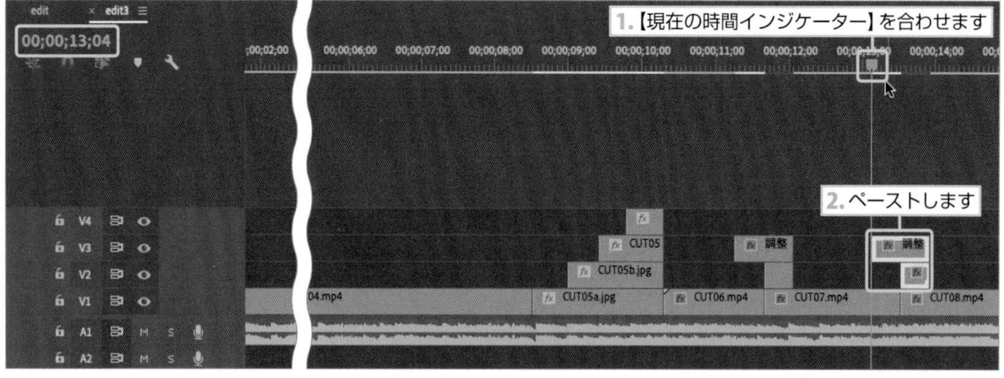

再生すると、各カット間でズームイン効果が適用されます。

色補正をしよう！

次に、各クリップの赤色だけを強調する色補正を行います。

1 レイアウトを【カラー】に変更します。

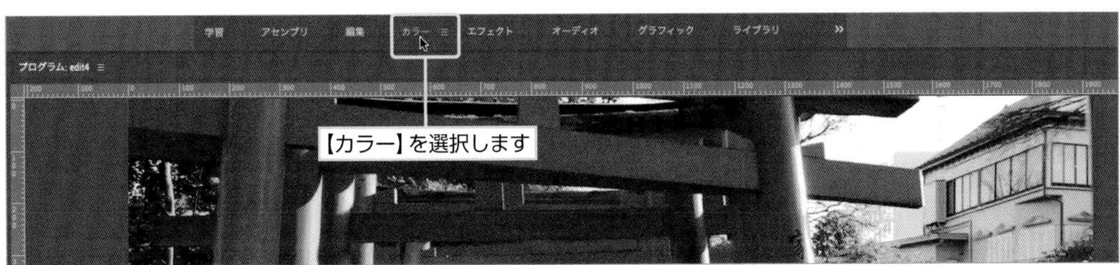

2 “CUT03.mp4”クリップを選択して、【Lumetriカラー】パネルの【基本補正】➡【トーン】➡【露光量】を“1”、【彩度】を“120”に設定します。

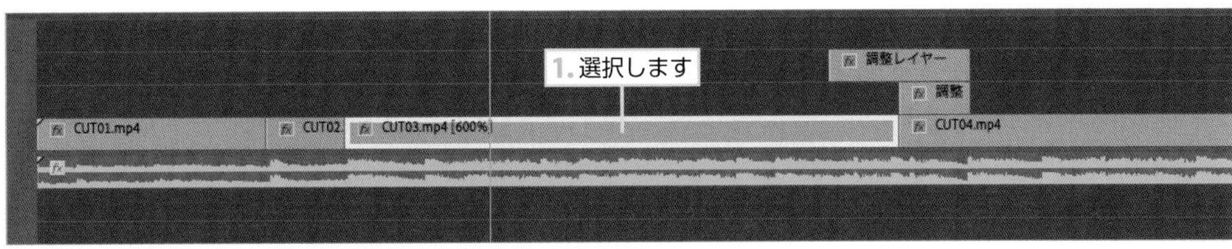

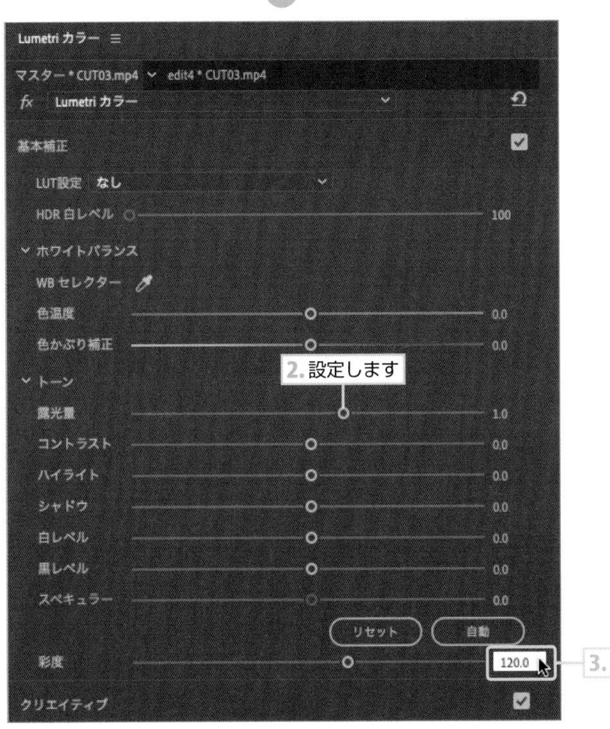

3 【カーブ】を選択して赤をクリックし、中央周辺を少し上げると赤色が強調されます。さらに、白をクリックして下の部分を少し上げると、明るさが増します。

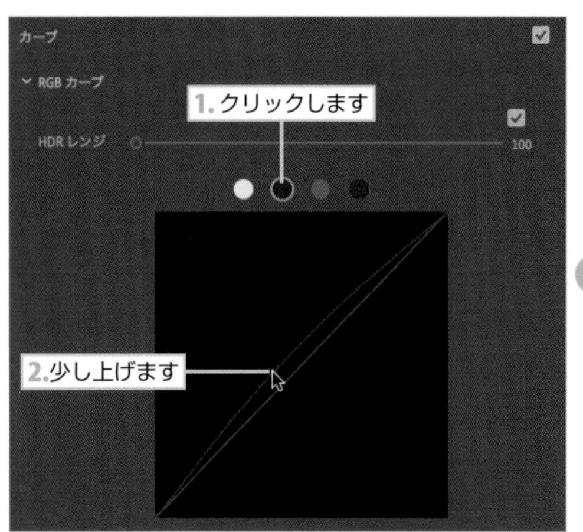

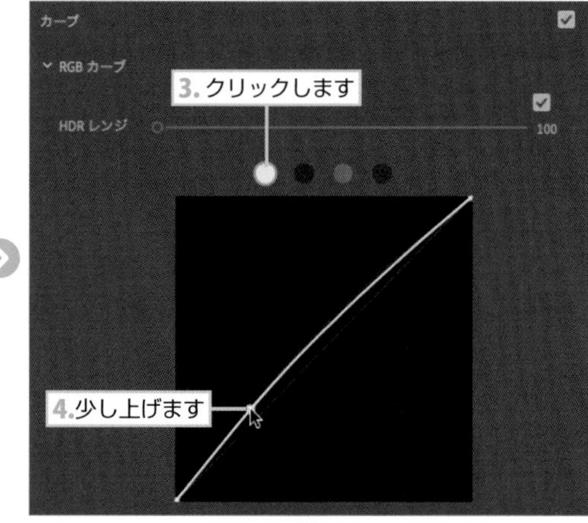

4 "CUT03.mp4" クリップを【編集】➡【コピー】（Mac ⌘＋C／Win Ctrl＋Cキー）を選択してコピーします。"CUT04.mp4" "CUT06～CUT08.mp4" の複数のクリップを選択し、【編集】➡【属性をペースト】（Mac option＋⌘＋V／Win Alt＋Ctrl＋Vキー）を選択すると、他のカットも赤色が強調されます。

5 “CUT05a.jpg”クリップを選択します。【Lumetriカラー】パネルの【基本補正】➡【ホワイトバランス】➡【色かぶり補正】を“55”に設定すると、緑色の反射が少なくなります。

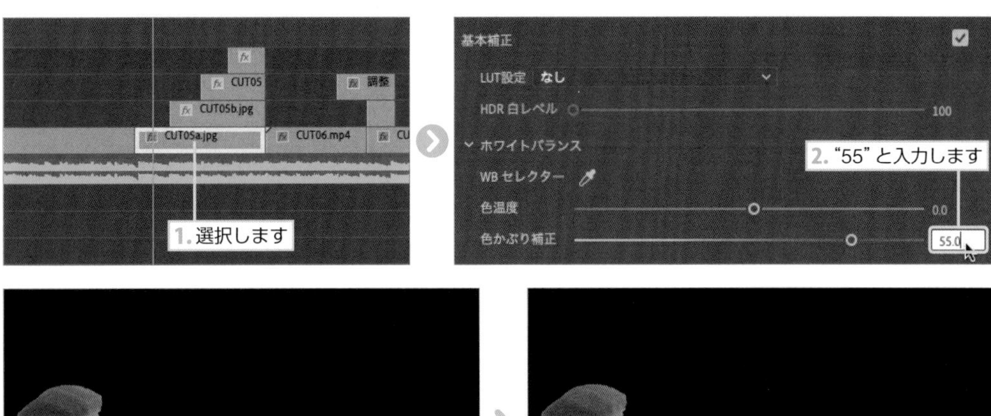

補正前

補正後

6 【カーブ】を選択して赤をクリックし、中央を少し上げます。続けて、白をクリックして上部を少し上げると、明るい部分がさらに明るくなります。これで、赤が強調されます。

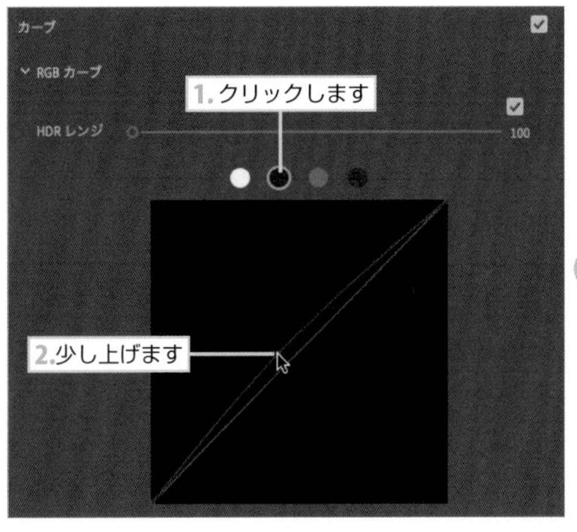

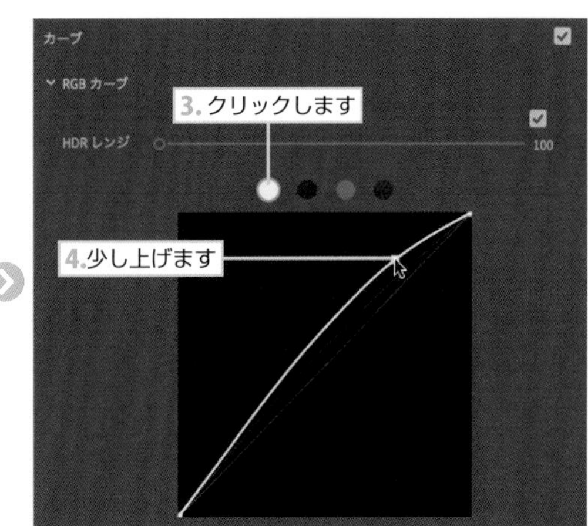

7 最後に "CUT05a.jpg" クリップを【編集】➡【コピー】（Mac ⌘ ＋ C ／ Win Ctrl ＋ C キー）を選択してコピーします。
"CUT05b～CUT05d.jpg" の複数のクリップを選択し、【編集】➡【属性をペースト】（Mac option ＋ ⌘ ＋ V ／ Win Alt ＋ Ctrl ＋ V キー）を選択すると他のお寿司も緑被りが消えて、赤が強調されます。

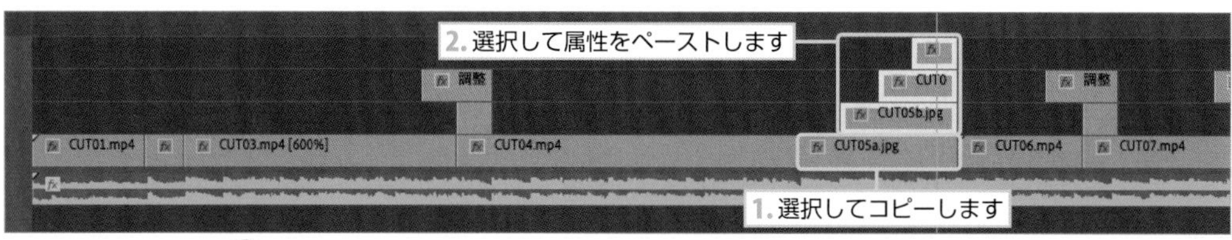

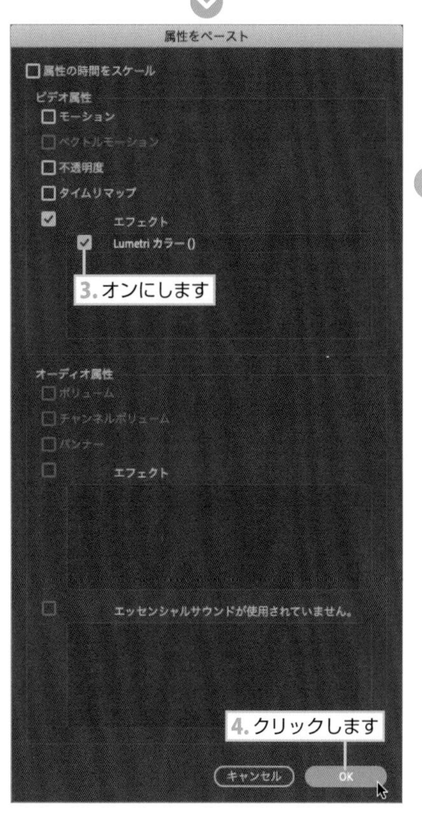

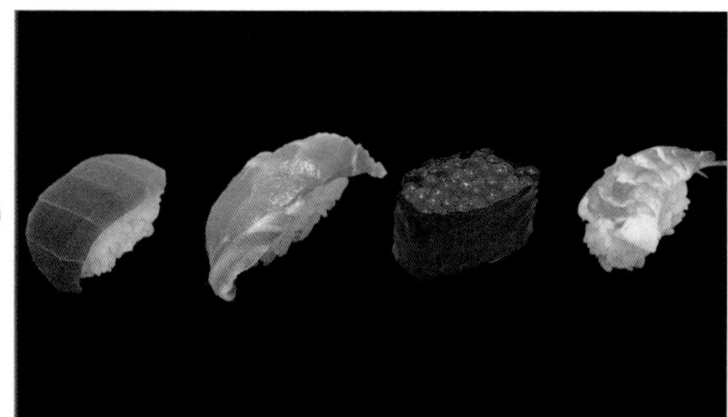

これで、色補正は終了です。

タイトルをレイアウトする

1 【ファイル】➡【新規】➡【レガシータイトル】を選択して、"TOKYO RED"と画面の左にレイアウトします。
ここでは、手書き風のフォントを使用しています。

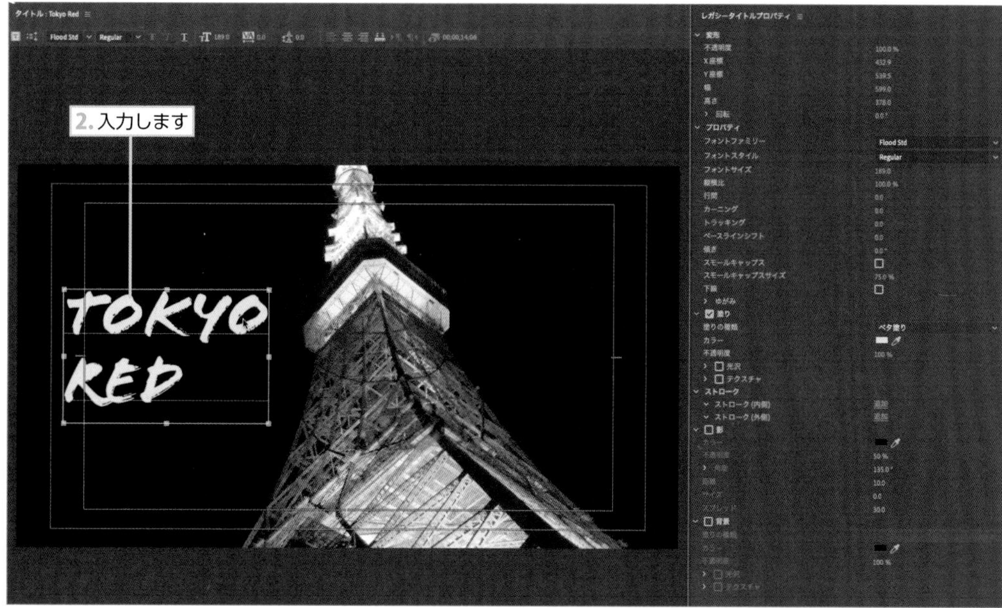

2 作成したクリップを"00;00;14;06"に合わせて調整します。
最後にクリップにフェードインを適用して、トリップ動画の完成です。

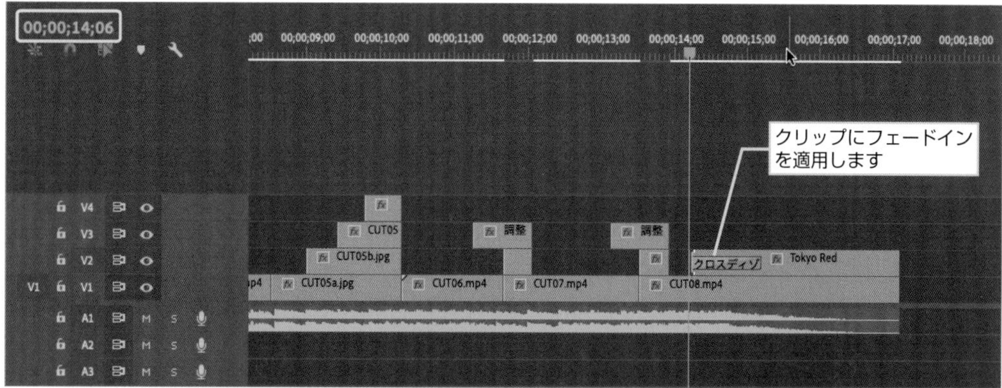

STEP 4-2

ショートムービーを作ろう！

スマートフォンのカメラの大幅な機能アップによって、個人でも気軽に映画を作ることが可能になりました。
ここでは、ドラマ仕立てのミュージックPVを作ります。そのためにも脚本を作ること、きちんと撮影すること、カット編集を極めていくことが重要になってきます。とても作業が多いですが、ぜひトライしてみましょう。

完成動画 4-2

シナリオを作ってみよう！

今回は絵コンテや字コンテではなく脚本を作って、脚本をベースに撮影していきます。

まず「○」を**柱**と呼び、どこでいつ撮影するかを説明します。
「○海沿い（夕）」とあるのは、場所は海沿いで時刻は夕方の設定という意味です。
「神社にやってくる暗い表情のあや。くじ引きをひく。」は**ト書き**と呼び、登場人物が何をするかを書きます。
脚本は、20文字×20行（400字）の1ページで、おおよそ1分です。

今回の場合、約1ページ半強なので、１分45秒くらいになります。
もちろんセリフや演者の間合いによって変化はしますが、１ページ１分を基準で考えてください。
この脚本をベースにカット割りをしていきます。今回は、全部で19カット撮影します。

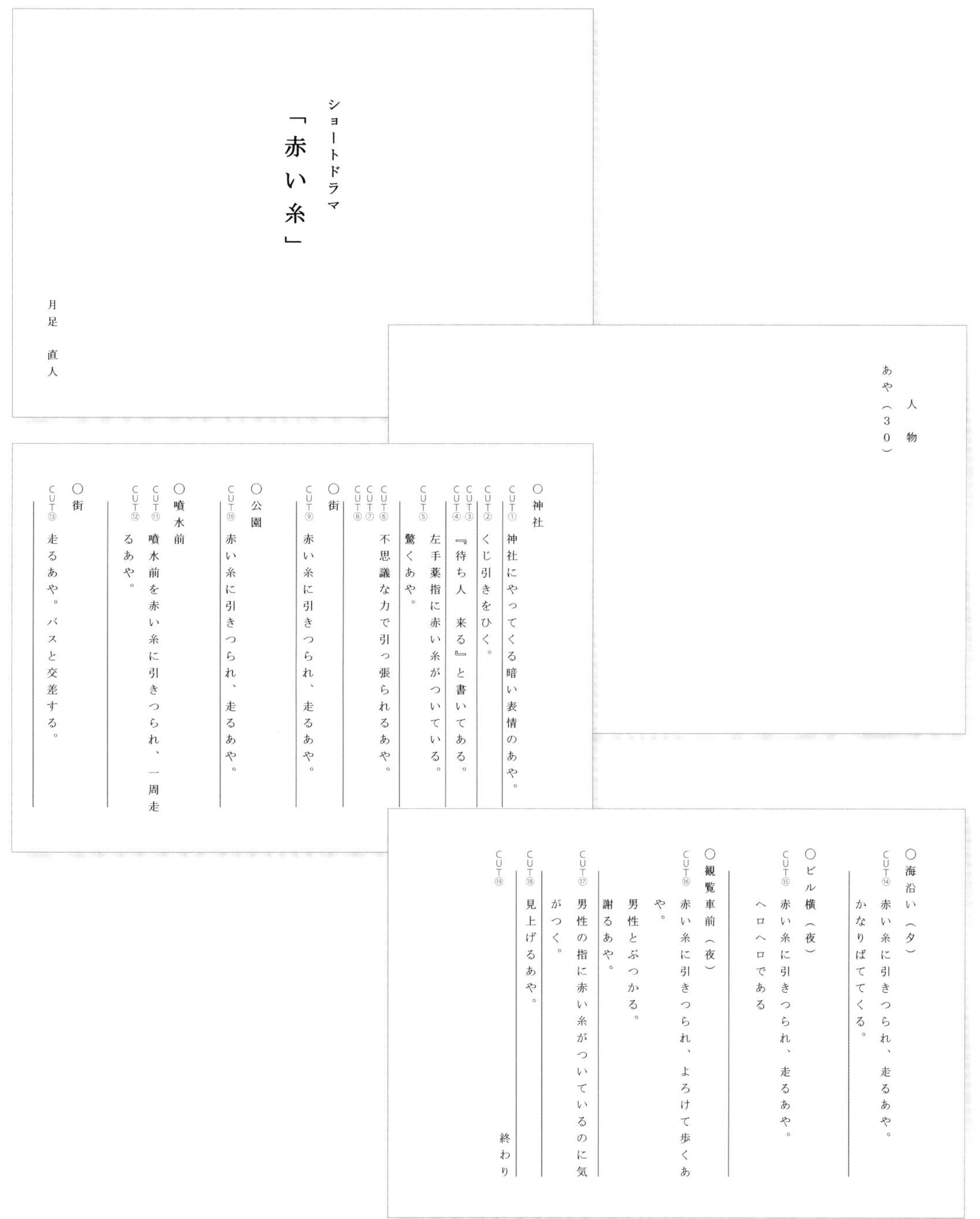
ショートドラマ
「赤い糸」

月足　直人

人物
あや（３０）

○神社
CUT① 神社にやってくる暗い表情のあや。
CUT② くじ引きをひく。
CUT③ 『待ち人　来る』と書いてある。
CUT④ 左手薬指に赤い糸がついている。
CUT⑤ 驚くあや。
CUT⑥ CUT⑦ CUT⑧ 不思議な力で引っ張られるあや。

○街
CUT⑨ 赤い糸に引きつられ、走るあや。

○公園
CUT⑩ 赤い糸に引きつられ、走るあや。

○噴水前
CUT⑪ CUT⑫ 噴水前を赤い糸に引きつられ、一周走るあや。

○街
CUT⑬ 走るあや。バスと交差する。

○海沿い（夕）
CUT⑭ 赤い糸に引きつられ、走るあや。
かなりばてててくる。

○ビル横（夜）
CUT⑮ 赤い糸に引きつられ、走るあや。
ヘロヘロである

○観覧車前（夜）
CUT⑯ 赤い糸に引きつられ、よろけて歩くあや。
男性とぶつかる。
謝るあや。
CUT⑰ 男性の指に赤い糸がついているのに気がつく。
CUT⑱ 見上げるあや。
CUT⑲

終わり

撮影しよう！

脚本のカット割りに沿って、撮影していきます。ただ撮影するだけではなく、演者にもきちんと演出意図を明確にしていきましょう。

ここでは、iPhoneで撮影します。アプリは「FiLMiC Pro」で撮影します。

フレームレートを映画用に24fpsに設定します。通常のiPhoneの「カメラ」アプリでは設定できないので、アプリは必須となります。

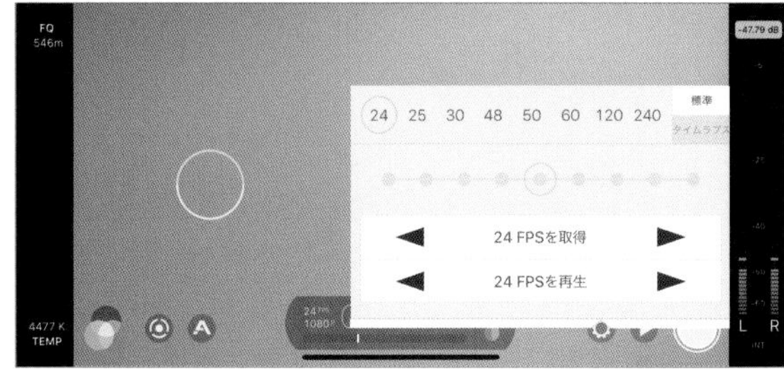

また、走る撮影がメインになりますので、ブレを少しでも少なくするためにも、Osmo Mobileを使って撮影します。

小道具として赤い糸を常備する必要があるので、一人が演者につないだ赤い糸を持って走ります。

今回は、演者1名、ディレクター兼&赤い糸を持って走る係1名、カメラマン1名で行っています。撮影は1日で行っています。

カットのつながり

今回はドラマを撮影するので、カットのつながりを意識する必要があります。特に考えなければならないのが、衣装などです。

左手の薬指に赤い糸を巻いています。そして、左腕にカバンがあります。さらに右手にはおみくじを持っていますので、常にこの衣装ですべてのカットを撮影する必要があります。

カットを撮影したら、ディレクター、カメラマン、演者を踏まえてどのような内容になったかを、必ず確認するようにしましょう。

カット毎に撮影する

CUT 01 ▶ 神社

（ト書き）神社にやってくる暗い表情のあや。

横からOsmo Mobileで撮影します。三脚をつけると硬い絵になるので、多少の揺れを感じさせていきます。

CUT 02

（ト書き）くじ引きをひく。

横からOsmo Mobileで撮影します。こちらも多少の揺れを感じさせていきます。場面展開ということでフレームインをします。

CUT 03 CUT 04

（ト書き）『待ち人 来る』と書いてある。

おみくじを開く一連の動作と、おみくじのアップを撮影します。

CUT 05

（ト書き）左手薬指に赤い糸がついている。驚くあや。

おみくじを見て、不思議な力によって赤い糸で導き寄せられる演出意図になります。CGを使わずアナログで対処するため、最初から左手はカメラフレーム外にあり、左手を上げると赤い糸がついている工夫をします。

CUT 06 CUT 07 CUT 08

（ト書き） 不思議な力で引っ張られるあや。

赤い糸に引っ張られる印象を強めるために左手のアップで引っ張られるカットを撮影します。編集時に一瞬でも入ると効果的になります。

その後は赤い糸を引っ張る担当が走り、演者は本当に引っ張られていく様子を撮影します。時系列で撮影し、演者にはドンドンしんどい表情を強めていってもらいます。

人やものにぶつからないように気をつけてください。

CUT 09 ▶ 街

（ト書き） 赤い糸に引きつられ、走るあや。

町中を走ります。直線上で走るだけではなく、角を曲がるところも撮影するとアクセントが付きます。

CUT 10 ▶ 公園

（ト書き） 赤い糸に引きつられ、走るあや。

同じように走るシーンを撮影します。演者には、最初よりも疲れている表情を演技してもらってください。

CUT 11 CUT 12 ▶ 噴水前

（ト書き） 噴水前を赤い糸に引きつられ、一周走るあや。

噴水を一周できる作りになっているので、ロケーションを活かすためにも一周するカットを固定の場所で撮影します。

ただし、糸を持って走っている人も映ってしまうので、インサート用に別カットの撮影も必要です。

男性が映っているカットにインサートをかぶせていきますので、演者が走っているアップを並走しながら撮影します。

13▶街

(ト書き) 走るあや。バスと交差する。

Preview

バスが通るタイミングを見計らい、演者とバスが交差することで、背景の工夫が作れます。

14▶海沿い(夕)

(ト書き) 赤い糸に引きつられ、走るあや。かなりばててくる。

Preview

同じように走るシーンを撮影します。演者には、より走り疲れている表情を演技してもらってください。

夕方になっていますが、撮影日は曇だったので夕方の雰囲気が出ていません。ここは編集上で調整します。また、冒頭から中間までカットの変化が多いので、メリハリをつけるために長めに撮影します。

15▶ビル横(夜)

(ト書き) 赤い糸に引きつられ、走るあや。ヘロヘロである。

Preview

夜に撮影します。できるだけ「地明かり」が強い場所を選びましょう。ここでは、下からの照明を活かしました。

さらに、引きのロング・ショットがあまりないので、ここは一連長く見せていきます。

CUT 16▶観覧車前(夜)

(ト書き) 赤い糸に引きつられ、よろけて歩くあや。

男性とぶつかる。謝るあや。

ラストシーンになるので、夜景の観覧車をバックに撮影します。ぶつかるタイミングで、左の男性も一歩前にフレーム・インします。

Preview

17 ▶ 観覧車前（夜）

（ト書き）男性の指に赤い糸がついているのに気がつく。

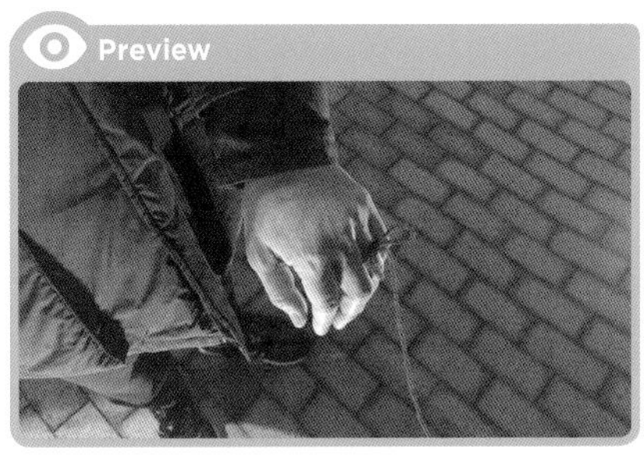

女性演者の見た目の撮影を行います。

18 ▶ 観覧車前（夜）

（ト書き）見上げるあや。

待ち人と出会った演者の表情を撮影します。

19

脚本には書いていませんが、ラストに題名である「赤い糸」のキービジュアルを作るために、観覧車を背景に赤い糸がつながっている二人の手元を撮影し、二人に未来がある雰囲気を出していきます。

以上が、撮影内容です。それでは、この19カットを編集していきます。編集はかなり細かいものになりますので、ぜひトライしてみてください。

編集しよう！

プロジェクトを作成する

1 Premiere Proの【ホーム画面】で【新規プロジェクト】をクリックします（28ページ参照）。

2 【新規プロジェクト】ダイアログボックスで【名前】を“edit”と入力します。【場所】にある【参照】をクリックして、【新規フォルダ】の“shortmovie”を作成します（29ページ参照）。

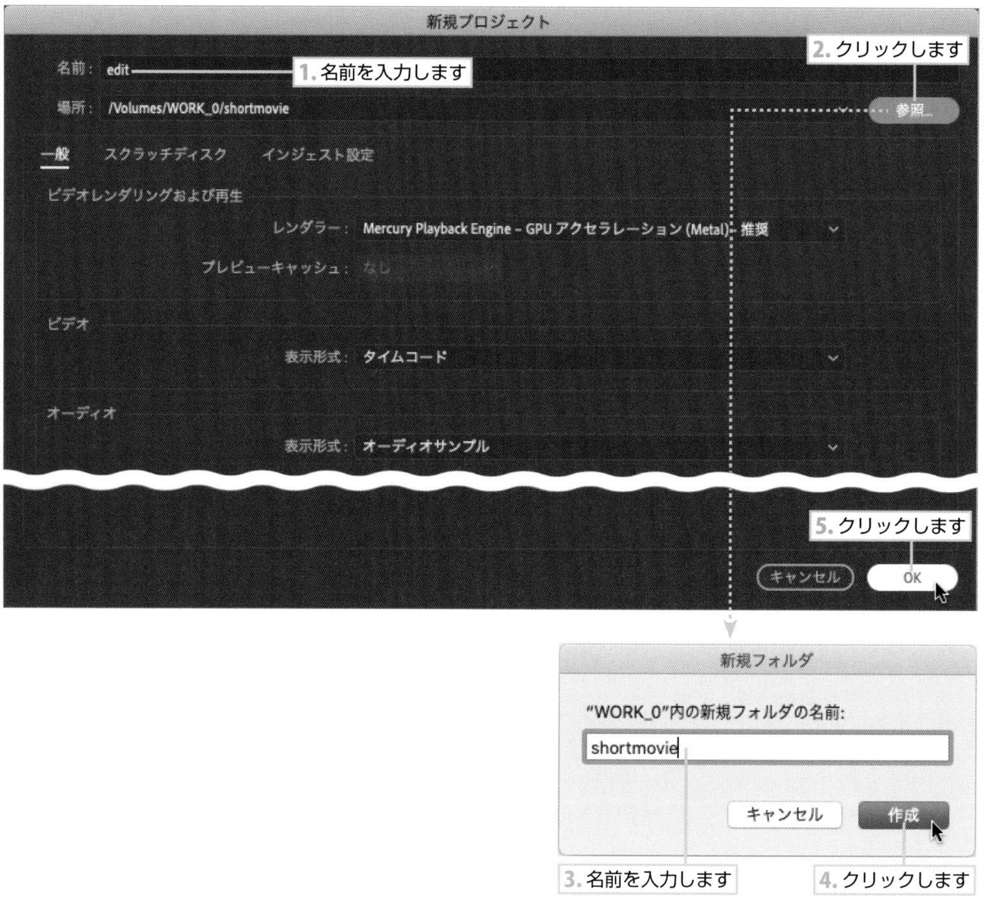

ファイルの読み込み

1 【ファイル】➡【読み込み】を選択して、“shortmovie_source”フォルダから“CUT01～CUT19.mp4”を選択します（次ページおよび32ページ参照）。

※本書のサンプルには、音楽ファイルは入っていません。

2 【読み込み】をクリックすると、素材が【プロジェクトパネルグループ】に読み込まれます（32ページ参照）。

シーケンスを作成する

1 【ファイル】➡【新規】➡【シーケンス】を選択します（33ページ参照）。

2 【新規シーケンス】ダイアログボックスで【AVCHD 1080p 24】を選択して【シーケンス名】を“edit”と入力し、【OK】をクリックします。
※ここでは映画用の【24fps】を使用するので、注意してください。

クリップを配置する

"CUT01～CUT19.mp4" を選択し、**【タイムライン】**パネルの "0秒" の位置から左詰めで配置します。

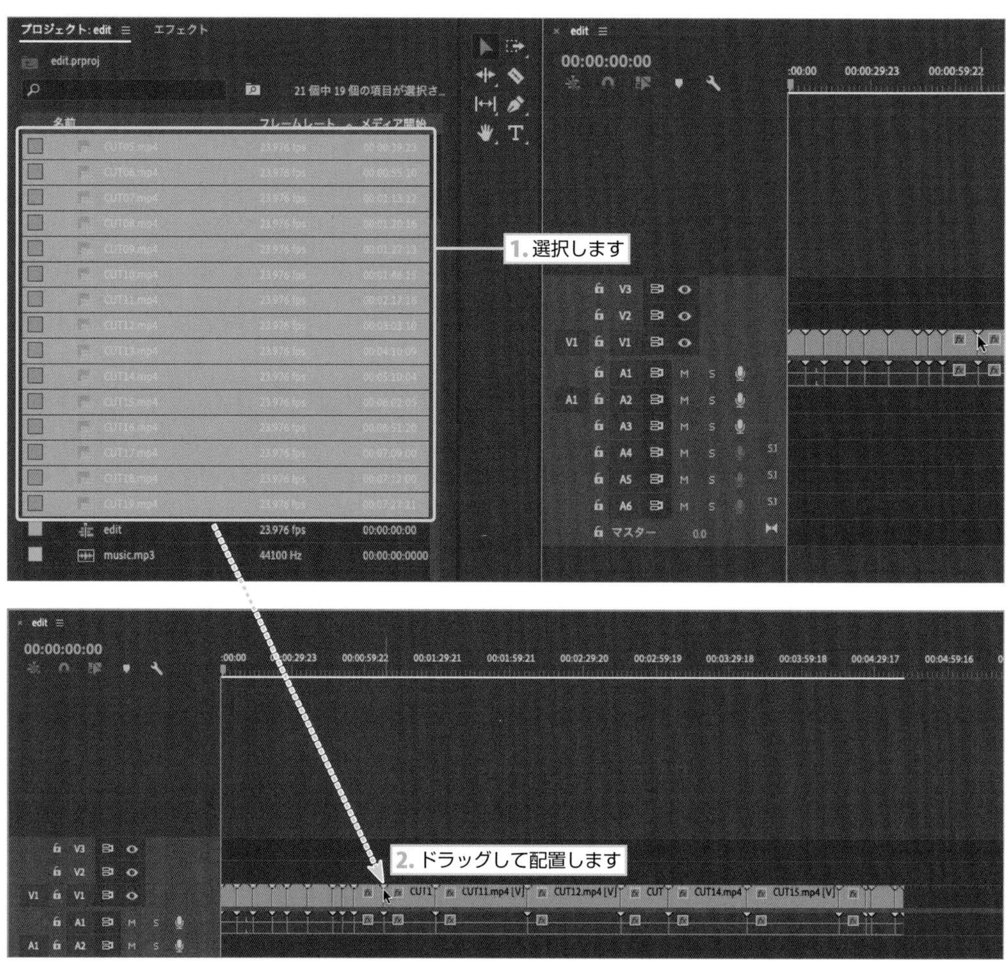

カット編集

1 “00:00;02;00” に【現在の時間インジケーター】を合わせます。すべてのクリップを選択して（Mac ⌘＋A／Win Ctrl＋Aキー）、2秒からの頭合わせにしてください。

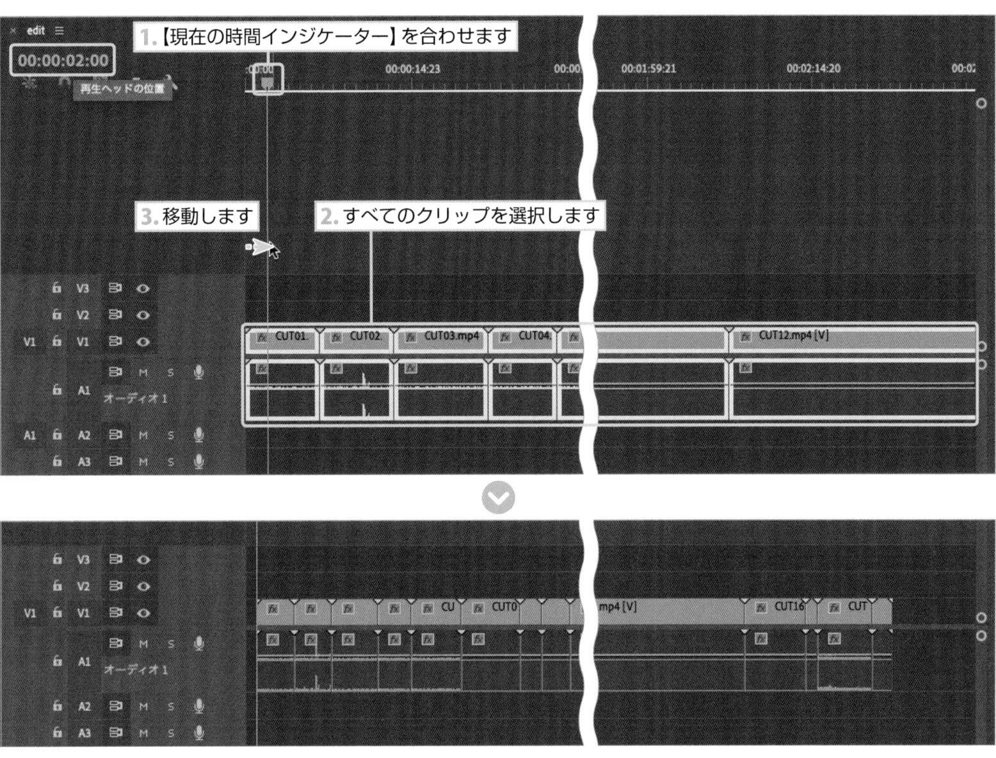

2 【ファイル】➡【新規】➡【カラーマット】を選択して、【OK】をクリックします。色を黒 “000000” に設定します。名前を【黒】にして、【OK】をクリックします。

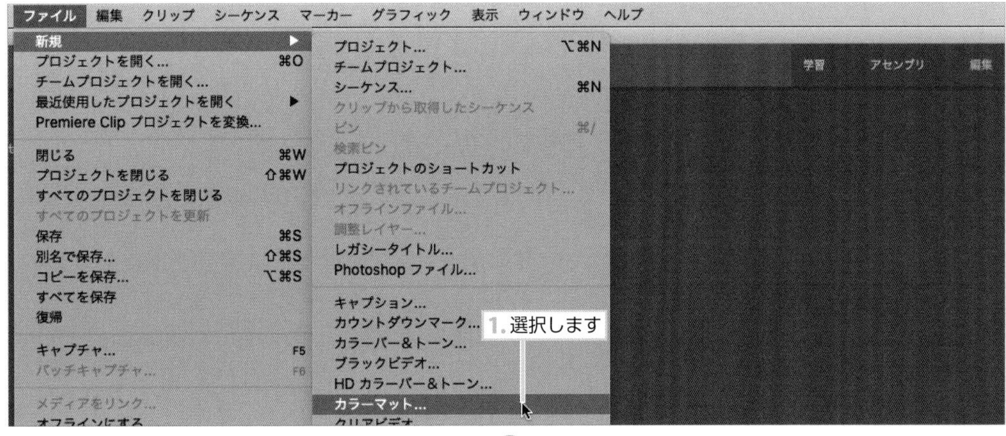

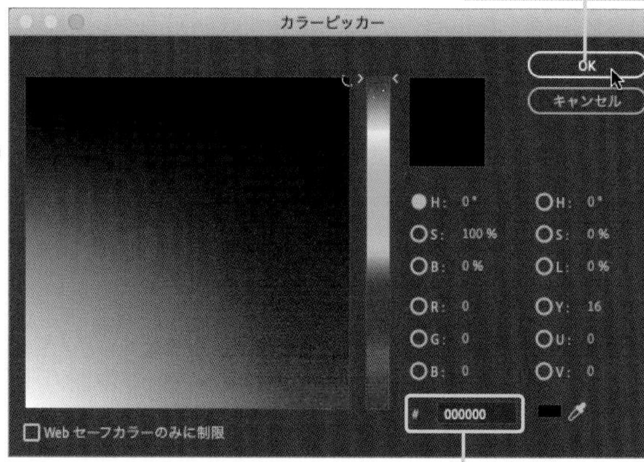

3 【プロジェクト】パネルに【黒】クリップが出ているので、0秒の位置に配置します。“CUT01.mp4” の間に入るように調整します。

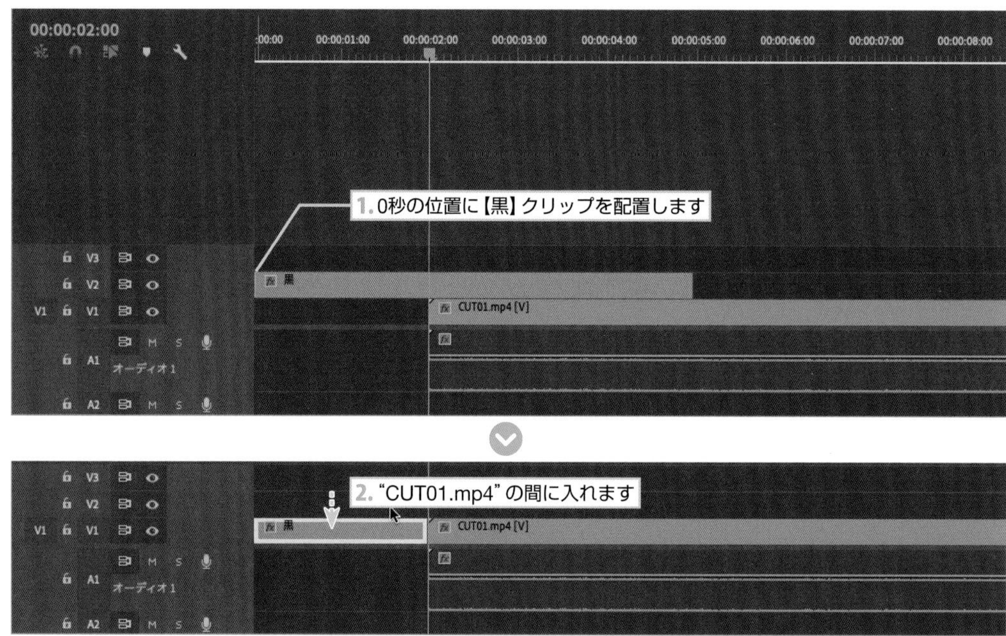

4 “00:00:06:00” でカットして、右側を削除して詰めます。神社にお参りしているシーンになります。

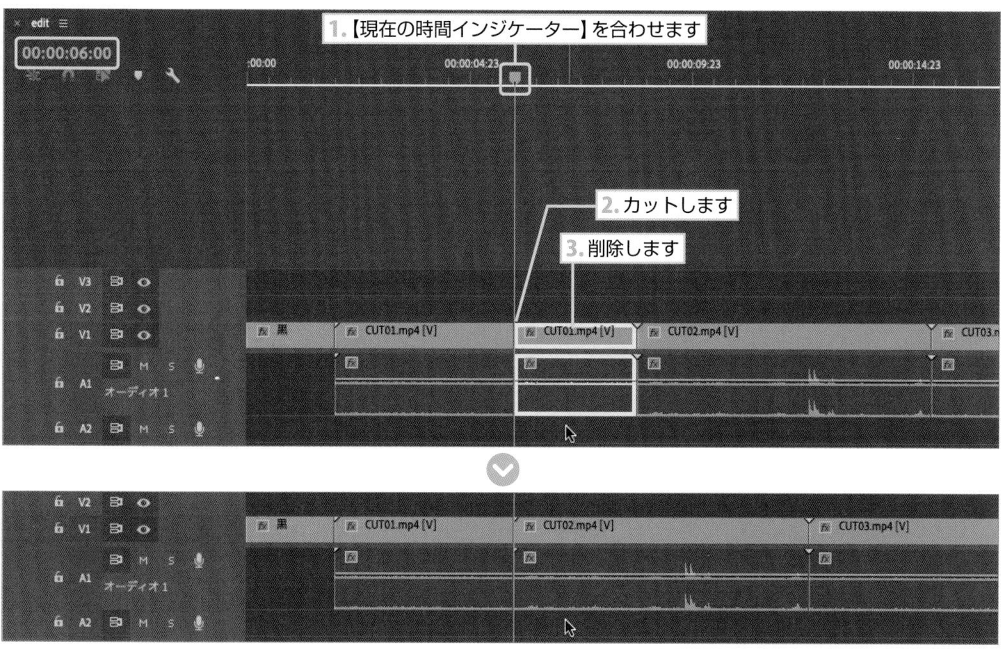

5 “00:00:08:02” でカットして、左側を削除して詰めます。女性がフレーム・インしてきます。

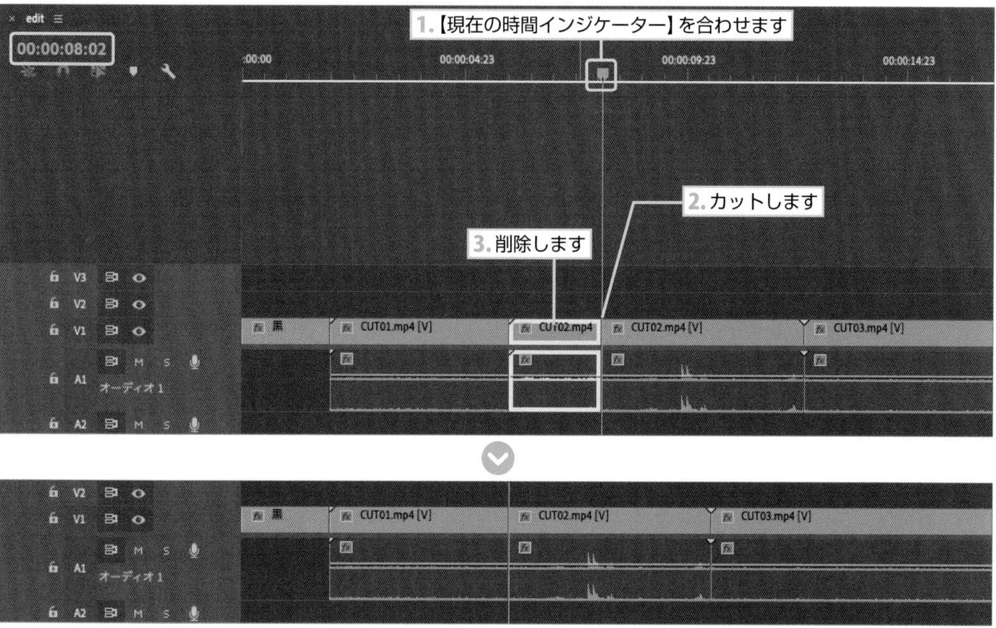

6 "00:00:09:12" でカットして、右側を削除して詰めます。おみくじを持つところでカットが変わります。

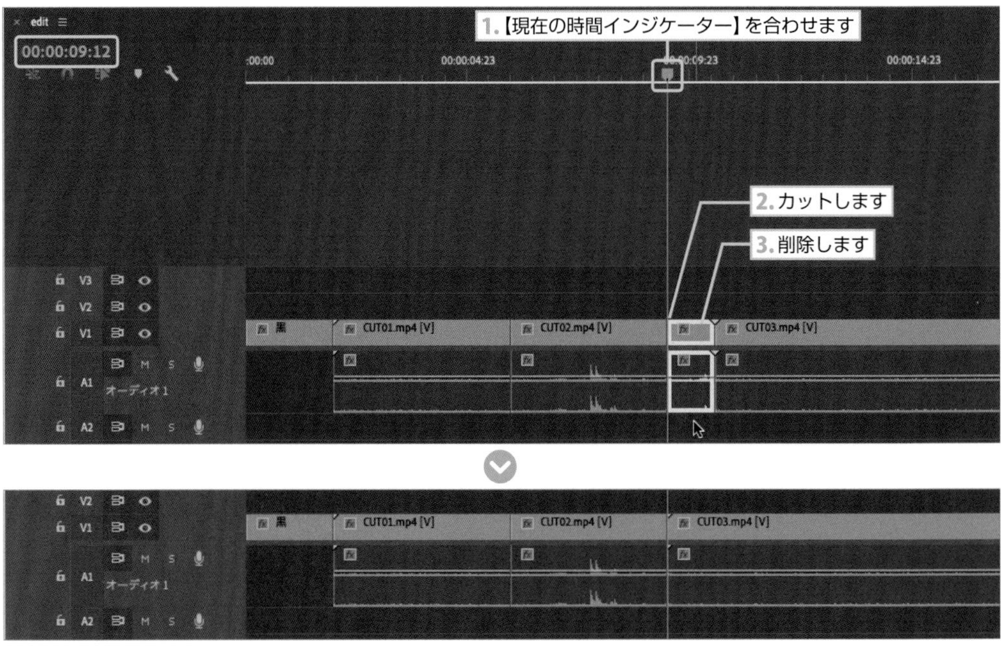

7 "00:00:11:20" でカットして、左側を削除して詰めます。おみくじを開きます。

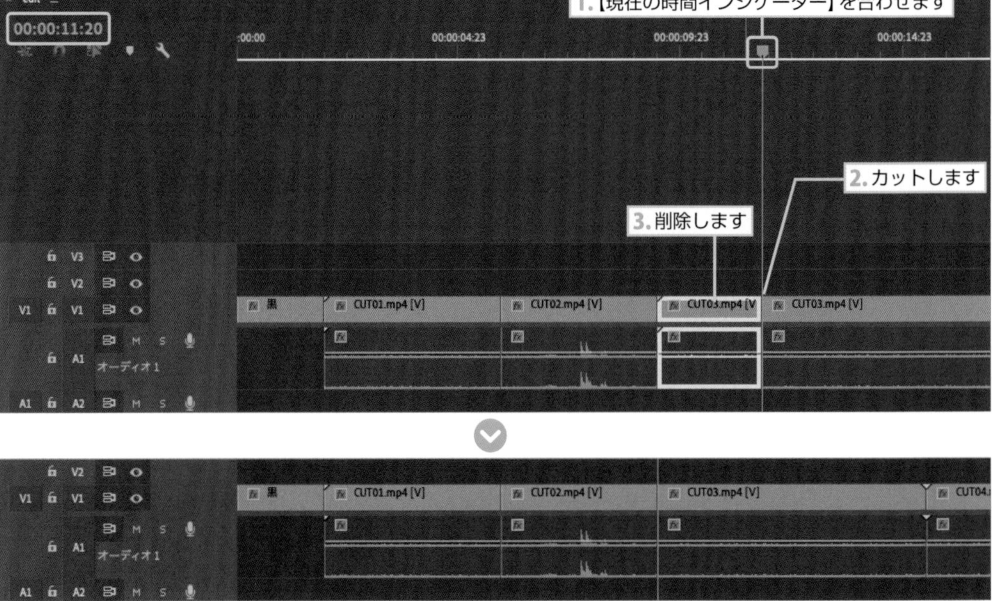

8 “00:00:12:22” でカットして、右側を削除して詰めます。おみくじを全部開くまで使うと間延びした感じになるので、演出的に割愛します。

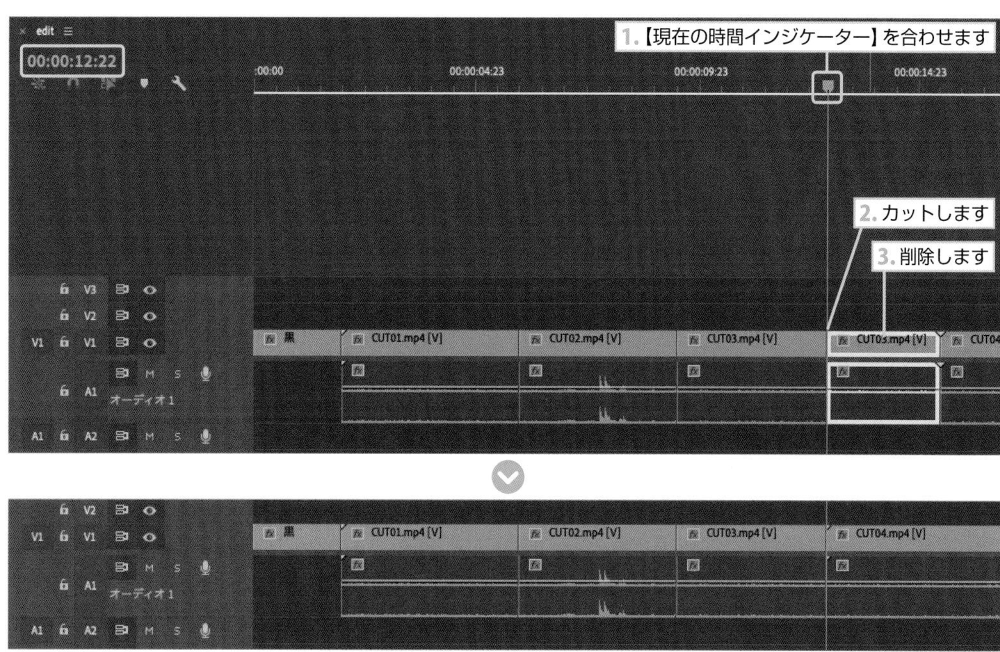

9 “00:00:14:04” でカットします。ここでは削除しません。

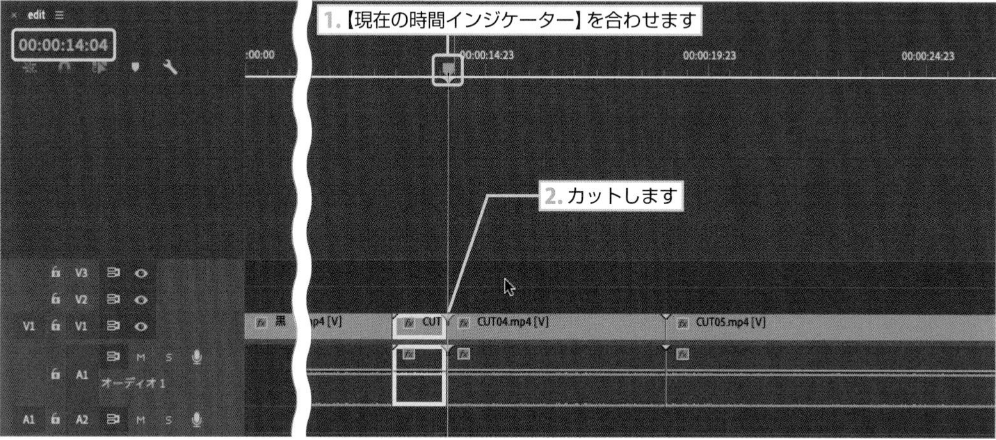

10 “00:00:17:00” でカットして、右側を削除して詰めます。さらに分割した “CUT04.mp4” を選択して、【エフェクトコントロール】パネルの【モーション】➡【スケール】を “160” に設定します。
画像は荒くなりますが、“待ち人　来る。” を強調するためです。さらに後で加工します。

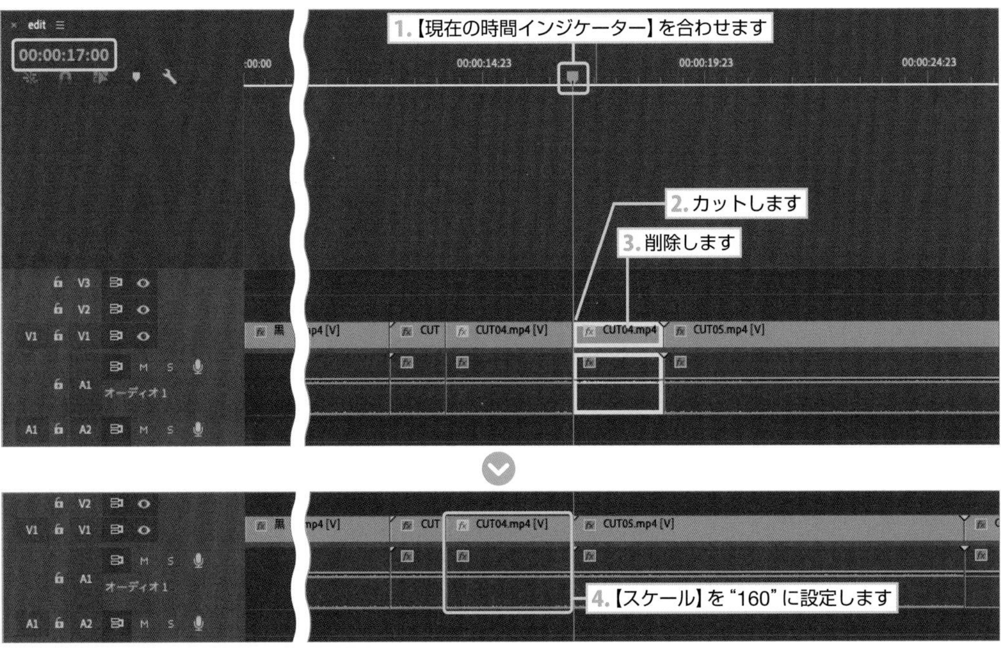

11 “00:00:17:20” でカットします。左側を削除して詰めます。おみくじを閉じると、左手の薬指に赤い糸がついていることに気が付きます。

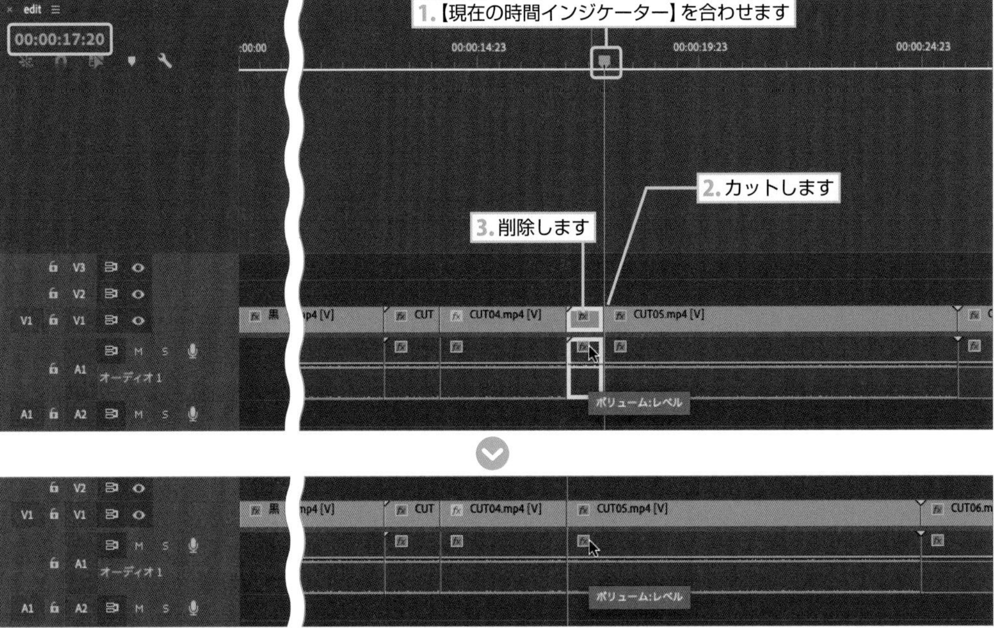

12 “00:00:23:00” でカットして、右側を削除して詰めます。

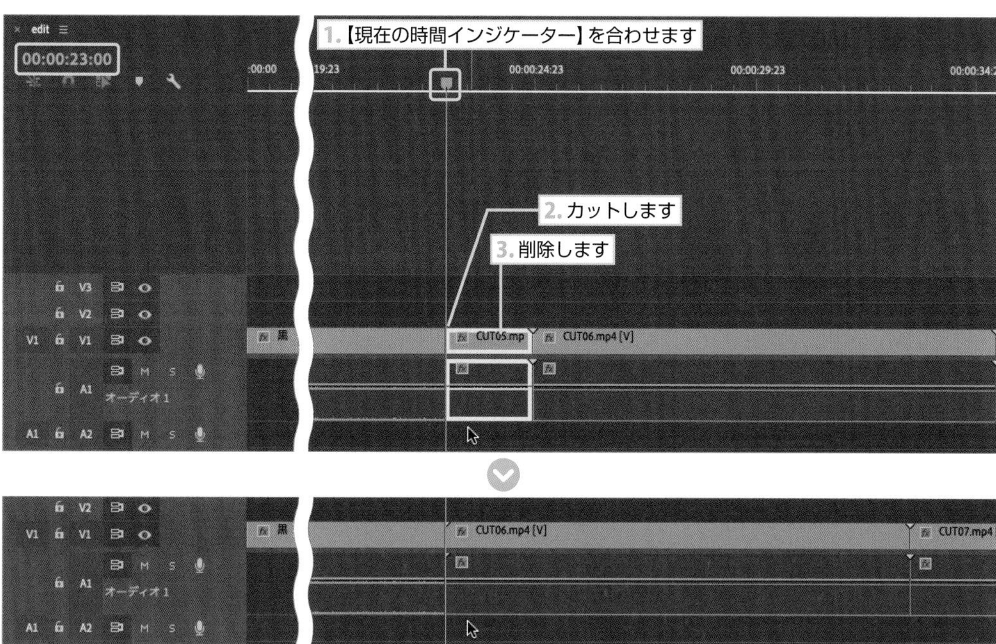

13 “00:00:28:17” でカットして、左側を削除して詰めます。すぐに赤い糸が引っ張られるカットにします。

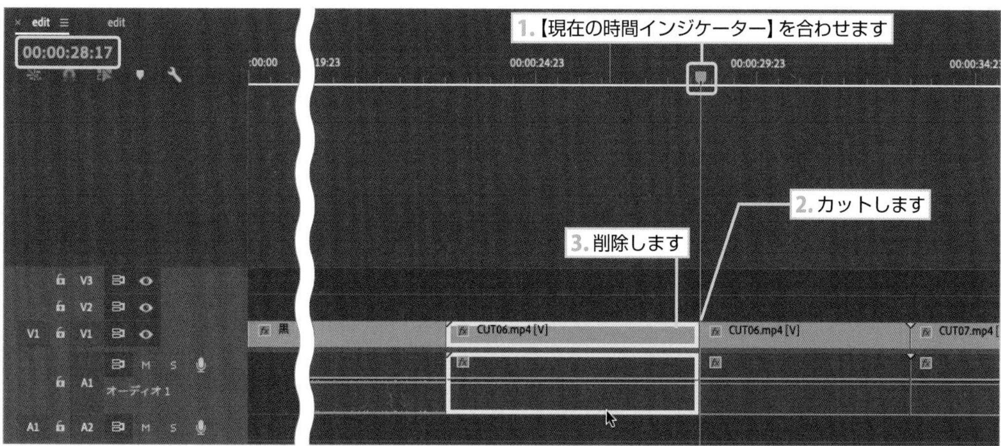

14 “00:00:24:05” でカットして、右側を削除して詰めます。

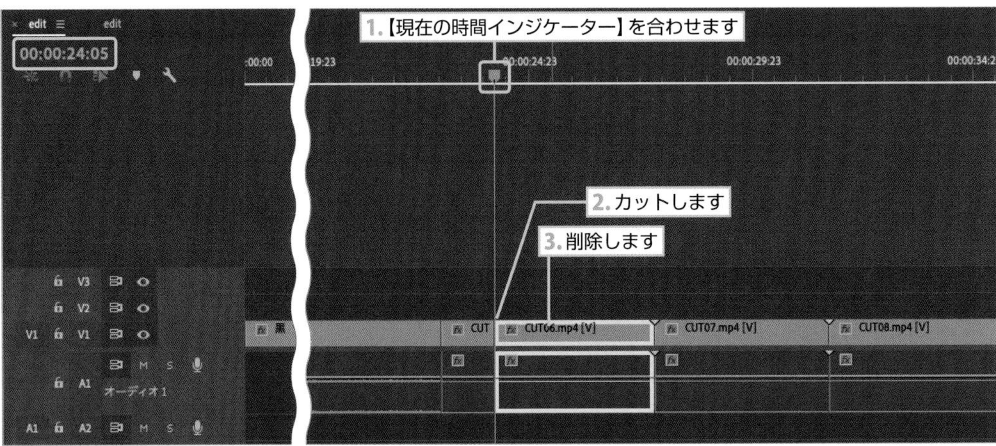

15 “CUT06.mp4” を選択して右クリックして【速度・デュレーション】を選択し、【クリップ速度・デュレーション】ダイアログボックスで【速度】を “110%” に設定すると、引っ張られている印象が強くなります。

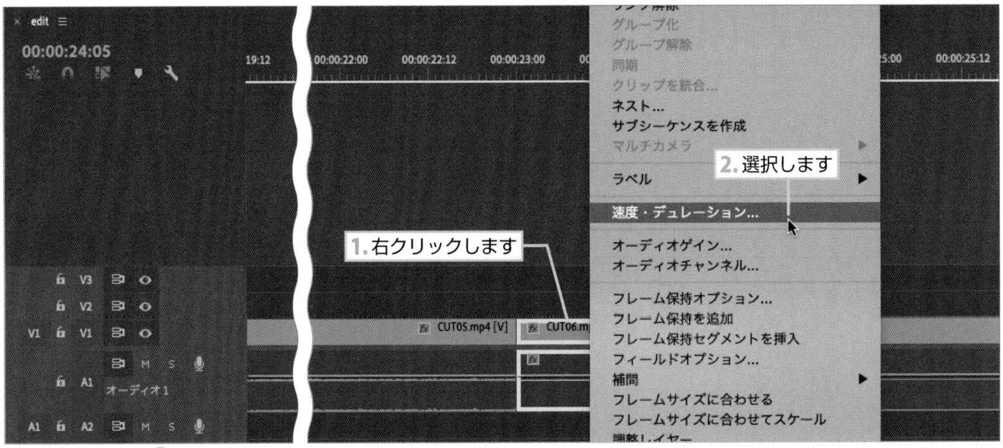

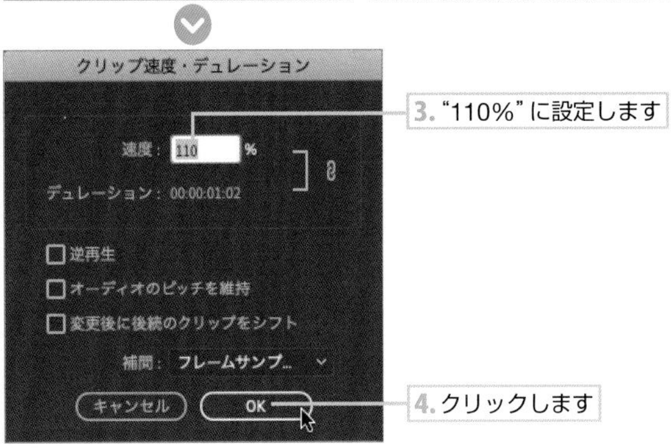

1.右クリックします
2.選択します
3.“110%” に設定します
4.クリックします

16 早送りするとクリップは短くなるので、空いたところを右クリックし、【リップル削除】を選択してクリップ間を詰めます。

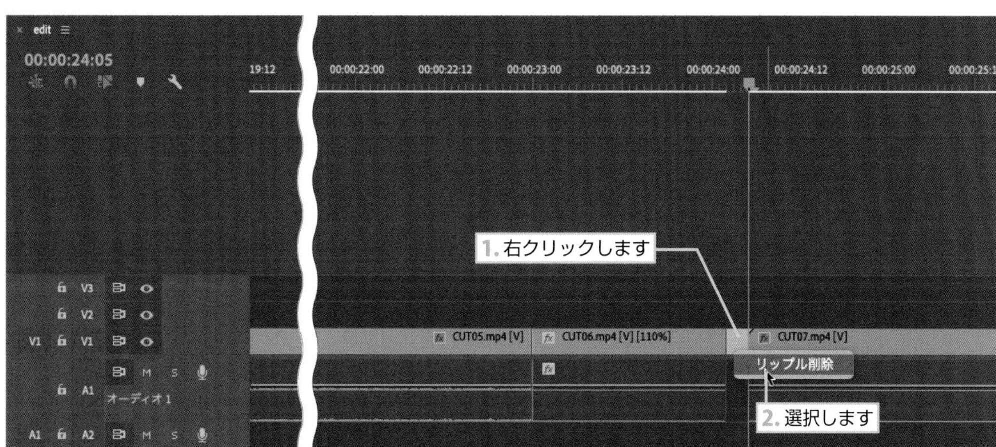

17 "00:00:25:23" でカットして、左側を削除して詰めます。女性が赤い糸に引っ張られるアクションつなぎになります。

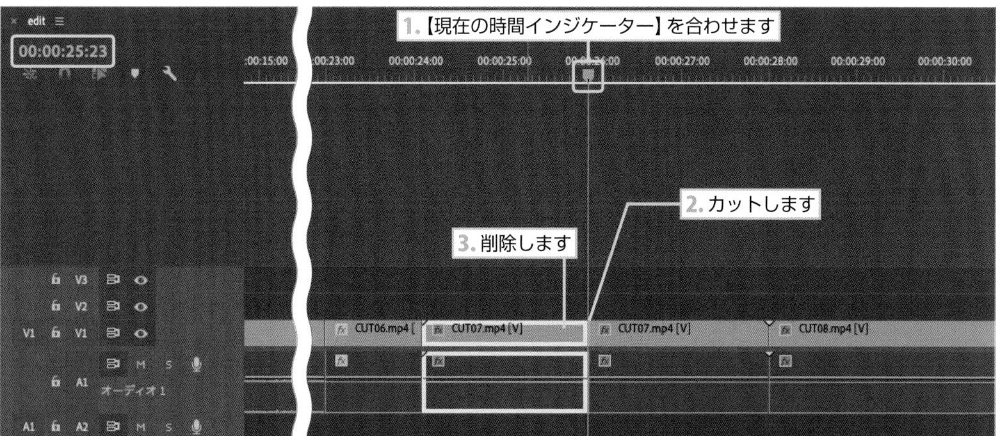

18 “00:00:25:23” でカットして、右側を削除して詰めます。

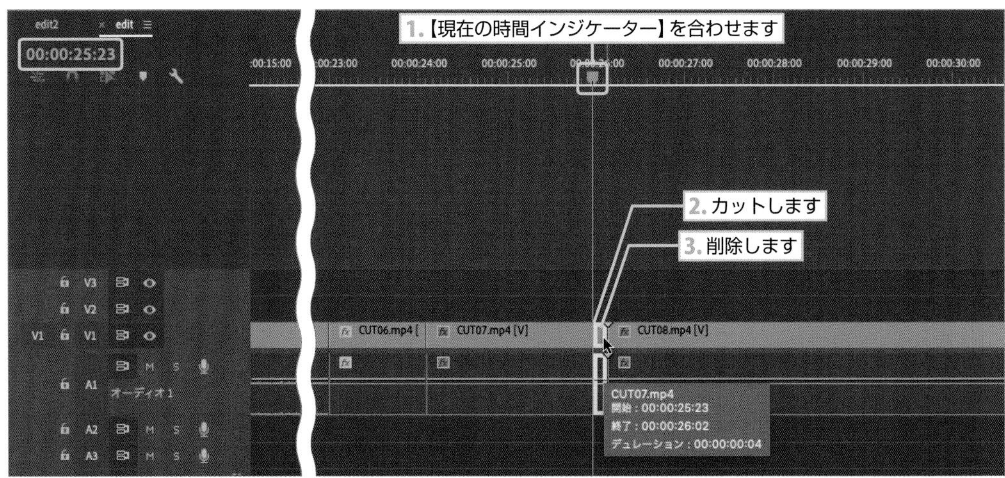

19 “CUT07.mp4”もう少し早送りをして引っ張られている感じを足します。【クリップ速度・デュレーション】ダイアログボックスを表示して【速度】を “110%” に設定し、間を詰めます。

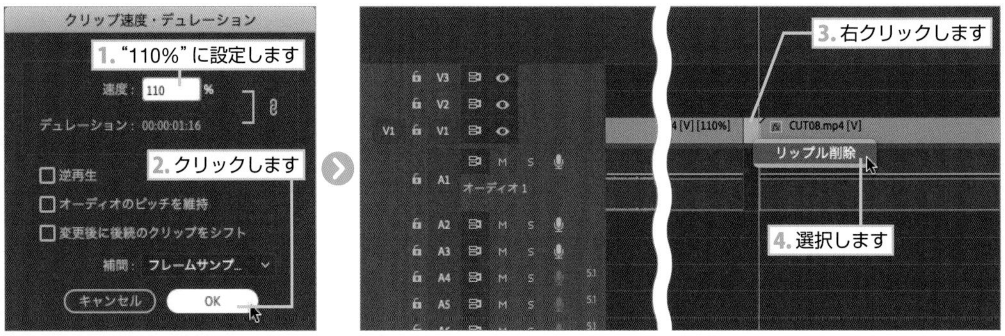

20 “00:00:27:00” でカットして、左側を削除して詰めます。慌てている女性が階段を降りていきます。

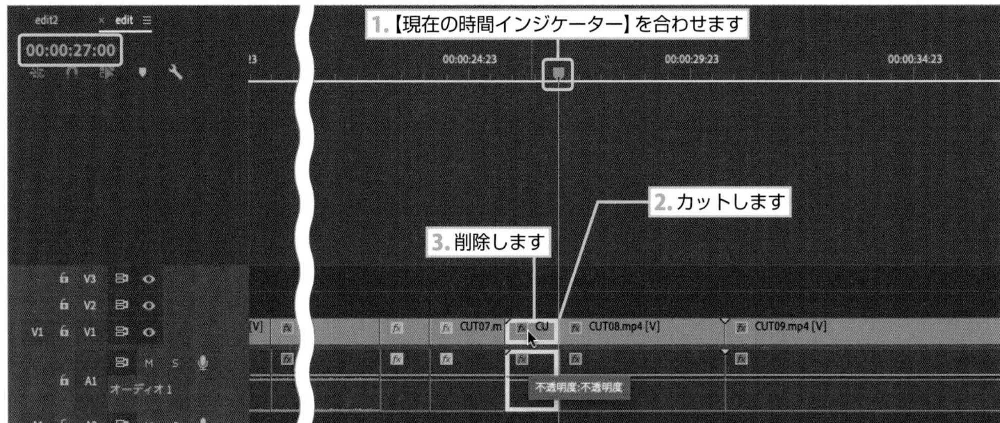

21 "00:00:28:04" でカットして、右側を削除して詰めます。フレームアウトする瞬間まで使います。

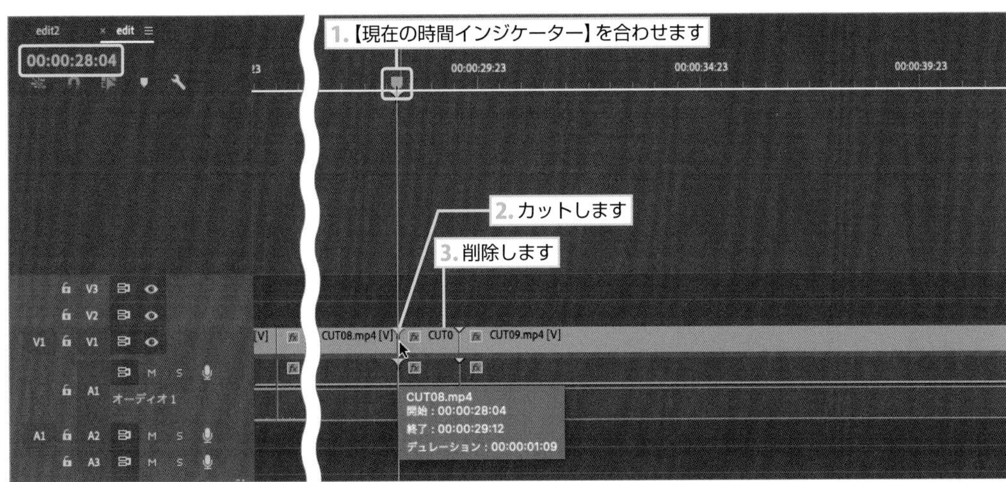

22 "CUT08.mp4" も速度を "110%" に設定します。次のカットの間も詰めます。

23 "00:00:30:00" でカットします。左側を削除して詰めます。慌てている女性が街を駆け巡ります。

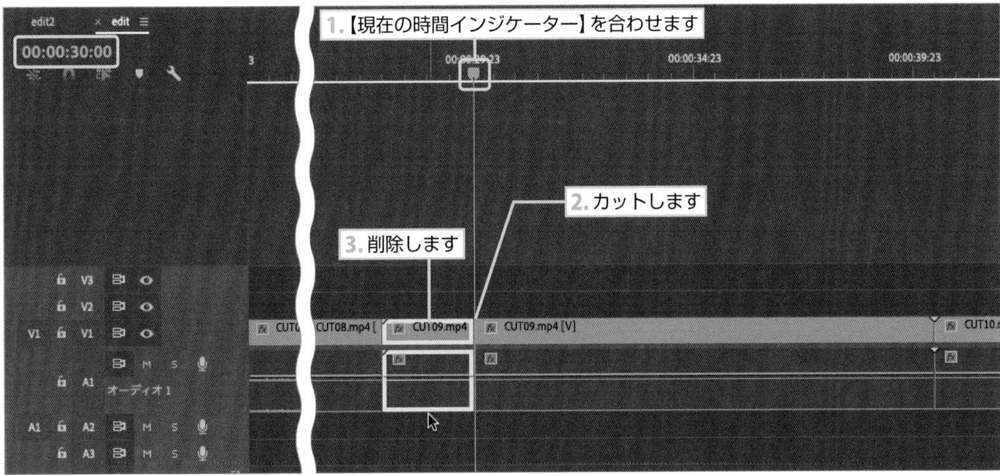

24 "00:00:31:07" でカットします。

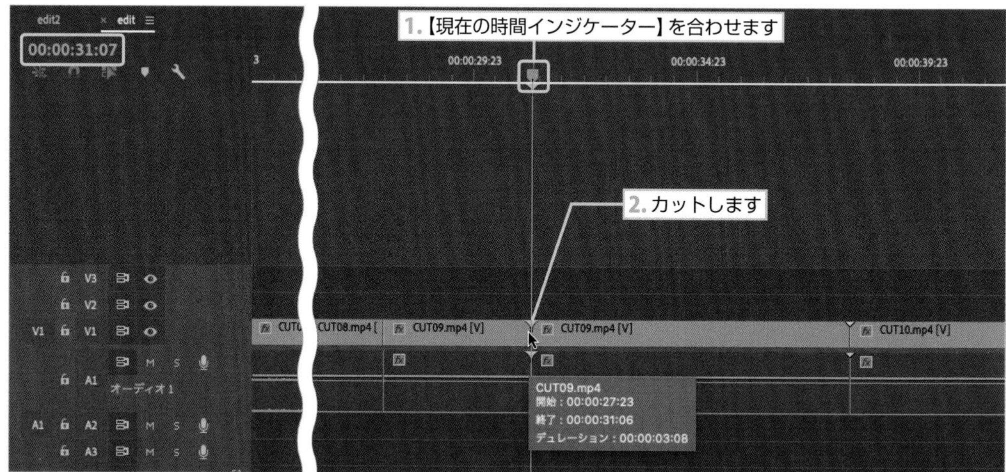

25 "00:00:34:01" でカットします。

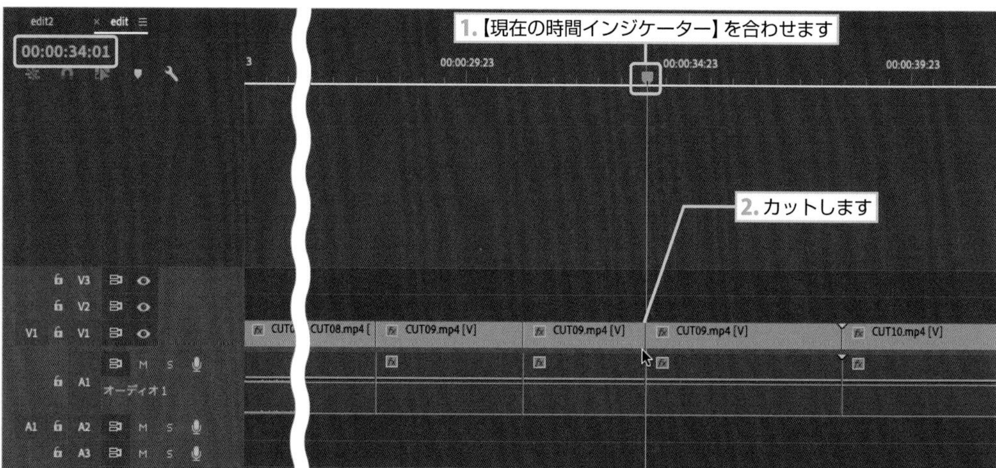

26 “00:00:31:07～00:00:34:01” の “CUT09.mp4” クリップを削除して詰めます。

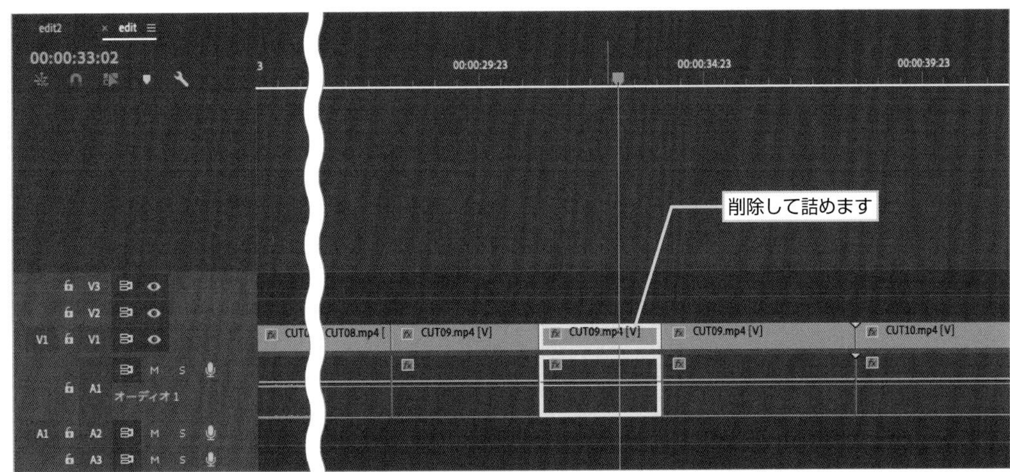

27 “00:00:34:21” でカット、右側を削除し、詰めます。フレームアウトする瞬間まで使います。

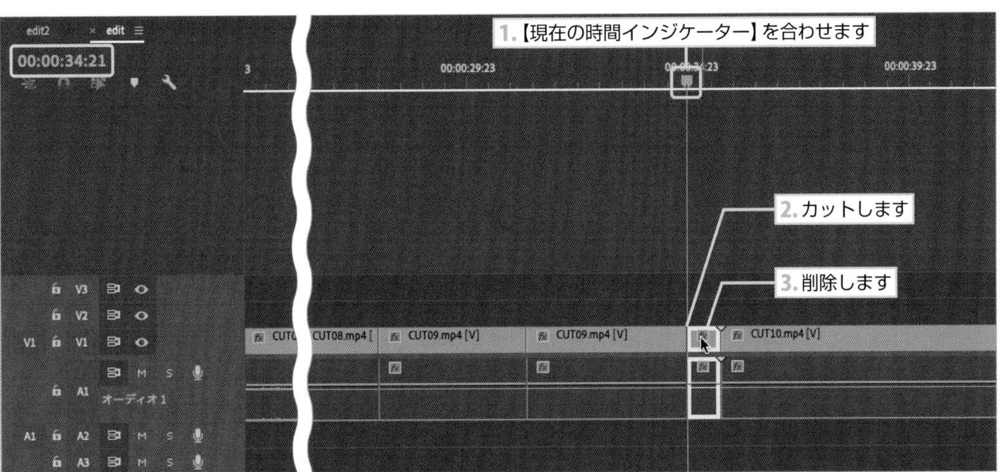

28 "CUT09.mp4" クリップを2つとも選択して、速度を "110%" に設定します。空白の部分は詰めます。

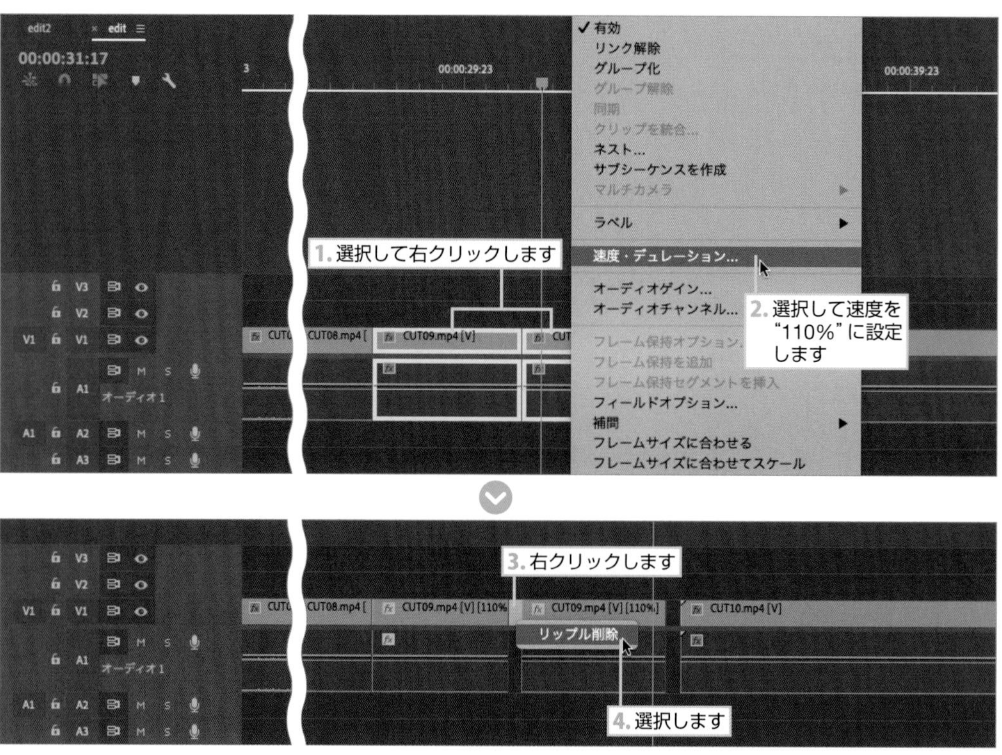

29 分割された右側の "CUT09.mp4" クリップを選択して、【エフェクトコントロール】パネルから【モーション】➡【スケール】を "150"、【位置】を【X軸：1200】に設定します。
同じカットでも、サイズ違いで別カットになります。画像が荒くなるので、拡大しすぎないように注意してください。

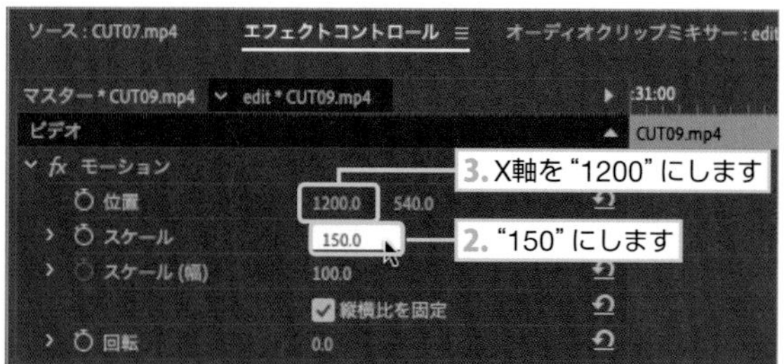

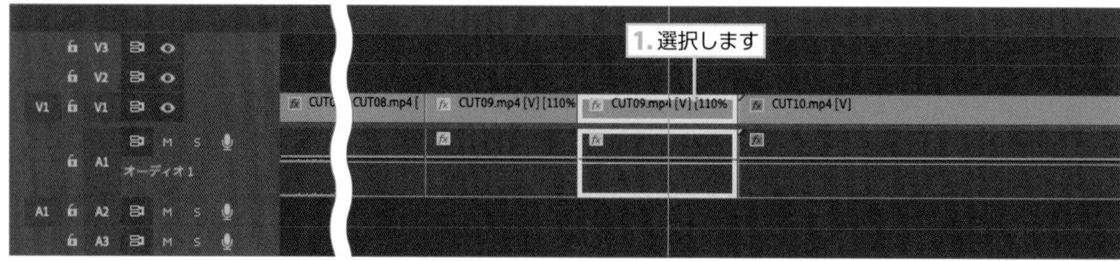

30 “00:00:36:14” でカットして、左側を削除して詰めます。慌てている女性が海沿いを駆け巡ります。

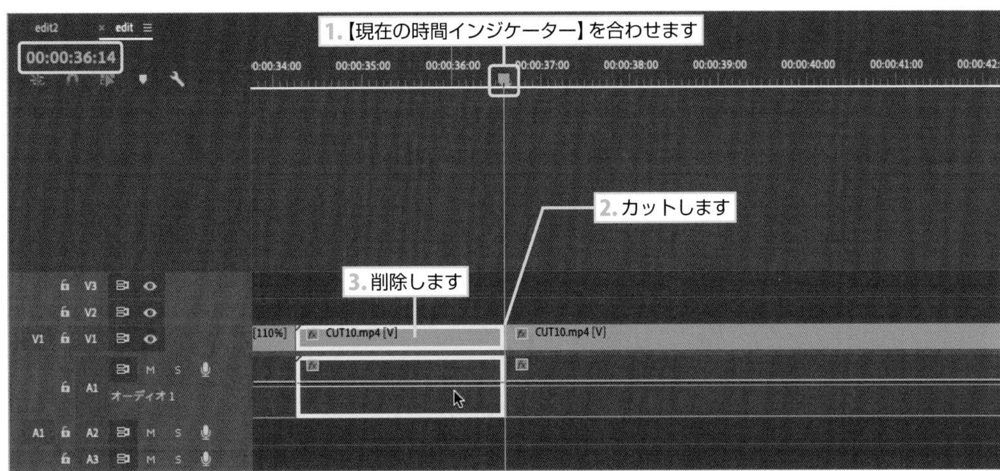

31 “00:00:40:18” でカットします。右側を削除して詰めます。

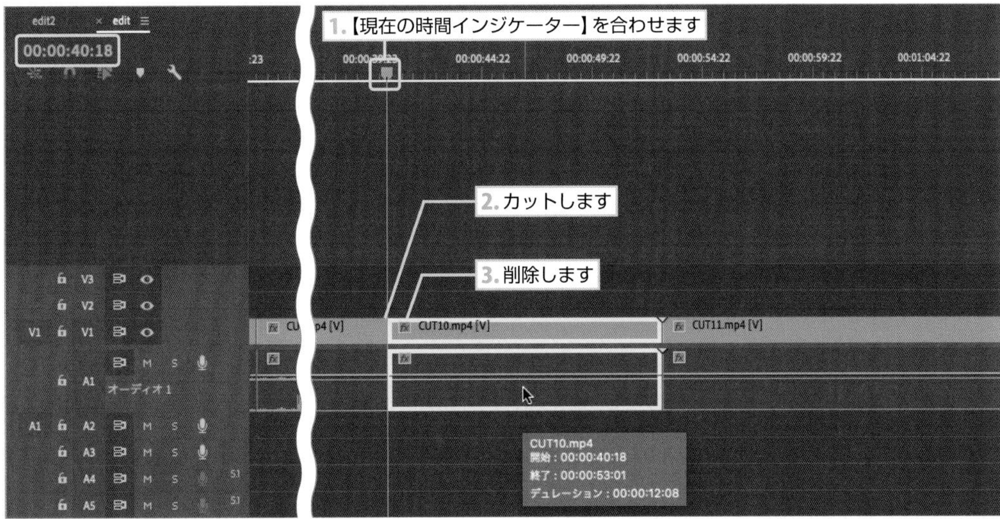

32 "CUT10.mp4" は【クリップ速度・デュレーション】ダイアログボックスで【速度】を "120%" に変更します。
次のカットの間も詰めます。

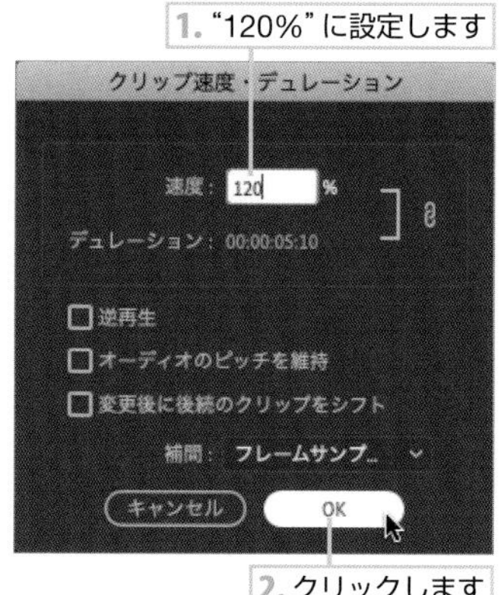

33 "CUT11.mp4" クリップの "00:00:43:02" でカットして、左側を削除して詰めます。慌てている女性が噴水前を駆け巡ります。

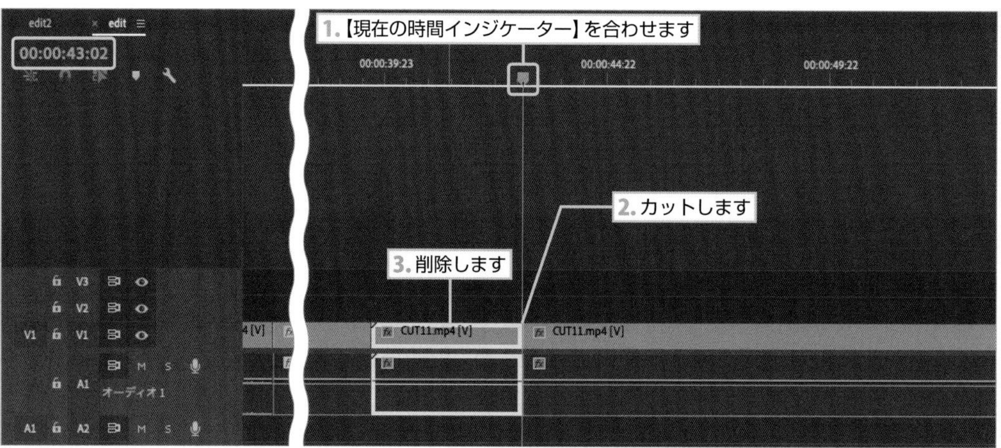

34 "00:00:44:03" でカットします。

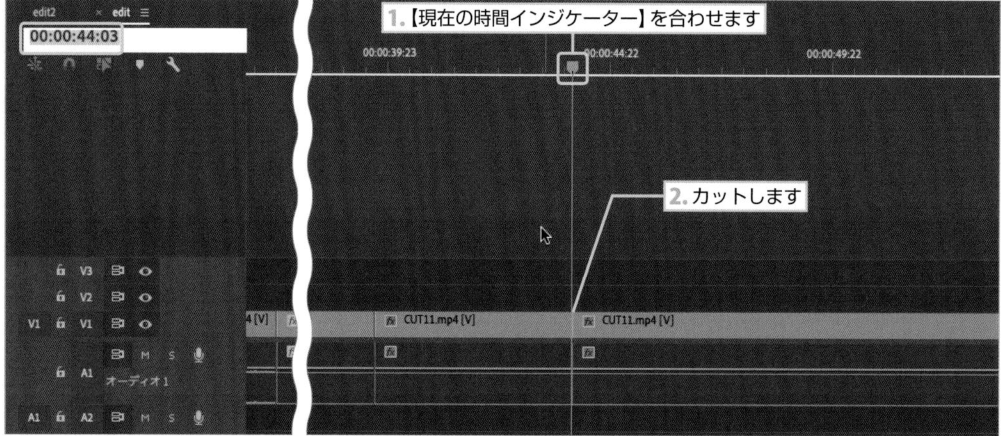

35 “00:00:52:01” でカットして、左側を削除します。ここは詰めないで、空白のままにしておきます。

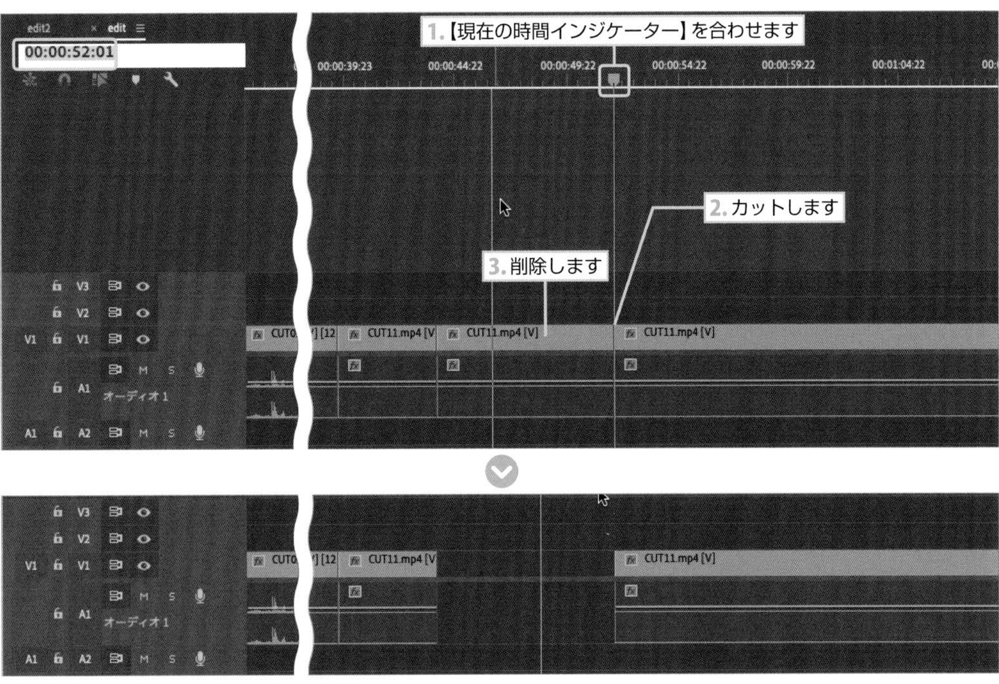

36 “00:00:55:11” でカットします。

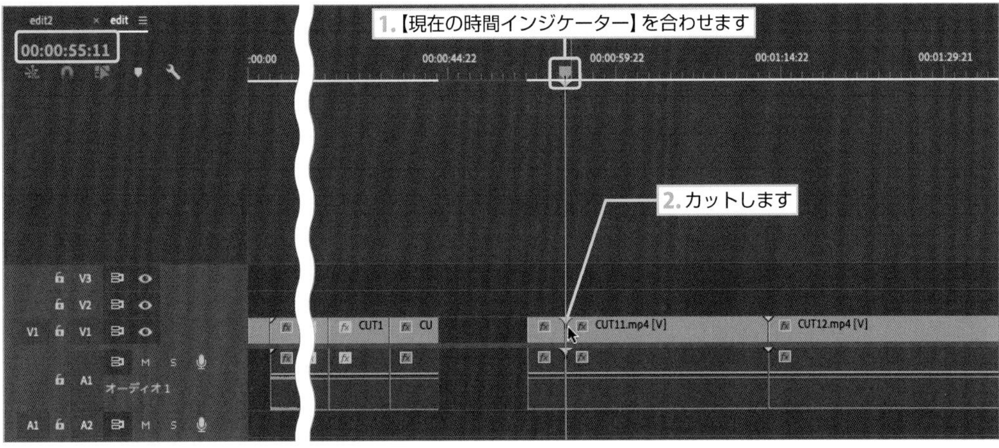

37 “00:01:07:20” でカットします。左側を削除します。ここも詰めないで、空白のままにしておきます。

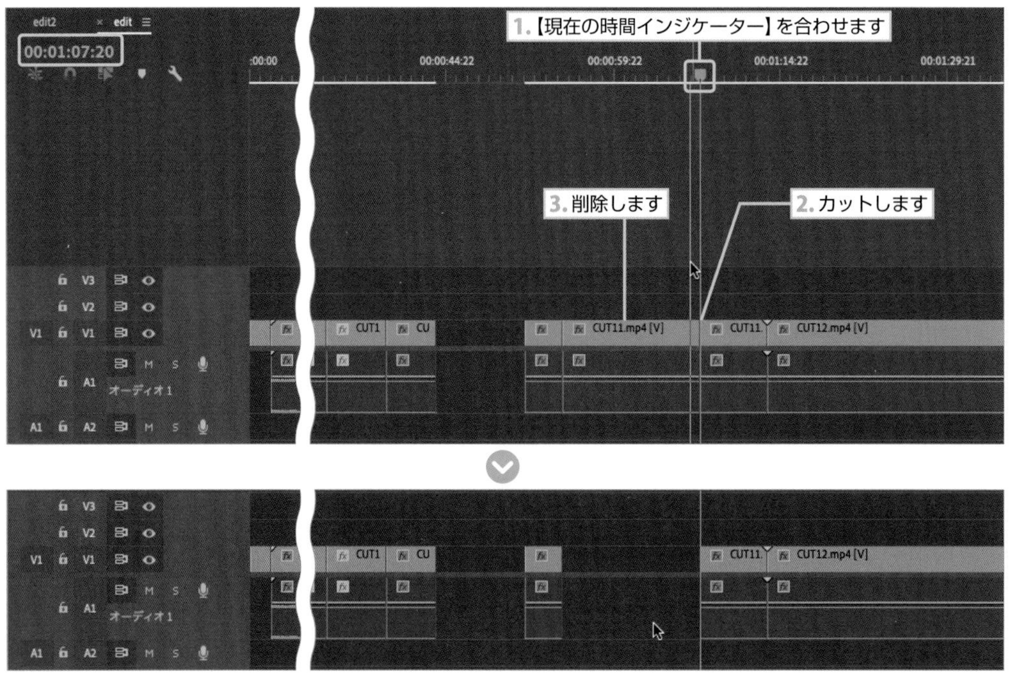

38 “00:01:11:04” でカットします。右側を削除します。ここも詰めないでください。

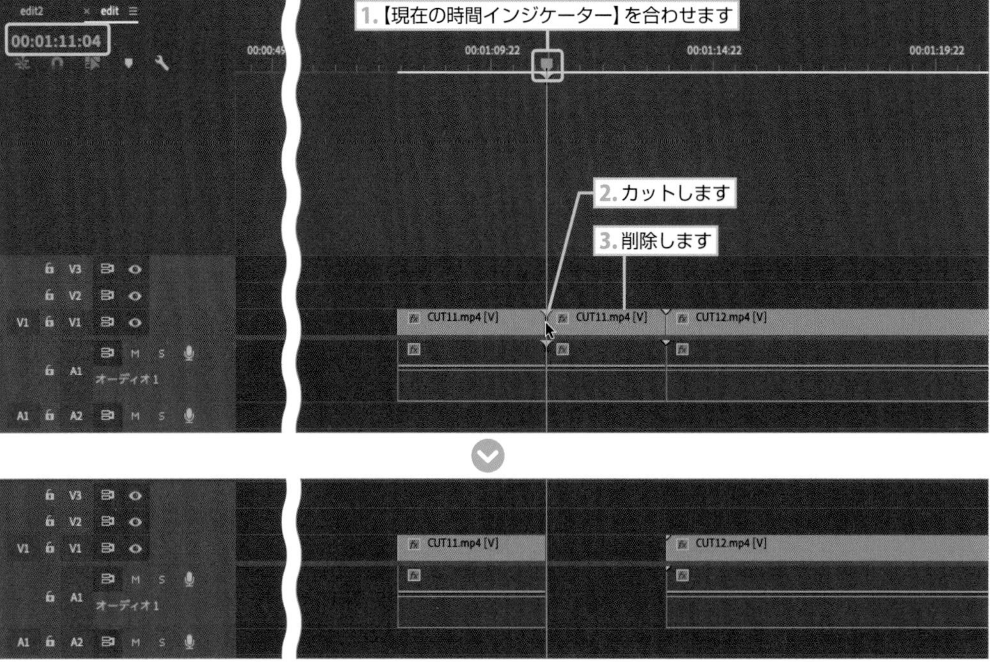

39 続いて、“CUT12.mp4” クリップを “00:01:22:04” でカットして、左側を削除します。ここも詰めないでください。

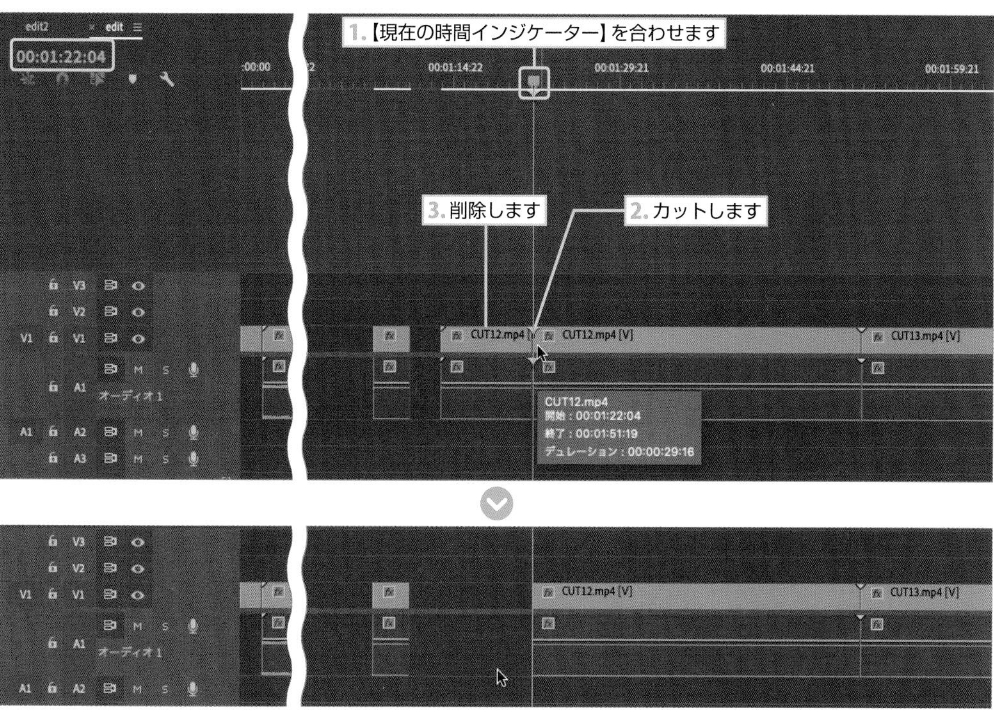

40 “00:01:27:13” でカットします。

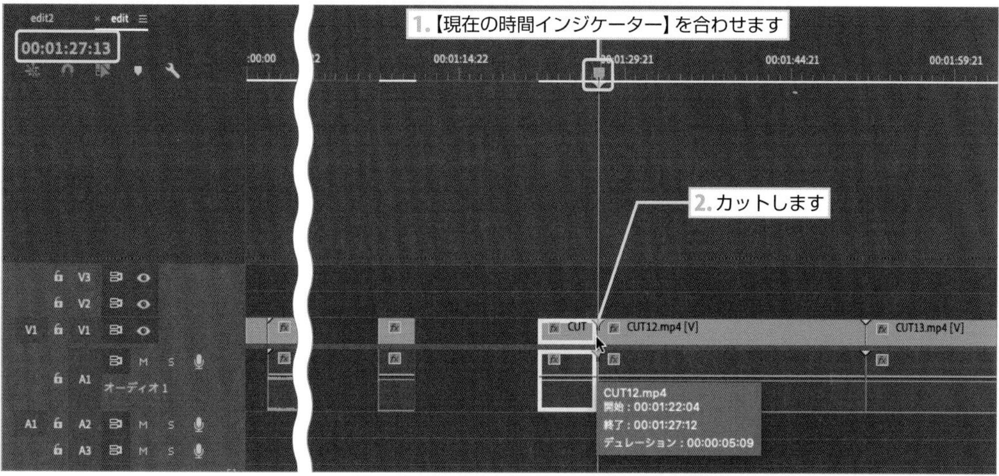

41 分割された "CUT12.mp4" クリップを "00:00:44:03" を頭合わせにドラッグ＆ドロップして移動します。

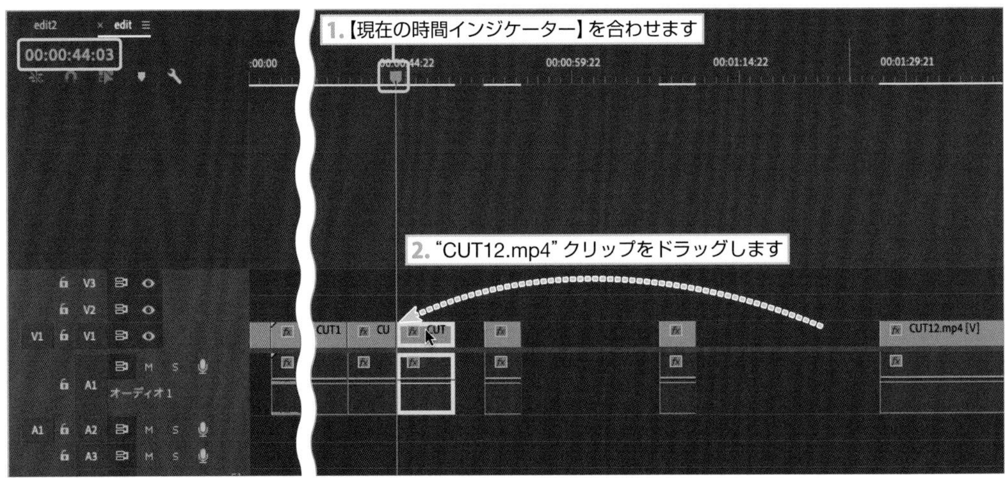

42 "00:00:49:12" にある空白を右クリックして、【リップルを削除】から左詰めにします。

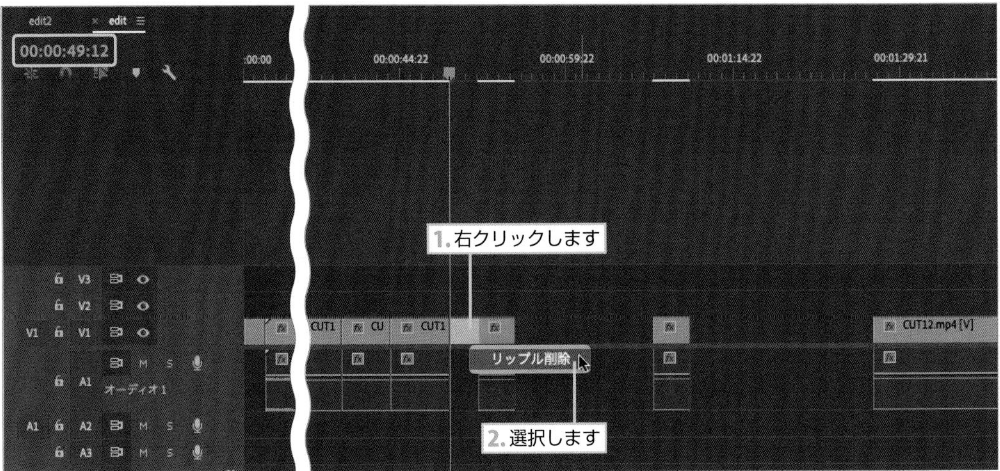

43 “00:01:39:13”でカットして、左側を削除します。ここも詰めないで、空白のままにしておきます。

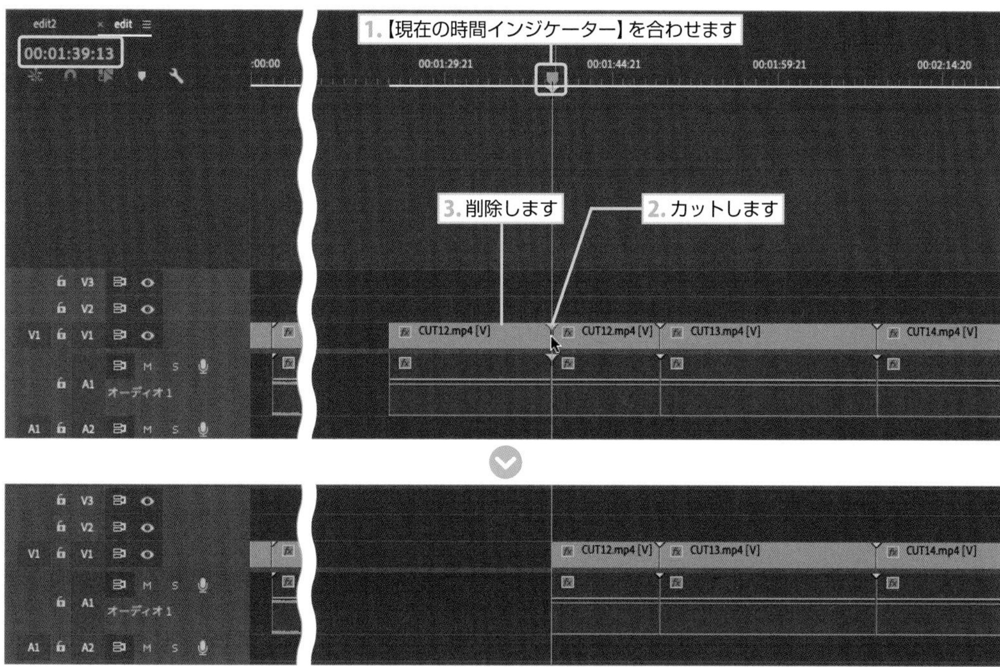

44 “00:01:44:01”でカットして、右側を削除します。ここも詰めないでください。

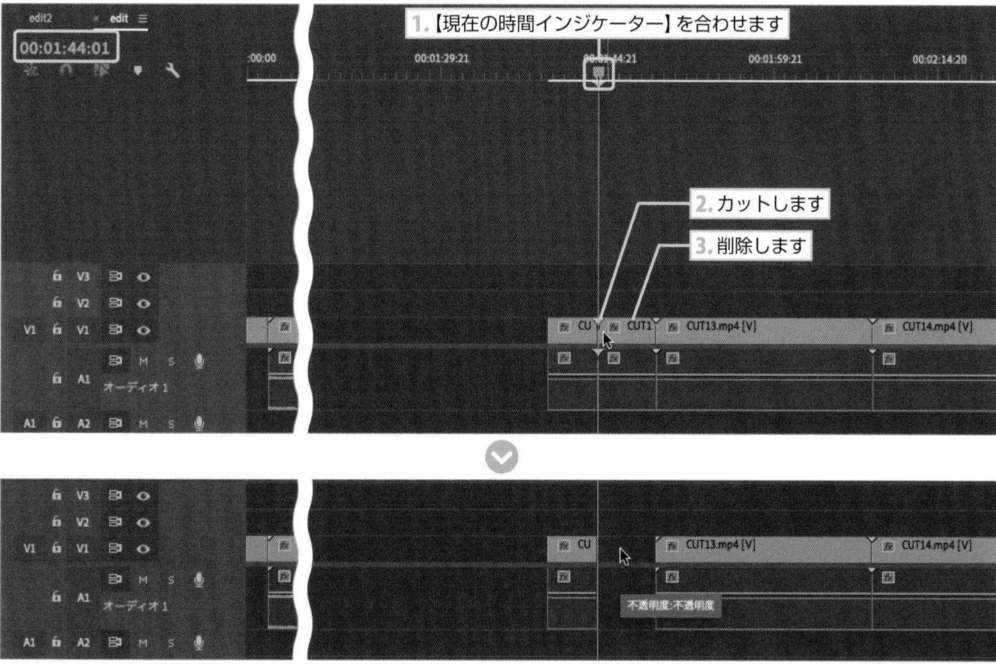

45 分割された “CUT12.mp4” クリップを “00:00:52:22” を頭合わせにドラッグ＆ドロップして移動します。

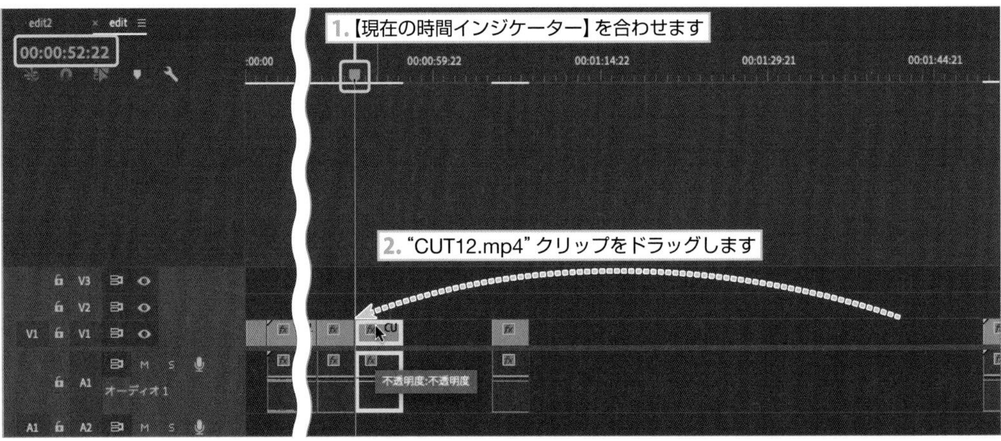

46 “00:00:57:10” にある空白を右クリックし、【リップル削除】を選択して左詰めにします。

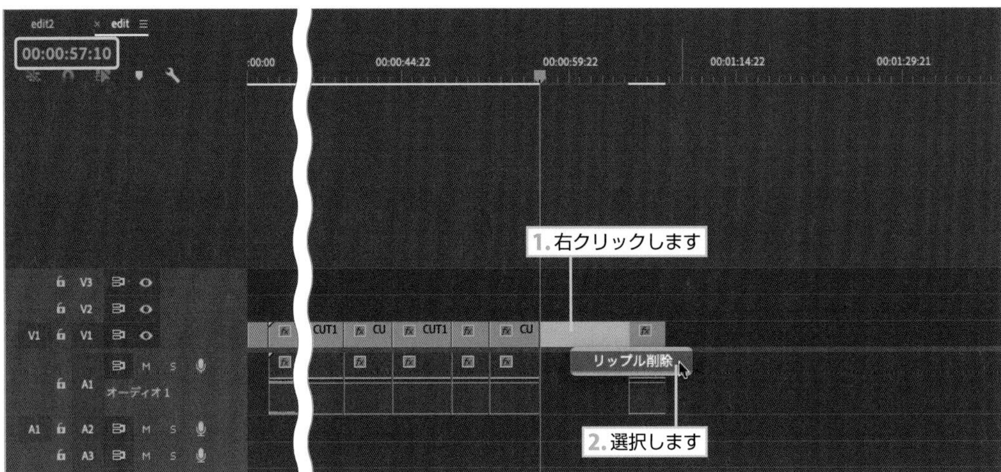

47 再生すると、噴水の周りを引きの絵で回っている女性とアップが交互に切り替わり、臨場感が増します。

48 さらに、次のように変更してください。
“00:00:39:16” からの “CUT11.mp4” クリップには、【クリップ速度・デュレーション】ダイアログボックスで【速度】を “135%” に設定します。

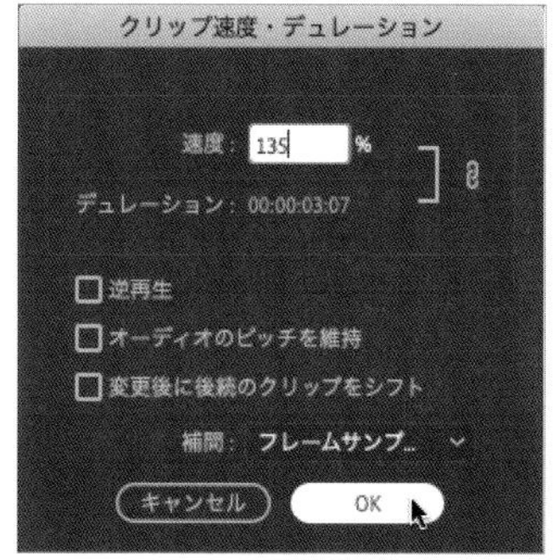

49 “00:00:44:03” からの “CUT12.mp4” クリップには、【速度】を “110%” に設定します。

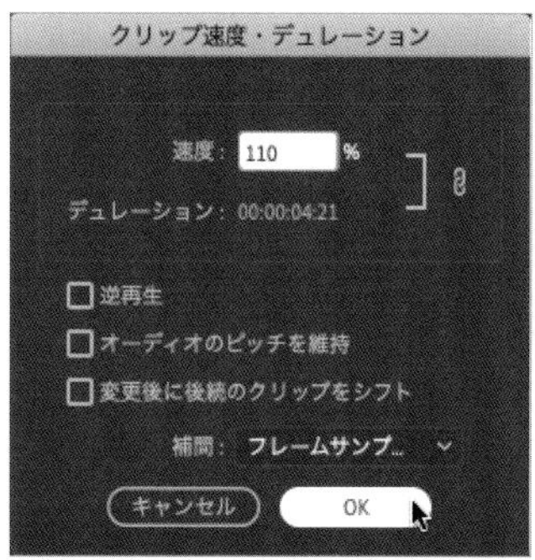

50 “00:00:49:12” からの “CUT11.mp4” クリップには、【速度】を “130%” に設定します。

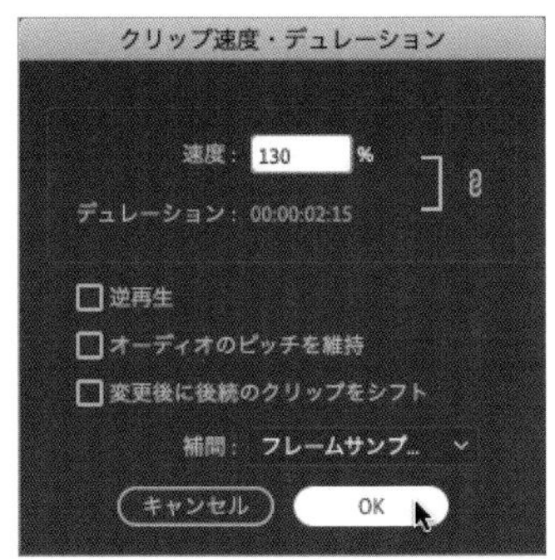

51 “00:00:52:22” からの “CUT12.mp4” クリップには、【速度】を “120%” に設定します。

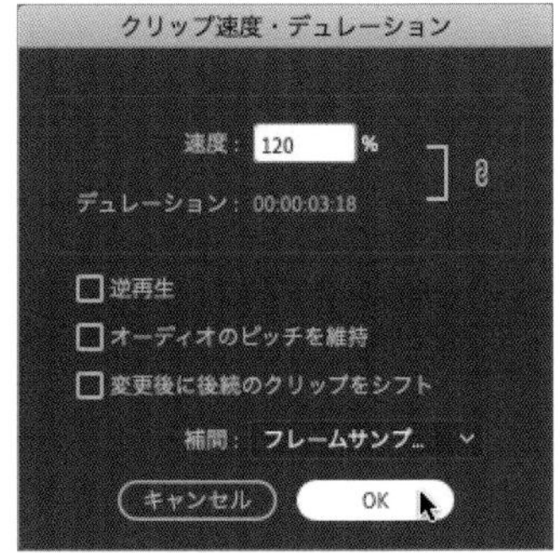

52 “00:00:57:10” からの “CUT11.mp4” クリップには、【速度】を “120%” に設定します。

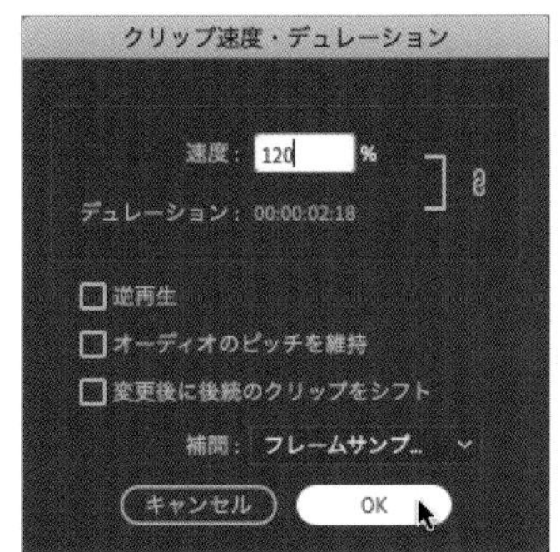

53 速度を変更してから、【リップル削除】で空白を詰めていきます。

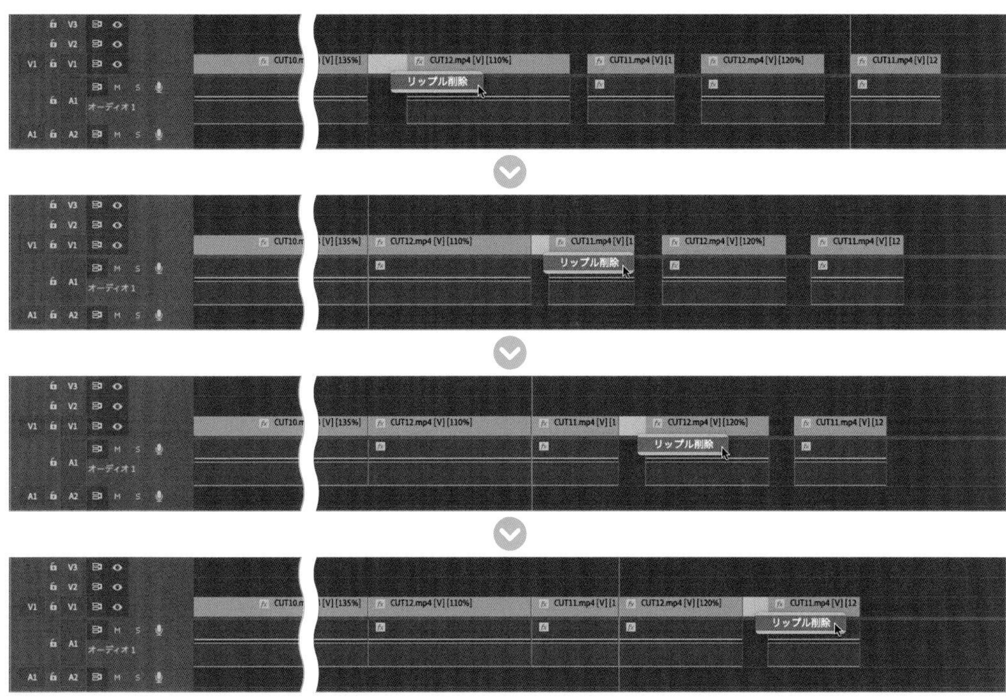

54 “00:00:57:00” からの空白も詰めてください。

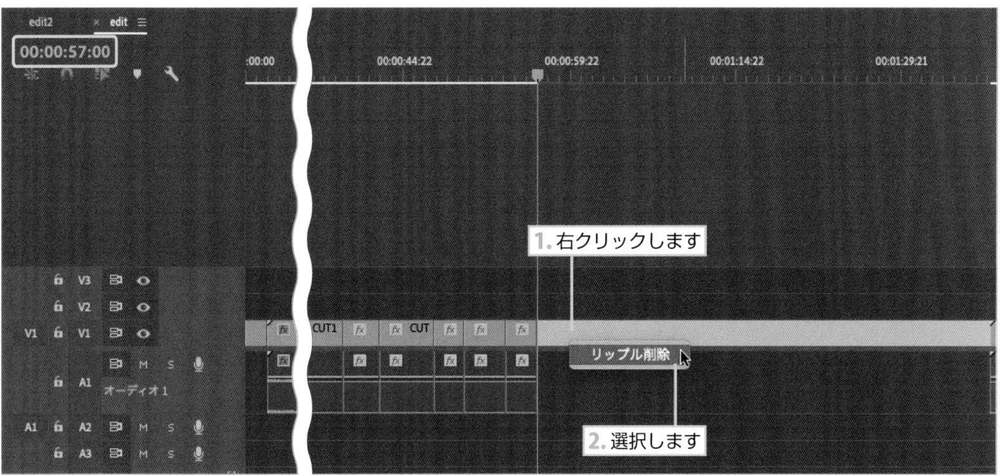

55 “CUT13.mp4” クリップを “00:01:03:11” でカットします。左を削除して詰めます。

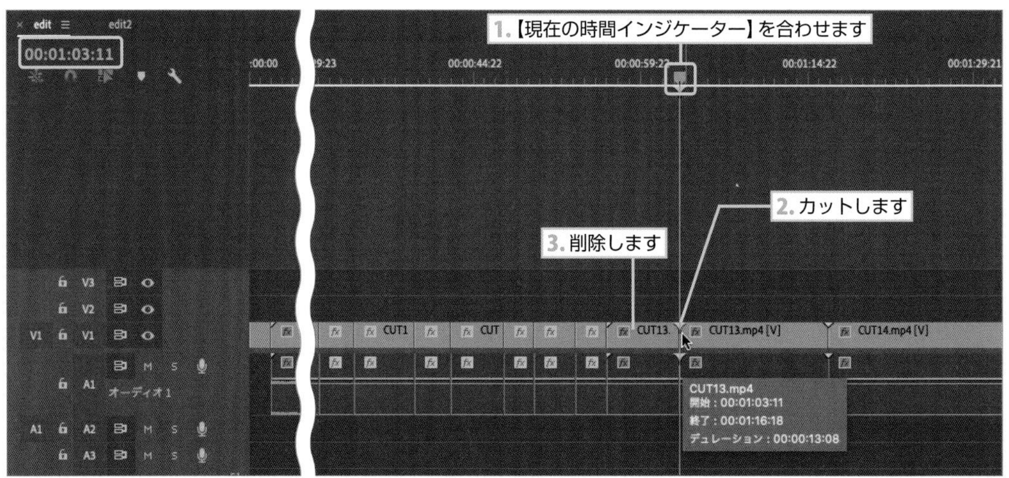

56 “00:01:08:00” でカットして、右側を削除して詰めます。
【速度】を “120%” に設定して、速くした分だけ空白を詰めます。

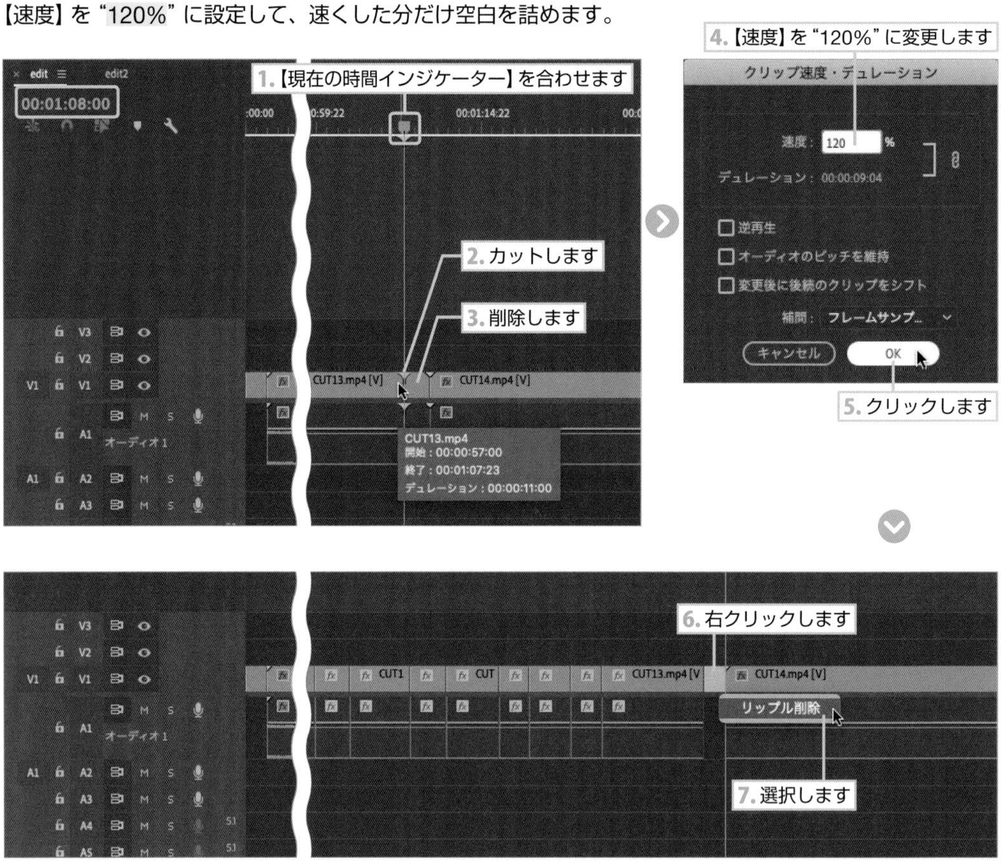

1.【現在の時間インジケーター】を合わせます
2. カットします
3. 削除します
4.【速度】を “120%” に変更します
5. クリックします
6. 右クリックします
7. 選択します

57 “CUT14.mp4” クリップを “00:01:24:12” でカットします。左を削除して詰めます。
女性が疲れている演技になります。

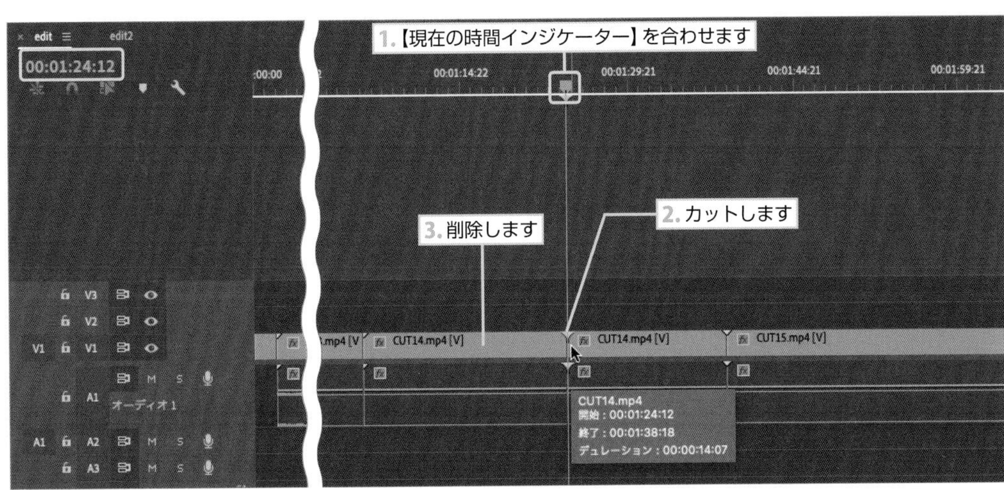

58 “00:01:17:07” でカットして、右側を削除して詰めます。
【速度】を “110%” に変更します。速くした分だけ空白を詰めます。

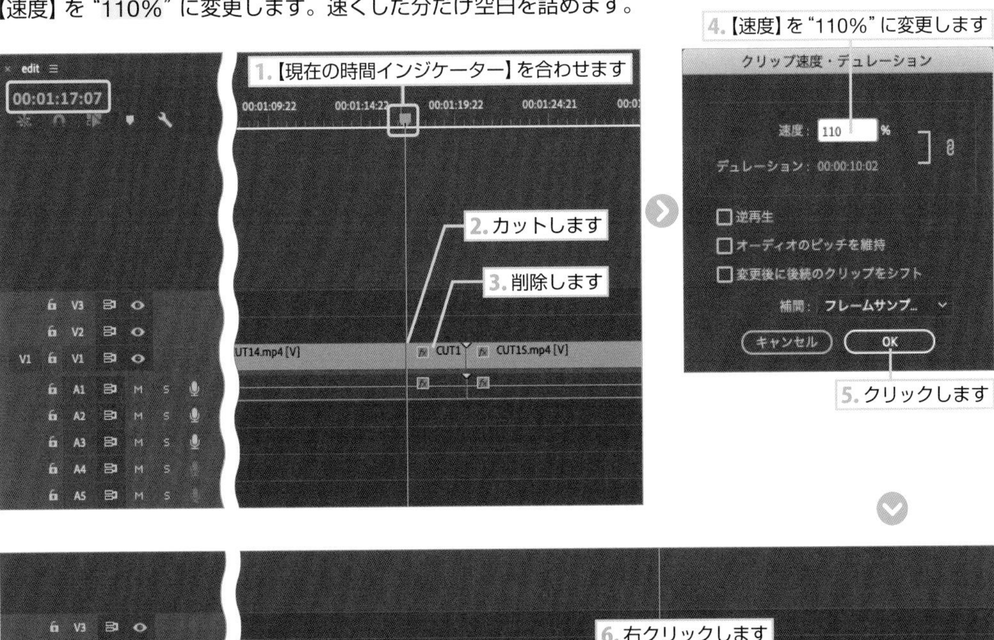

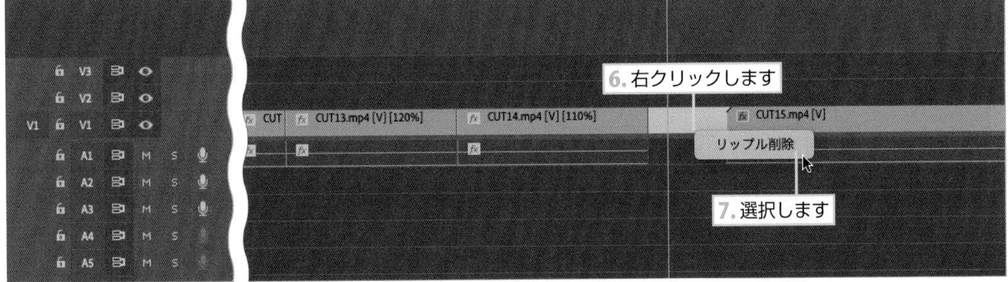

59 "CUT15.mp4" クリップを "00:01:22:11" でカットします。左を削除して詰めます。
日も暮れて夜となり、女性がかなり疲れている演技になります。

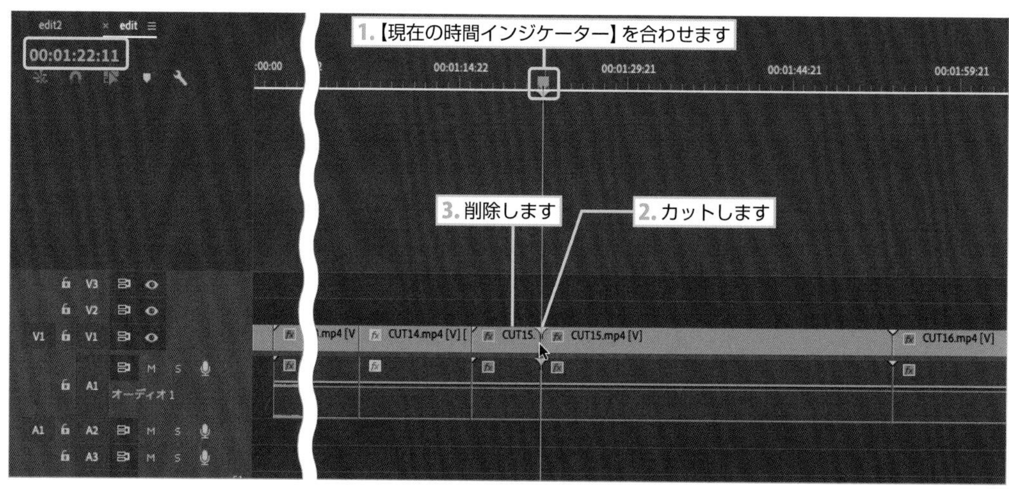

60 "00:01:41:04" でカットして、右側を削除して詰めます。
【速度】を "140%" に設定して、速くした分だけ空白を詰めます。

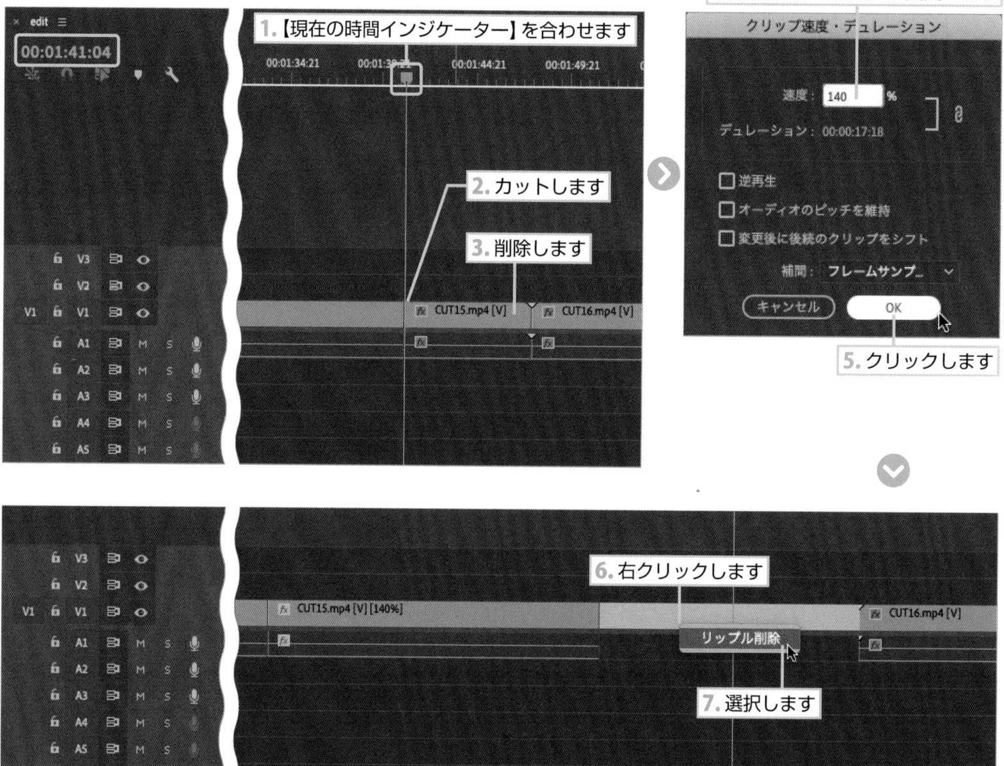

61 “CUT16.mp4” クリップを “00:01:37:06” でカットします。左を削除して詰めます。誰かとぶつかります。

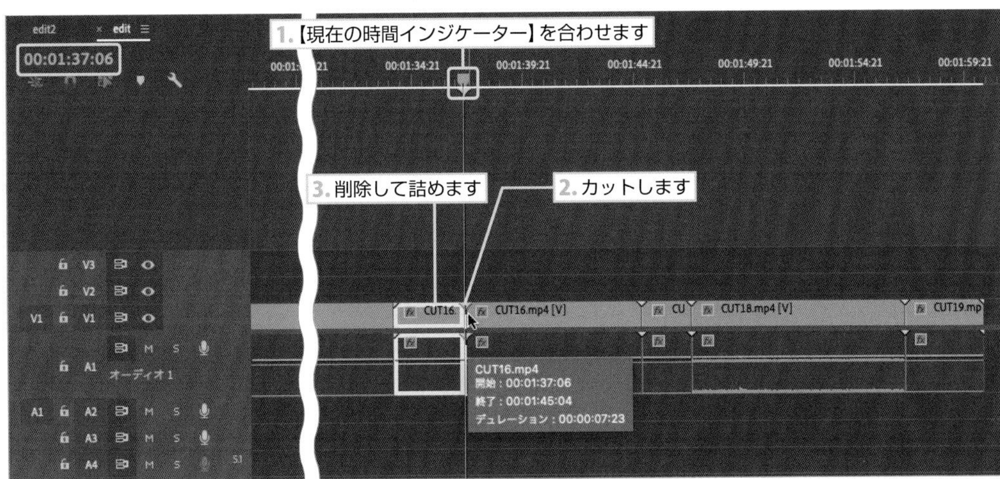

62 “00:01:38:17” でカットして右側を削除して詰めて、【速度】を “110%” に設定します。速くした分だけ空白を詰めます。

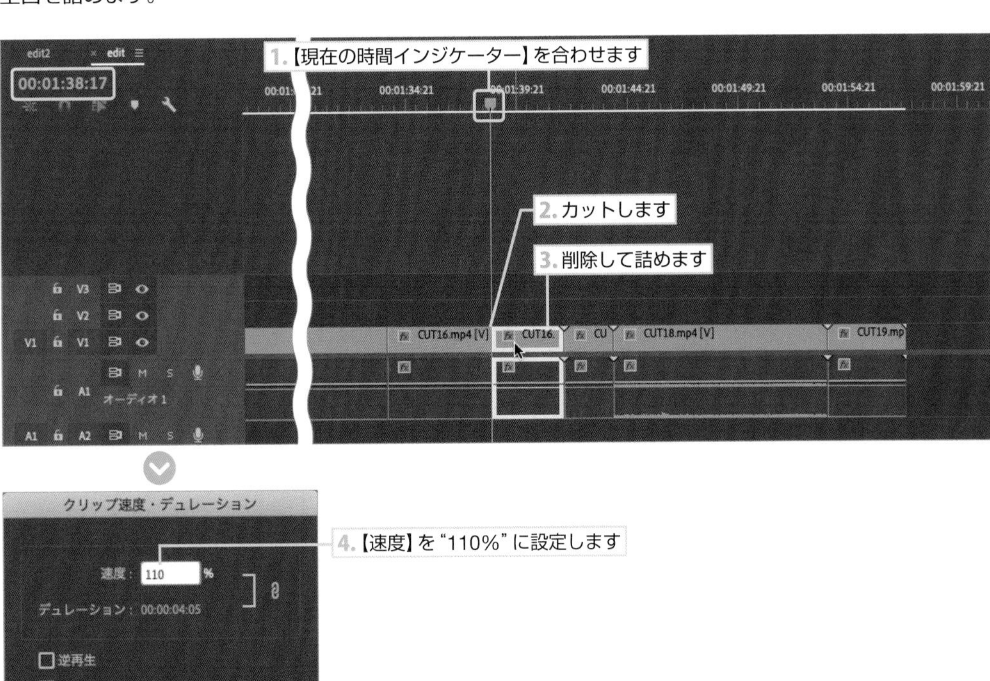

63 “CUT17.mp4” クリップを “00:01:39:08” でカットします。右を削除して詰めます。

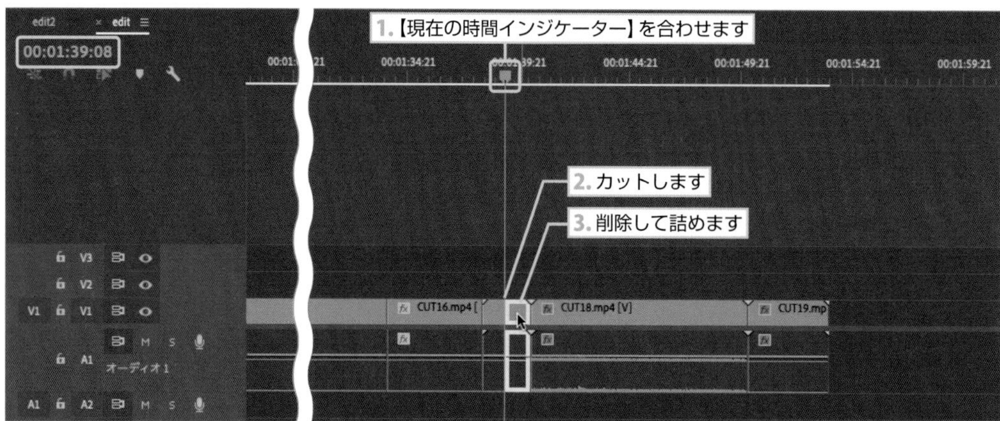

64 “CUT18.mp4” クリップを “00:01:41:09” でカットして、左側を削除して詰めます。

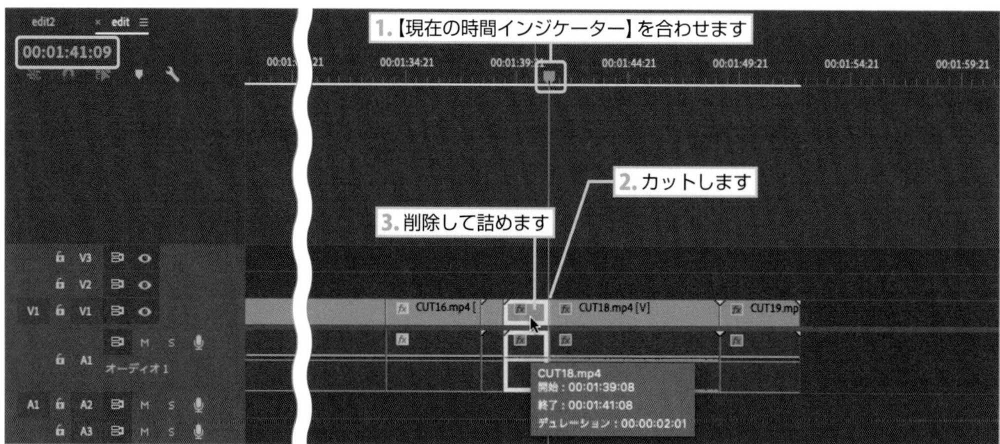

65 “00:01:43:12” でカットします。右を削除して詰めます。

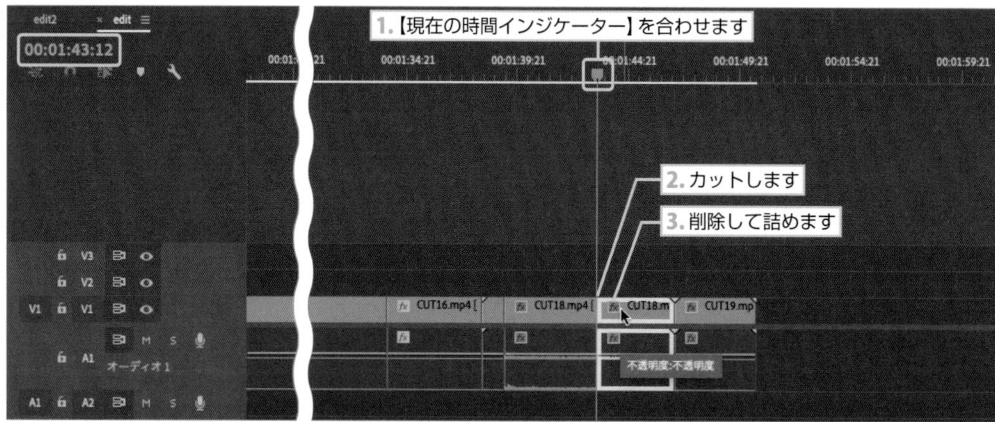

66 “CUT19.mp4” クリップの “00:01:45:03” に【現在の時間インジケーター】を合わせます。【プログラムモニター】の下部にある【フレームを書き出し】をクリックします。

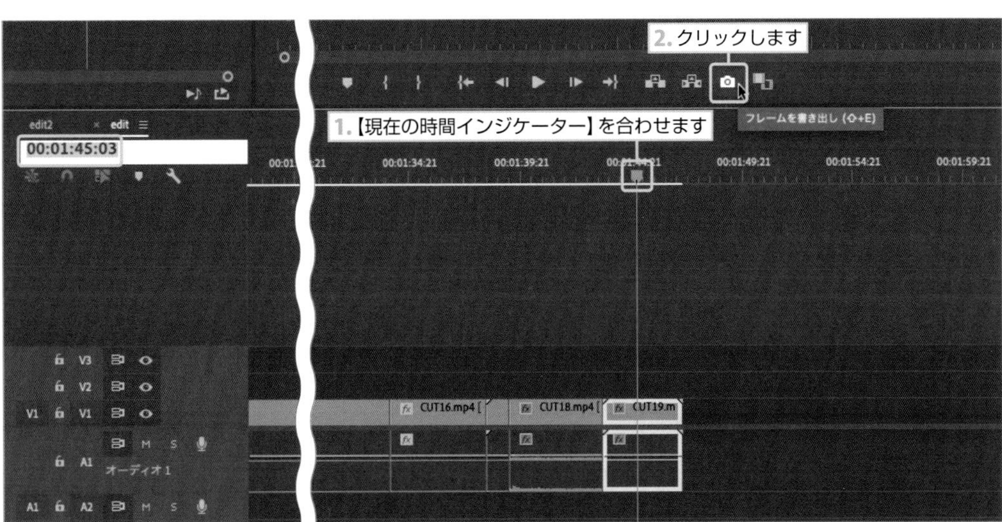

67 【フレームを書き出し】ダイアログボックスで【名前】を “CUT19” にして、【プロジェクトに読み込む】をチェックします。【参照】をクリックして最初に作成した “shortmovie” を選択し、【選択】をクリックします。ダイアログボックスに戻って【OK】をクリックすると、サムネール（静止画像）を作成できます（296ページ参照）。

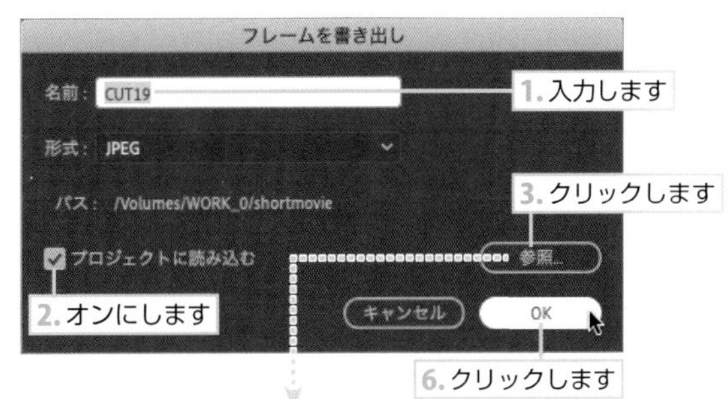

68 【プロジェクトモニター】に "CUT19" ができているので、"00:01:43:12" に配置されている "CUT19.mp4" クリップの上に配置します。
"CUT19.mp4" クリップは Mac ▸ delete （Win ▸ Delete）キーで削除して、【V2】トラックにある "CUT19" クリップを下方向に移動します。

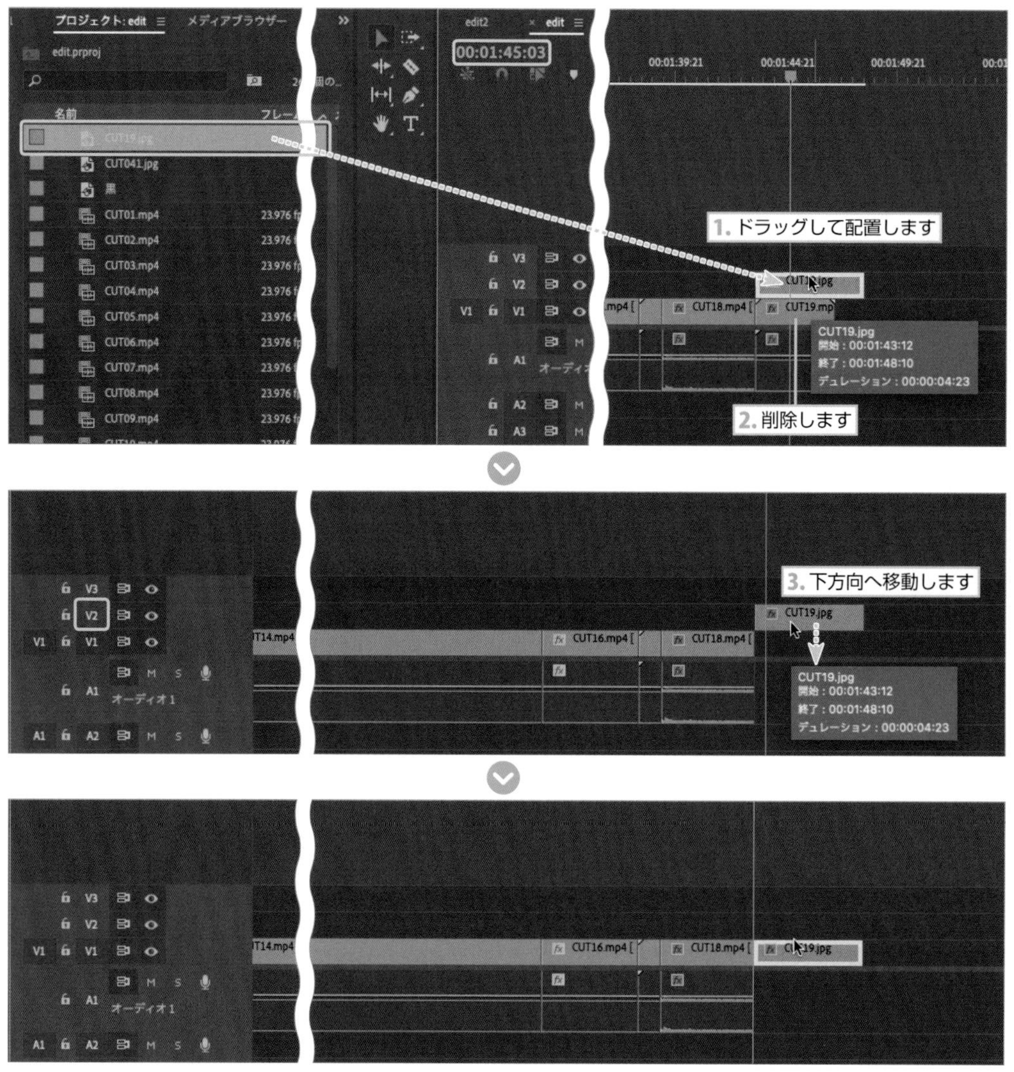

以上で、カット編集は終了です。"00:01:48:11" になっています。
ただし、まだまだ完成していません。この後、加工作業に入ります。

加工する

1 “00:00:14:04” にある “CUT04.mp4” クリップを選択し、 Mac shift + option （ Win Shift + Alt ）キーを押しながらドラッグして複製します。

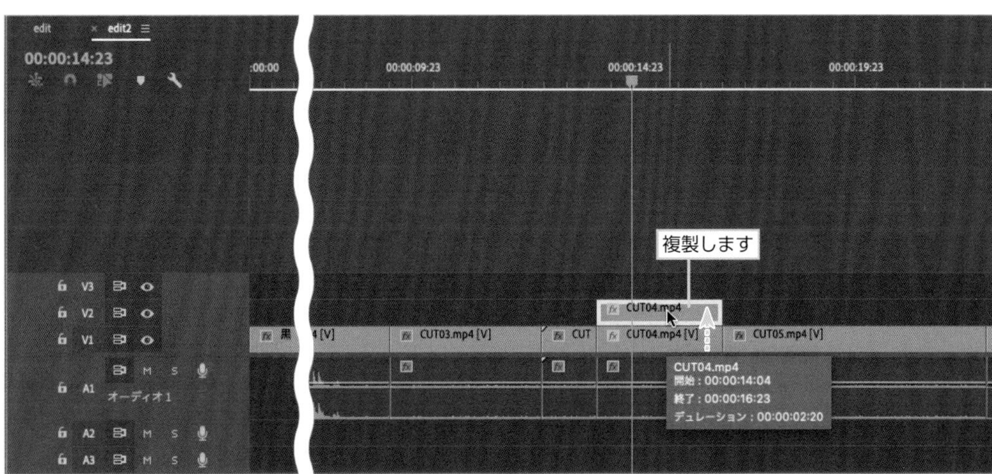

2 複製した “CUT04.mp4” クリップを選択して、【エフェクトコントロール】パネルの【不透明度】➡【ベジェのペンマスクの作成】をクリックします。

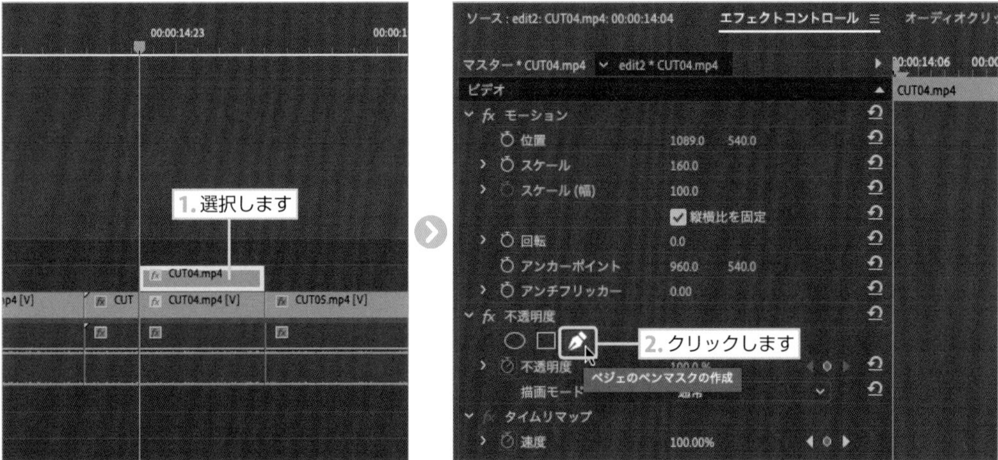

3 【プログラムモニター】で「待ち人　来る。」を囲むようにマスクを作り、【反転】をオンにします。

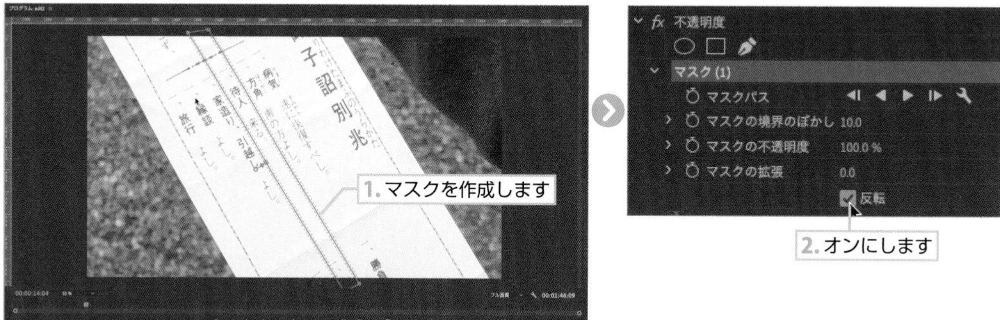

4 【カラー】レイアウトに変更して、【Lumetri カラー】パネルの【基本補正】➡【トーン】➡【露光量】を "-2.0" に設定すると、マスクで囲んだ部分だけ明るく見えます。

5 【現在の時間インジケーター】を "00:00:14:04" に合わせて、【フレームを書き出し】をクリックします。【名前】を "CUT04" にします。

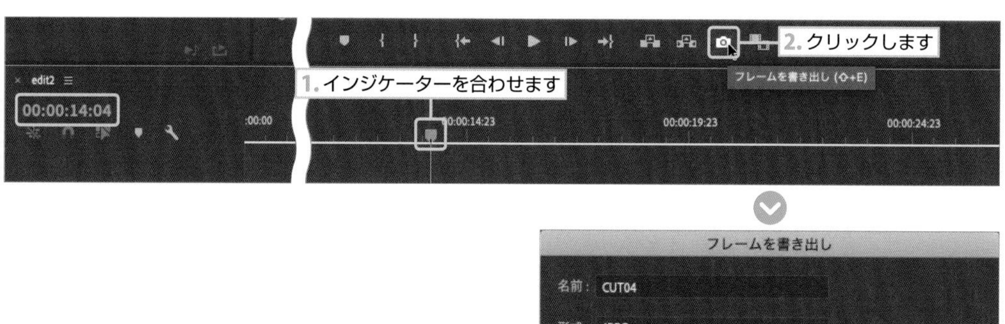

6 読み込まれた“CUT04”クリップを“00:00:14:04”に頭合わせで【V3】トラックに配置し、クリップを調整します。

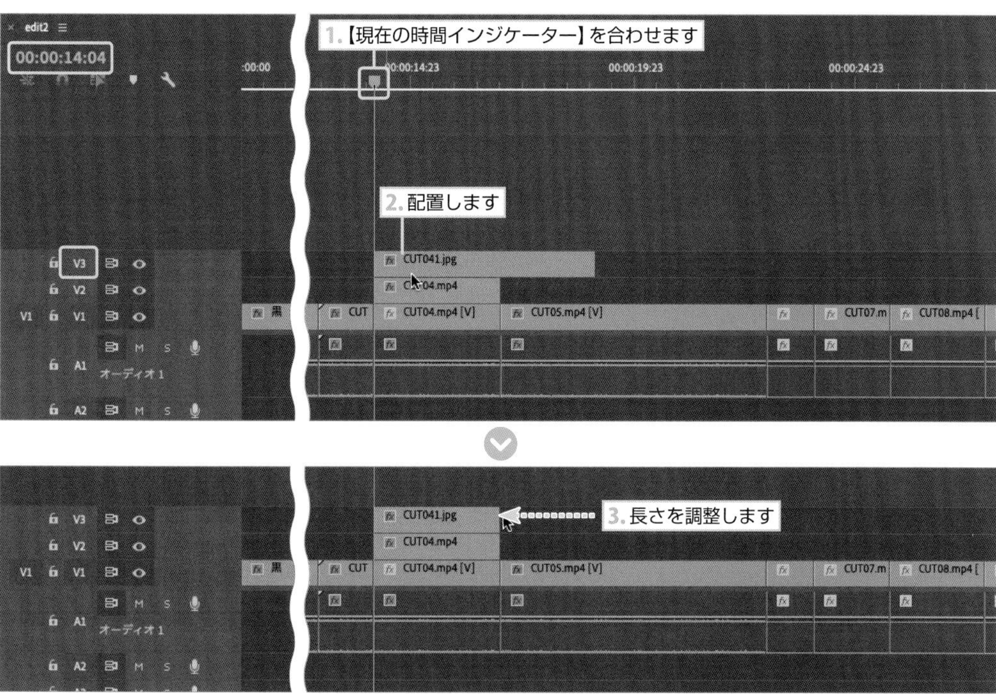

7 “CUT04”クリップを選択して、“00:00:14:04”の位置で【エフェクトコントロール】パネルの【スケール】の【ストップウォッチ】アイコンをクリックします。
さらに“00:00:16:23”に移動して【スケール】の数値を“105”に設定すると、じんわりズームします。これで「待ち人　来る。」がフィーチャーされます。

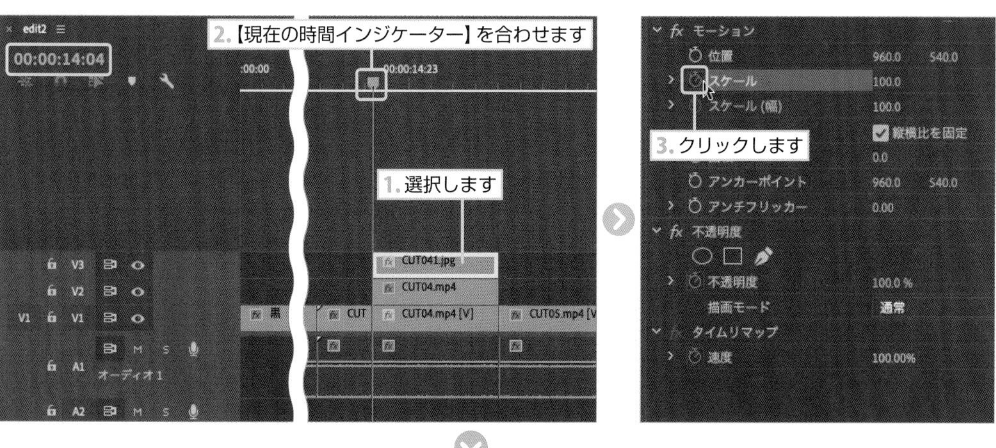

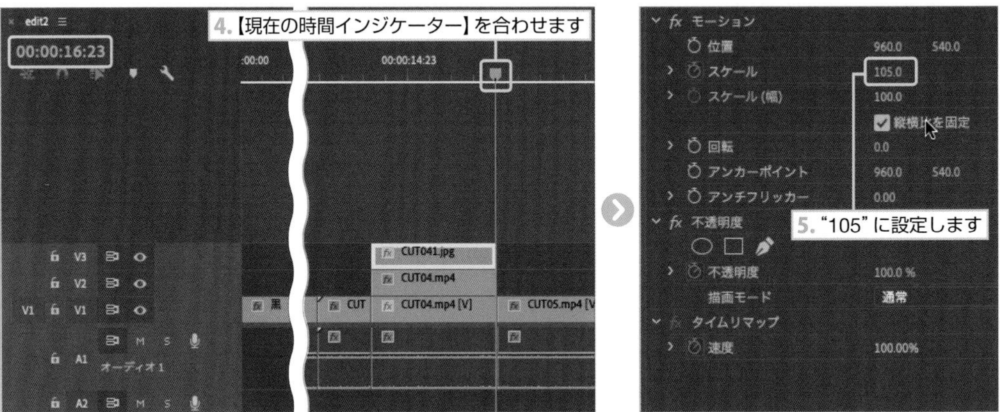

色補正しよう！

1 映画の質感に仕上げていきます。“CUT01.mp4”クリップを選択して、【Lumetriカラー】パネルの【クリエイティブ】の【Look】を【SL BIG MINUS BLUE】に設定します。【基本補正】の【トーン】➡【露光量】を“1”に設定します。さらに【カーブ】の下部分を少し下げて、暗部を強くします。

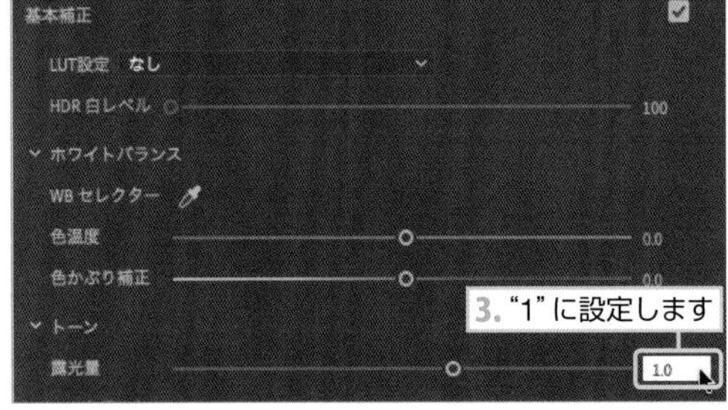

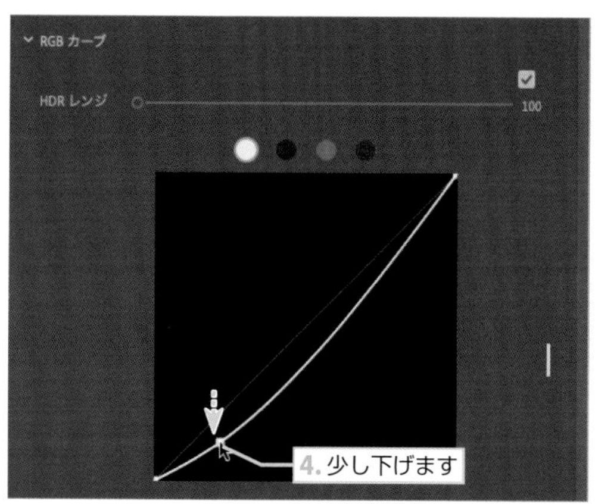

2 “CUT01.mp4” クリップを【編集】➡【コピー】（Mac ⌘ ＋ C ／ Win Ctrl ＋ C キー）を選択してコピーします。
“CUT02～CUT19.mp4”クリップを選択して、【編集】➡【属性をペースト】（Mac option ＋ ⌘ ＋ V ／ Win Alt ＋ Ctrl ＋ V キー）を選択して属性をペーストします。
【エフェクト】➡【Lumetriカラー】だけオンにして、【OK】をクリックします。

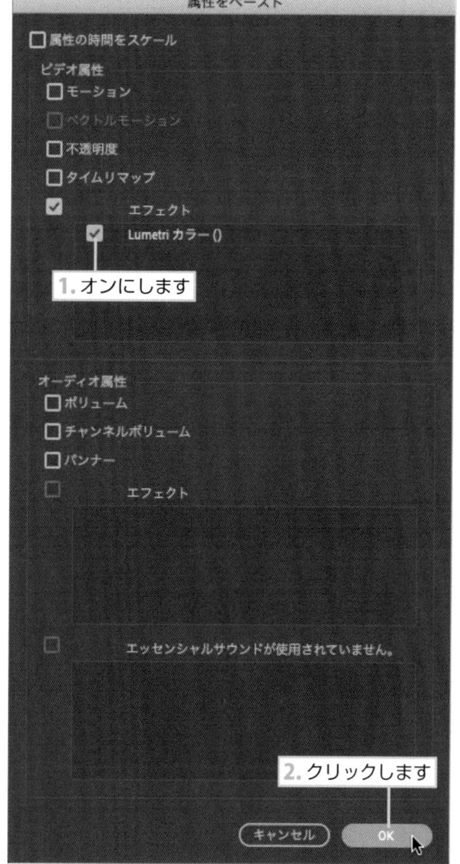

“CUT01.mp4” クリップに適用した色補正がすべてに適用されます。最後に、ディテールを調整していきます。

1 "CUT06.mp4" を選択して【基本補正】➡【トーン】➡【彩度】を "150" に設定し、赤い糸を強調します。

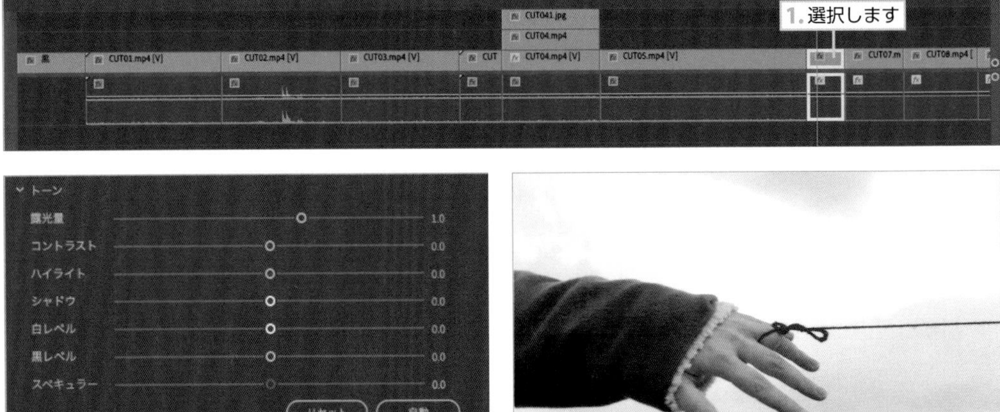

2 "CUT09.mp4" は2つあります。それぞれを選択して【基本補正】➡【トーン】➡【彩度】を "130" に設定し、赤い糸を強調します。

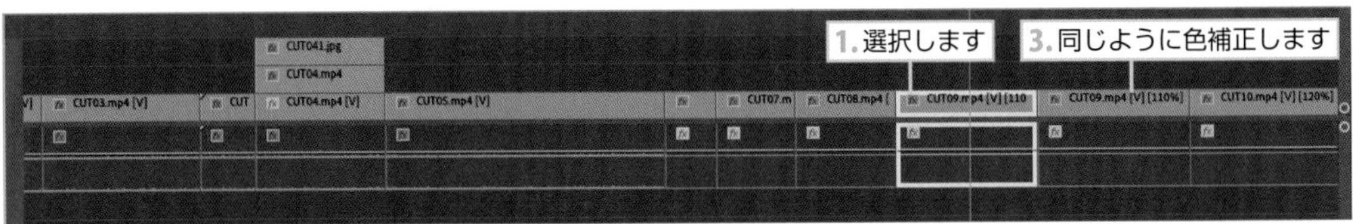

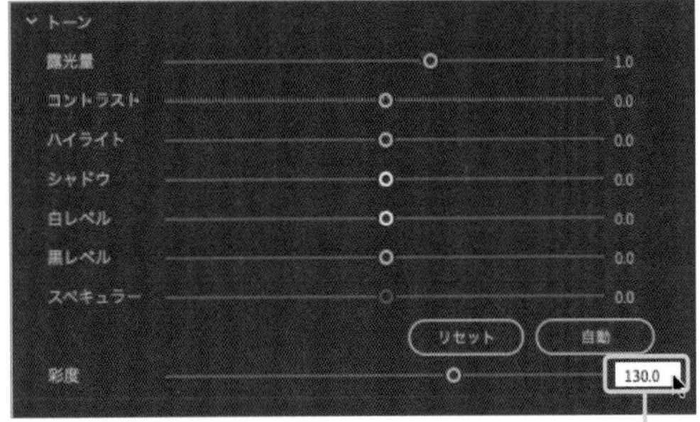

3 “CUT11.mp4”は3つあります。それぞれを選択して【基本補正】➡【トーン】➡【彩度】を“170”に設定し、赤い糸を強調します。

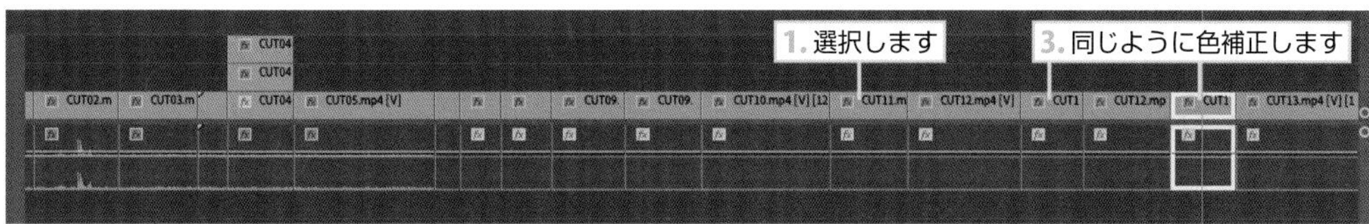

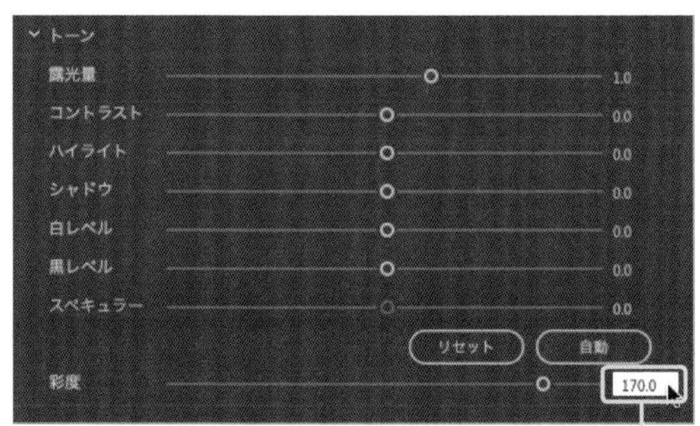

4 “CUT12.mp4”は2つあります。それぞれを選択して【基本補正】➡【トーン】➡【彩度】を“150”に設定し、赤い糸を強調します。

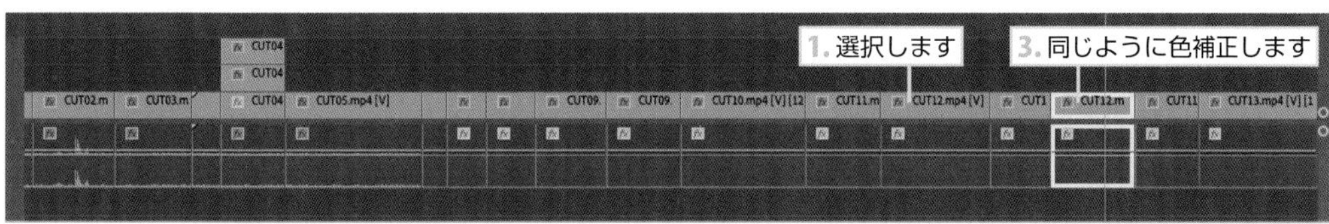

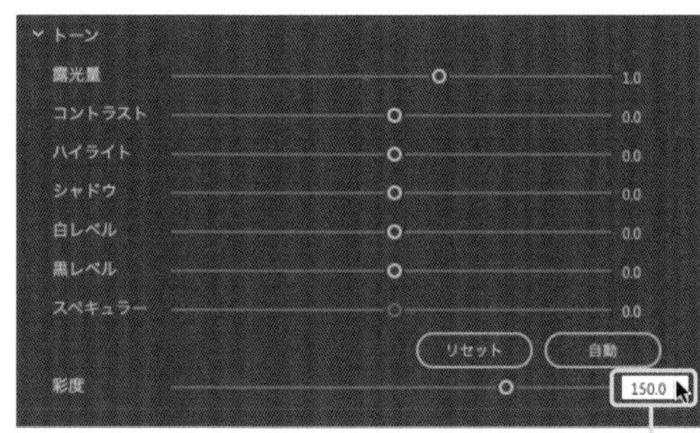

5 “CUT13.mp4” を選択して【基本補正】➡【トーン】➡【彩度】を “160” に設定し、赤い糸を強調します。

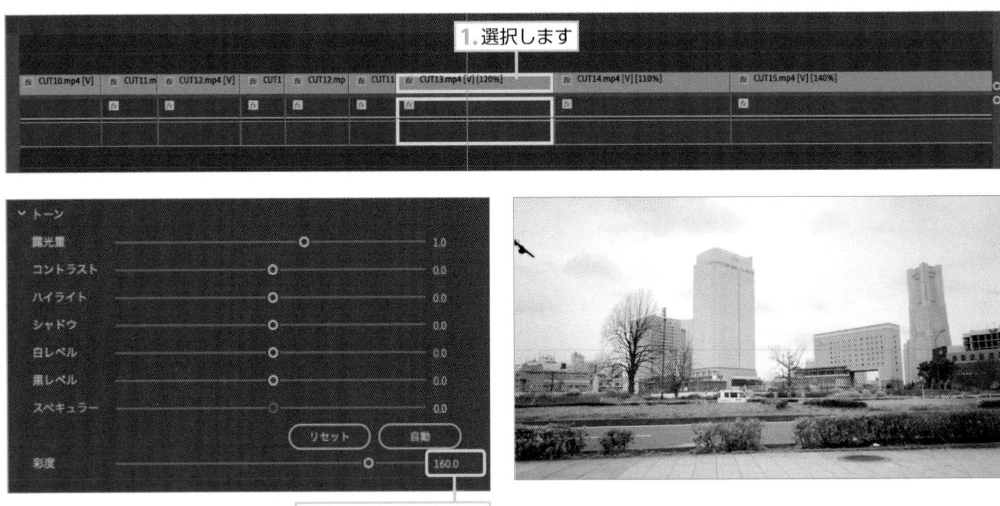

6 “CUT14.mp4” を選択して、【カラーホイールとカラーマッチ】の【ハイライト】をオレンジ色に近づけていき、夕方の雰囲気を作ります。

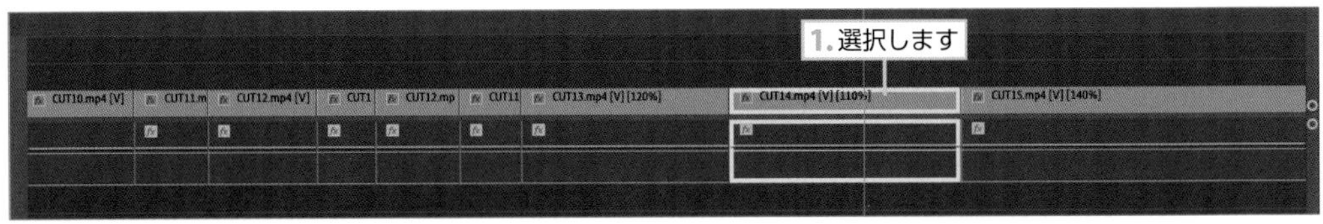

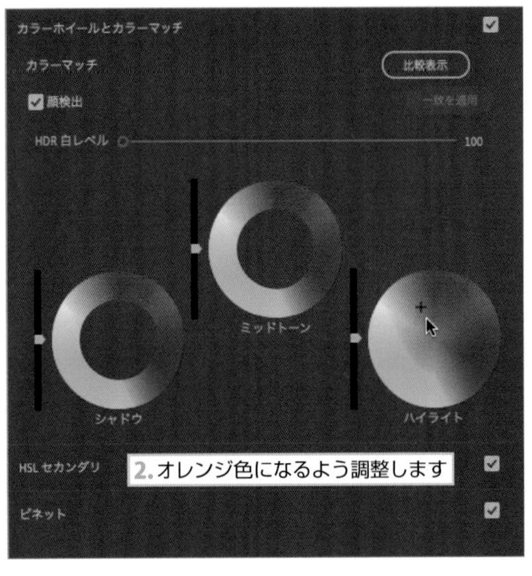

7 【エフェクト】パネルの検索窓に "色抜き" と入力して、【色抜き】エフェクトを表示します。
【色抜き】エフェクトを選択して、"CUT19" クリップにドラッグ&ドロップして適用します。
【保持するカラー】のスポイトで赤い糸の赤色を選択します。【色抜き量】を "100"、【許容量】を "25"、【エッジの柔らかさ】を "5" を目安に設定してください。
背景の紫色の電飾がモノクロになり、赤い糸を目立たせることができます。

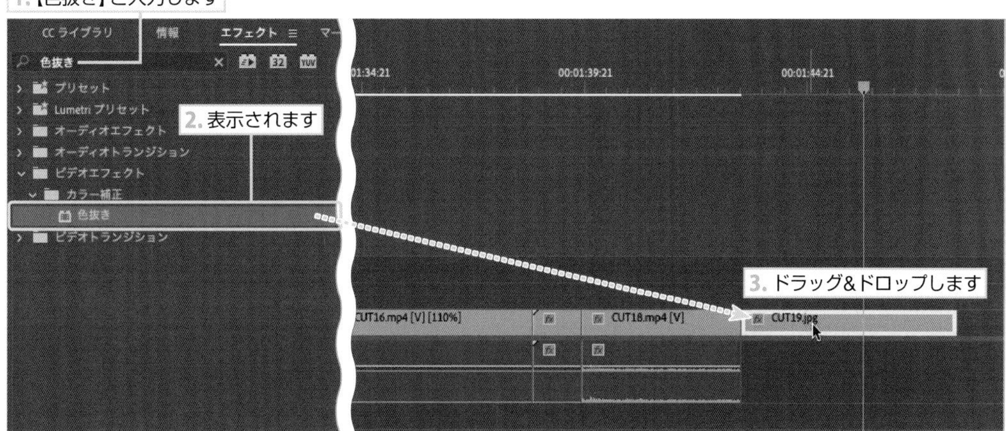

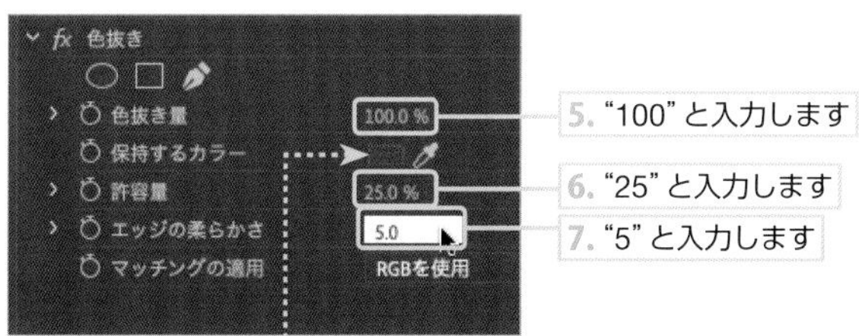

テロップを作ろう！

【縦書きツール】で“赤い糸”と入力します。赤い糸にかかるように配置して終了です。

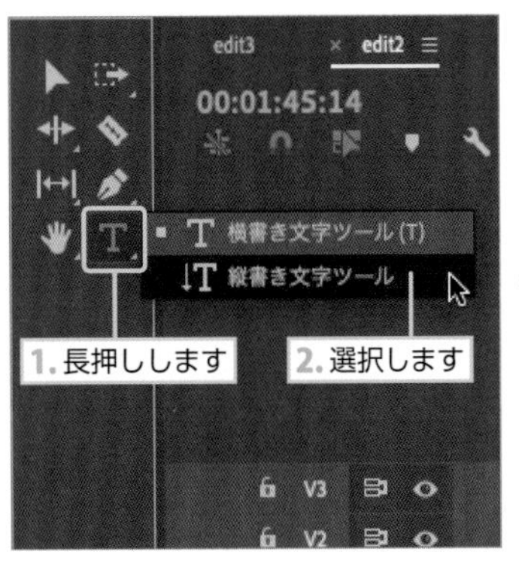

仕上げ

最後に、音楽をのせて完成です。

※サンプルファイルには音楽ファイルは収録されていないので、ご自分でお好みの曲をご用意ください。

TIPS

サムネールの作り方

【フレームを書き出し】を使用すると、Premiere ProでYouTubeに投稿する際に使えるサムネールを作成できます。

2. 入力します
フレームを書き出し
名前： サムネール
形式： JPEG
1. クリックします
4. クリックします
3. チェックします

PART 5

さまざまな動画演出テクニック集

ここでは、主に演出ネタを紹介していきます。撮影によってつけられるトランジション効果や、人物を1つの画面に複数表示する演出方法、さらにブレた映像を補正する方法について紹介していきます。

STEP 5-1

場面転換トランジションを作ろう！

動画では、場面の切り替えはとても大事です。ここでは、グリーン合成を使用した場面切り替えと、撮影のカメラワークを利用したパントランジションによる場面切り替えを紹介します。

完成動画 5-1-1

完成動画 5-1-2

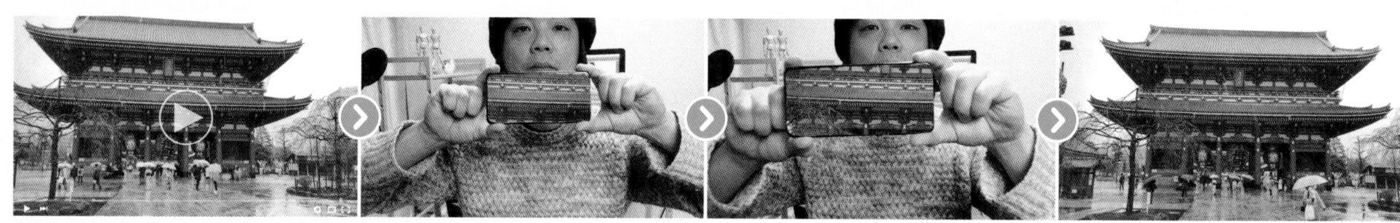

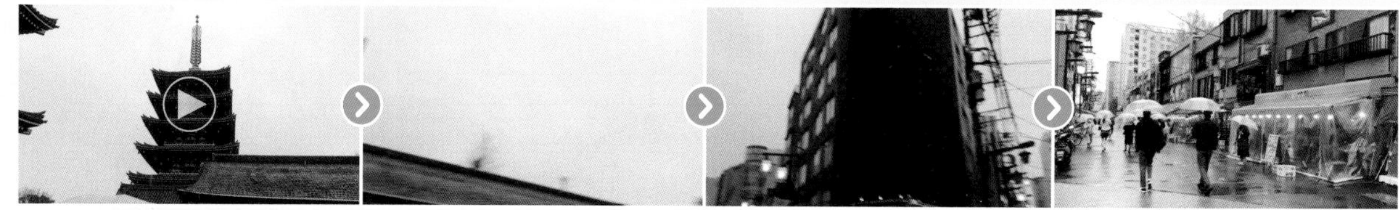

撮影しよう！

グリーン合成の撮影準備

1. 合成用に使用するスマートフォンの画面に緑色の画用紙を貼り付けます。

2. 撮影用のスマートフォンを三脚に装着します。

1. 画用紙を貼り付けます

2. 三脚に装着します

3 最初に、画面いっぱい緑色になるようにレンズに近づけます。

4 次に、レンズから手を引きます。

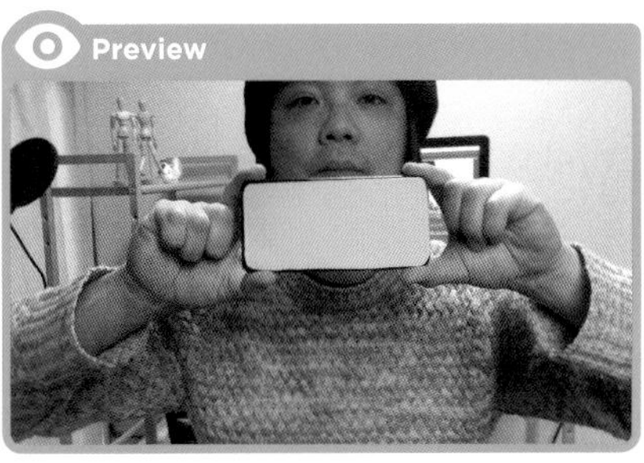

5 最後に、もう一度レンズいっぱい緑色になるように近づけます。

TIPS

眼鏡の反射

このようなグリーン合成などするとき、メガネなどに色が反射することがあります。実際の撮影時にはメガネを外して撮影しました。また、服や背景に緑色がないように気をつけましょう。

パントランジションの撮影準備

カットを早くつなげるため、手持ち撮影にします。
ここではOsmo Mobileなどは使わずに、あえて手持ちの粗さを活用します。

1 最初に建物を映します。

2 右に90度ほど素早く回転し、撮影します。

3 別の場所に移動します。先ほどと同じように、右に素早くパンをする映像を撮影します。

これで、撮影は終了です。

編集しよう！

ここでは、特定の色抜きをする方法とパンの動きに合わせた場面転換を切り替える方法を紹介します。

プロジェクトを作成する

1 Premiere Proの【ホーム画面】で【新規プロジェクト】をクリックします（28ページ参照）。

2 【新規プロジェクト】ダイアログボックスで【名前】を "edit" と入力します。【場所】にある【参照】をクリックして、【新規フォルダ】の "transition" を作成します（29ページ参照）。

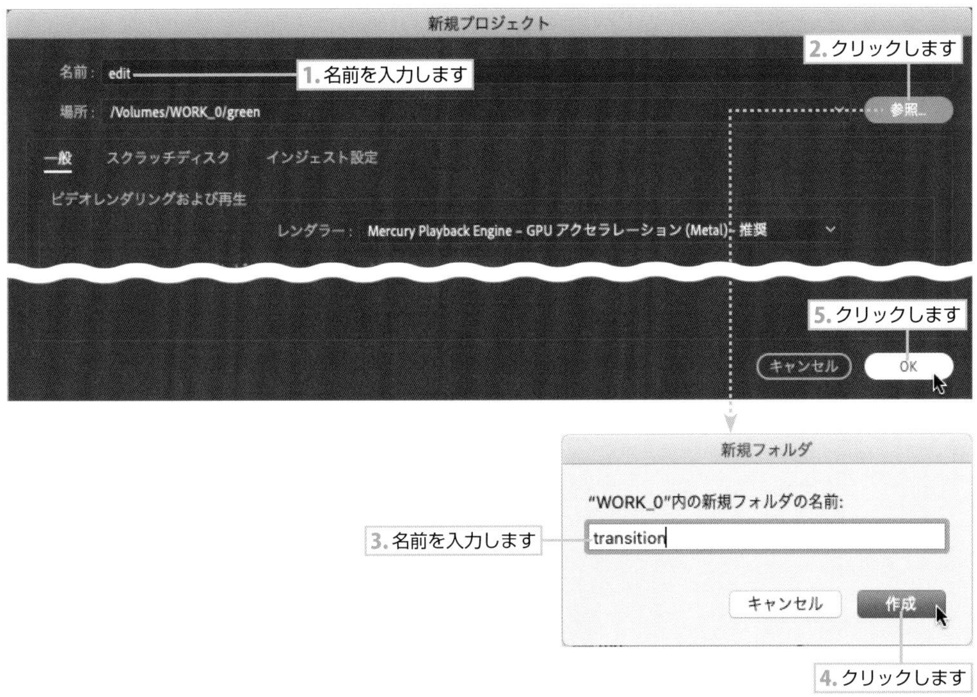

ファイルの読み込み

1 【ファイル】➡【読み込み】を選択して、"transition_source" フォルダから "CUT01～CUT2.mp4" を選択します（32ページ参照）。

2 【読み込み】をクリックすると、素材が【プロジェクトパネルグループ】に読み込まれます（32ページ参照）。

シーケンスを作成する

1 【ファイル】➡【新規】➡【シーケンス】を選択します（33ページ参照）。

2 【新規シーケンス】ダイアログボックスで【AVCHD 1080p 30】を選択して、【シーケンス名】を "edit" と入力し、【OK】をクリックします。

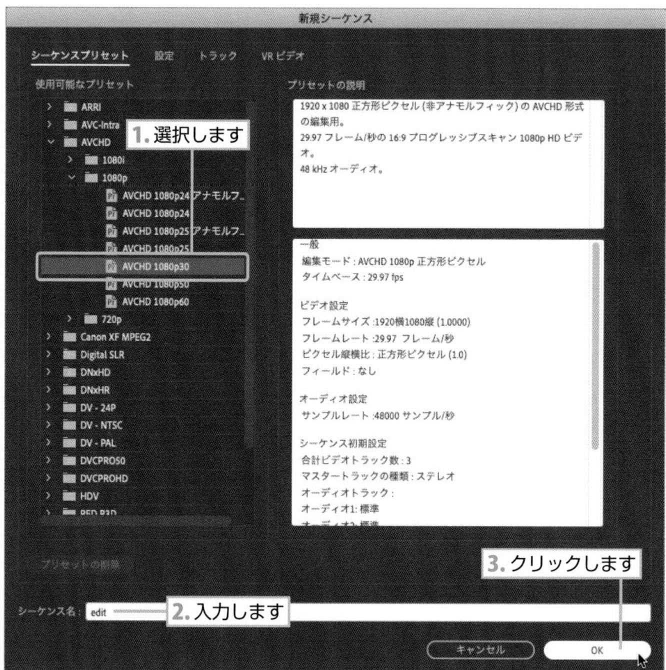

クリップを配置して合成する

1 "CUT01～CUT02.mp4" を選択し、【タイムライン】パネルの0秒の位置に左詰めで配置します。

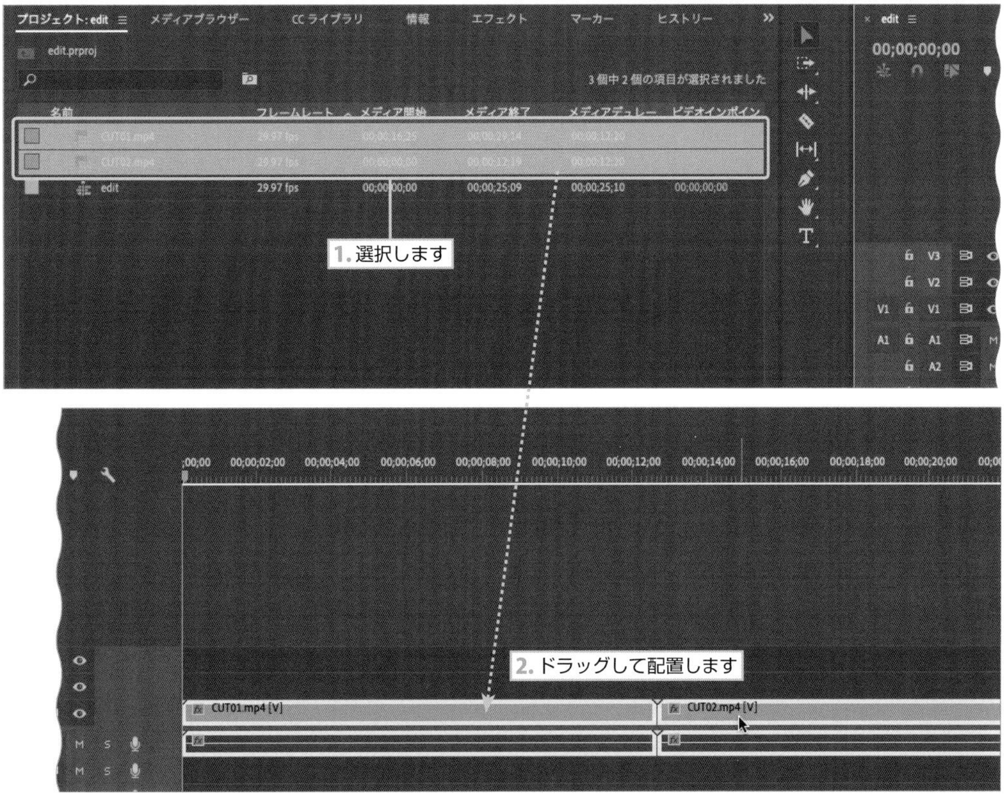

1. 選択します

2. ドラッグして配置します

2 "CUT1.mp4" クリップの上に "CUT2.mp4" クリップを移動すると、0秒の位置で緑色の全画面になっています。

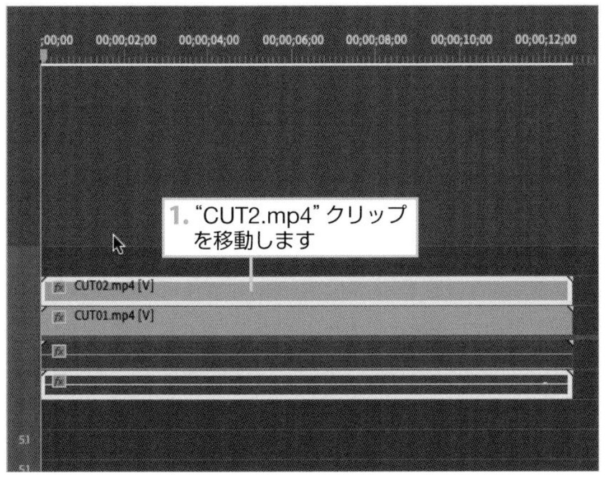

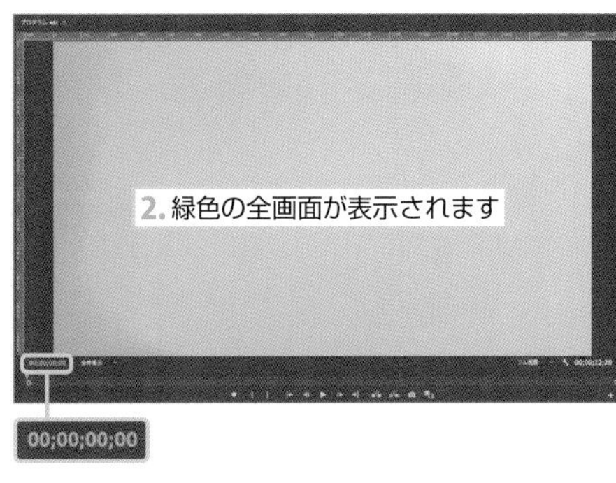

3 【エフェクト】パネルの検索窓に“キー”と入力して、【Ultraキー】エフェクトを表示します。
【Ultraキー】エフェクトを選択して、“CUT2.mp4”クリップにドラッグ&ドロップして適用します。

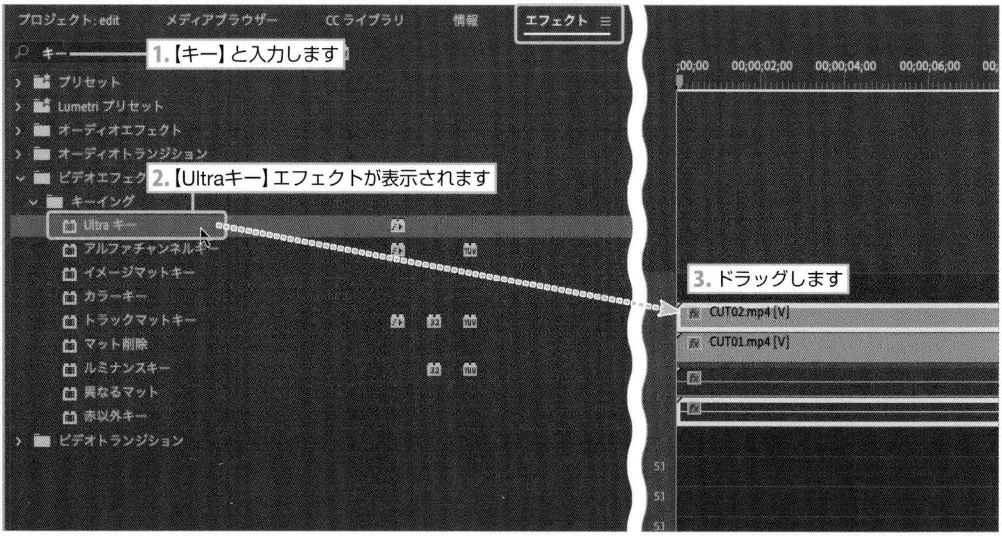

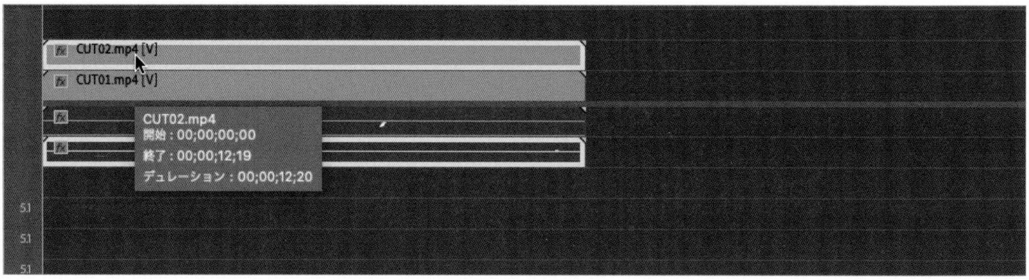

1.【キー】と入力します
2.【Ultraキー】エフェクトが表示されます
3. ドラッグします

4 【エフェクトコントロール】パネルの【Ultraキー】を展開し、【キーカラー】のスポイトをクリックして【プログラムモニター】から緑色をクリックします。
選択した緑色部分が透過され、下に配置した“CUT1.mp4”クリップが表示されます。

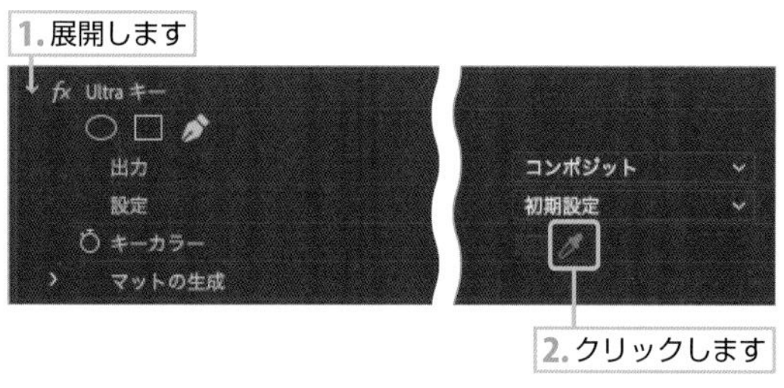

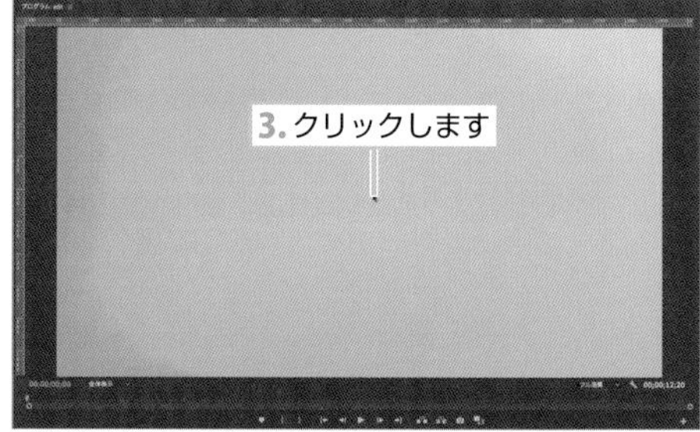

再生すると、次のようになります。

5 エッジが粗いので調整します。【チョーク】を "30"、【柔らかく】を "10"、【コントラスト】を "50"、【中間ポイント】を "50" に設定し、エッジを調整しました。

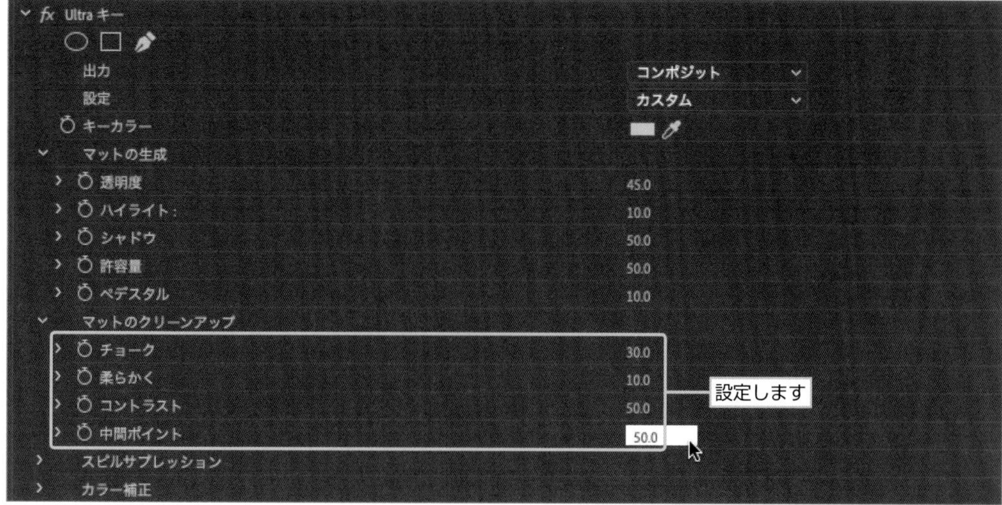

パン場面切り替え

続いて、パン場面切り替えになります。

ファイルの読み込み

1 【ファイル】➡【読み込み】を選択して、“transition_source” フォルダから “CUT03～CUT04.mp4” を選択します（32ページ参照）。

2 【読み込み】をクリックすると、素材が【プロジェクトパネルグループ】に読み込まれます（32ページ参照）。

シーケンスを作成する

1 【ファイル】➡【新規】➡【シーケンス】を選択します（33ページ参照）。

2 【新規シーケンス】ダイアログボックスで【AVCHD 1080p 30】を選択して、【シーケンス名】を “edit2” と入力し、【OK】をクリックします。

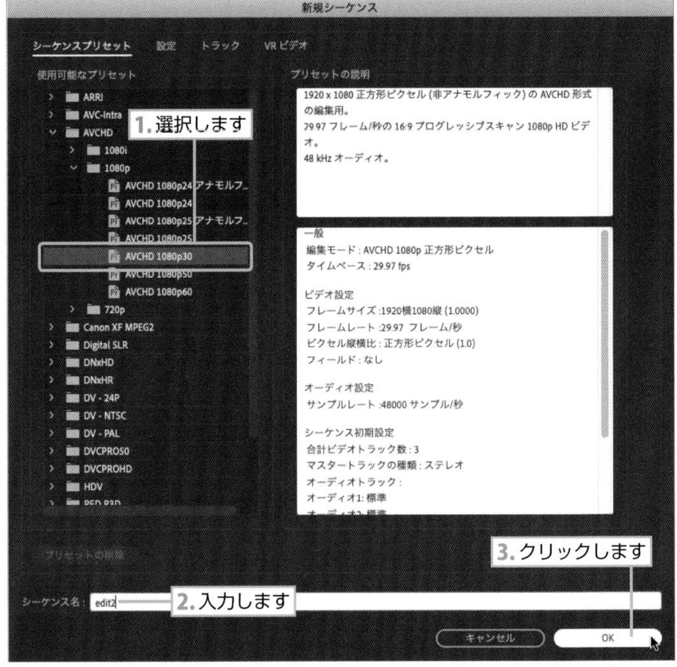

3 “CUT03～CUT04.mp4” を選択し、タイムラインの【0秒】の箇所に左詰めで配置します。

4 “00;00;04;03” でカットして、右側を削除して詰めます。

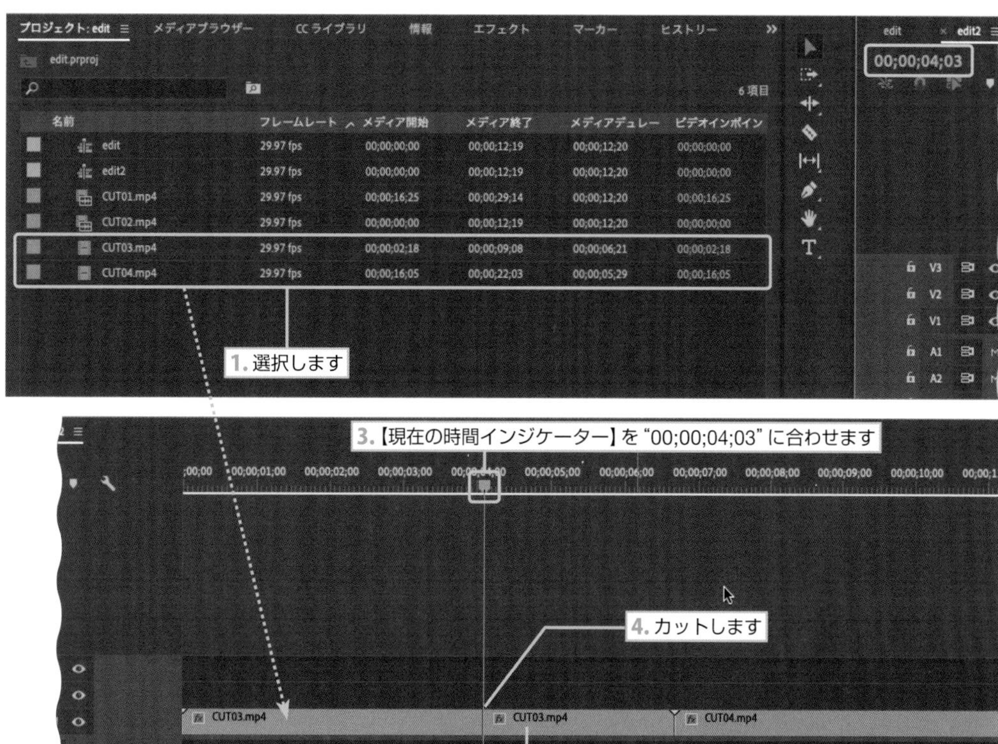

5 “00;00;07;00” でカットして、左側を削除して詰めます。

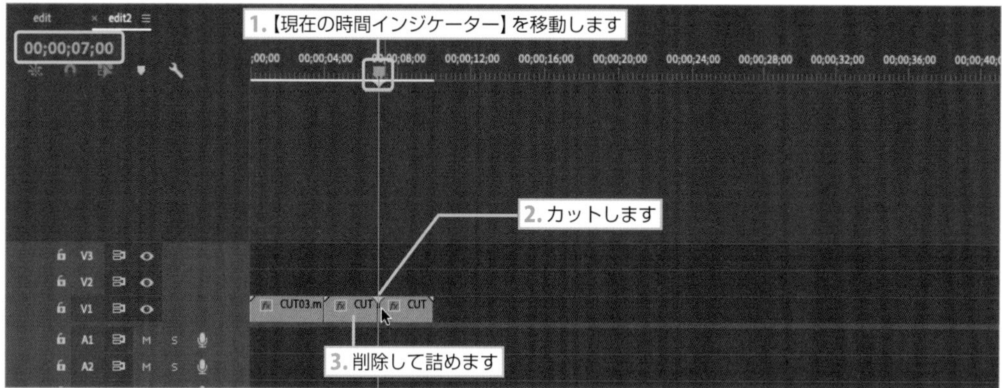

再生すると、パンの速さと動きつながりで場面の切り替えができます。

TIPS

短いクロスディゾルブを作る

パントランジションで短いクロスディゾルブを作成することで、より自然なつなぎになる場合もあります。
クリップ間を選択して右クリックし、【デフォルトのトランジションを適用】を選択します。

次ページに続く

【クロスディゾルブ】をダブルクリックして【トランジションのデュレーションを設定】ダイアログボックスで【デュレーション】を"3" フレームに設定します。

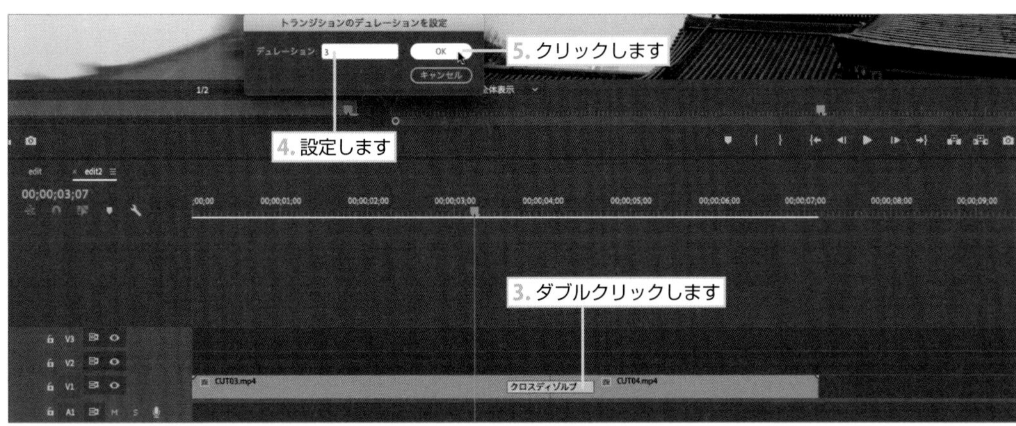

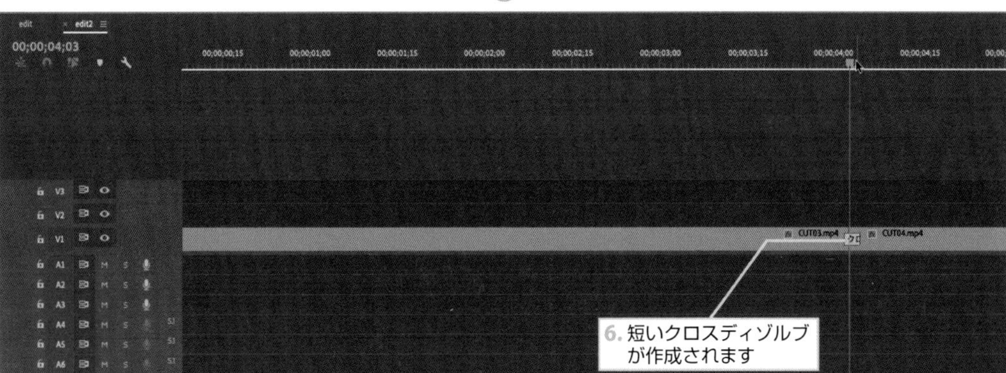

撮影内容によっては、ディゾルブを少しだけ適用することでスムーズに見える場合もあります。今回のクリップでは、違和感が出るので、使用していません。

STEP 5-2

残像動画を作ろう！

走る女性の軌跡を表現する残像動画の作り方を解説します。印象づけたいシーンなどに有効です。

完成動画 5-2

撮影しよう！

撮影準備

撮影に必要なものは三脚です。走る女性を固定カメラで撮影します。

カメラ近くを走ると揺れてしまいますので、引きで撮影します。

背景を選ぶ

後から人物をマスクで切り取る編集を行うの

で、あまり背景に動きがないような場所を選びます。人や車が背景にないようにしてください。

演技について

モデルには、走るフォームをできるだけ大きく見せるように指示します。

これで、撮影は終了です。

編集しよう！

プロジェクトを作成する

1 Premiere Proの【ホーム画面】で【新規プロジェクト】をクリックします（28ページ参照）。

2 【新規プロジェクト】ダイアログボックスで【名前】を"edit"と入力します。【場所】にある【参照】をクリックして、【新規フォルダ】の"zanzou"を作成します（29ページ参照）。

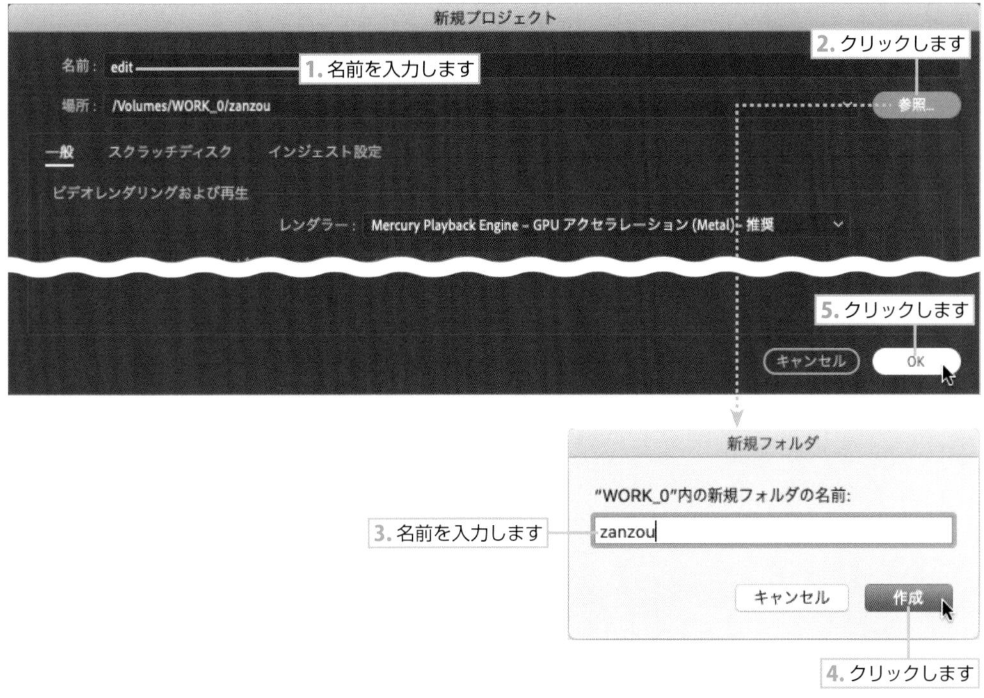

ファイルの読み込み

1 【ファイル】➡【読み込み】を選択して、“zanzou_source” フォルダから “CUT01.mp4” を選択します（32ページ参照）。

2 【読み込み】をクリックすると、素材が【プロジェクトパネルグループ】に読み込まれます（32ページ参照）。

シーケンスを作成する

1 【ファイル】➡【新規】➡【シーケンス】を選択します（33ページ参照）。

2 【新規シーケンス】ダイアログボックスで【AVCHD 1080p 30】を選択して、【シーケンス名】を “edit” と入力し、【OK】をクリックします。

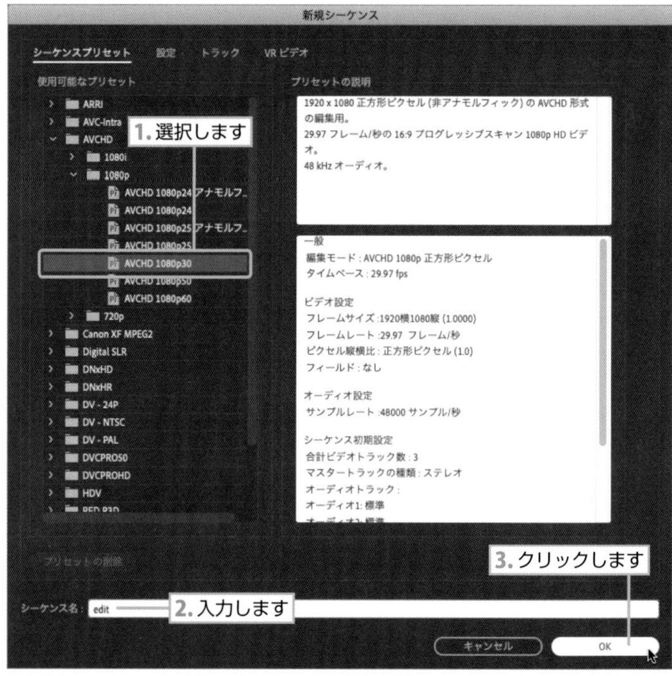

クリップを配置して合成する

“CUT01.mp4” を選択して、タイムラインの “0秒” の箇所に左詰めで配置します。

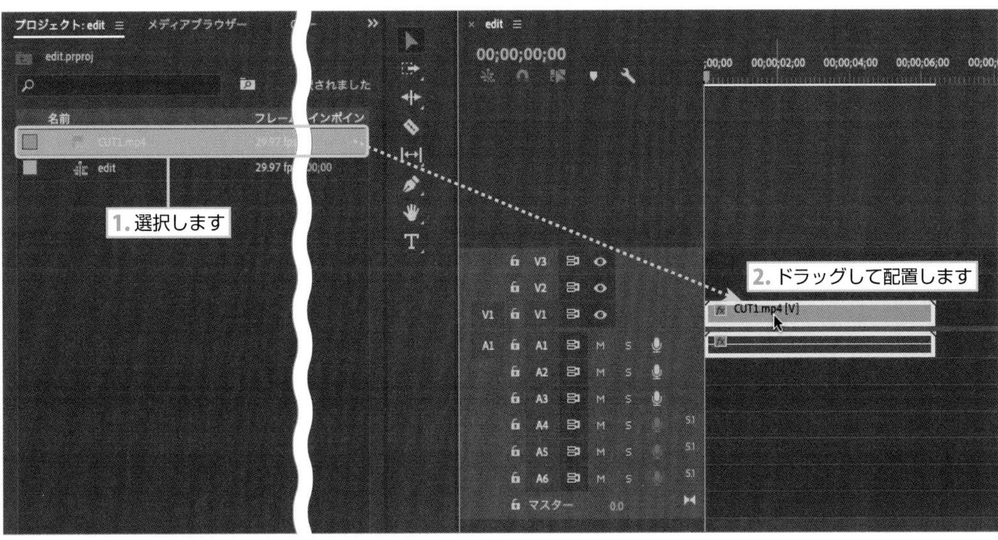

マーカーを付ける

1 残像を重ねたい位置にクリップ上にマーカーを付けます。できるだけ残像が重ならない場所でマーカーをつけます。
クリップを選択して “00;00;02;29” の位置でキーボードのMキーを押すと、マーカーが付きます。

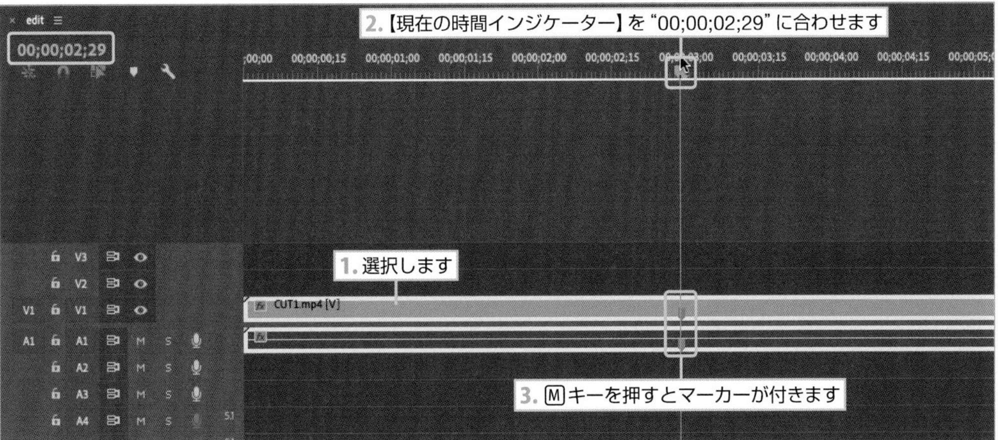

2 同様に、下記の時間でマーカーを付けていきます。

00;00;03;06

00;00;03;13

00;00;03;19

00;00;03;27

00;00;04;05

フリーズフレーム（静止画像）を作る

マーカーを付けた場所のフリーズフレーム（静止画像）を作っていきます。

1 マーカーを付けた場所に【インジケータ】を合わせて、【フレームを書き出し】 をクリックします。

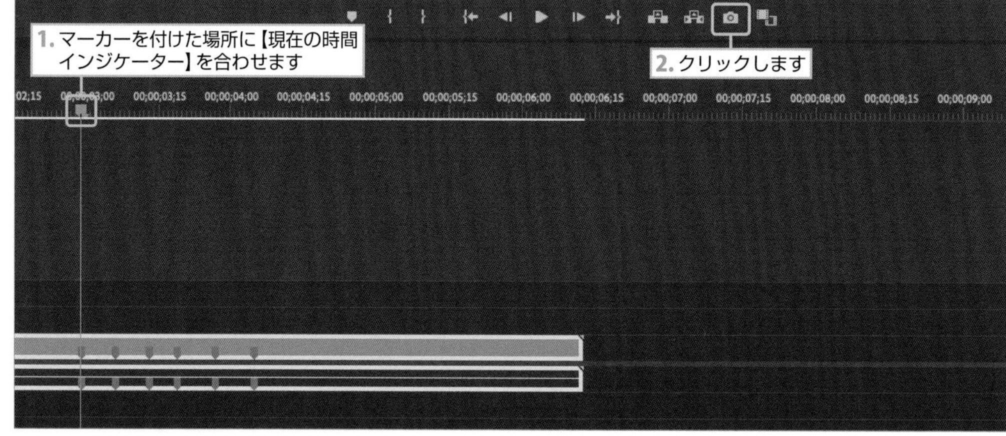

【フレームを書き出し】ダイアログボックスで【名前】を“1”とし、【プロジェクトに読み込む】をオンにします。【参照】をクリックして作成した“zanzou”フォルダを選択します。
【OK】をクリックすると、【プロジェクト】パネルに“1”クリップが読み込まれます。

2 同様に、下記の位置でもフリーズフレームを作成します。

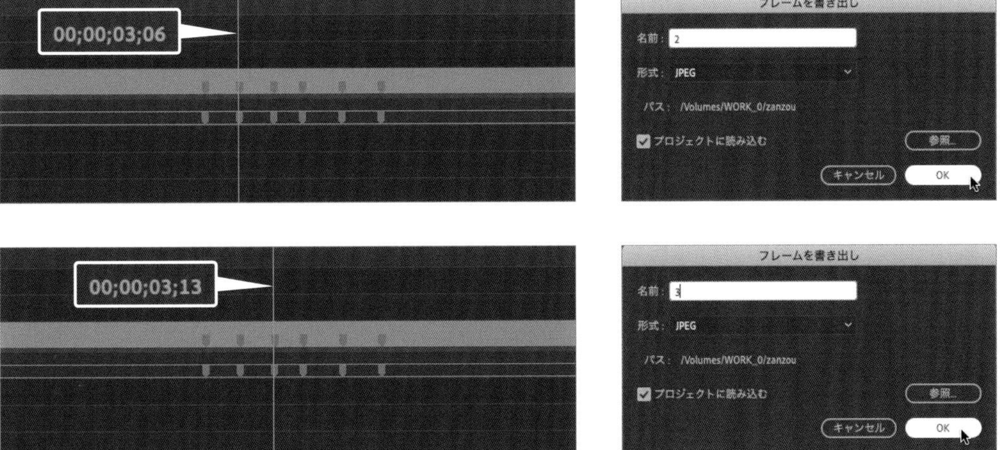

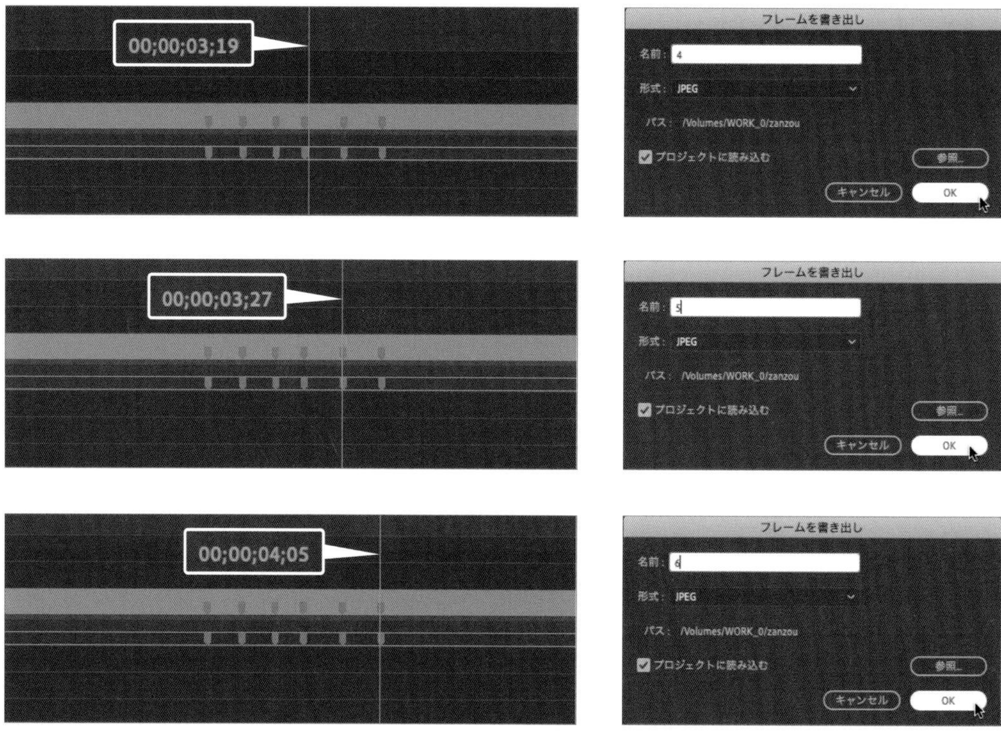

3 各々のマーカーの上に作成したフリーズフレームクリップを階段状に配置します。

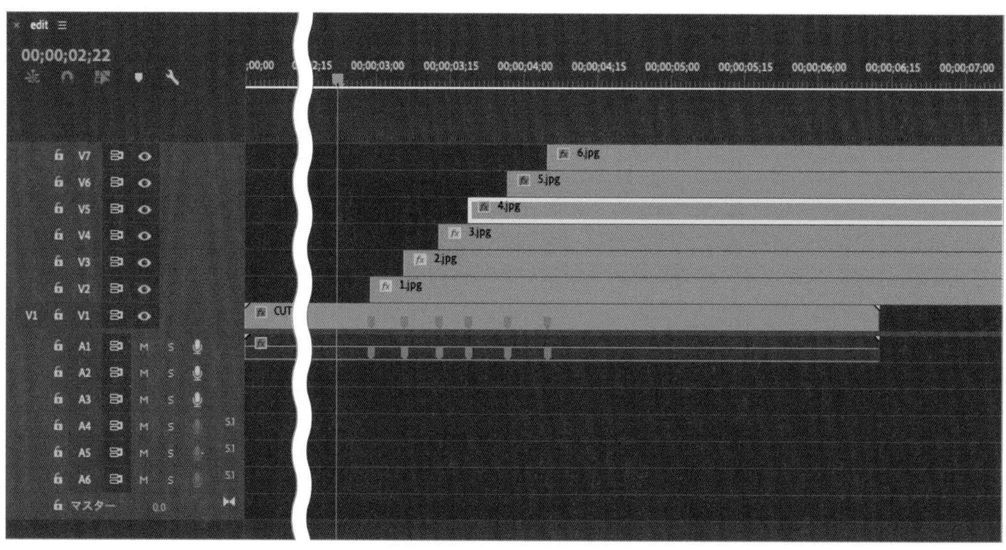

これで準備ができました。

マスクを作る

1 1つずつクリップを選択して、人物の形にマスクを作ります。
"1" クリップを選択して、【ベジェのペンマスクの作成】でマスクを作ります。画像表示を大きくすると、作業を進めやすくなります。

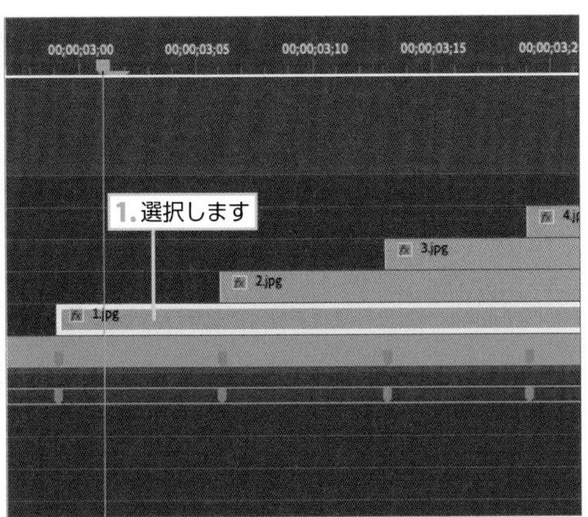

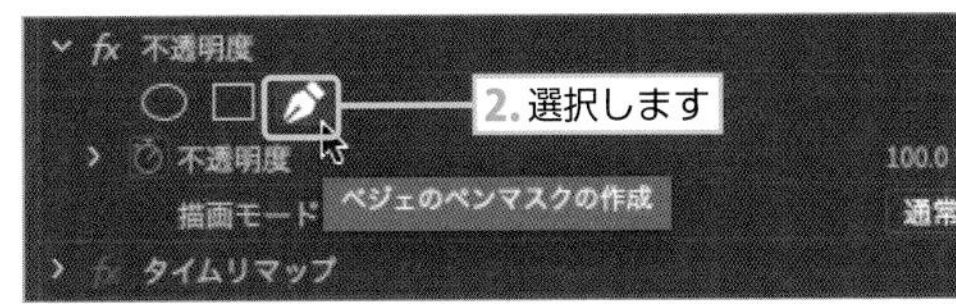

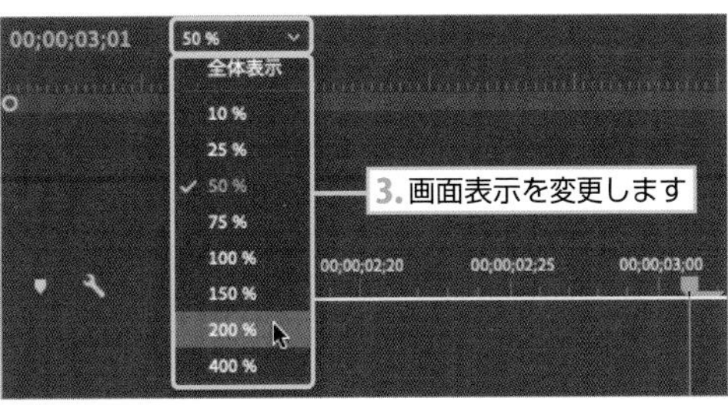

2 マスクをつなげて再生すると、図のようになります。
"1" の位置を越えるとフリーズフレームが残ったまま、走る女性になります。

3 同様に、"2～6" クリップもマスクを作成します。細かい作業が続きますが、根気強く進めていきましょう。

4 マスクを作成した "1～6" クリップを選択します。右クリックして【速度・デュレーション】を選択します。

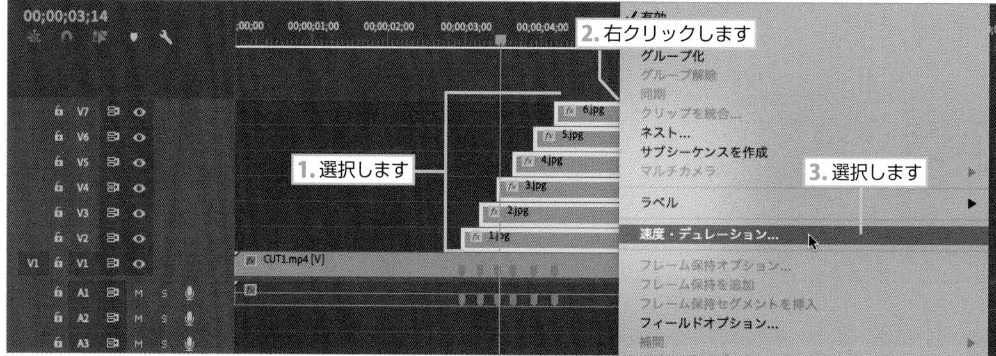

5 【クリップ速度・デュレーション】ダイアログボックスの【デュレーション】を "20" に設定します。

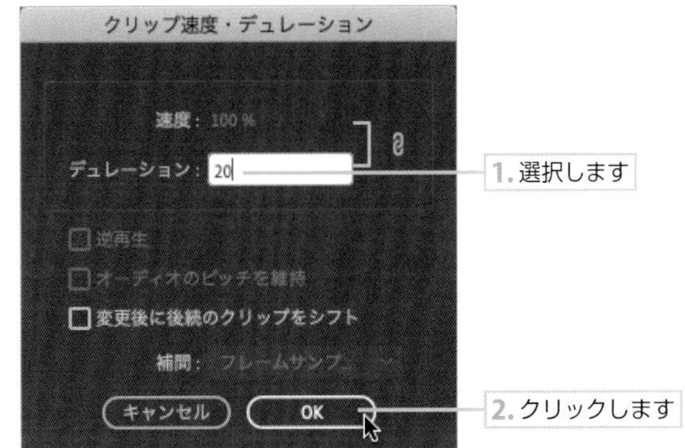

6 選択したクリップがすべて20フレームになります。"1" クリップの右端を右クリックして、フェードアウトを適用します。

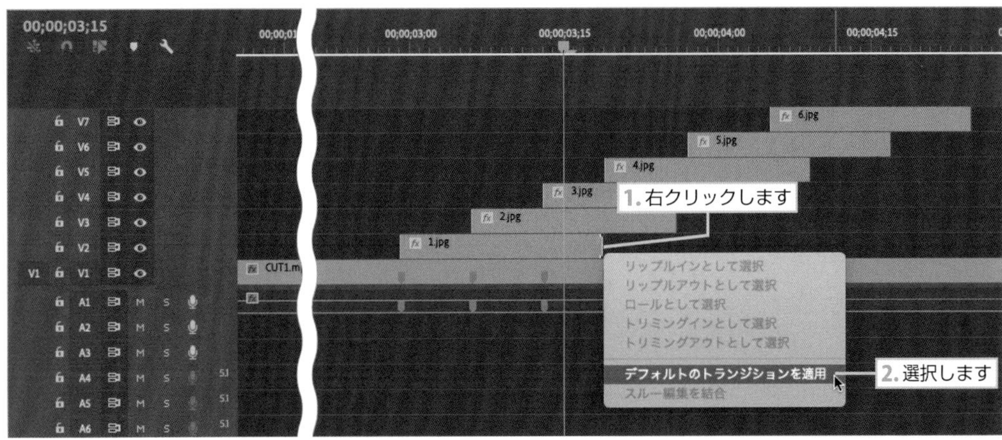

7 適用された【クロスディゾルブ】をダブルクリックして、【トランジションのデュレーションを設定】ダイアログボックスで "5" と入力すると、5フレームかけてフェードアウトします。

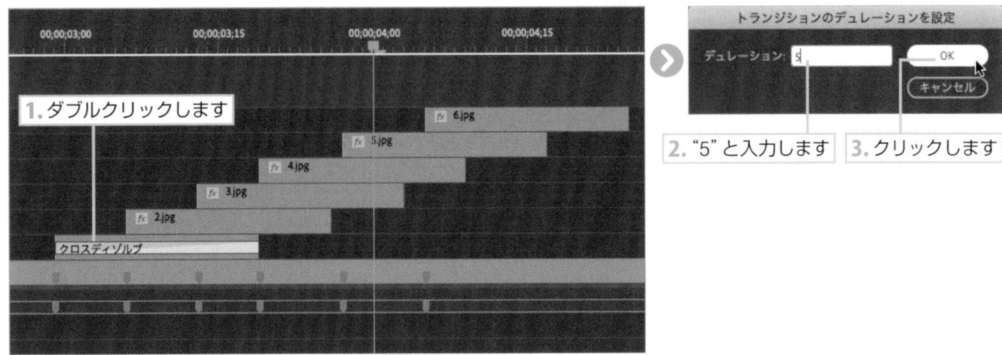

8 【クロスディゾルブ】を選択して、【編集】➡【コピー】（Mac ⌘＋C／Win Ctrl＋Cキー）を選択してコピーします。
“2～6” クリップの右端を選択して、【編集】➡【ペースト】（Mac ⌘＋V／Win Ctrl＋Vキー）を選択すると、【5フレームのクロスディゾルブ】がペーストされます。

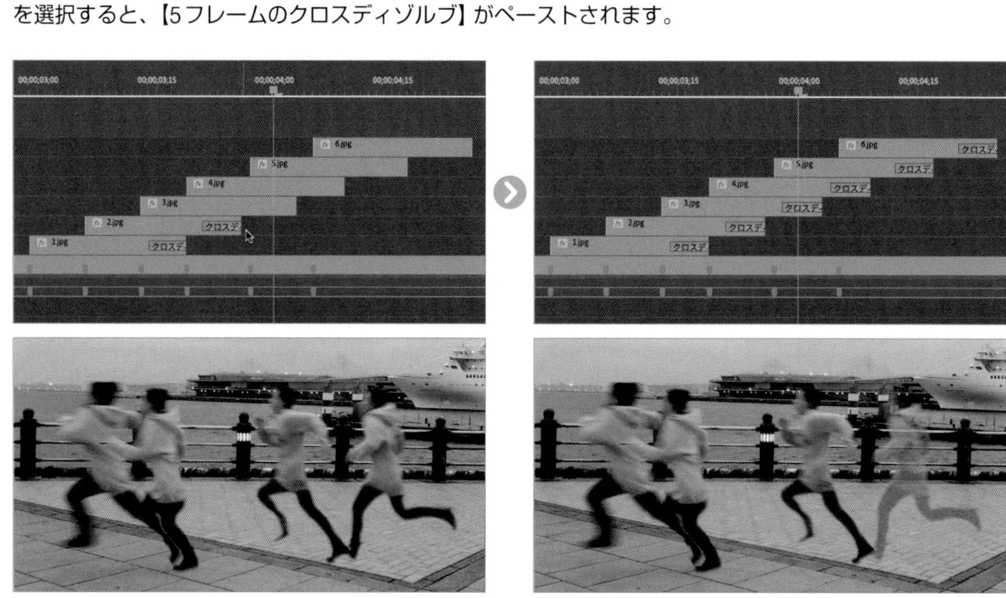

再生すると、通り過ぎると残像が消えていく効果になります。

色補正

1 “CUT01.mp4” をクリックして、【Lumetriカラー】パネル➡【クリエイティブ】➡【Look】から【SL BIG LDR】を選択し、各種項目を調整します。

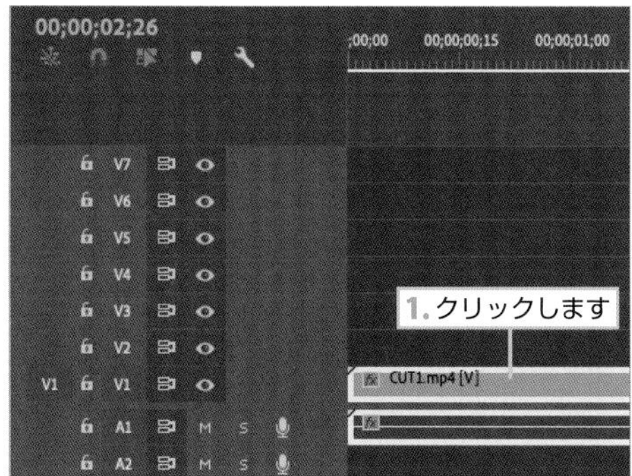

2 色補正した “CUT01.mp4” を【編集】➡【コピー】（Mac ⌘＋C／Win Ctrl＋Cキー）を選択してコピーして、“1～6” クリップに【編集】➡【属性をペースト】（Mac option＋⌘＋V／Win Alt＋Ctrl＋Vキー）を選択します。

【属性をペースト】ダイアログボックスで【Lumetriカラー】だけをオンにして、【OK】をクリックします。

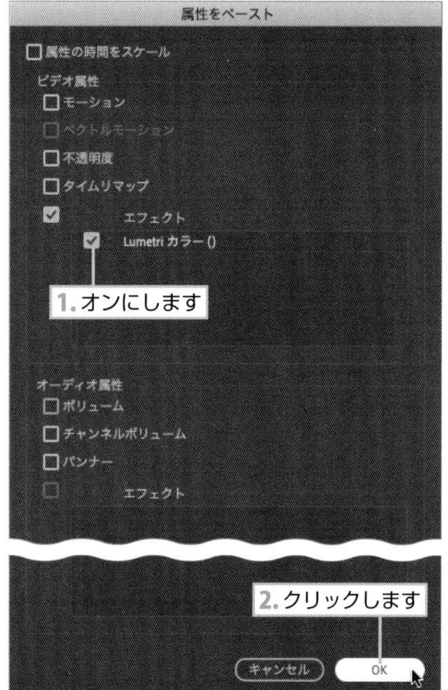

タイムリマップ

1 すべてのクリップを選択して右クリックし、【ネスト】を選択します。名前を "zanzou" とすると、クリップが1つにまとめられます。

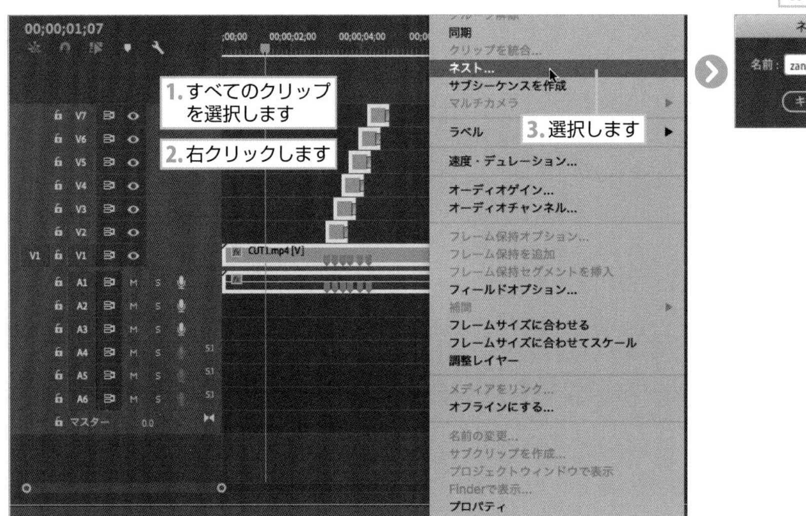

2 "00;00;02;14" に移動して、"zanzou" クリップを選択します。
【エフェクトコントロール】パネル➡【タイムリマップ】➡【速度】のキーフレームをクリックします。

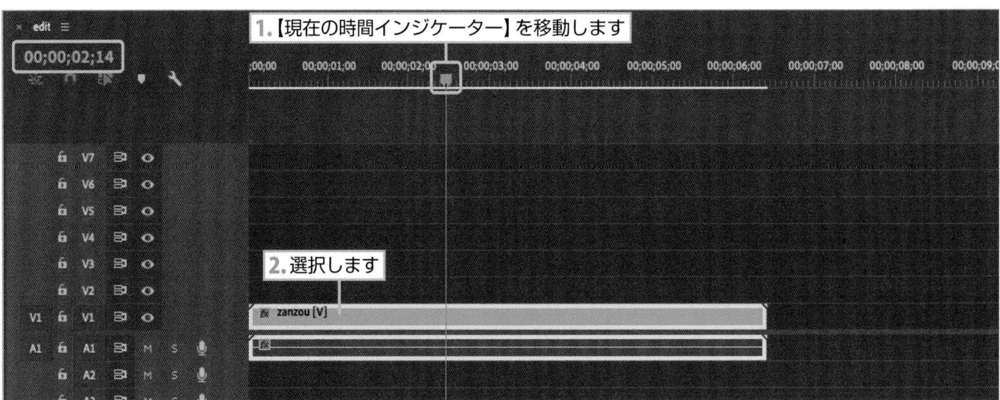

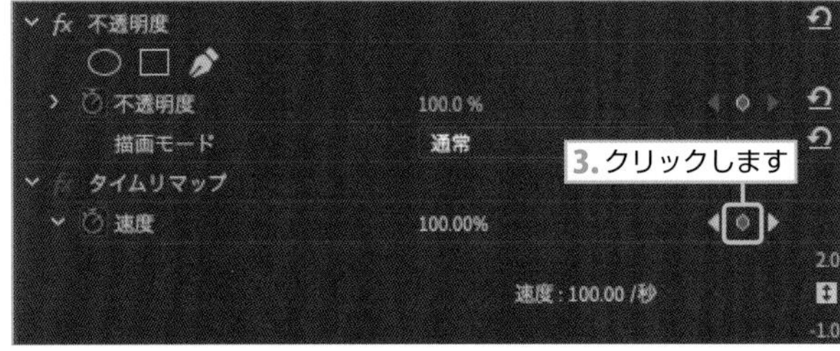

3 “00;00;03;14” に移動して、【速度】のキーフレームをクリックします。

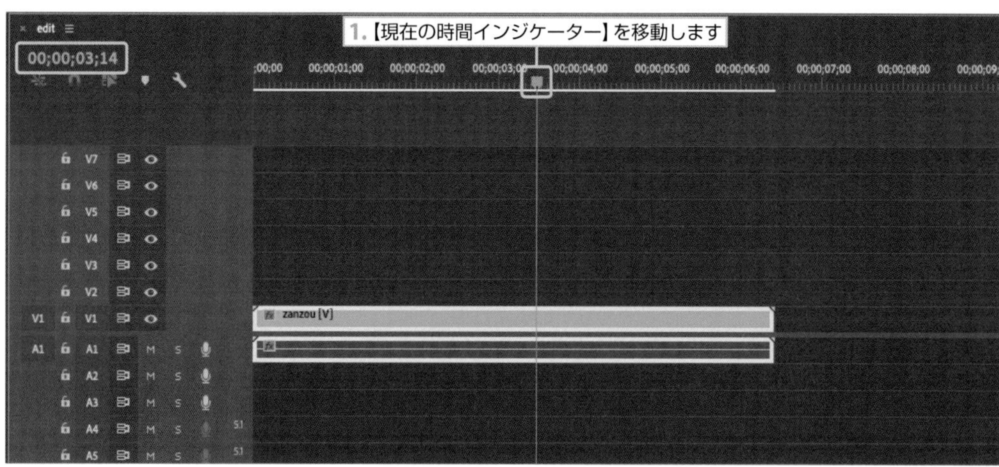

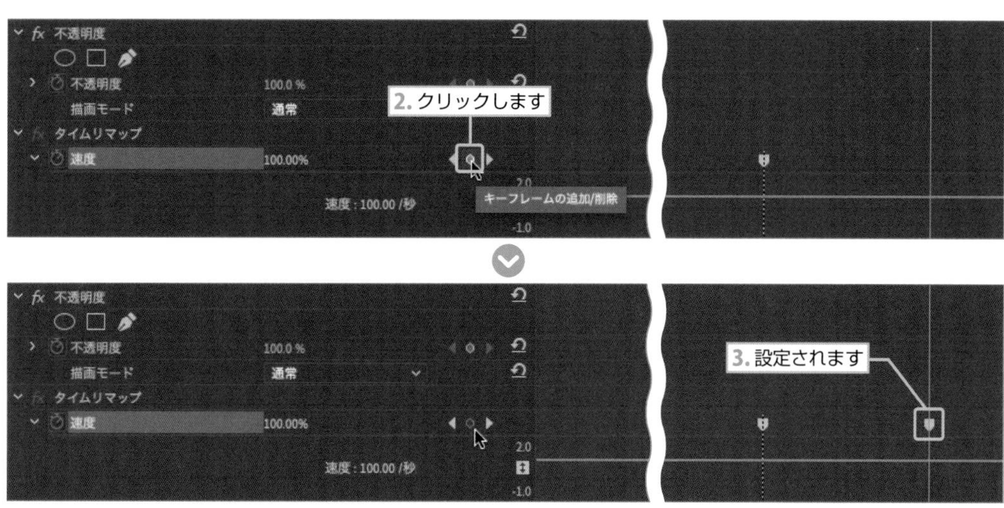

4 キーフレーム間のグラフを持ち上げると、その間が可変で早送りになります。

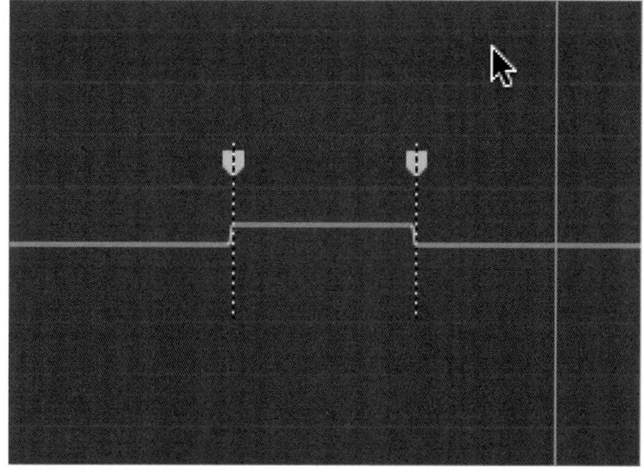

再生すると、画面内を走る時に可変で早回しする動画になります。

TIPS

なめらかなタイムリマップ

キーフレームを左右に移動すると、グラフが傾斜になります。この傾斜が緩やかなほど、なめらかに変化していきます。

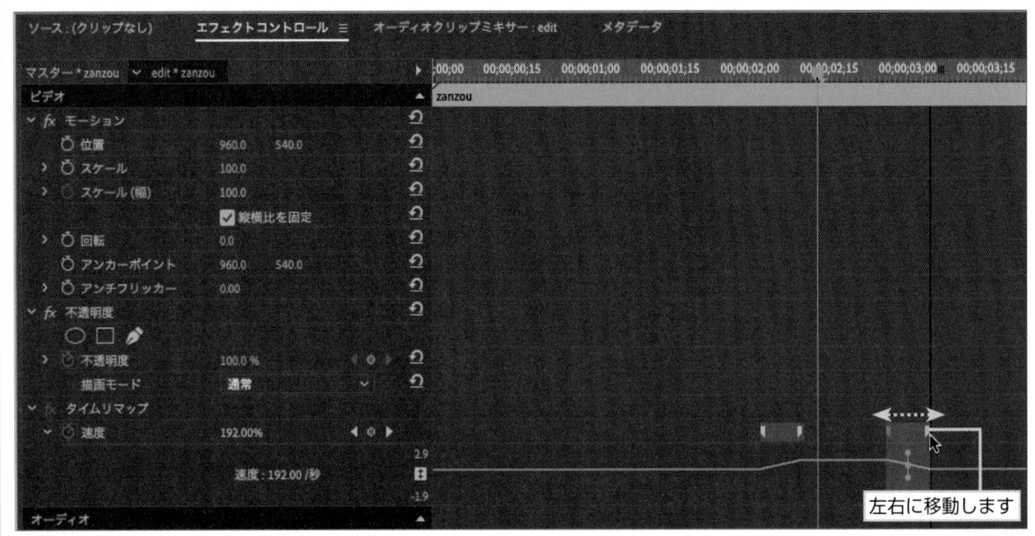

STEP 5-3 クローン合成動画を作ろう！

ここでは、１つの画面の中に同一人物が合成されている映像を制作します。一人３役などのお芝居動画など、エンタメ関連で活用できます。合成する際の撮影時に大切なことを紹介していきます。

完成動画 5-3

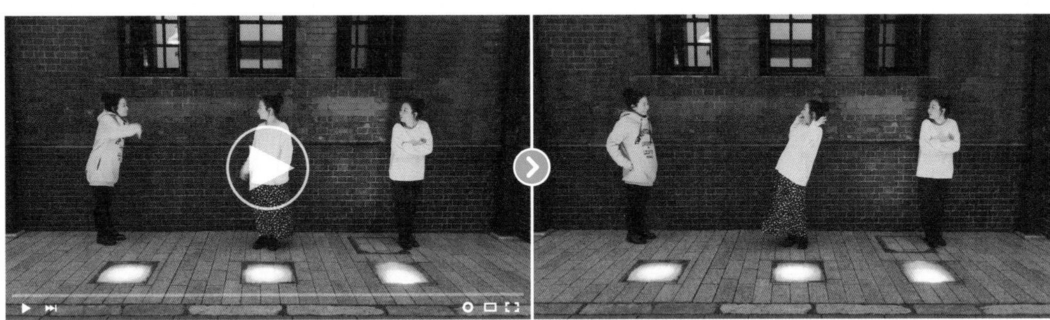

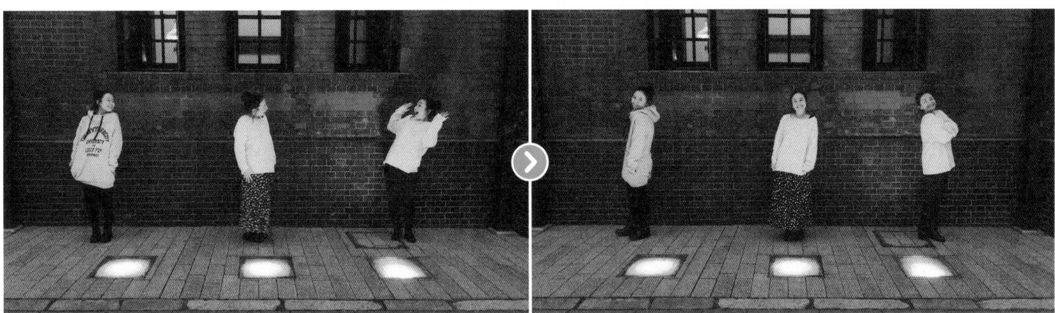

撮影しよう！

お芝居

左から順番に伝言ゲームのように耳打ちしたら驚くという一連を撮影します。左側の女性から撮影すると、タイミングを合わせやすくなります。演者さんには、「何秒で話を伝える」、「何秒後に驚く」などと事前に計算して伝えておくと編集時に楽になります。

背景を選ぶ

クローン合成する際に最も重要なのは、「**カメラを動かさずに撮影すること**」と「**背景が動かないこと**」です。ここでは、背景が動かないレンガの壁の前を選びました。

三脚を使う

クローン合成はカメラを絶対に動かさないのが条件なので、三脚を使います。

ポイントとしては、スマートフォンの動画録画ボタンをタッチすると、どうしても本体（カメラ）が振動で揺れてしまうので、録画開始後すぐに演技してもらうのではなく、しばらく時間をおいてから本番を開始することです。

また、1人ひとりの演技を撮影しては録画を止めるのではなく、3人分を一回の録画で撮影しましょう。

さらに三脚が揺れないように、カメラマンやディレクター、演者は細心の注意を払うようにしましょう。

天候や時間

より気をつけるべきことが、天候や時間です。雲の抜けが早く、光がコロコロと変わる天気や夕方になっていく時間帯での撮影は、映像のルックが変わってしまい合成するときに違和感が生じてしまいます。

同じ時間内で天候が変わらない日を選んで撮影しましょう。

本書では、夕方以降に床（地面）からのライトが全部灯いてから撮影しました。

下方向からのライトが付いていません

ライトがすべて灯いてから撮影しました

これで、撮影は終了です。

次に、編集に入ります。

編集しよう！

プロジェクトを作成する

1. Premiere Proの【ホーム画面】で【新規プロジェクト】をクリックします（28ページ参照）。

2. 【新規プロジェクト】ダイアログボックスで【名前】を“edit”と入力します。【場所】にある【参照】をクリックして、【新規フォルダ】の“clone”を作成します（29ページ参照）。

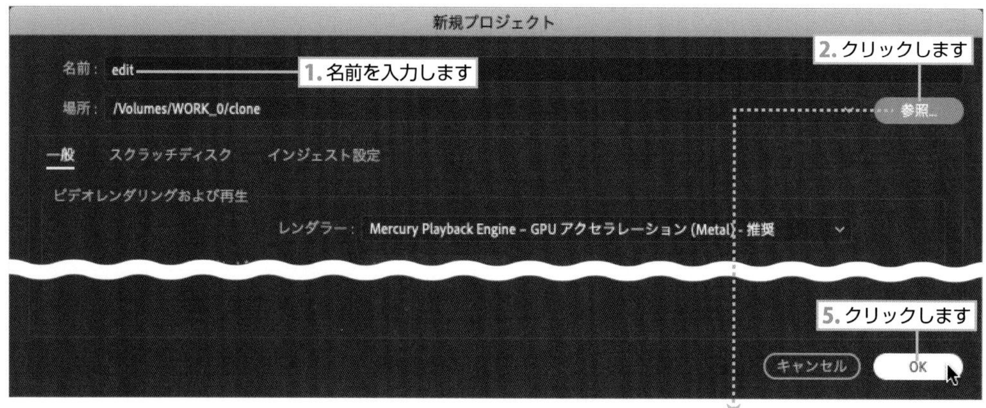

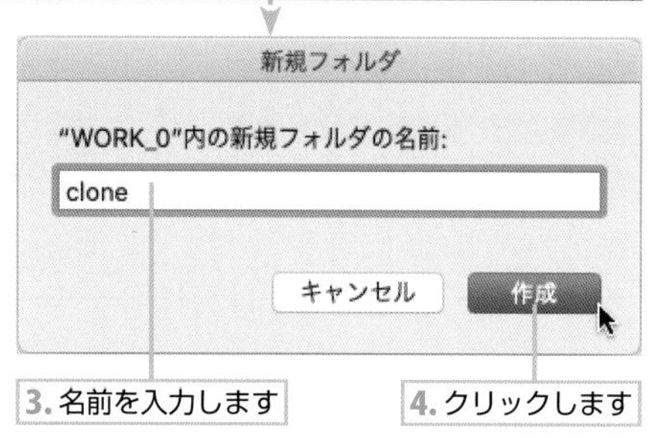

ファイルの読み込み

1. 【ファイル】➡【読み込み】を選択して、“clone_source”フォルダから“CUT01～CUT03.mp4”を選択します（32ページ参照）。

2. 【読み込み】をクリックすると、素材が【プロジェクトパネルグループ】に読み込まれます（32ページ参照）。

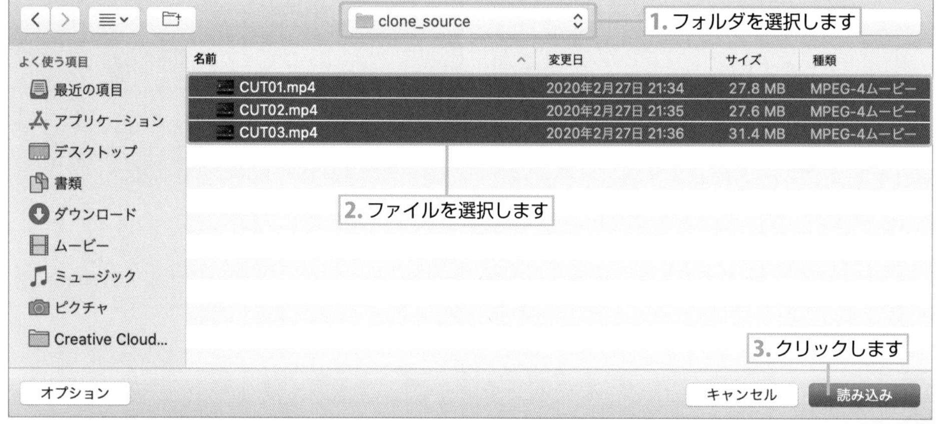

シーケンスを作成する

1 【ファイル】➡【新規】➡【シーケンス】を選択します（33ページ参照）。

2 【新規シーケンス】ダイアログボックスで【AVCHD 1080p 30】を選択して、【シーケンス名】を "edit" と入力し、【OK】をクリックします。

クリップを配置して合成する

1 "CUT01～CUT03.mp4" を選択して、タイムラインの【0秒】の箇所に左詰めで配置します。

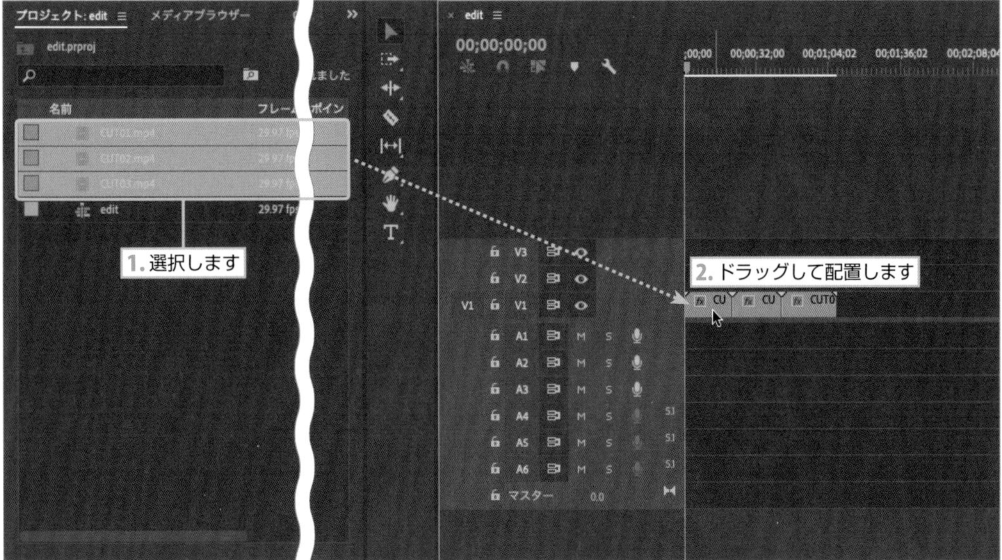

2 クリップを右図のように移動します。
【V1】トラックが “CUT01.mp4”、【V2】トラックが “CUT02.mp4”、【V3】トラックが “CUT03.mp4” です。

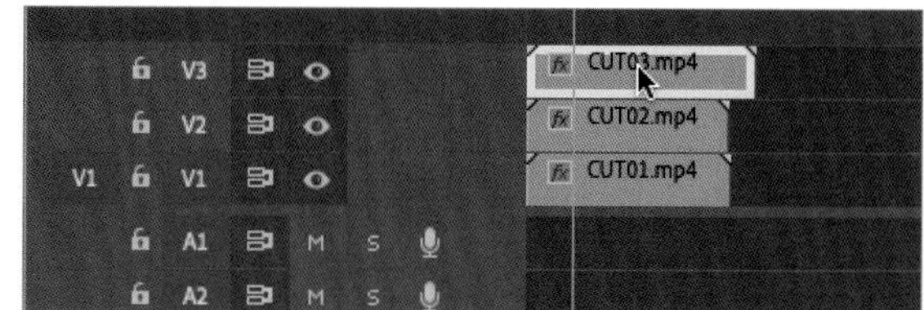

3 “CUT03.mp4” クリップを右クリックして【有効】をクリックし、非表示にします。

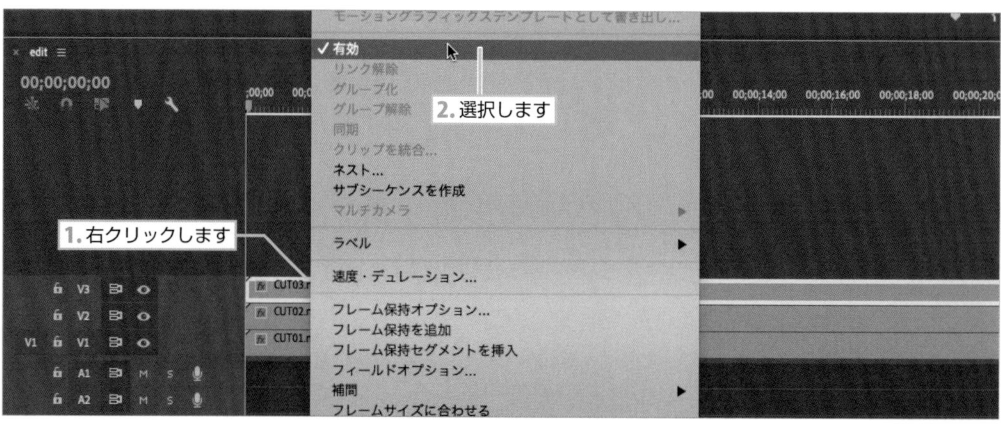

4 “CUT02.mp4” クリップを選択して、【エフェクトコントロール】パネルの【不透明度】にある【ベジェのペンマスクの作成】をクリックします。
【プログラムモニター】で下図のようにマスクで囲みます。【マスクの境界のぼかし】を “20” に設定します。少しでも明るさが変わると境い目がわかりやすくなり目立ってしまうので、ぼかしてなじませます。

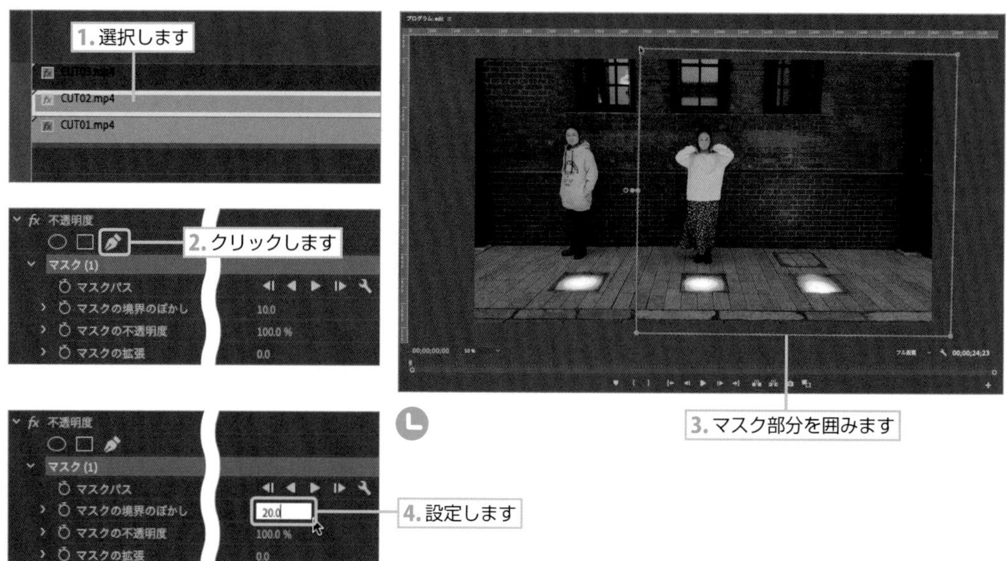

5 “CUT03.mp4” クリップを右クリックして【有効】を選択し、表示させます。

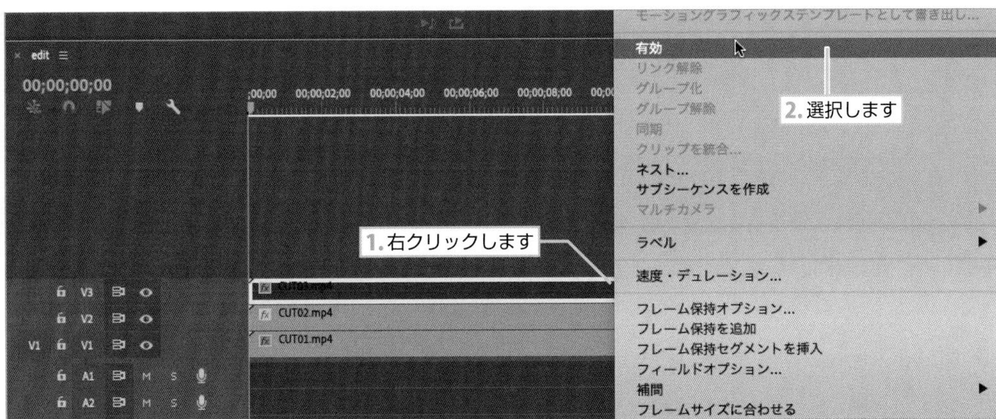

6 “CUT03.mp4” クリップを選択して【ベジェのペンマスクの作成】をクリックし、【プログラムモニター】で下図のようにマスクで囲みます。【マスクの境界のぼかし】を “20” に設定します。

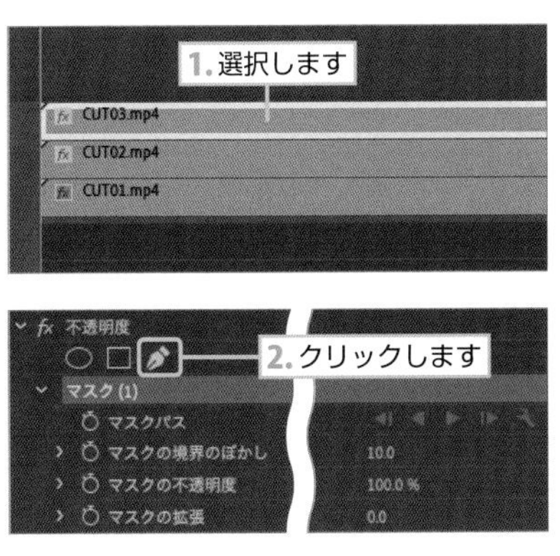

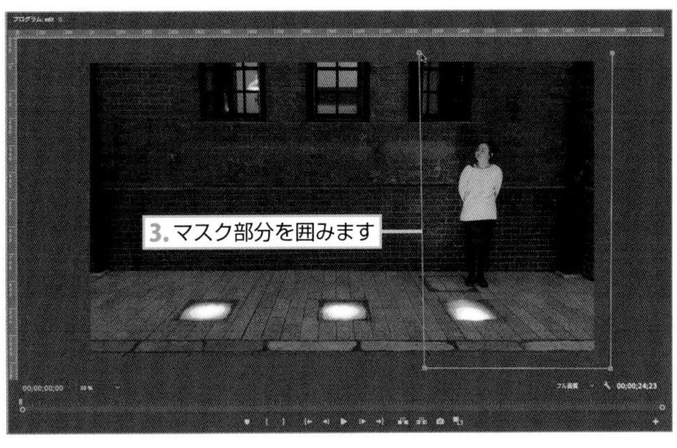

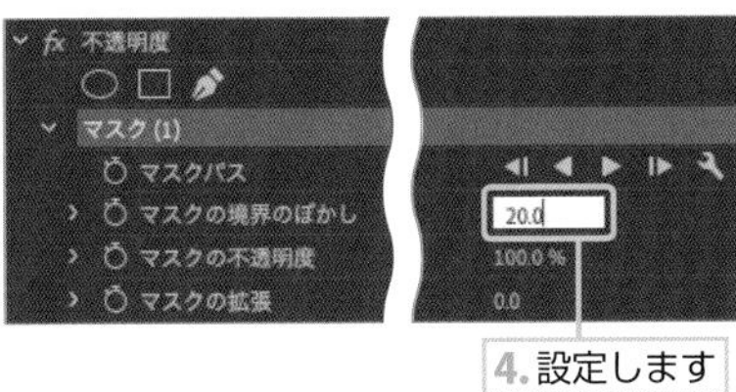

これで、１つの画面に同一人物が３人表示されます。

▶演技のタイミングを合わせる

1 【現在の時間インジケーター】 を"00;00;02;27"に合わせて、"CUT01.mp4"クリップをカットし、左側を削除して詰めます。

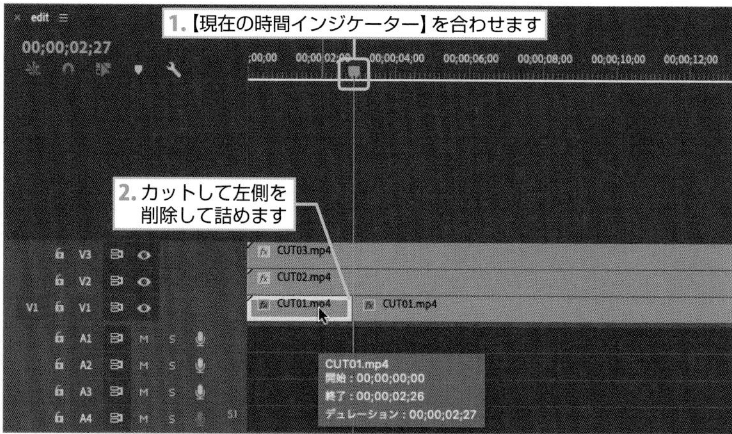

2 【現在の時間インジケーター】 を"00;00;08;14"に合わせて、"CUT02.mp4"クリップをカットし、左側を削除します。これは、中央の女性が耳に手を当てるきっかけとなる部分です。

3 左側の女性と中央の女性の演技を合わせます。【現在の時間インジケーター】 を "00;00;02;09" に合わせて、"CUT02.mp4" クリップを頭合わせにし、足りない分を伸ばします。

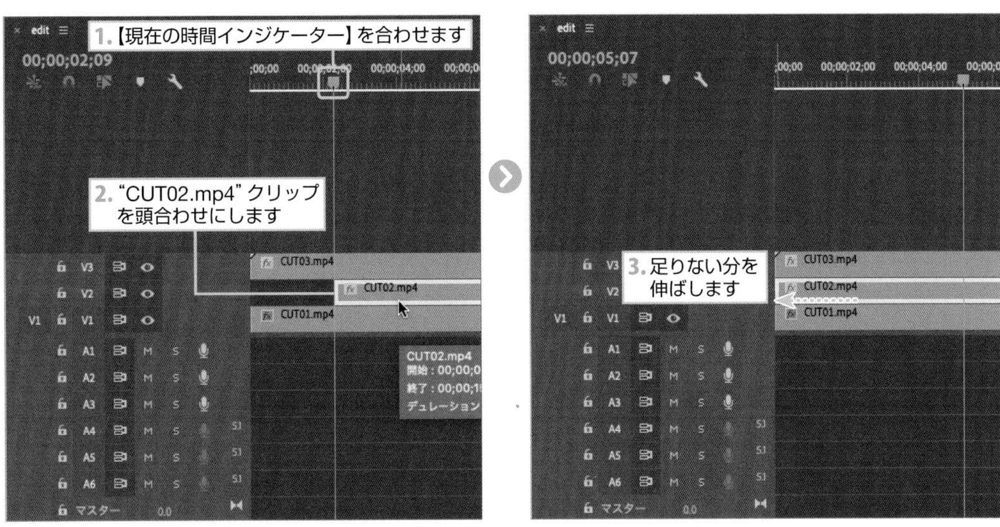

再生すると、「左側の女性が声をかけて、それに驚く中央の女性」という合成になります。

4 同様に、右側の女性と中央の女性の演技合わせをします。【現在の時間インジケーター】 を"00;00;10;13" に合わせて、"CUT03.mp4" クリップをカットして、左側を削除します。

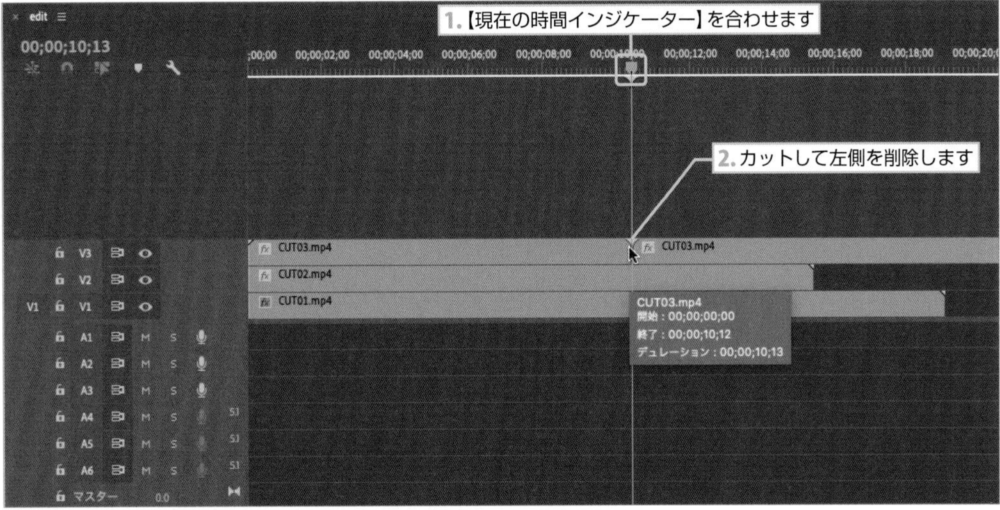

5 【現在の時間インジケーター】を“00;00;04;16”に合わせて“CUT03.mp4”クリップを頭合わせにし、足りない分を伸ばします。

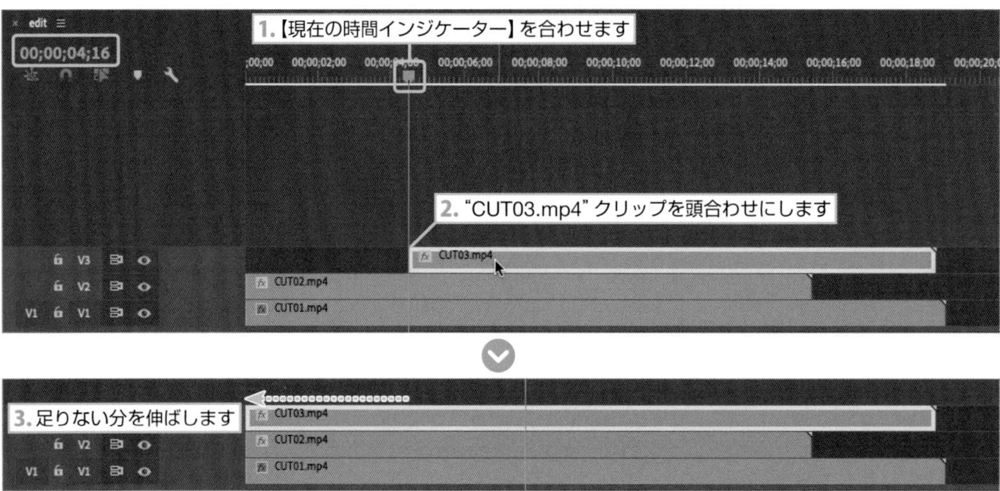

6 これで、3人の演技内容が揃いました。“00;00;11;20”の位置ですべてのクリップを削除して揃えます。

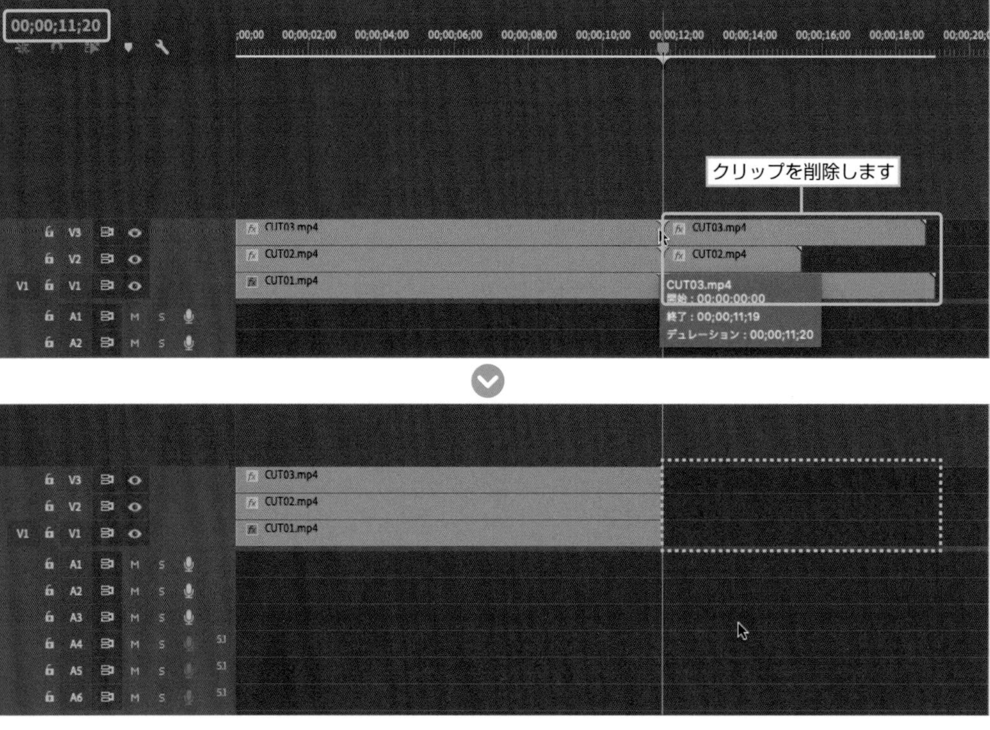

モノクロに変換しよう！

1 "CUT01.mp4" クリップを選択して、【Lumetriカラー】パネル➡【クリエイティブ】➡【Look】より【Monochrome Kodak 5218 Kodak 2395(by Adobe)】を選択すると、味わい深いモノクロになります。チャップリンのサイレントコメディテイストになります。

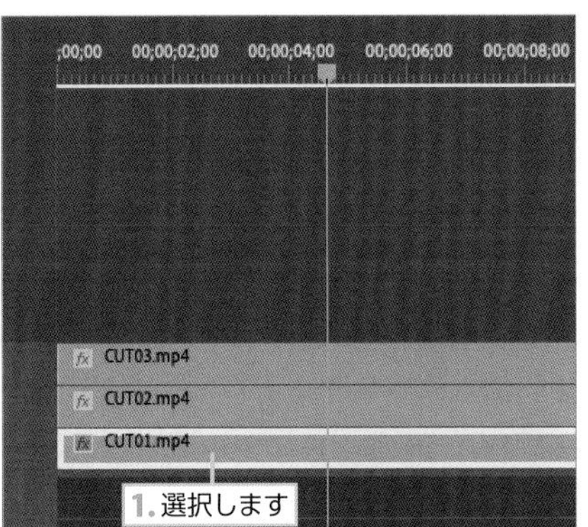

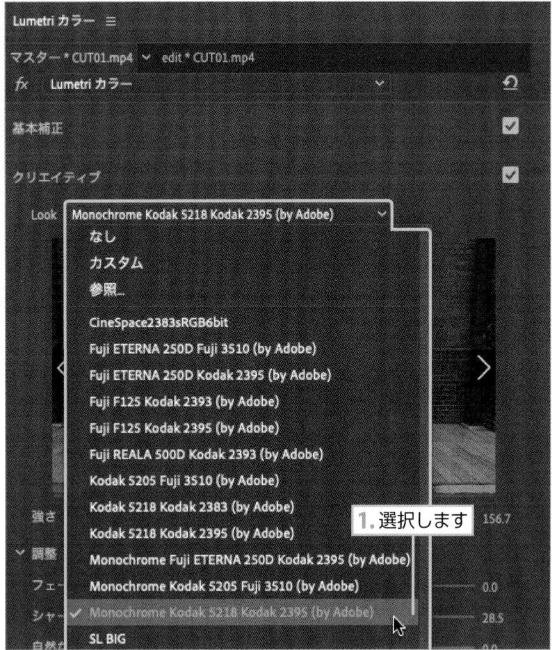

2 【強さ】や【フェード】などを調整します。ここまで学んできた方なら、おのずと自分のやりたい色補正などもできてくると思います。いろいろ試してみましょう。

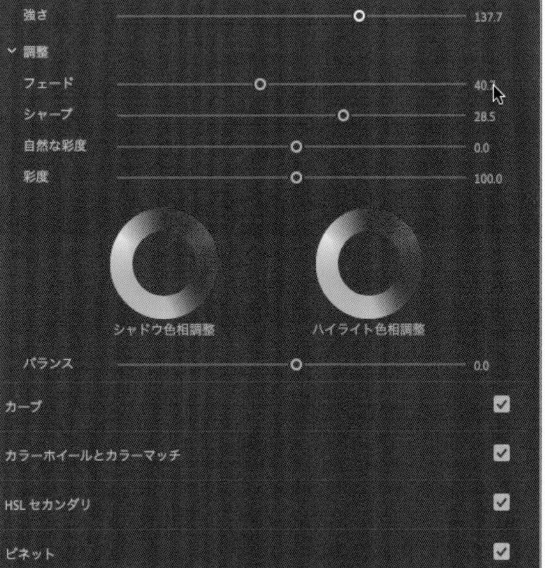

3 すべてに適用すると、下図のようになります。

STEP 5-4

セルフィー動画を作ろう！

最後に、Instagramに使用する正方形動画の作り方を解説します。また、自撮り撮影時の手ブレを補正するエフェクトや、Instagramのフィルター機能のような合成モードによるフィルターの作り方を紹介しましょう。

完成動画 5-4

撮影しよう！

スマートフォンで自撮りしてもらいます。上下左右に動かしたクリップを使用します。
さらに正方形動画にするため、構図はできるだけ中央に被写体があるようにします。

これで、撮影は終了です。

編集しよう！

ここでは、Instagramにアップロードする正方形動画の作り方を解説します。
また、自撮り撮影時のブレを軽減する方法も紹介します。

プロジェクトを作成する

1 Premiere Proの【ホーム画面】で【新規プロジェクト】をクリックします（28ページ参照）。

2 【新規プロジェクト】ダイアログボックスで【名前】を“edit”と入力します。【場所】にある【参照】をクリックして、【新規フォルダ】の“selfie”を作成します（29ページ参照）。

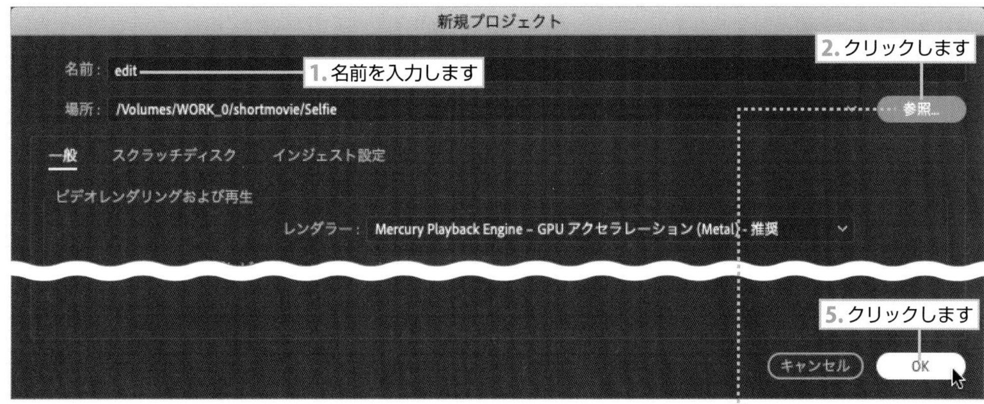

ファイルの読み込み

1 【ファイル】➡【読み込み】を選択して、“selfie_source”フォルダから“CUT01.mp4”を選択します（32ページ参照）。

2 【読み込み】をクリックすると、素材が【プロジェクトパネルグループ】に読み込まれます（32ページ参照）。

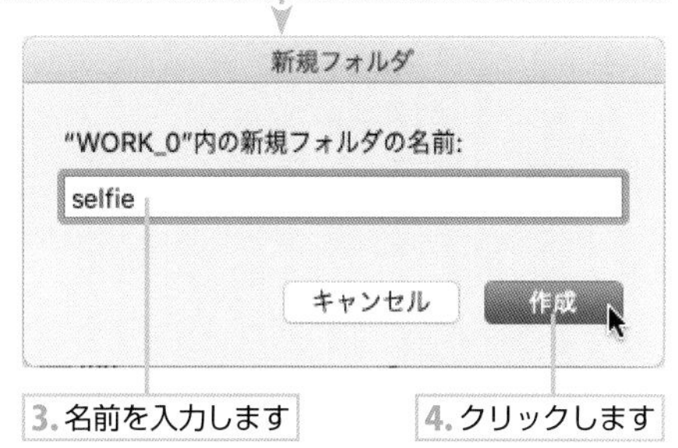

シーケンスを作成する

1 【ファイル】➡【新規】➡【シーケンス】を選択します（33ページ参照）。

2 【新規シーケンス】ダイアログボックスで【編集モード】で【カスタム】を選択して、【フレームサイズ】を"1080,1080"に変更します。また、【プレビューファイル形式】で【GoPro CineForm(YUV 10ビット)】を選択します。

3 【シーケンス名】を"edit"と入力して、【OK】をクリックします。

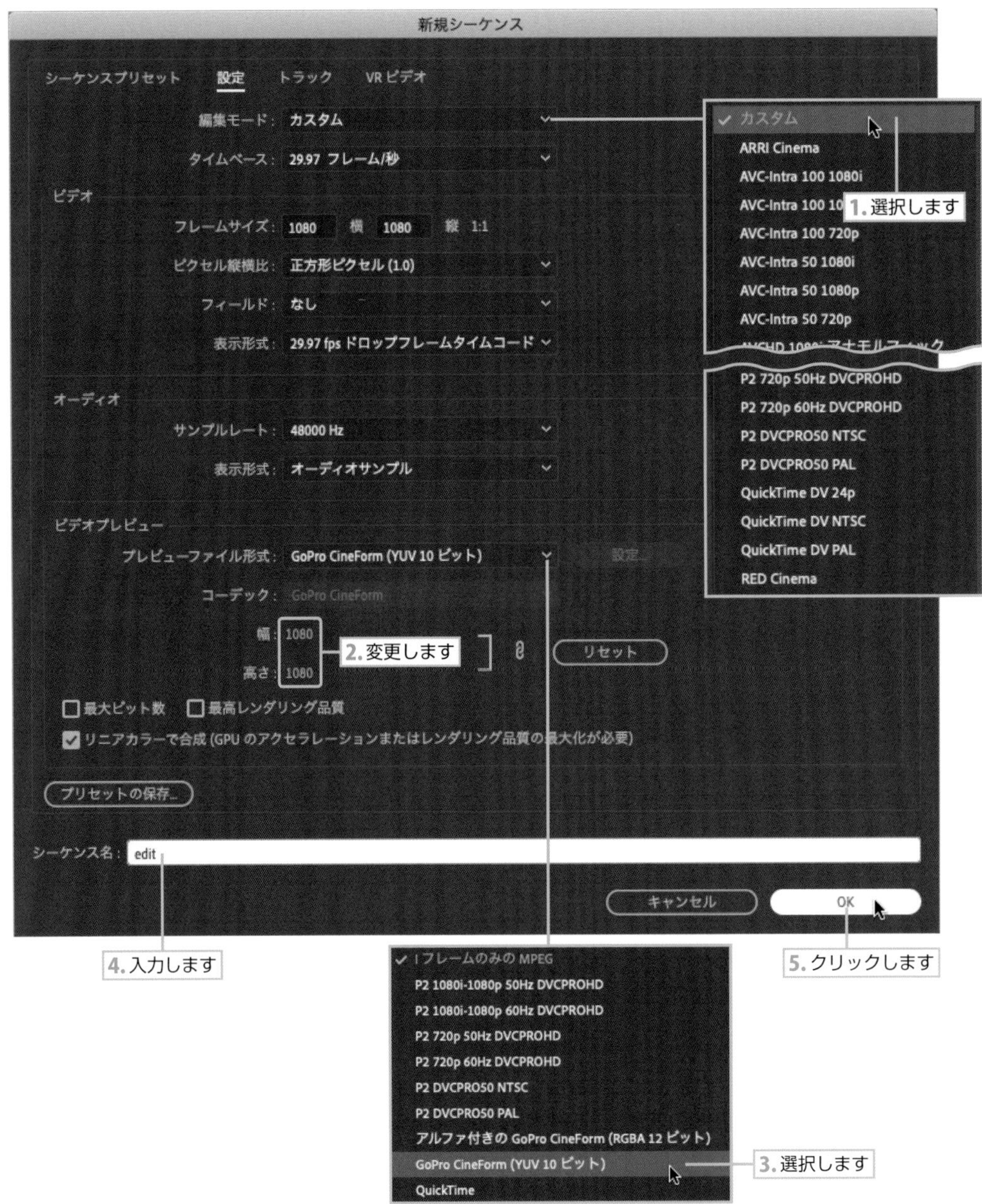

クリップを配置して合成する

1 "CUT01.mp4"を選択して、【タイムライン】パネルの【0秒】の位置に左詰めで配置すると、【クリップの不一致に関する警告】が表示されます。これは、撮影クリップがHD（1920×1080pixel）で、シーケンスが正方形（1080×1080pixel）と映像のサイズが異なるためです。
ここでは、HDサイズのクリップをそのまま使用するので、【現在の設定を維持】を選択します。

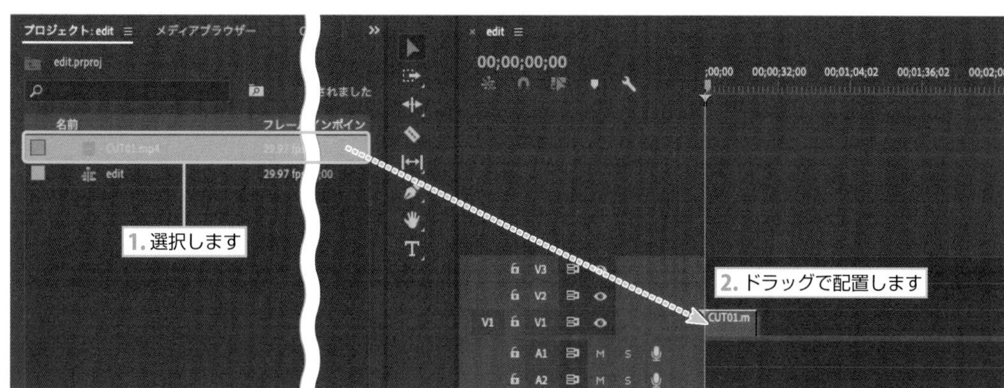

2 "00;00;15;00"の位置でカットして、右側を削除します。

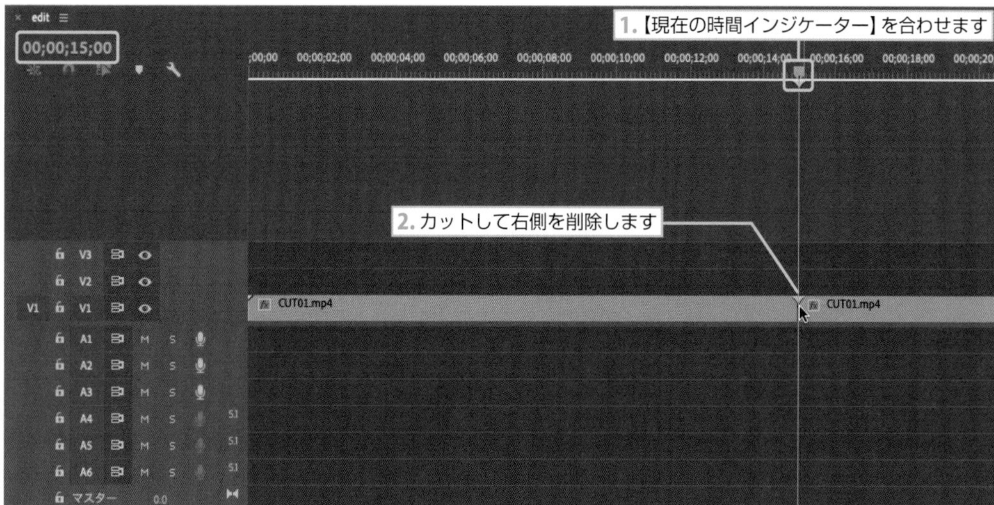

ブレを補正する

1 【エフェクト】パネルの検索窓に“ワープ”と入力して、【ワープスタビライザー】エフェクトを表示します。【ワープスタビライザー】エフェクトを選択して、“CUT01.mp4”クリップにドラッグ＆ドロップして適用します。
【バックグラウンドで分析中】と表示されるので、そのまま待ちます。クリップの時間が長かったり、ファイルサイズが大きい場合には、解析に時間がかかります。

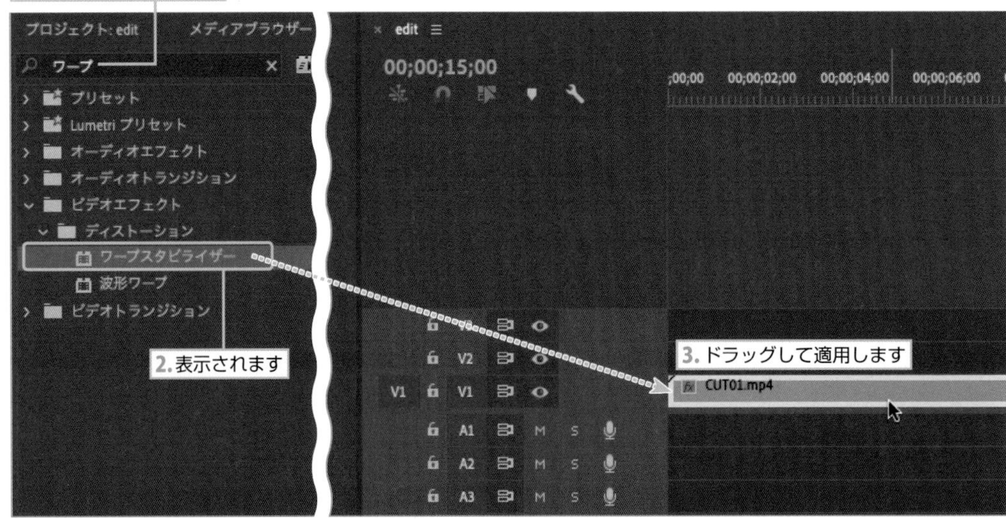

2 解析が終わると、自動的にブレが補正されます。ブレを補正する分、画角が拡大されるので、【滑らかさ】を"35%"に設定して少しだけ減少させます。

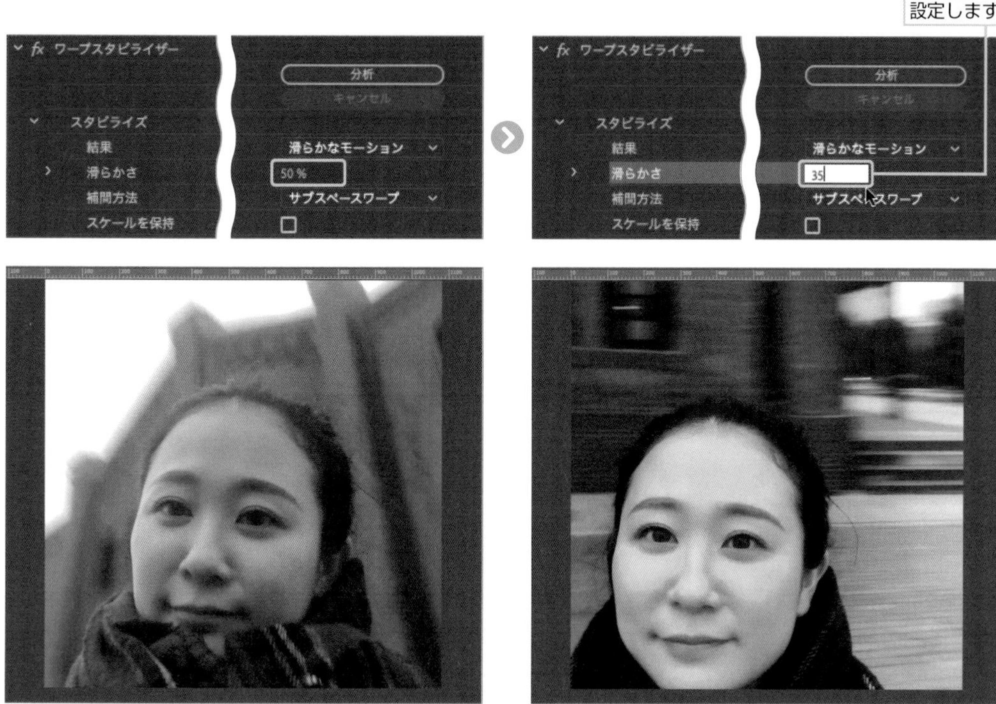

3 縮小され、かつ補正も適度に適用されている状態になりました。

色補正と合成モード

1 "CUT01.mp4" クリップを選択して、【Lumetiriカラー】パネル➡【クリエイティブ】➡【調整】➡【彩度】を "143" に設定します。

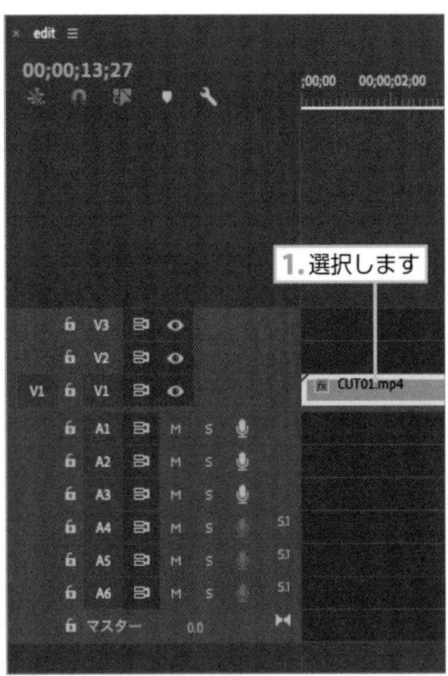

2 "CUT01.mp4" クリップを選択して、Mac shift + option（Win Shift + Alt）キーを押しながら上にドラッグして複製します。

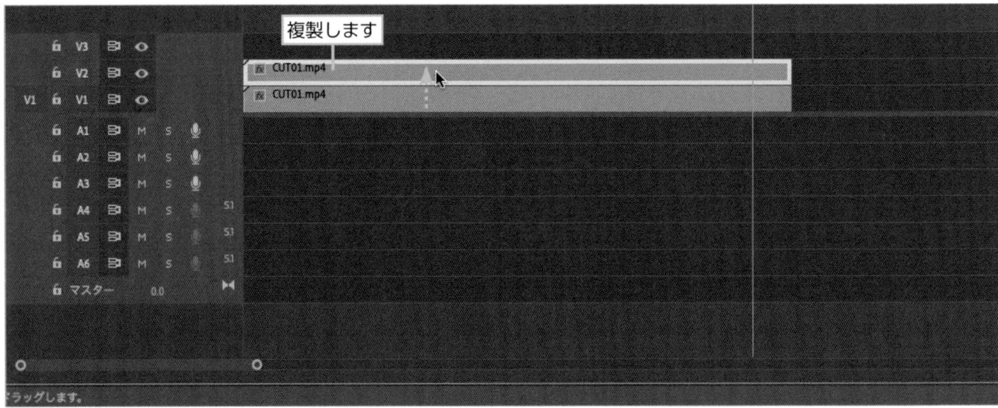

3 複製したクリップを選択して、【エフェクトコントロール】パネル➡【不透明度】➡【描画モード】を【スクリーン】に設定します。クリップの明るい箇所がより明るくなり、Instagramのフィルター効果のような仕上がりになります。再生するとブレも軽減し、フィルター効果が適用された正方形動画になります。

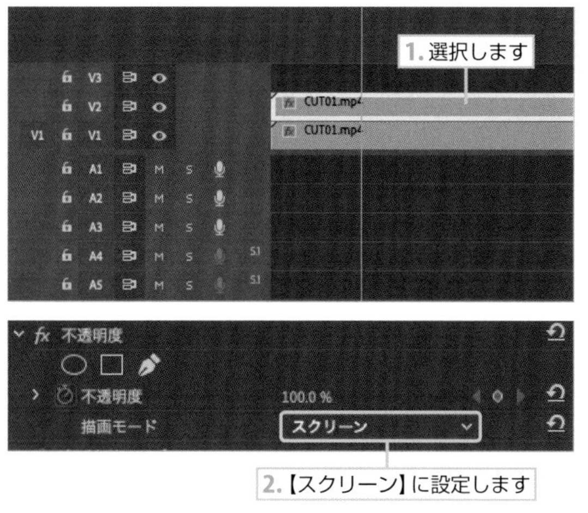

書き出し

【H.264】の場合、【書き出し設定】の【プリセット】で【ソースの一致・高速ビットレート】を選択すると、正方形の動画で書き出されます。

TIPS

縦動画の書き出し

【H.264】の場合、【書き出し設定】ダイアログボックスの【プリセット】で【ソースの一致、高速ビットレート】を選択すると、設定した縦動画で書き出されます。

PART

6

完成動画をSNSにアップロードしよう！

ここまで数多くの動画を編集してきましたが、SNSで公開するまでが動画作りの一連の作業になります。最後のパートではYouTube・Twitter・Instagram・TikTok・Vimeoのアップロードについて解説します。

STEP 6-1

YouTubeにアップしよう！

ここでは、YouTubeにアップロードする方法を紹介します。Googleアカウントの作成から、公開範囲の設定やタイトル設定などを解説します。

Googleアカウントを作成しよう！

1 Googleアカウントを作成します。個人で使用する場合は、【自分用】を選びます。

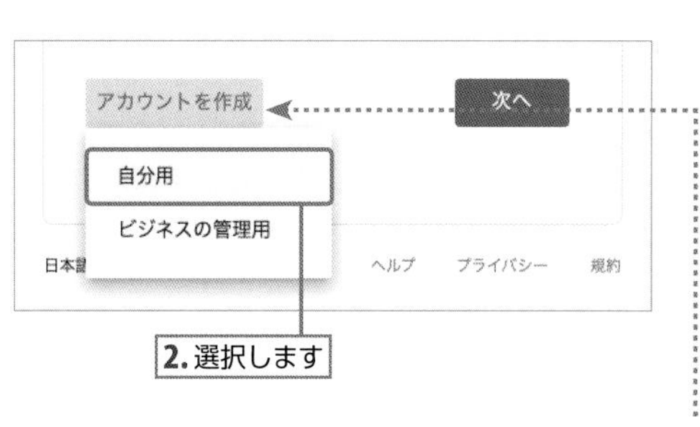

2 Googleアカウント作成の手順に沿って、操作を進めていきます。

3 アカウントが作成できたら、YouTubeのトップページを表示して、右上のログインをクリックします。ログインしたら【動画または投稿を作成】をクリックして、【動画をアップロード】を選択します。

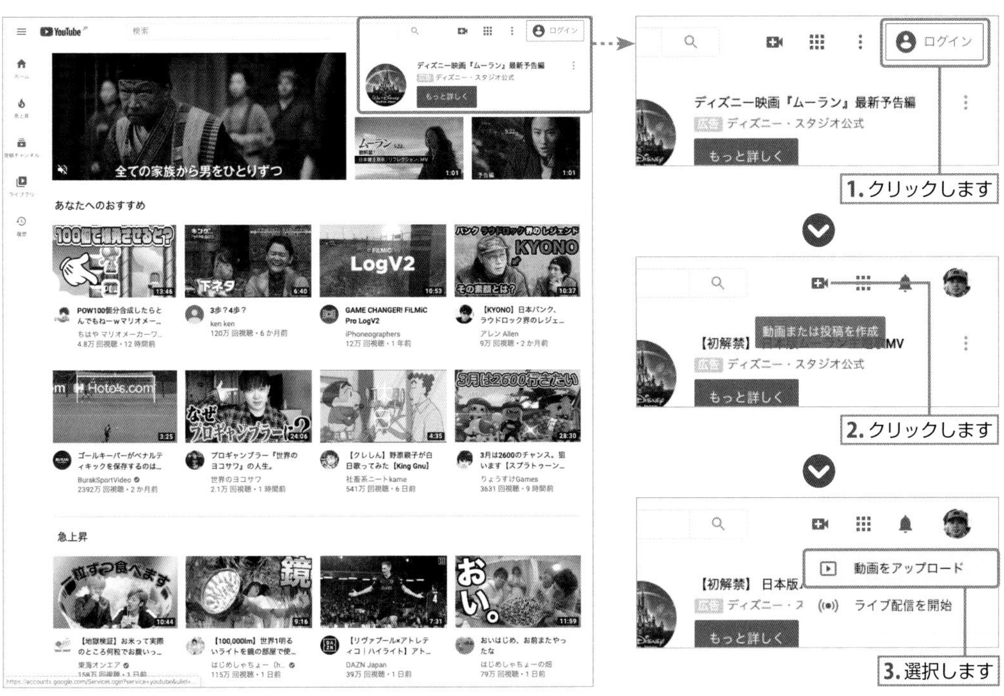

4 動画アップロード画面に切り替わるので、【ファイルを選択】をクリックしてファイルを選択します。

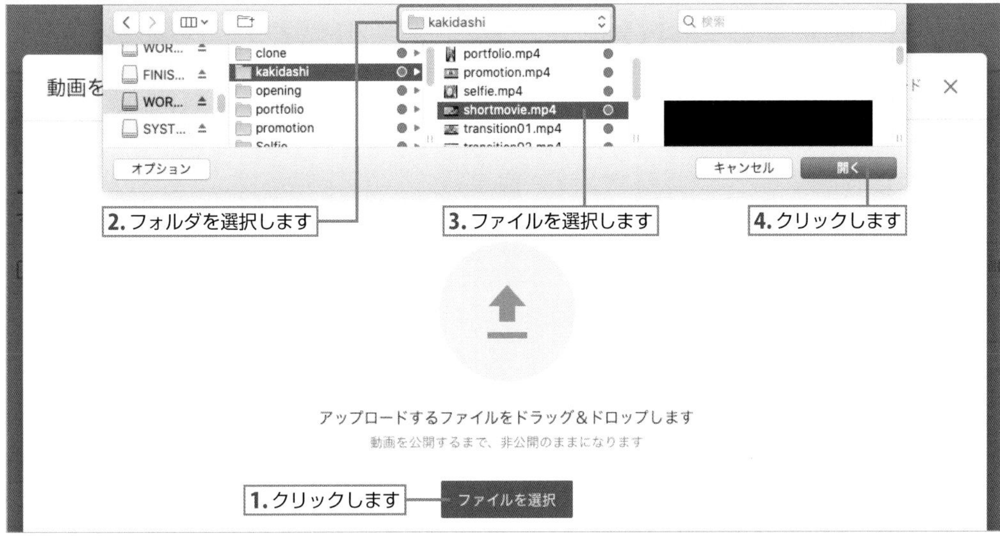

5 動画タイトル／説明を入力して、サムネール／再生リストなどを設定し、【次へ】をクリックします。

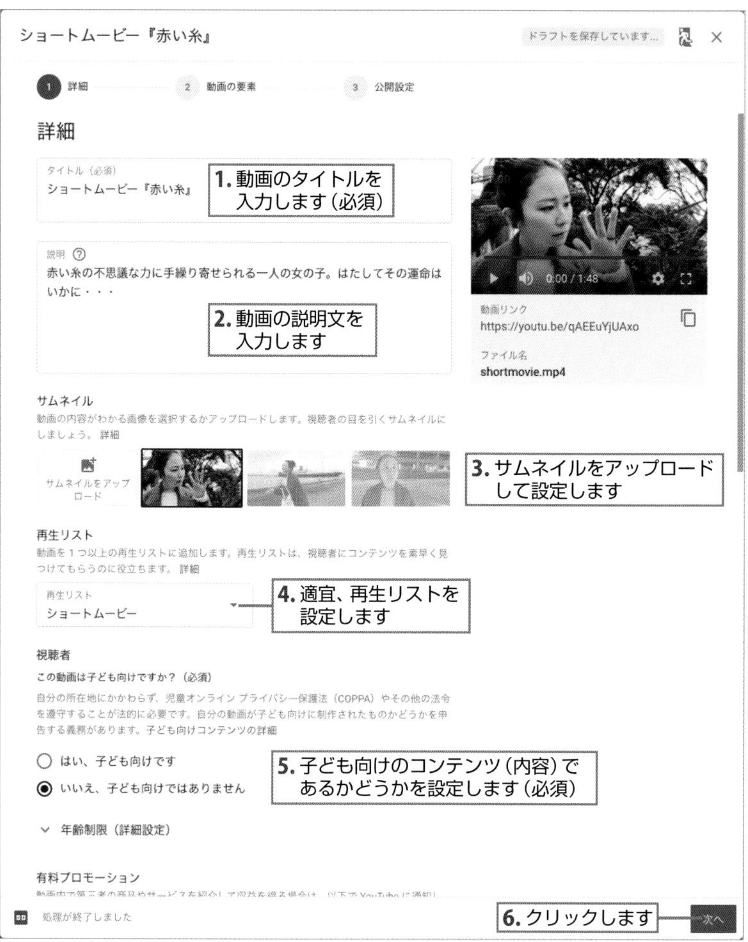

6 「動画の要素」では、終了画面やカードを追加することができます。最初に「終了画面の追加」の【追加】をクリックします。

7 終了画面は、最後の5～20秒間に他の動画や再生リスト、チャンネル登録ボタンを配置できます。

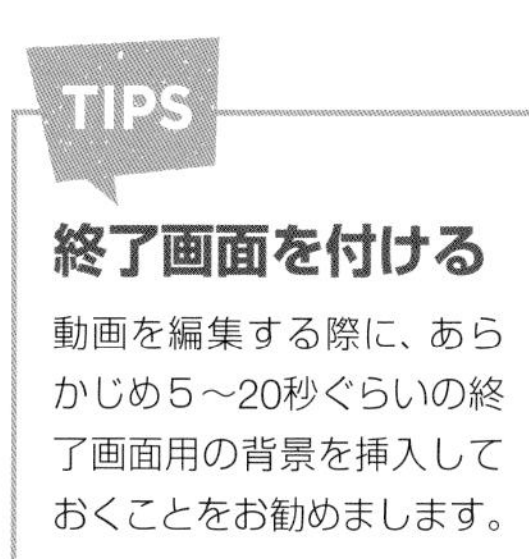

終了画面を付ける

動画を編集する際に、あらかじめ5～20秒ぐらいの終了画面用の背景を挿入しておくことをお勧めします。

8 次に「カードの追加」の【追加】をクリックすると、指定した動画などを指定した時間に表示できるカードを追加できます。

shortmovie
カードを追加
カードの詳細
3. クリックします
0:05 / 1:48
0:00
0:05
0:15
0:30
0:45
1:00
1:15
1:30
1:49
2. 表示させたい時間を設定します

動画または再生リスト
別の YouTube 動画や再生リストにリンクして、視聴者に関連コンテンツをおすすめします。
4. 動画や再生リストを選択します
アップロード済み
再生リスト
自分史ビデオ
映画
SmartMovie スマホ撮影...
または YouTube の動画や再生リストの URL を入力してください
▶ ティーザー テキストのカスタマイズまたはカスタム メッセージの追加
キャンセル
カードを作成
5. クリックします

SmartMovie スマホ撮影テクニック
6. 指定した時間にカードが表示されます

7. カードを追加したら、【YouTube Studioに戻る】をクリックします。
YouTube Studio に戻る

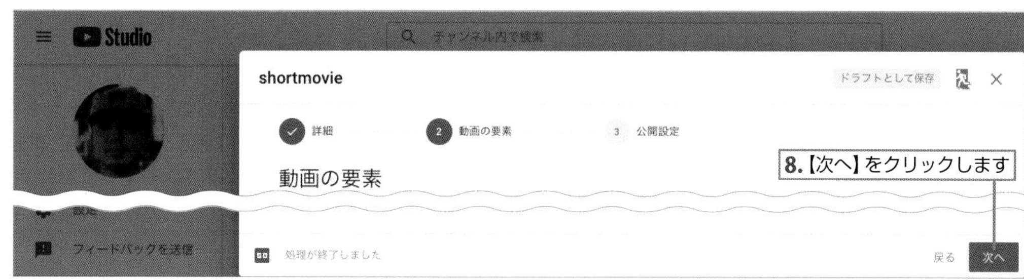

9 公開設定を選択します。【公開】を選ぶと、アップロード後すぐに公開されます。
【限定公開】を選ぶと、URLを知っている方のみ動画を閲覧できます。
【非公開】を選ぶと、アップロードはしますが公開はされません。
【スケジュールを設定】を選ぶと、公開の日時を選ぶことができます。

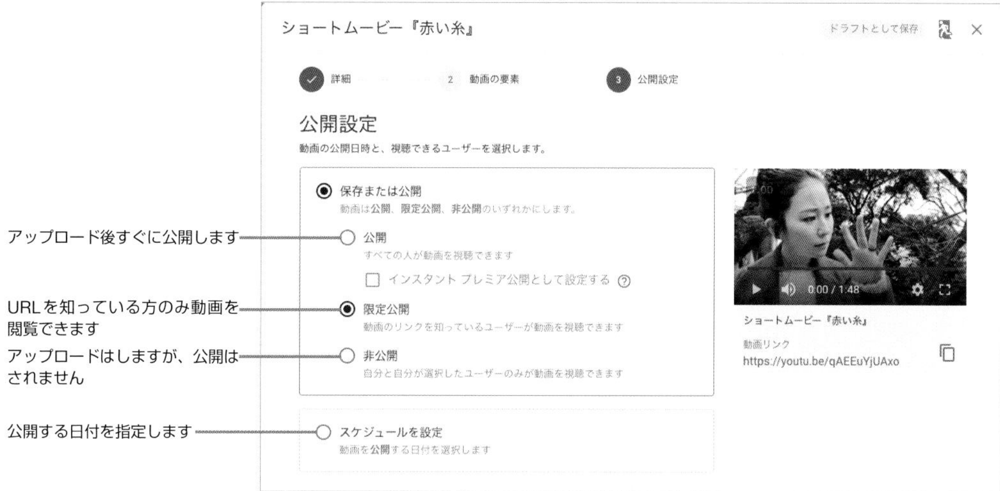

10 【保存】をクリックして正しくアップロードされていればURLが表示され、他のSNSに共有することができます。

11 【URL】をクリックすると、動画がアップロードされています。

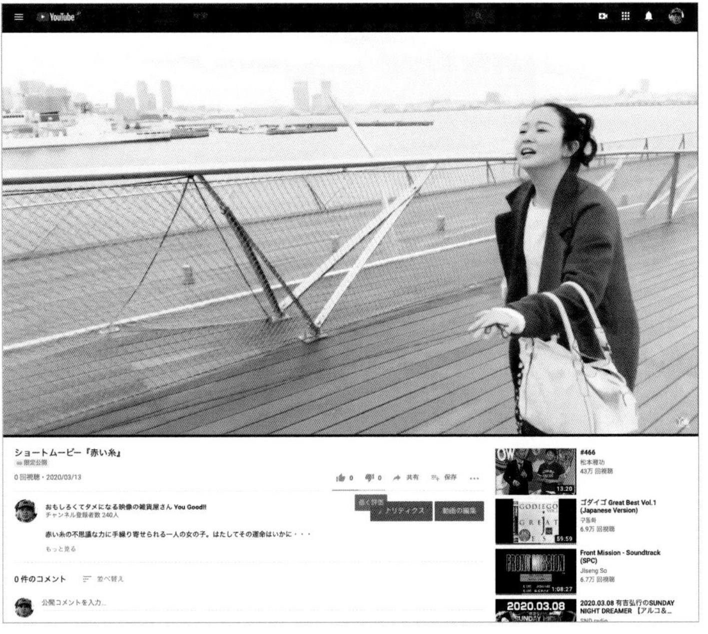

12 YouTubeトップページの右上のアイコンをクリックして【YouTube Studio】を選択すると、アップロードした自分のチャンネルの情報が表示されます。

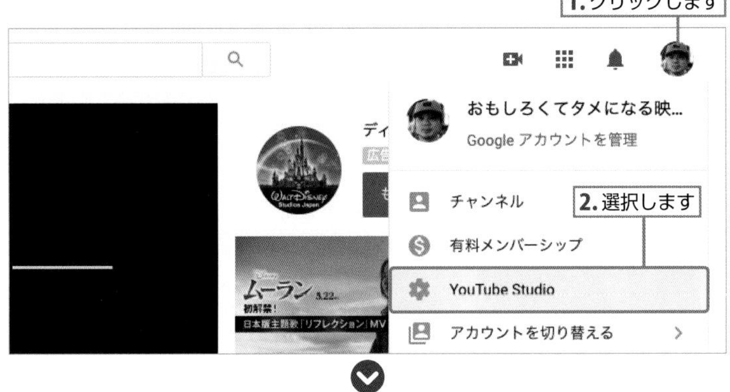

13 【動画】をクリックすると、アップロードした動画が一覧で表示されます。

14 アップロードした動画のサムネールをクリックします。

Studio
このチャンネルの動画
アップロード動画
ライブ配信
フィルタ
2.アップロードした動画が一覧で表示されます
3.クリックします
1.クリックします
チャンネル
ダッシュボード
動画
再生リスト
コメント
公開設定
制限
日付
視聴回数
コメント
限定...
なし
2020/03/14
アップロード日
【MOTION】パペット人形に顔を吸着させ...
タメになるサイト
公開
2020/02/24
公開日
15
【MOTION】指を動かすとテロップが吸着...
2020/02/17
31
100.0%
FINGER

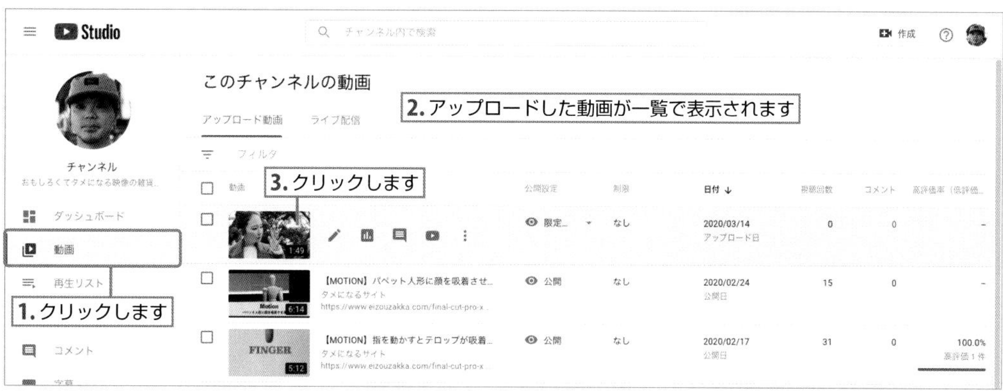

15 【動画の詳細】が表示され、動画のタイトルなどを修正することができます。
動画に関するキーワードをタグに入れることで検索の対象になるので、入力しておきましょう。

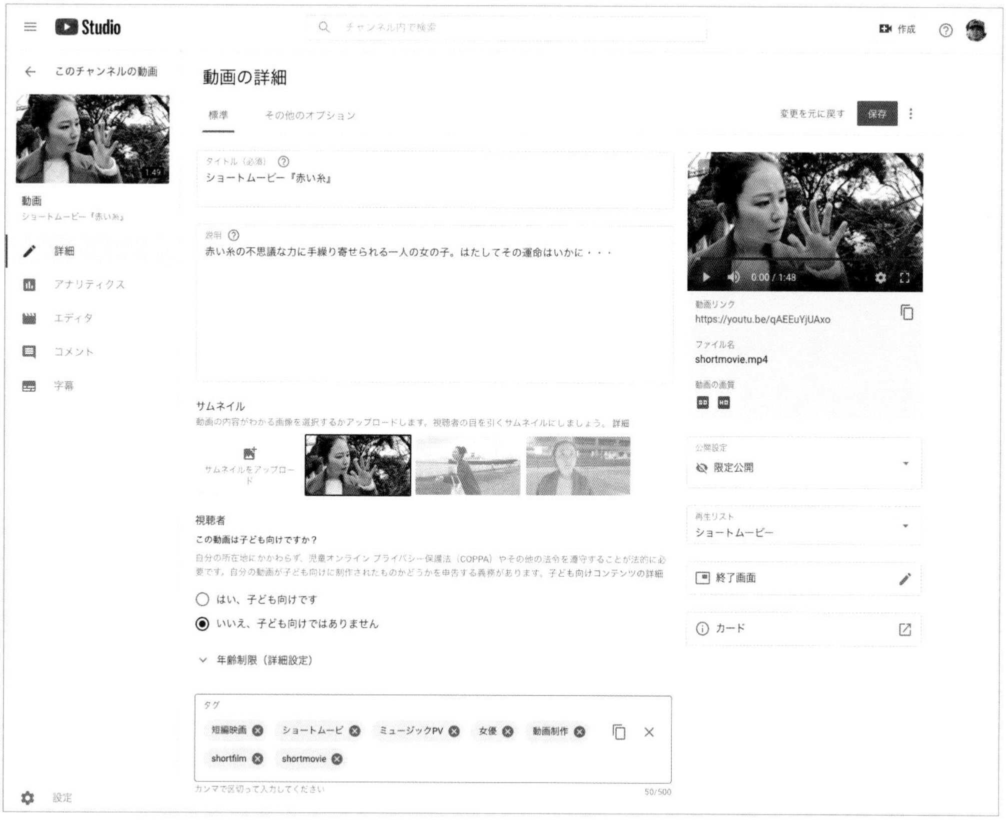
Studio
このチャンネルの動画
動画の詳細
標準
その他のオプション
変更を元に戻す
保存
タイトル（必須）
ショートムービー『赤い糸』
説明
赤い糸の不思議な力に手繰り寄せられる一人の女の子。はたしてその運命はいかに・・・
動画
ショートムービー『赤い糸』
詳細
アナリティクス
エディタ
コメント
字幕
設定
サムネイル
サムネイルをアップロード
視聴者
この動画は子ども向けですか？
はい、子ども向けです
いいえ、子ども向けではありません
年齢制限（詳細設定）
タグ
短編映画
ショートムービ
ミュージックPV
女優
動画制作
shortfilm
shortmovie
カンマで区切って入力してください
50/500
0:00 / 1:48
動画リンク
https://youtu.be/qAEEuYjUAxo
ファイル名
shortmovie.mp4
動画の画質
公開設定
限定公開
再生リスト
ショートムービー
終了画面
カード

STEP 6-2

Twitterにアップロードしよう！

Twitterは、コンテンツの内容がネットで評判になった場合、加速的に情報が拡散されるSNSです。動画は140秒までアップロードできます。

Twitterアカウントを作成しよう！

1 Twitterアカウントを作成します。アカウント作成の手順に沿って作成していきます。

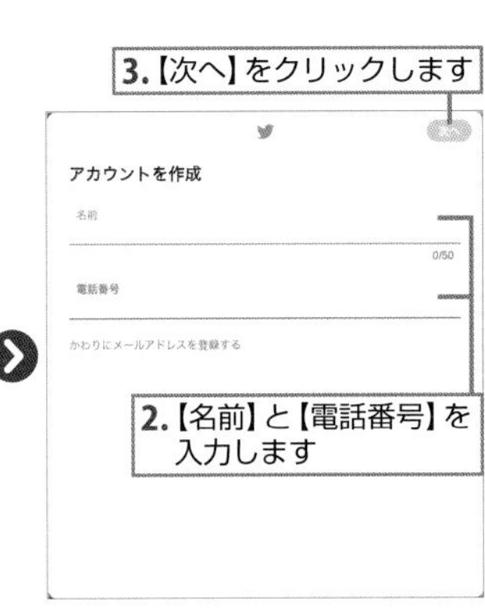

2 Twitterのトップページ右上にある【ログイン】をクリックします。

3 作成したIDとパスワードを入力して、【ログイン】をクリックします。

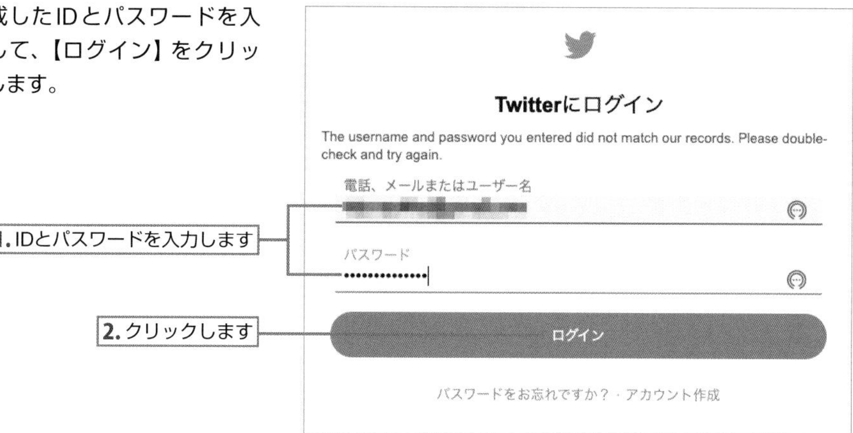

4 【ツイートする】をクリックします。

5 左の アイコンをクリックして、アップロードしたい動画を選択します。

6 動画が表示されるので、投稿文を記入します。ハッシュタグ（#）も入れると、該当するキーワードで調べているユーザーにも見られやすくなります。
【ツイートする】をクリックすると、アップロードが始まります。

TIPS

Twitterで扱える最大再生時間

Twitterで扱える動画の最大再生時間は140秒です。

7 タイムラインに動画付きのツイートが表示されます。

投稿したツイートが表示されます

STEP 6-3

Instagramに アップロードしよう！

PART 6

Instagramはスマートフォンからのアップロードになります。

Instagramのアカウントを作成しよう！

1 Instagramを起動して、アカウントを作成します。【新しいアカウントを作成】をタップします。

2 【電話番号またはメールアドレスで登録】、または【Facebook】アカウントでアカウントを作成できます。

3 ここでは、【電話またはメールアドレス】で登録します。

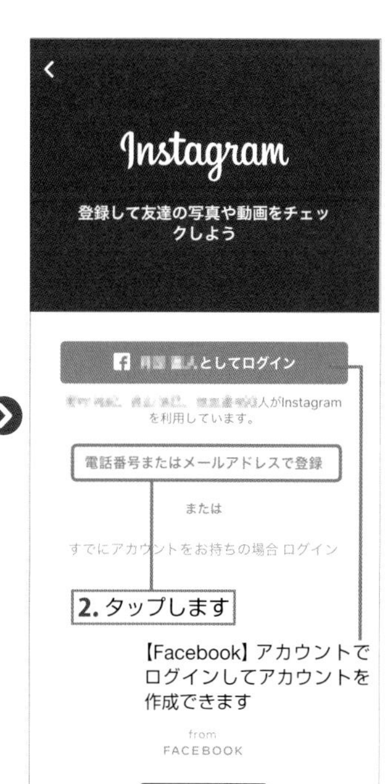

4 アカウント設定に沿って作成します。

5 作成したアカウントでログインします。

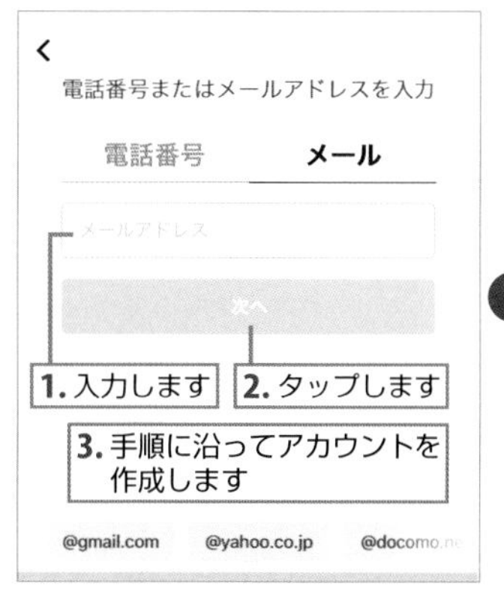

6 ログインしたら、下部にある⊞をタップします。

7 アップしたい動画をタップします。●をタップすると、動画が長方形に自動的に調整されます。【次へ】をタップします。

8 フィルタを適用できます。本書では色補正しているので、ここでは使用しません。【次へ】をタップします。

9 投稿文を入力します。ハッシュタグ（#）を記入すると「#検索」の対象となるので、よく使われている関連したハッシュタグを入れるとよいでしょう。

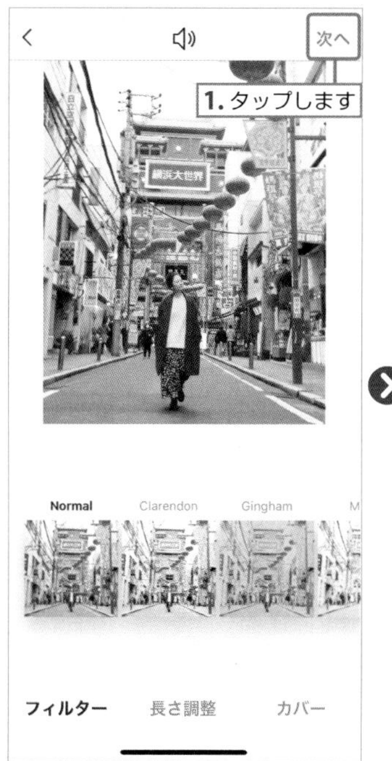

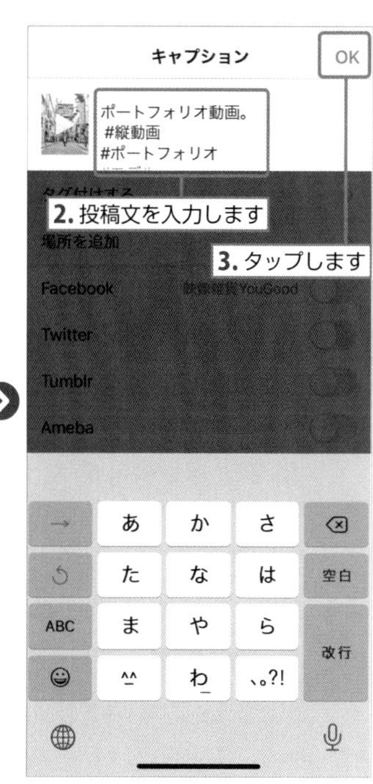

10 最後に、TwitterやFacebookと連携していれば同じ投稿がアップされます。
【シェア】をタップすると、アップロードが始まります。

11 これで、動画がアップロードされました。

STEP 6-4

TikTokに アップロードしよう！

TikTokは短い動画を作成／投稿できるプラットフォームで、特に若い世代に人気があります。スマートフォンからアップロードします。

TikTokのアカウントを作成しよう！

1 まずアカウントを作成します。トップページのマイページをタップします。

2 【登録】をタップし、アカウント設定に沿って作成します。

3 アカウントを作成したらログインします。

4 【マイページ】下部の中央にある＋をタップします。

5 作成した動画をタップします。

6 トリミングして、【次へ】をタップします。

7 エフェクトやテロップなどが適用できます。

8 投稿文や公開設定を設定します。【投稿】をタップすると、アップロードが始まります。

9 アップロードされた画面です。TikTokは縦動画に最適なSNSです。

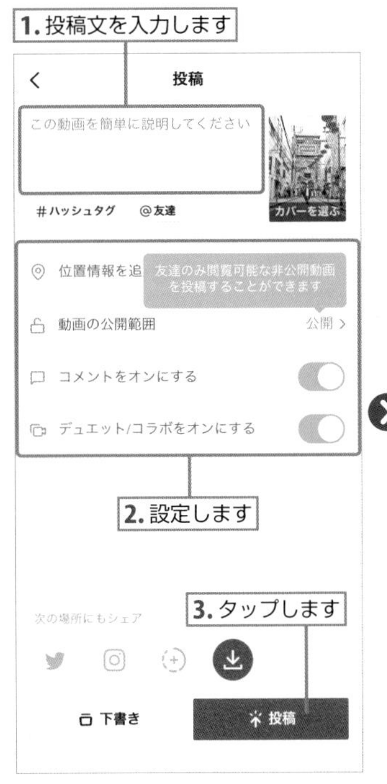

Vimeoに アップロードしよう！

Vimeoは海外のクリエイターを中心に流行っている動画サイトです。
日本でも、自分の作品を全世界に公開できることで人気があります。

Vimeoのアカウントを作成しよう！

1 アカウントを作成します。トップページのログインをクリックします。

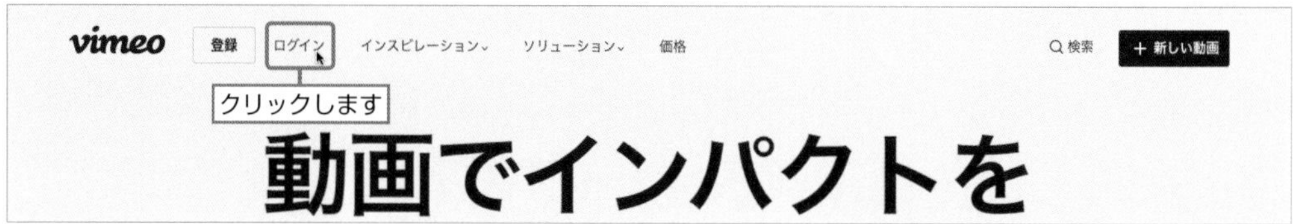

2 画面の下にある【登録】をクリックします。アカウント設定に沿って作成します。

3 アカウントを作成したら、ログインします。

4 右上の【新しい動画】にある【アップロード】を選択します。

5 【またはファイルを選択】をクリックして、アップロードしたいファイルを選択します。

6 動画のタイトル／概要／タグ／言語を設定して、【設定を編集】をクリックします。

7 プライバシー設定やサムネイルを設定できます。
設定が終了したら、【保存】をクリックします。

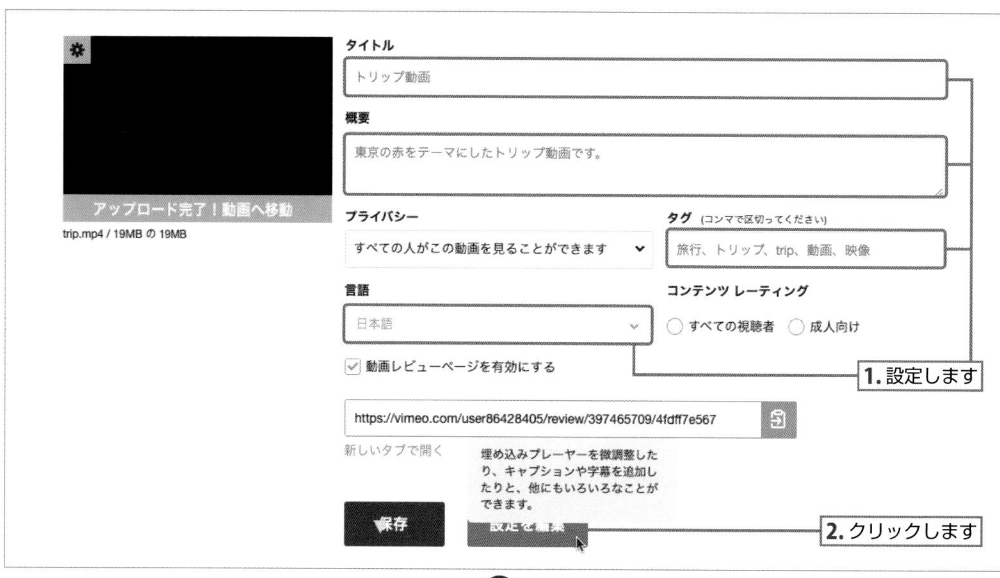

8 トップページの【動画の管理】➡【自分の動画】を選択すると、アップロードした動画が一覧で表示されます。動画のアイコンをクリックすると、【設定を編集】画面に変わります。

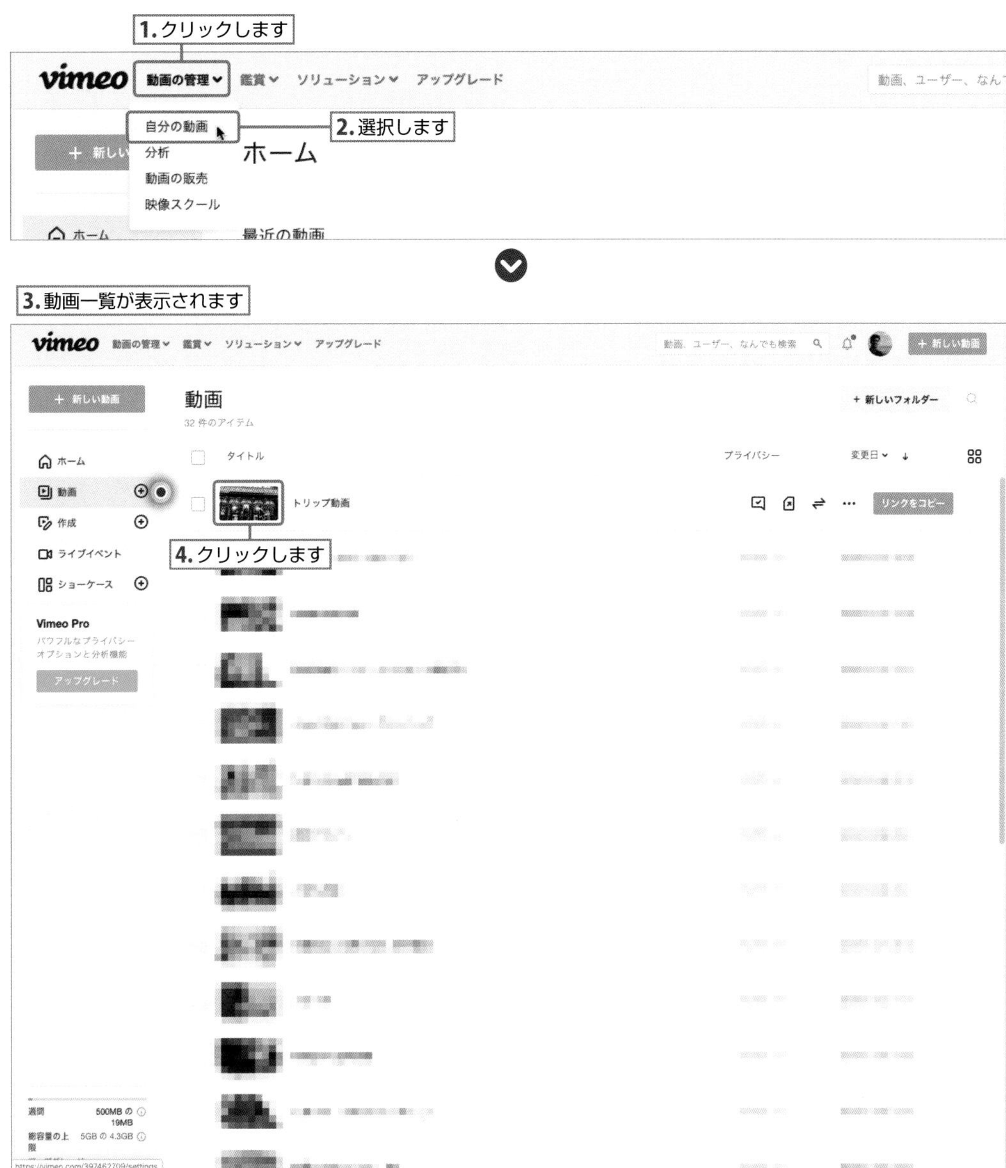

9 URLをクリックすると、アップロードした動画が閲覧できます。

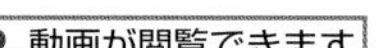

2. 動画が閲覧できます

TIPS

無料版と有料版の違い

Vimeoは無料で使えますが、「総ストレージ制限」は5GB 、「1週間分のアップロード容量制限」は週500MB（24時間ごとに10回のアップロードまで）などの条件があり（2020年3月時点）、容量を増やす場合はアップグレード（有料）する必要があります。

INDEX

著者紹介

YOUGOOD
月足 直人（つきあし なおと）
映像作家 / 映画監督

1981 年生まれ、神戸出身。
関西のテレビ番組でアシスタント・ディレクターを経て上京。CM の制作プロダクションに在籍する。
以後独立し、映画・CM・ハウツーといったさまざまなジャンルの企画演出を行う。
『おもしろくてタメになる』をコンセプトに映像の雑貨屋を目指し、様々なジャンルの映像コンテンツを制作・配信中。
https://www.eizouzakka.com/
また、現在短編映画を中心に制作して、国内外の映画祭で受賞。代表作に「こんがり」「Are you happy?」などがある。
さらに、『iPhone で撮影・編集・投稿 YouTube 動画編集 養成講座』『プロが教える！Final Cut Pro X デジタル映像 編集講座』『プロが教える！Premiere Pro デジタル映像 編集講座 CC 対応』『プロが教える！ AfterEffects デジタル映像制作講座 CC/CS6 対応』『プロが教える！iPhone 動画撮影 & iMovie 編集講座』（すべて、ソーテック社）など、映像ソフトの参考書も多数執筆。

● Special Thanks to
女優：坂口 彩（https://ayasakaguchi.com/）
撮影：野村 祐紀
デザイン（ロゴ提供）：田邊 裕貴（「もっとオモシロイ！日本と台湾」（http://jt-more.com/）を運営）
ショートムービー「赤い糸」音楽
《曲》『ねぇハニー』THE CASKETS（ザ・キャスケッツ）
Music and Lyrics：フジイ マサクニ
Arrange：THE CASKETS
音楽提供：フジイ マサクニ
機材協力：ファーウェイ・ジャパン

YouTube・Instagram・TikTokで大人気になる！ 動画クリエイター 養成講座

2020年5月31日　初版　第1刷発行

著　者　YOUGOOD 月足直人
装　幀　植竹裕
発行人　柳澤淳一
編集人　久保田賢二
発行所　株式会社ソーテック社
〒102-0072　東京都千代田区飯田橋4-9-5　スギタビル4F
電話（注文専用）03-3262-5320　FAX03-3262-5326
印刷所　大日本印刷株式会社

Printed in Japan
ISBN978-4-8007-1262-2